J. C. POGGENDORFF

BIOGRAPHISCH-LITERARISCHES HANDWÖRTERBUCH DER EXAKTEN NATURWISSENSCHAFTEN

Herausgegeben von der

Sächsischen Akademie der Wissenschaften zu Leipzig

Band VIIb · Teil 5

4. Lieferung

Leitung der Redaktion

PROF. DR. HANS SALIÉ

AKADEMIE-VERLAG · BERLIN
1975

Teil 5 (L—M) umfaßt 5 Lieferungen.
Das Titelblatt liegt der 5. Lieferung bei.

Redaktionsschluß: 31. 12. 1973
Erschienen im Akademie-Verlag, 108 Berlin, Leipziger Straße 3—4

Lizenznummer: 202 · 100/422/75
Gesamtherstellung: VEB Druckerei „Thomas Müntzer“, 582 Bad Langensalza
Bestellnummer: 762 034 6 (3050/V/4) · LSV 1007
Printed in GDR
EVP 24,—

HZ. (Chefredakt.) J. Pharmacol. and exper. Therapeut. **45** ('32) - **59** ('37). – Bull. Johns Hopkins Hospital 1955–1958.

MHZ. J. Pharmacol. and exper. Therapeut. **18** ('21) - **45** ('32), **60** ('37) - **107** ('53).

S. Encyclopedia Americana **25** (NewYork–Chicago, Ill. '40) 817f.: Sulfanilamide. – Chemotherapy (Philadelphia, Pa. '41) (University of Pennsylvania, Bicentennial conference) 1–8: The pharmacology of sulfanilamide and its derivatives. – Survey of antimalarial drugs, 1941–45 (F. Y. Wiselogle, J. E. Edwards) **1** (Ann Arbor, Mich. '46) 59–71: Pharmacological investigations of potential antimalarial drugs. – Evaluation of chemotherapeutic agents (C. M. McLeod) (New York '49) (New York Academy of Medicine, Symposia of the Section on Microbiology, 2) 3–24: The significance of drug concentration in the blood as applied to chemotherapy. – Centennial addresses (1847–1947) of the City College of New York (S. M. Middlebrook) (New York '50) 33–41: The new science: The use of chemicals in the war on disease. – Advances in chemotherapy, **1** (A. Goldin, F. Hawking) (New York '64) 1–8: Historical perspectives in chemotherapy.

American J. Hyg. The susceptibility of different species of avian malarial parasites to drugs[10]): **45** ('47) 25–28.

Annual Rev. Physiol. Bacterial chemotherapy: **3** ('41) 643–70.

Biographical Mem., Nation. Acad. Sci. USA Reid Hunt, 1870–1948: **26** ('49).

Bull. Johns Hopkins Hospital On the cyanosis from sulfanilamide[29]): **61** ('37) 140–43. – Sulfanilamide, 1: The absorption and excretion of certain sulfanilamide derivatives[9])[8]): **63** ('38) 318–27; ~ 2: Absorption and excretion of sulfanilamide in the mouse and rat[9]): 328–36. – Sulfanilylguanidine: A chemotherapeutic agent for intestinal infections[4])[30])[21]): **67** ('40) 163–88. – Sulfanilylguanidine in the treatment of acute bacillary dysentery in children[4])[11])[28]): **68** ('41) 94–111. – Toxicity of sulfanilamide on higher nervous activity[14]): **77** ('45) 104–15. – The dosage schedule of penicillin in bacterial infections: **82** ('48) 403–07. – Clinical therapeutic trial of a new drug[35]): **85** ('49) 221–30. – Stimulation of the anterior pituitary by certain cinchoninic acid derivatives[3])[10])[24]): **86** ('50) 83–88. – Further observations on the antidiuretic effect of cinchoninic acid derivatives[3])[10]): 89–101. – Certain aspects of the pharmacology of 3-hydroxy-2-phenylcinchoninic acid[10]): **87** ('50) 36–49. – The effect of 3-hydroxy-2-phenylcinchoninic acid upon rheumatic fever[3])[16])[33])[34])[36])[32]): 50–60. – Certain aspects of the pharmacology of 3-hydroxycinchoninic acid[3])[10]): **88** ('51) 181–87. – Absorption, excretion, and metabolic fate of chloral hydrate and trichloroethanol[25]): **95** ('54) 1–18. – A comparative evaluation of the hypnotic potency of chloral hydrate and trichloroethanol: Studies at the Johns Hopkins University School of Medicine, at the St. Louis University School of Medicine, and at the Harvard Medical School[25])[5])[32])[19]): **96** ('55) 71–83. – Further studies on the metabolic fate of chloral hydrate and trichloroethanol[25]): **97** ('55) 320–26. – A comparison of the metabolism of ethanol and trichloroethanol[25]): 395–404. – John Jacob Abel, Decade, 1913–1923: **101** ('57) 311–16.

Bull. New York Acad. Med. Experimental basis of chemotherapy in the treatment of bacterial infections: (2) **16** ('40) 723–31.

Clinics Symposium on war medicine. Chemotherapy, 1: Pharmacology and toxicology[18])[37])[22]): **2** ('44) 1077–93.

Federat. Proc., Amer. Soc. exper. Biol. Chemotherapy of malaria, 1941–45: **5** ('46) 298–304.

J. amer. med. Assoc. para-Aminobenzenesulfonamide. Absorption and excretion: Method of determination in urine and blood[12])[9])[1]): **108** ('37) 953–57. – The toxicity of sulfanilamide[9])[12]): **110** ('38) 252–57. – An unfortunate situation in the field of bacterial chemotherapy: **112** ('39) 352f. – The intravenous use of sodium sulfapyridine[23]): 1671–75. – Penicillin in the treatment of infections[18])[2])[22])[31]): **122** ('43) 1217–24. – Activity of a new antimalarial agent, Chloroquine (SN 7618)[u. a.]): **130** ('46) 1069f. – Streptomycin in the treatment of infections[18])[2])[22])[23])[31]): **132** ('46) 4–11, 70–77.

J. biol. Chemistry Determination of sulfanilamide in blood and urine: **122** ('37/38) 263–73. – A new coupling component for sulfanilamide determination[4])[1])[17]): **128** ('39) 537–50. – Acetylation of sulfonamides in the dog: **211** ('54) 499–503.

J. cellular and comparat. Physiol. The function of the proximal convoluted segment of the renal tubule[15]): **1** ('32) 161–76. – The secretion of urea in the frog: **2** ('33) 349–53.

J. Pharmacol. and exper. Therapeut. The site of the antidiuretic action of pituitary extract[7])[16]): **49** ('33) 237–49. – Control of cyanide action: Cyanohydrin equilibria in vivo and in vitro[26]): **52** ('34) 445–61. – Depression of respiration by oxygen[26]): **57** ('36) 437–57. – Pyruvic acid cyanohydrin as a respiratory stimulant. A study of cyanide action[26]): **59** ('37) 222–40. – Picrotoxin as a respiratory stimulant[29])[20]): **60** ('37) 472–86. – The renal excretion of sulfanilamide[12])[9]): **61** ('37) 191–95. – The distribution of sulfanilamide in the organism[12])[9]): 196–204. – The experimental basis for a method for the quantitative evaluation of the effectiveness of chemotherapeutic agents against streptococcus infection in mice[21][30]): **67** ('39) 437–53. – Some aspects of the pharmacology of sulfapyridine[21]): 454–75. – The comparative therapeutic activity of sulfanilamide, sulfapyridine and diaminosulfone in streptococcus infections in mice[21][30]): **69** ('40) 89–102. – The comparative therapeutic activity of sulfanilamide, sulfapyridine, sulfathiazole and diaminosulfone in type I pneumococcus infections in mice[30][21]): 166–70. – The relationship between the in vitro and the in vivo activity of sulfonamide compounds[30][4][21]): **72** ('41) 112–22. – The mode of action of neoprontosil in streptococcus infections in mice[21][30]): 291–97. – Quantitative comparisons of the activity of sulfanilamide, sulfapyridine, sulfathiazole and sulfadiazine against Escherichia coli in vivo and in vitro[30][21]): **73** ('41) 104–18. – Sulfonamide therapy of malaria in ducks[21][30]): **75** ('42) 89–104. – The comparative therapeutic activity of sulfonamides against bacterial infections in mice[21][30][4][27]): **76** ('42) 226–34. – The degradation of quinine in the duck, chicken and dog[10]): **85** ('45) 202–05. – The antimalarial action in ducks of certain sulfanilamide derivatives[21][30]): **86** ('46) 273–79. – The relation of the plasma concentration of quinacrine to its antimalarial activity[10]): **88** ('46) 142–53. – A comparison of drug–diet therapy with single daily oral dosage in avian malaria[10]): 187–89. – Colorimetric methods for determination of streptomycin[3][6]): **90** ('47) 367–74. – The absorption, distribution and excretion of streptomycin: **92** ('48) 43–48. – The antidiuretic effect of 3-hydroxycinchoninic acid derivatives[3]): **95** ('49) 185–90. – On the mechanism of the antidiuretic action of cinchoninic acid derivatives[10][19]): **106** ('52) 103–21. – The metabolism of ethyl alcohol[13]): **109** ('53) 431–43. – The metabolism of ethyl alcohol in the rat[25]): **115** ('55) 360–70.

J. Urology Pharmacology of sulfanilamide: **41** ('39) 8–13.

Johns Hopkins Mag. Abel the prophet: **1** ('50) 11–14. – The revolution in drug therapy: **6** ('55) 2–.

Lancet Sulphanilamide in bacterial meningitis[9]): **134** ('38) 1186.

Medical Ann. District Columbia Certain phases of the pharmacologic properties of sulfanilamide: **7** ('38) 5–7.

Medicine Scientific principles, methods and results of chemotherapy, 1946: **26** ('47) 155–66.

Mississippi Doctor Sulfaguanidine as a chemotherapeutic agent in intestinal infections: **1942**, Juni-Nr., 4–9.

North Carolina med. J. Medical research: The story of sulfanilamide: **1** ('40) 1–14.

Pharmacological Rev. The dosage schedule of chemotherapeutic agents: **4** ('52) 85–100.

Physiological Rev. The comparative physiology of the kidney in relation to theories of renal secretion: **14** ('34) 133–59. – Bacterial chemotherapy. The pharmacology of sulfanilamide: **19** ('39) 240–69. – Chemotherapy of avian malaria: **22** ('42) 190–204.

Proc. Soc. exper. Biol. and Med. Kidney secretion in reptiles: **29** ('31/32) 971–73. – Excretion of inorganic phosphate by the aglomerular kidney[15]): **31** ('33/34) 44–46. – Determination of sulfanilamide in blood and urine: **36** ('37) 422–24. – Comparison of certain pharmacological and antibacterial properties of p-hydroxylaminobenzenesulfonamide and sulfanilamide[4][30]): **42** ('39) 847–53. – Curative action of drugs in Lophurae malaria of the duck[10]): **63** ('46) 46–48. – Determination of p-aminosalicylic acid in blood: **68** ('48) 471f. – Distribution of 3,4-dimethyl-5-sulfanilamidoisoxazole in the body: 472f. – Effect of 3-hydroxy-2-phenylcinchoninic acid on renal secretion of phenol red and penicillin[32][10]): **74** ('50) 671–74. – Rate of metabolism of ethanol in the mouse[25]): **89** ('55) 573–76.

Science [USA] Acetylation of para-aminobenzenesulfonamide in the animal organism[9][12]): **85** ('37) 202f. – John Jacob Abel †: **87** ('38) 566–69. – The determination of sulfanilamide[21]): **88** ('38) 85f. – The toxicity and absorption of 2-sulfanilamidopyridine and its soluble sodium salt[4][21]): 597–99. – The present status and problems of bacterial chemotherapy: **91** ('40) 435–50.

Trans. Assoc. amer. Physicians Certain aspects of the pharmacology of sulfanilamide[12][9]): **52** ('37) 222f. – John Jacob Abel (1857–1938): **54** ('39) 7f. – Some aspects of the pharmacology of sulfapyridine[21]): 154–56. – The effect of 3-hydroxy-2-phenylcinchoninic acid upon rheumatic fever[16][33][3][32][34][36]): **63** ('50) 108–11.

Mit: 1) D. Babbitt; 2) F. G. Blake; 3) K. C. Blanchard; 4) A. C. Bratton; 5) G. O. Broun, jr.; 6) E. L. Buhle; 7) W. W. Burgess; 8) W. L. Cover; 9) W. C. Cutting; 10) E. H. Dearborn; 11) L. B. Edwards; 12) K. Emerson, jr.; 13) W. F. Fritz; 14) W. H. Gantt; 15) A. L. Grafflin; 16) A. M. Harvey; 17) A. R. Hendrickson; 18) C. S. Keefer; 19) L. Lasagna; 20) D. H. Le Messurier; 21) J. T. Litchfield, jr.; 22) J. S. Lockwood; 23) P. H. Long; 24) T. H. Maren; 25) A. H. Owens, jr.; 26) M. Rosenfeld; 27) R. G. Shepherd; 28) E. Walker; 29) E. M. Walzl; 30) H. J. White; 31) W. B. Wood, jr.; 32) C. G. Zubrod; 33) J. E. Howard; 34) A. Kattus; 35) M. Merrell; 36) E. V. Newman; 37) R. Dubos.

VI **MARSHALL,** Melville Johnston. Chem. – 1921–27 Assist. Prof., '27–44 Assoc. Prof., '44–49 Prof. and Head of the Chem. Departm., Univ. of British Columbia, Vancouver, B.C., Can.

*1891, Okt. 19, Kingston, Ont.; †1949, Okt. 22, Vancouver, B.C.

Nekr. R. H. Clark, Trans. roy. Soc. Canada, Sect. III **44** ('50) 97–99. – Chemical and Engng. News **27** ('49) 3808.

Canadian J. Chem. An apparatus for the microanalysis of gas mixtures[4]): **31** ('53) 842–48.

Canadian J. Res., Sect. B The efficiency of packings for laboratory distilling columns: **15** ('37) 1–6. – The heat of adsorption of oxygen on charcoal at low surface concentrations[2]): 75–79. – Equilibrium pressures of oxygen adsorbed on activated charcoal[1]): 18 ('40) 36–43.

Trans. electrochem. Soc. Molecular complexity of some gases in the high-frequency discharge[3]): **84** ('43) 12 S. [Preprint 24, 255–66].

Mit: [1]) R. A. Findlay; [2]) A. S. MacInnes; [3]) H. O. McMahon; [4]) G. Constabaris.

V,VI **MARSHALL,** William. Math. – 1908–10 Assist. Prof., '10–17 Assoc. Prof., '17–41 Prof., '21–41 Head of the Math. Departm., '41 Prof. Emer., Purdue Univ., Lafayette, Ind.

*1869, Apr. 5, Southfield, Mich.;
†1956, Juli 31, West Lafayette, Ind.

Todesanzeige American math. Monthly **63** ('56) 682.

Nekr. The Lafayette Journal and Courier **1956**, 1. Aug.

IV–VI **MARTEL,** Edouard Alfred. Hydrogeol. – Ancien Secrétaire gén., Soc. de Spéléologie, Paris; ancien Membre du Conseil supér. d'Hyg. publ. de France; ancien Collaborateur de la Carte géol.; ancien Agréé au Tribunal de Commerce de la Seine. – Médaille d'or des Epidémies (Républ. franç.); plusieurs ordres étrangers. (☒)

*1859, Juli 1, Pontoise, Seine-et-Oise;
†1938, Juni 4, Montbrison, Loire.

Zur Biogr. N. Casteret, E. A. Martel, explorateur du monde souterrain (Paris '43, '50) 232 S. (m. Bildn. u. Schr.verz.).

Nekr. H. Acalède, Œuvre hydrogéologique d'E. A. Martel: Revue sci. **76** ('38) 332–34.

S. L. C. Gaurier, Les lacs des Pyrénées françaises (F. Willemin) (Toulouse–Paris '34): Introduction et notes. – 7e Congrès international des mines, de la métallurgie et de la géologie appliquées, Paris 1935, Section de géologie appliquée **2** (Paris '36) 791–98: Contamination, protection et amélioration des sources thermominérales.

W. Les causses majeurs: Lozère, Aveyron, Gard, Hérault. Gorges du Tarn et Cévennes, canyons et ruiniformes, abîmes et cavernes, rivières souterraines et résurgences (m. M. Gaupillat, P. Arnal, J. Artières, L. Balsan) (Millau '36) 10+511 S. – Ernest Rupin, spéléologue (o. O. u. J.) 8 S.

VI **MARTIN,** Ettore Leonida. Astron. – 1920–22 Astronomo, Osservat. di Pino Torinese; '22–24, '27–35 Astronomo, '38–48 Dir., Osservat. Astron. di Padova; '24–27 Astronomo, Osservat. Astron. di Merate; '35–38 Dir., Stazione Astron. Int. delle Latitudini, Carloforte; '47–64 Prof. e Dir. dell'Osservat. Astron., Univ. di Trieste; '51–52 Vicepres., Soc. Adriatica di Sci. Natur., Trieste; '60–62 Vicepres., Soc. Astron. Italiana. – '63 Medaglia d'oro di Benemerito della Scuola, della Cultura e dell'Arte (Ministero dell'Istruzione).

*1890, Nov. 21, Latisana, Udine;
†1966, Aug. 9, Vicenza.

Nekr. L. Rosino, Atti e Mem. Accad. patavina Sci., Lettere ed Arti **78** ('67) 101–03; Coelum **34** ('66) 150f. (m. Bildn.). – T. Nicolini, Memorie Soc. astron. ital. (N.S.) **38** ('67) 253–58. – F. Zagar, Atti Accad. Sci., Lettere e Arti Udine (7) **7**. 1966/69 ('70 [?]).

HZ. Annuario astron., Osservat. astron. Trieste 1948–1965.

MHZ. Memorie Soc. astron. ital. 1954–1962.

S. Atti del Convegno per le celebrazioni del cinquantenario della morte di G. V. Schiaparelli, Milano 1960 (Pavia '60) 56–70: Espressioni note e nuove nel problema dei due corpi di massa variabile.

W. Galileo Galilei (1564–1642) (Padova '42) 23 S. – Traiettorie spiraliformi nel moto di corpi celesti (Brescia '57) 7 S. (Pubblicazioni della Specola "Cidnea", 1).

Atti (reale) Accad. nazion. Lincei, Rend. Metodo I° per il calcolo d'orbita di una binaria visuale: (6) **15** ('32) 955–60; Metodo II° ∼: **16** ('32) 231–36. – Orbite anapsidali in sistemi binari di massa variabile: (8) **19** ('55) 449–52. – Funzioni prive di estremanti in moti di sistemi binari di massa variabile: **20** ('56) 56–59.

Atti, (Reale) Ist. veneto Sci., Lettere ed Arti Su alcuni metodi analitici per il calcolo d'orbita di una binaria visuale: **92** ('32/33) 171–78. – Contributo alla campagna internazionale per la parallasse solare (Opposizione di Eros 1930/31): **93** ('33/34) 599–612. – Sulle espressioni del raggio nella teoria dell'universo in espansione: **102** ('43) 455–62. – Il tensore contratto di curvatura per una particolare forma di cronotopo: 463–70. – Sulle metriche relativistiche a simmetria sferica: 471–82. – Sulle coniche osculatrici nel moto di due corpi di massa variabile: **118** ('59/60) Cl. Sci. mat. e natur., 1–15 [m. engl. Zusammenfassg.]. – Sulle coniche riferite ad un fuoco: 17–25 [∼].

Atti e Mem., Reale Accad. Sci., Lettere ed Arti Padova Osservazioni delle comete Finsler (1937f), Cosik-Peltier (1939a), Cunningham (1940c)[1][2]): **57** ('41) 11 S.

Atti e Mem. Accad. patavina Sci., Lettere ed Arti Altre proprietà dei moti di sistemi binari a massa variabile: **69** ('57) 10 S. – Sul comportamento della eccentricità osculatrice nel problema dei due corpi di massa variabile: **72** ('59) 23 S.

Ciel et Terre Le problème théorique des deux corps de masses décroissantes et l'évolution orbitale des étoiles doubles: **1964**, 1–16.

Coelum Il primo satellite artificiale della Terra: **27** ('59) 33–40. – I crepuscoli: **29** ('61) 144–46. – I calcoli di orbite coniche celesti: **31** ('63) 1–7, 38–41, 68–72.

Memorie Soc. astron. ital. Ernesto Laura, 1879–1949: (N.S.) **21** ('50) 82. – A proposito di una polemica sul problema dei due corpi di massa variabile in particolare decrescente: **31** ('60/61) 307–15, 479–96. – Il problema teorico dei due corpi di massa decrescente e l'evoluzione orbitale delle stelle doppie: **33** ('62/63) 383–95.

Pubbl. e Ristampe, Osservat. astron. Padova (AB) 8 Sextantis: Nr. **38** ('35) 24 S.

Pubbl. e Ristampe Osservat. astron. Trieste Elenco delle pubblicazioni dell'Osservatorio Astronomico di Trieste e del suo personale dal 1923 al 31 maggio 1947: Nr. **221** ('49) 22 S. – Sulle tastiere con segni matematici per macchine da scrivere: Nr. **228** ('49) 10 S. – La coppia stretta Kuiper 1934 I = Furuhjelm 46: Nr. **231** ('49) 16 S. – Sugli estremi di alcune grandezze variabili tabulate: Nr. **234** ('50) 2 S. – Stelle doppie; Lezioni universitarie: Nr. **235** ('50) 125 S. – Ernesto Laura, 1879–1949: Nr. **241** ('50) 16 S. – La costellazione del Cancro: Nr. **243** ('51) 3 S. – Le congruenze settimanali del calendario gregoriano: Nr. **246** ('51) 36 S. – Ricerche fotometriche, 3: I lavori di fotometria all'Osservatorio Astronomico di Trieste: Nr. **269** ('56) 7 S. – Lezioni di astronomia sferica: Nr. **274** ('57) 58 S. – Lezioni di astronomia: Il problema dei due corpi. Complementi di astronomia stellare: Nr. **275** ('57) 42 S. – Notizie brevi sulla Specola triestina dal 1947 al 1957: Nr. **276** ('57) 3 S. – Il primo satellite artificiale della Terra: Nr. **280** ('57) 11 S., Nr. **280s** ('57) 12 S. – Precisazioni sul problema dei due corpi di massa variabile quando l'anomalia vera osculatrice rimane costante: Nr. **282** ('58) 16 S. – A proposito di una polemica sul problema dei due corpi di massa variabile in particolare decrescente: Nr. **297** ('60/61) 99 S.; Commenti ad una nota: Nr. **297R** ('61) 15 S. – L'eclisse totale di sole del 15 febbraio 1961 visibile in Italia: Nr. **301** ('60) 16 S. – Vicende di una pubblicazione: Nr. **305** ('61) 16 S. – Precisazioni critiche in ricerche cosmogoniche e rivendicazioni di priorità: Nr. **306** ('61) 28 S. (m. Kurzbiogr.). – Unicuique suum – validità e paternità di formule basilari e di risultati nel problema dei due corpi di massa variabile: Nr. **308** ('61) 48 S. (m. Kurzbiogr.). – Anomalia vera $v \equiv 0$ (mod. π) nel problema dei due corpi: Nr. **311** ('62) 8 S. – – Weitere Nrn. als Sonderdrucke von Arbeiten, die in anderen Zeitschriften oder Serien erschienen und unter diesen zitiert sind.

Pubbl., R. Staz. astron. e geofis. Carloforte Sulle variazioni istantanee degli elementi osculatori nel problema dei due corpi di massa variabile: Nr. **25** ('34) 18 S. – Sul problema dei due corpi di massa variabile quando la eccentricità osculatrice rimane costante: Nr. **26** ('34) 13 S. – Esame di casi particolari nel problema dei due corpi di massa variabile: Nr. **27** ('34) 16 S. – Sulle variazioni secolari del periastro e della eccentricità nei sistemi binari secondo la legge di Eddington-Jeans: Nr. **28** ('34) 20 S. – Casi generali riducibili alle quadrature nel problema dei due corpi di massa decrescente: Nr. **29** ('34) 16 S. – Sulle variazioni secolari del periastro e della eccentricità secondo una nuova legge di irraggiamento della massa per i sistemi binari: Nr. **30** ('34) 18 S. – Relazione della R. Stazione astronomica di Carloforte per l'anno 1935: Nr. **33** ('38) 7 S.

Realtà nuova Realizzazioni ed attese della esplorazione spaziale: **1962**, 1043–54.

Rend. Semin. Fac. Sci. R. Univ. Cagliari Le stelle doppie e la loro evoluzione: **8** ('38) 146–64.

Rend. Semin. mat. Univ. Padova Su alcuni cronotopi nella teoria dell'universo in espansione: **15** ('46) 40–48. – Espressioni di alcune grandezze negli spazi a curvatura costante: 49–59.

Mit: [1]) A. Gennaro; [2]) S. Taffara.

VI **MARTIN,** Louis Claude. Optik (techn., physiol.). – 1917–43 Lecturer and Assist. Prof., Imp. College of Sci. and Technol., London; '36–37 Visiting Prof., Univ. of Rochester, N.Y.; '43–51 Prof., Univ. of London. – '50–53 Vice-Pres., International Optical Commission.

*1891, Juni 16, Norfolk, Engl.

S. Report of a joint discussion on vision, held on June 3, 1932 at the Imperial College of Science by the Physical and Optical Societies (London '32) 29–101: Sensitiveness of the eye to differences in the saturation of colour[7])[4]). – Report on the teaching of geometrical optics (Physical Society London) (London '34) 31–51: Appendix A. – Le contraste de phase et le contraste par interférences (M. Françon) (Paris '52) (Colloque de la Commission Internationale d'Optique, 15–21 mai 1951) 164–67: Experimental investigation of the structure of transparent glass surface using phase-contrast illumination[10]). – Physical techniques in biological research (G. Oster, A. W. Pollister) 1 (New York '55) 325–75: Light microscope.

W. An introduction to applied optics **1**: General and physiological (London–NewYork '30) 9+324 S.; **2**: Theory and construction of instruments ('32) 9+289 S. – Technical optics; a revised and enlarged edition of "An introduction to applied optics" **1** (London–New York '48) 7+343 S., (m. W. T. Welford) [2]('66) 7+399 S.; **2** ('50, '54) 9+344 S., [2]('61) 7+391 S. – Practical microscopy (m. B. K. Johnson) (London '31) 10+116 S.; [2](Glasgow '49) 144 S., [2](New York '51) 124 S.; [3](London–Glasgow '58) 9+138 S. – Geometrical optics (London '55, New York '56) 215 S. – The theory of the microscope (London–Amsterdam '66) 14+488 S.

British J. Ophthalmol. A standardized lantern for testing colour vision [,1]: **23** ('39) 1–20; ~ 2: Transport type: **27** ('43) 255–59. – Comparative visual acuity and ease of reading in white and coloured light[11]): **31** ('47) 129–44. – Visual acuity with brief stimuli[12])[2]): **34** ('50) 89–104.

J. opt. Soc. America An examination of the principles of orthostereoscopic photomicrography and some applications[9]): **27** ('37) 340–49.

J. roy. microscop. Soc. Experimental rulings: (3) **58** ('38) 239–42. – Report on experimental work on the development of the electron microscope[5])[6]): **59** ('39) 203–16. – Optics of the electron microscope: 217–31. – John Dollond memorial lecture: **80** ('62) 247–58.

J. sci. Instruments Note on the preparation of test plates for the microscope: **10** ('33) 187f. – A new electron microscope[8])[5]): **14** ('37) 14–24.

J. Soc. Glass Technol. Present position regarding the development of the electron microscope: **24** ('40) 97–100.

Nature [London] The electron microscope: **142** ('38) 1062–65. – F. K. Richtmyer †: **145** ('40) 215. – Ultra-violet and electron microscopy: **146** ('40) 288–92. – A. E. Conrady †: **154** ('44) 173f., 491. – Flash visual acuity[2]): **159** ('47) 25f. – Defective colour vision in industry: 460f. – Phase-contrast methods in microscopy: 827–30. – A. O. Rankine †: **177** ('56) 408f.

Photographic J., Sect. B Physical study of optical images: **86** ('46) 47–54.

Proc. physic. Soc. The theory of the microscope, 2: Dark-ground illumination: **46** ('34) 231–52; ~ 3: Boundary waves in dark-ground illumination: **55** ('43) 104–16. – Discussion to O. Klemperer and W. D. Wright: The investigation of electron lenses: **51** ('39) 376.

Proc. physic. Soc., Sect. A Reginald Stanley Clay †: **67** ('54) 1124f.

Proc. physic. Soc., Sect. B Theory of the microscope, 4: Boundary wave theory of image formation: **62** ('49) 713–25. – Reginald Stanley Clay †: **67** ('54) 912f.

Rep. Progr. Physics Optics, 1–3: **3** ('36) 290–. – Optics, 1: General introduction: **5** ('39) 182; ~ 2: Optical instruments and the theory of optics: 182–85.

Science in Progr. Electron optics: **29** ('35) 426–57. – Approach to the theory of optical instruments: **33** ('39) 270–81.

Special Rep. Ser., Med. Res. Council Reports of the Committee upon the Physiology of Vision, 13: Determination of the sensitiveness of the eye to differences in the saturation of colours[7])[4]): Nr. **188** ('33) 10+42 S.

Trans. Faraday Soc. The accuracy of the log sector method of quantitative spectroscopic analysis[1])[3]): **31** ('35) 495–502. – An investigation into the use of the logarithmic sector for the quantitative analysis of precipitates[3]): 502–08.

Mit: [1]) S. A. Burke; [2]) W. Kaniowski; [3]) E. G. Knowles; [4]) W. J. Morgan; [5]) D. H. Parnum; [6]) G. S. Speak; [7]) F. L. Warburton; [8]) R. V. Whelpton; [9]) T. R. Wilkins; [10]) J. V. Ramsey; [11]) R. W. B. Pearse; [12]) D. J. Day.

VI **MARTIN,** William Howard. Chem. (physik.). – Stud., 1913–19 Assist., '19–22 Lecturer, '22 Ph.D., '22–28 Assist. Prof., '29–38 Assoc. Prof., '38–43 Prof., Univ. of Toronto, Ont., Can.; '39–40 Pres., Canadian Inst. of Chem.

*1889, Dez. 16, St. Mary's, Ont.;

†1944, Febr. 22, Toronto, Ont.

Zur Biogr. Royal Canadian Institute. Centennial volume 1849–1949 (W. S. Wallace) (Toronto '49) 211.

Nekr. F. B. Henrick, Canadian Chem. and Process Industries **28** ('44) 1 S. (m. Bildn.).

W. A first course in chemistry (Toronto '35).

Canadian Chem. and Process Industries Raman effect. Application to problems of organic chemistry: **23** ('39) 35–38, 49.

Contributions canad. Biol. and Fisheries Mud deposits on gill nets in the Nass River District, British Columbia: **7** ('32) Nr. 23, 14 S.

Trans. roy. Soc. Canada, Sect. III The continuous spectrum in the light scattered by glycerine and other liquids[3]): (3) **27** ('33) 91–96. – Raman effect in electrolytes[1])[4])[3]), 1: Raman spectra and electrolytic dissociation: **30** ('36) 49–57; ~ 2: Raman effect and the chemical bond: 57–64. – The Raman spectra of the hydrochlorides of various compounds[1]): **31** ('37) 95–103. – The Raman spectra of some oximes[1]): 105–13. – A method for measuring the depolarizations of Raman lines. Depolarization measurements and the structure of some complex ions[1]): **32** ('38) 43–52. – Photochemical transformation of trans- to cis-diparatoluyl ethylene[2])[4])[5]): **34** ('40) 35–41.

Mit: [1]) H. J. Bernstein; [2]) H. D. Bett; [3]) O. H. Howden; [4]) R. G. Romans; [5]) W. Tidridge.

V,VI **MARTINET,** Marie E. Joseph. Chem. (angew., industr.). — 1922 Fondateur, '22– Dir., Labor. privé d'essais et d'applications, Besançon. — '21 Prix Nicolas Leblanc (Soc. Chim. France). (⊠)
*1888, Jan. 22, Besançon, Doubs;
†1958, März.

Nekr. Jacquemain, Bull. Soc. chim. France **1958**, 754.

MH. Matières colorantes: Les indigoïdes (Paris '34).

S. C. R. 18e Congrès international de chimie industrielle, Nancy 1938 (Paris '38) 6–9: Coloration et réactivité chimique. – Traité de chimie organique (V. Grignard, G. Dupont, R. Locquin) **19** (Paris '42) 463–685: Indigo et colorants indigoïdes; **2** [2]('48) 595–728: Propriétés organoleptiques et constitution chimique; **17** ('50) 499–649: Aminonaphtols.

W. Précis de chimie d'après les théories modernes, à l'usage des étudiants des facultés des sciences (P. C. B.) et des facultés de pharmacie (Paris '34) 8+934 S., [2]('49) 8+941 S.; auch russ. – La représentation visuelle de l'espace chez ceux qui ont perdu la vue (Etampes '58) 8 S.

Bull. Soc. chim. France La triple liaison[1]): (5) **2** ('35) 142–55. – La notion d'élément[5]): 1474–85. – Catalyse et biologie: **4** ('37) 1495–500. – Réactivité de la double liaison: **6** ('39) 1280. – Bertholides et résonance[7]): **1950**, 613–16. – Remarques sur la préparation des chromones et coumarines à partir des phénols et des esters cétoniques[3]): 1132f. – Les complexes carrés du nickel et la synthèse du cyclo-octotetraène[2]): 1134. – Pléochroïsme et structure des silicates naturels[4]): **1952**, 563–65.

C. R. hebd. Séances Acad. Sci., Paris Coloration des hydrocarbures à noyaux benzéniques condensés[2]): **237** ('53) 1014–16. – Coloration des quinones: 1336–38.

J. Physique et Radium Sur le pléochroïsme de certains silicates naturels[4]): **13** ('52) 68 S.

Revue gén. Sci. pures et appl. Rôle de l'aluminium dans la structure chimique des feldspaths: **43** ('32) 702–05. – Sur les tendances de la chimie pure: **45** ('34) 312–15. – La structure chimique de l'atmosphère: **46** ('35) 42–46. – Revue de la chimie organique: 136–43. – Le paradoxe des principes de symétrie et de dégradation de l'énergie[5]): **47** ('36) 137–44.

Revue Métallurgie [Paris] Sur la conductibilité électrique des poudres en cours de frittage[6]): **54** ('57) 65–70.

Revue sci. Chimie pure, chimie physique, chimie appliquée: **72** ('34) 801–03. – Pourquoi admet-on des doubles liaisons entre atomes?: **73** ('35) 373–76. – L'évolution d'une nomenclature scientifique: **76** ('38) 556–60.

Teintex [Paris] Couleur et mésomérie[4]): **18** ('53) 467–85, 523–39, 597–621. – Coloration des hydrocarbures à noyaux benzéniques condensés[2]): **19** ('54) 277–301. – Coloration des quinones et de leurs cuves[2]): 325–50.

Mit: [1]) T. Aalam; [2]) E. Cerutti; [3]) J. Dallemagne; [4]) A. Martinet; [5]) C. Ramnoux; [6]) S. Tacvorian; [7]) Mme J. Martinet.

IV–VI **MARTINETTI,** Vittorio. Math. — 1931–34 Prof. ord. Geom. descritt., '34 Prof. emer., Univ. di Messina. (⊠)
*1859, Aug. 11, Scorzalo, Mantova;
†1936, Nov. 2, Milano.

Nekr. Boll. Mat. **33** ('37) LVI.

Atti Accad. peloritana, Messina Problemi grafici sulle quartiche gobbe di 1a specie e sulle quadriche, individuate rispettivamente da otto e nove punti generici: **35** ('34) 15–17.

Rend., Reale Ist. lombardo Sci. e Lettere Costruzione della polarità piana individuata da cinque date coppie di punti coniugati: (2) **65** ('32) 851–54.

VI **MARTINI,** Ardoino. Mikrochem. — Prof. Technol., Fac. de Ci. econ., comerc. y polít., Univ. Nacion. del Litoral, Rosario, Santa Fe, Argentinien. — — Weitere Daten nicht bekannt. (⊠)

S. Proc. 8th American scientific congress, Washington, D.C., 1940 **7** (Washington, D.C. '42) 129–34: Fundamentals and new orientations of microchemical analysis.

Anales Asoc. quím. argentina Espartin als ein mikrochemisches Reagens für verschiedene Metallkationen: **24** ('36) 168. – Neue mikrochemische Reaktionen zum Nachweis der Harnsäure: **30** ('42) 40. – Neue mikrochemische Reaktionen zum Nachweis der Anionen

$Fe(CN)_6^{4-}$ and $C_2H_4(COO)_2^{2-}$: **31** ('43) 61f. – Mikrochemie von Kolchizin und Atropin: 62. – Neue spezifische, hochempfindliche mikrochemische Reaktionen zum Nachweis von Strychnin, bei denen das Alkaloid als Katalysator wirkt: 62f. – Molekülkomplexe des Antipyrins und ihre Anwendung auf die qualitative Mikroanalyse: 69. – Metallische Polynitrite und ihre Anwendung in der Mikroanalyse[3]): 83f. – – Alle Arbeiten span.

Anales Farm. y Bioquím. [Buenos Aires] Beitrag zum mikrochemischen Nachweis von Arsen bei gerichtschemischen Untersuchungen[1]): **7** ('36) 65–71 [span.].

Anales Soc. ci. argentina Gedanken und Vorschläge zur mikrochemischen Forschung: **128** ('39) 193–95 [span.].

Mikrochemie (verein. Mikrochimica Acta) Über eine neue, äußerst empfindliche Reaktion des Koffeins und deren Anwendung zum lokalisierten Nachweis dieses Purinderivats in vegetabilischen Geweben: **12** ('32) 109f. – Über eine neue empfindliche mikrochemische Reaktion des Kokains: 111. – Über eine neue mikrochemische Reaktion zur Erkennung des Mo, V und W: 112f. – Neue Beiträge zur mikrochemischen Mineralanalyse, 5: **16** ('34) 233–35; ~ 6: **23** ('37) 159–64; ~ 8: **30** ('42) 195–200. – Über den mikrochemischen Nachweis von Quecksilber in der Nahrungsmittel- und toxikologischen Analyse[1]): **16** ('34) 236–38. – Beitrag zum mikrochemischen Nachweis von Arsen bei gerichtschemischen Untersuchungen[1]): **19** ('36) 181f. – Über eine neue mikrochemische Differentialreaktion des Brucins und Strychnins: **23** ('37) 164–67. – Das 2,4-Dinitro-alphanaphthol (Martiusgelb) als mikrochemisches Reagens auf die Kationen Tl(III) und Co(II): **25** ('38) 9–12. – Beitrag zur Mikrochemie des Yohimbins: **26** ('39) 227–32. – Über einige mikrochemische Unterscheidungsreaktionen für Kokain, Novokain und Stovain[2]): 233–40. – Mikrochemischer Nachweis der Blausäure in gerichtschemischen Untersuchungen[1]): 241–44. – Beitrag zur Mikrochemie des Berberins: **28** ('40) 231–34. – Über einige Unterscheidungsreaktionen der wichtigsten Cinchonaalkaloide: 235–44. – Eine neue spezifische und sehr empfindliche mikrochemische Reaktion des Koffeins: **29** ('41) 170–72. – Über einige mikrochemische Erkennungs- und Unterscheidungsreaktionen der Anionen CrO_4^{2-}, $Cr_2O_7^{2-}$ und SCN^-: 173–77. – Über einige neue, für die mikrochemische Mineralanalyse verwendbare Akridinkomplexe: **30** ('42) 201–04.

Mikrochimica Acta [Wien] Über hochempfindliche und spezifische mikrochemische Reaktionen des Sparteins mit Kobalt- und Eisensalzen: **1** ('37) 164–67. – Über mikrochemische Reaktionen des Merkuro-Ions: **2** ('37) 296–98.

Publicaciones, Fac. Ci. mat., físico-quím. y natur. apl. Industria, Univ. nacion. Litoral Die theoretischen und experimentellen Grundlagen der Mikrochemie: **2** ('37) 31 S. [span.].

Publicaciones, Inst. Investigac. Microquím., Univ. nacion. Litoral Katalytische mikrochemische Reaktion von Denigès zum Nachweis von Blausäure und ihre Anwendung bei der Untersuchung der Harnsäure: **1** ('37) 61–64. – Mikrochemie der Seltenerdmetalle: 71–75. – Qualitative Mikroanalyse: **2**, 2 ('38) 7–39. – Neue Beiträge zur mikrochemischen Mineralanalyse, 7: 69–73; ~ 8: **4** ('40) 63–68; ~ 9: **5** ('41) 97–100; ~ 11: **6** ('42) 87–93. – Eine mikrochemische Reaktion des Cholins: **2**, 2 ('38) 75–77. – Einige mikrochemische Unterscheidungsreaktionen der Hauptalkaloide der Chinarinde: **3** ('39) 5–17. – Mikrochemie des Berberins: 29–32. – Eine mikrochemische Gruppenreaktion zum Nachweis dreiwertiger Chrom-, Eisen- und Aluminiumionen[2]): 55–59. – Salizylsaures Natrium als ein mikrochemisches Reagens für Silber-, Blei- und Quecksilberionen[2]): 61–65. – Mikrochemischer Nachweis von Arsen bei gerichtschemischen Untersuchungen[1]): 67–72. – Ein Lehrgang in qualitativer Mikroanalyse: 75–93; **4** ('40) 97–119; **5** ('41) 121–44. – Der tatsächliche Stand der Mikrochemie: **3** ('39) 99–120. – Eine mikrochemische Reaktion zum Nachweis und zur Unterscheidung von Chromat-, Bichromat- und Rhodanionen: **4** ('40) 25–29. – Eine neue spezifische und sehr empfindliche mikrochemische Reaktion des Koffeins: 31–33. – Kokain als ein Reagens in der Mikroanalyse der Minerale: 41–44. – Einige mikrokristalloskopische Reaktionen, hervorgerufen durch Veränderung des Dispersionsgrades: 69–74. – Für die mikrochemische anorganische Analyse verwendbare Akridinkomplexe: 75–78. – Mikrochemischer Nachweis von Titan in Mineralen, die es als Grund- oder Nebenelement enthalten: 89–94. – Topochemische Reaktionen und ihre Bedeutung in der Mikroanalyse: **5** ('41) 5–20. – Einige neue mikrochemische Reaktionen der Harnsäure: 35–38. – Metallische Polynitrite und ihre Anwendung in der Mikroanalyse[3]): 107–17; ~ 2[3]): **6** ('42) 71–76. – Mikrokristallographie in Gelen: 77–85. – Anwendung der mikrochemischen Quecksilberreaktion zur toxikologischen Analyse und zur Bestimmung von Bromaten[1]): **9** ('45) 53–58. – – Alle Arbeiten span.

Revista Asoc. bioquím. argentina Mikrochemie der Opiumalkaloide: 8 ('42) Nr. 24, 17–24 [span.].

Revista brasil. Chim. Die wissenschaftliche und praktische Bedeutung der Mikrochemie: **6** ('38) 307–09 [ ]. – Qualitative Mikroanalyse: **7** ('39) 177–85 [ ].

Mit: [1]) B. Berisso; [2]) J. C. Baró Graf; [3]) L. Sánchez Rizza.

VI **MARTINOZZI,** Leonardo Giuseppe Lapo Maria. Geophysik. – Seit 1927 Geophysiker b. italien. Luftfahrtministerium: zuerst Wetterdienststelle Roma, dann Meteorol. Observat. Vigna di Valle, später Flughafen Lido (Roma); '39–40 als Leiter d. Meteorol. Dienstes d. Transkontinentalen Ital. Luftverkehrs auf d. Insel Sal, Kapverdische Inseln; '41 Leiter d. Flugmeteorol. Dienstes in Albanien. – Medaglia Vittorio Emanuele II (Univ. di Bologna). (☒)

*1904, März 28, Modena;

†1941, Nov. 27, Milanovak, Serbien (Flugzeugabsturz).

Nekr. Geofisica pura e appl. **4** ('42) 40.

Zur Bibliogr. Annuario, R. Univ. Studi Roma **1939/40,** 663f.

S. Enciclopedia italiana di scienze, lettere ed arti **13** (Roma '32): Elettromagnete; **18** ('33): Igrometro; **19** ('33): Ioni e ionizzazione atmosferica; **23** ('34): Miraggio; **24** ('34): Nefoscopio. – Über aerologische Diagrammpapiere. Internationale Meteorologische Organisation. Internationale Aerologische Kommission. Denkschrift des Präsidenten (L. Weickmann) (Berlin '38): Das Emagramm von A. Refsdal.

Aerotecnica La determinazione della velocità relativa delle nubi: **13** ('33).

Annales Inst. Physique Globe Univ. Paris Mesures de la ionisation atmosphérique: **11** ('33).

Annali Ufficio Presagi Misure solarimetriche in Roma: **5** ('32) 12 S. – Misure di ionizzazione atmosferica: ibid. 13 S.

Atti Soc. ital. Progr. Sci. Un anemometro e un nefoscopio costruiti recentemente in Italia: **22.** 1933, 2 ('34) 221–23.

Atti Soc. Naturalisti e Matematici Modena La caduta di sabbia del 2 maggio in Roma: **64** ('33). – Metodo semplice per la determinazione della componente verticale della velocità del vento: **67** ('36) 1–6.

Boll. Comitato nazion. ital. Geod. e Geofis. Densità ionica e tipi d'aria: **3** ('33).

Rivista Meteorol. aeronaut. I diagrammi termodinamici in meteorologia: **1** ('37) 10–30. – Contributo alla conoscenza del vento al suolo all'Isola del Sale (Arcipelago di Capo Verde): **5** ('41) 35–54.

IV,VI de **MARTONNE,** Louis Eugène Emmanuel. Geogr. – 1902 Dr. ès lettres, '07 Dr. ès sci., '09–44 Prof. et Dir. de l'Inst. de Géogr., Univ. de Paris; '05–08 Prof., Univ. de Lyon; '26 Dir. du Labor. de Géogr., Ecole Prat. des Hautes Etudes, Paris; Dir., Ecole de Cartographie, Paris; 1899–1900 Secrétaire, Soc. Géol. de France; '22, '27 Prés., Soc. Météorol. de France; '31–37 Secrétaire gén., '38–49 Prés., '49–55 Prés. d'honneur à vie, Union Géogr. Int.; Prés., Assoc. des Géographes franç.; Prés., Soc. de Géogr. de Paris; Prés., Comité Nation. de Géogr. – Hon. D.Sc. (Univ. of Cambridge); Dr.h.c. (Univ. Cluj). – '39 Cullum Medal (Amer. Geogr. Soc.); '50 Victoria Medal (Roy. Geogr. Soc. London).

*1873, Apr. 1, Chabris, Indre;

†1955, Juli 24, Sceaux, Seine.

Zur Biogr. R. Ficheux in: Anniversaire (50e) du Laboratoire de Géographie de l'Université de Rennes 1902–1952. Volume jubilaire (Rennes '52).

Nekr. A. Allix, Revue Géogr. Lyon **31** ('56) 74–78. – H. Awad, Bull. Soc. Géogr. Egypte **29** ('56) 5f. – P. Birot, Boll. Soc. geogr. ital. (8) **9** ('56) 1–3. – W. E. Boerman, Tijdschr. koninkl. nederl. aardrijkskund. Genootsch. **72** ('55) 391f. – G. Chabot, Bull. Sect. Géogr., Ministère Educat. nation. **68** ('56) XIVf. (m. Bildn. [Medaille]). – A. Cholley, Annales Géogr. **65** ('56) 1–14 (m. Bildn.). – D. Cot, C. R. hebd. Séances Acad. Sci., Paris **241** ('55) 713–16. – D. Faucher, Revue géogr. Pyrénées et Sud-ouest **26** ('55) 327f. – J. Frödin, Ymer **1956,** 75 (m. Bildn.). – J. Gottmann, Geographical Rev. **46** ('56) 277–79. – F. Isachsen, Norsk geogr. Tidsskr. **15** ('55/56) 97f. (m. Bildn.). – J. Krejči, Sborn. československ. Společnosti zeměpisné **62** ('57) 229–31. – M. Larnaude, Annales Univ. Paris **26** ('56) 75–80 (m. Bildn.). – P. Marres, Bull., Soc. languedocienne Géogr. (2) **26** ('55) 175–81. – R. Perret, M. Sorre, Bull. Assoc. Géographes franç. **1955,** 186–91. – A. Cholley, Quelques aperçus sur l'œuvre d'Emmanuel de Martonne: ibid. 192–95. – H. J. F., Geographical J. **121** ('55) 547–49. – J. V. A., Bull. Soc. roy. Géogr. Anvers **68** ('56) Nrn. 1, 2, 3, 4.

Zur Bibliogr. Les titres et travaux scientifiques de Emmanuel de Martonne (Paris '32) 18+62 S. – Supplément à la notice sur les titres et travaux scientifiques de Emmanuel de Martonne (Cahors '35) 16 S. – Deuxième supplément à la notice sur les travaux scientifiques de Emmanuel de Martonne (Cahors '38) 15 S.

H. P. Vidal de La Blache, Principes de géographie humaine (Paris '22); engl.: Principles of human geography (New York '26), (London '50). – Manuel de la recherche documentaire en France **2**, 1, 2e Sect.: Géographie (Paris '46) (Union Française des Organismes de Documentation); darin eig. Beiträge: 9–17: Généralités[2]); 18f.: Géographie physique: Généralités; 22–24: ~: Morphologie.

MH. Atlas de France (Paris '32ff.); davon selbst bearbeitet: **3–6**: Relief du sol (m. A. Cholley, R. Perret) ('33); **8**: Morphologie, Feuille NO (m. R. Clozier) ('38); **8a**: ~, Feuille NE (m. A. Cholley) ('38); **9**: ~, Feuille SO (m. P. Birot, R. Clozier, P. Lamare) ('41); **9a**: ~, Feuille SE (m. P. Birot, A. Cholley) ('41); **24**: Mers et côtes, 1 (m. A. Briquet, A. Perpillou, E. Bénévent, L. Dangéard) ('35); **30**: Réseau hydrographique et régimes fluviaux (unter Mitarbeit von anderen) ('37); **72–75**: Densité de la population en 1931 (m. A. Demangeon) ('32).

MHZ. Annales Géogr. **29** ('20) – **52** ('43). – (Sekretär) Bull. Assoc. Géographes franç.

S. La Silésie Polonaise (Paris '32): La géographie humaine de la Haute-Silésie. – C.R. 56e Session de l'Association Française pour l'Avancement des Sciences, Bruxelles 1932 (Paris '32) 13–16: Dégradation de l'hydrographie des régions endoréiques. – C.R. Congrès international de géographie, Paris 1931, **2** (Paris '33) 413–23: Intérêt d'une cartographie précise des surfaces d'érosion. – ~, Varsovie 1934, **1** (Warszawa '35) 206: Présentation de l'Atlas de France; **2** ('36) 339–46: Rapport sur les travaux de la Commission pour la Cartographie des Surfaces d'Aplanissement; **4** ('38) 73: Présentation de la carte de l'Empire romain (feuille de Lyon). – ~, Amsterdam 1938, **2** (Leiden '38) 133–35: L'Atlas de France. – La science française. Neuaufl. **1** (Paris '33) 373–96: Science géographique. – Mélanges offerts à Nicolas Iorga par ses amis de France et des pays de langue française (Paris '33) 663–68: Le village roumain subcarpatique. – Traité de climatologie biologique et médicale **2** (Paris '34) 267–92: Conditions générales des climats régionaux et locaux. – Rapport de la Commission pour la Cartographie des Surfaces d'Aplanissement Tertiaires (Paris '38) Vf.: Introduction; 1–8: Rapport sur les travaux de la Commission. – A. Demangeon, Problèmes de géographie humaine (Paris '42): Article nécrologique à la mémoire d'A. Demangeon. – Livre jubilaire offert à Maurice Zimmermann, professeur honoraire de géographie à l'Université de Lyon, 4 mars 1949 (Lyon '49): Vosges et Forêt Noire. – Proc. United Nations scientific conference on the conservation and utilization of resources, Lake Success, N.Y., 1949 (Lake Success, N.Y.–NewYork '53): Interdépendance des ressources naturelles.

W. Les régions géographiques de la France (Paris '21) 191 S., Neuaufl. ('51) 191 S.; engl.: Geographical regions of France (London '33) 11+224 S., Neuaufl. ('49) 224 S. – Europe centrale, **1**: Généralités, Allemagne (Paris '30 ['31]) 379 S., **2**: Suisse, Autriche-Hongrie, Tchécoslovaquie, Pologne, Roumanie ('31 ['32]) S. 381–846 (Géographie universelle, 4); span.: Europa central, **1**: Generalidades, Alemania (Barcelona '31) 477 S. (Geografía universal, 4), **2**: Suiza, Polonia, Checoslovaquia, Austria, Hungría y Rumania ('32) 592 S. (~ 5). – Abrégé de géographie physique [3](Paris '32) 4+355 S. – La France. Interprétation géographique de la carte d'Etat-Major à 1/80000. Exercices pratiques gradués sur les divers types de régions (m. A. Cholley) Fasc. **1** (Paris '34) 34 S.; Fasc. **2** ('35) S. 35–64. – Traité de géographie physique **1**: Notions générales, climat, hydrographie [5](Paris '34) 16+492 S., [6]('40), [7]('48), [8]('50) 16+496 S.; **2**: Le relief du sol [5]('35) S. 493–1051, . . . , [9]('51) S. 499–1059; **3**: Bio-géographie (m. A. Chevalier, L. Cuénot) [6]('50) S. 1059–1537, [7]('55) S. 1061–1542. – Géographie physique de la France (Paris '42) 463 S. (Géographie universelle, 6: La France, 1). – Deux années sèches: 1921 et 1942 (m. Mlle S. Bagneris) (Paris '45) 181 S. (Annuaire hydrologique de la France 1942). – Les Alpes (Géographie générale) [4](Paris '46) 217 S. (Collection A. Colin, 76). – Frontière polono-allemande (m. anderen) (Paris '46) 232 S. – Glaciers et relief glaciaire (Alençon '47) 15 S. (Les conférences du Palais de la Découverte, 21 avril 1945). – Géographie aérienne (Paris '48) 243 S.

Acta geogr. [Paris] Centenaire de la naissance de Paul Vidal de La Blache (Discours): Nr. **4** ('47) 2–6.

Annales Géogr. La structure géographique de l'Afrique du Nord française (à propos de la nouvelle carte de l'Atlas Vidal–LaBlache): **42** ('33) 61–72. – Le Général Nicola Vacchelli †: 215. – L'hydrographie du Karst, d'après O. Lehmann: 303–08. – W. M. Davis †: **43** ('34) 326–29. – Le Congrès international de géographie, Varsovie 1934: 662. – Problèmes des régions arides sud-américaines: **44** ('35) 1–27. – Photogrammétrie et photographie aérienne. A propos du Congrès et de l'Exposition internationale de photogrammétrie: 65–70. – Tectonique et évolution des vallées alpines: **45** ('36) 337–48. – Le Congrès international de photogrammétrie, à Rome, et le 1er Congrès de géographie aérienne, à Paris: **48** ('39) 171–73. – Relief et structure des Hautes Alpes en Maurienne et Tarentaise: 337–42. – Problèmes morphologiques du Brésil tropical atlantique, 1: **49** ('40) 1–27; ~ 2: 106–29. – Jules Sion, 1879–1940: 152f. – Albert Demangeon, 1872–1940: 161–69. – Lucien Gallois, 1857–1941: **50** ('41) 161–67. – Hypsométrie et morphologie. Détermination et interprétation des altitudes moyennes de la France et de ses grandes régions naturelles: 241–54. – Le cinquantenaire des Annales de Géographie: **51** ('42) 1–6. – Nouvelle carte mondiale de l'indice d'aridité: 241–50. – Louis Liotard † [4]): **53/54** ('45) 314f. – Géographie zonale: La zone tropicale: **55** ('46) 1–18. – Douglas Johnson †: 49–52. – Général Georges Perrier, 1872–1946: 161–63. – Une reconnaissance géographique au Sinaï: **56** ('47) 241–64.

Bull. Assoc. Géographes franç. L'excursion du 14 mai 1933: **10** ('33) 86–91. – Abrupts de faille et captures récentes. La Sierra do Mar de Santos et l'Espinouse: 138–45. – Les régions arides du Nord argentin et chilien: **11** ('34) 58–62. – Impressions de Fennoscandie: **12** ('35) 34–38. – L'excursion du 11 juin 1936: **13** ('36) 103–06. – Scènes et panoramas des Alpes Françaises, des glaciers du Haut-Dauphiné à la Méditerranée: **14** ('37) 39. – Impressions de voyage au Brésil: **15** ('38) 50–55. – Le Congrès international de géographie d'Amsterdam: 106f. – Aspects de la Finlande (Commentaire d'un film): **17** ('40) 10f. – Paysages de Scandinavie (Commentaire de projections): 49f. – L'altitude moyenne de la France et ses grandes régions naturelles: **18** ('41) 2–4. – Morphométrie et morphologie comparées du Massif Central et du Massif Bohémien: 113f. – Ernest Chaput †: **20** ('43) 105f. – Un planisphère de morphologie structurale: **22** ('45) 2f. – Impressions d'un voyage au Sinaï: **24** ('47) 25–27. – Excursion annuelle de l'Association, 13–14 juillet 1947. Vallée de la Marne et côte briarde-champenoise: 121–24.

Bull. mens. Assoc. franç. Avancement Sci. Comment on fait un atlas: (N.S.) Nr. **119** ('34) 275–80.

Bull., Soc. languedocienne Géogr. Le centenaire de Paul Vidal de La Blache à Pézenas, 15 juin 1947 (Discours): (2) **19** ('48) 146–51.

Bull. Soc. roy. belge Géogr. La zone aride de l'Amérique du Sud: **60** ('36) 199–205.

Bull. Soc. roy. Géogr. Egypte Déserts de l'Amérique du Sud: **22** ('47/48) 1–19. – Reconnaissance géographique au Sinaï: 105–36.

C. R. hebd. Séances Acad. Sci., Paris Essai de synthèse morphologique des Carpates: **194** ('32) 1177–80. – La diagonale aréique de l'Amérique du Sud: **198** ('34) 592–94. – Sur la formule de l'indice d'aridité[3]): **200** ('35) 166–68. – Aréisme et mouvements du sol dans les plaines argentines: 250–52. – Sur le modelé tropical au Brésil: **206** ('38) 926–28. – Sur la formation des Pains de sucre au Brésil: **208** ('39) 1163–65. – Sur l'hypsométrie de la France: **211** ('40) 378–80. – Interprétation géographique de l'hypsométrie française: 426–28. – Sur l'évolution des versants en climat tropical humide[1]): **218** ('44) 529–32. – Sur les zones structurales du relief terrestre; la zone tropicale: **220** ('45) 758–61. – Notice nécrologique sur Sven Hedin: **235** ('52) 1452.

C. R. somm. Séances Soc. Biogéogr. L'extension des régions arides de l'Amérique du Sud: **11** ('34) 26f.

Estudios geogr. Originalité de la nature tropicale: **5** ('44) 495–510.

Etudes rhodaniennes Le zonalisme. Application à la géographie physique de la zone tropicale: **19** ('44) Nr. 1/2, 103–06.

Geografiska Ann. La dissymétrie des glaciations régionales et ses facteurs: **31** ('49) 200–03.

Geographical J. The Andes of the North-West Argentina: **84** ('34) 1–16.

Géographie Le Congrès international de géographie et l'Assemblée de l'Union Géographique Internationale à Varsovie: **62** ('34) 198f.

Humanidades [Buenos Aires] Las regiones áridas de América del Sur especialmente el noroeste argentino: **28** ('40) 53–66.

J. Geomorphology Alignement et dissymétrie des reliefs dans la région parisienne: **1** ('38) 33–39.

J. Soc. Américanistes Paris Le milieu physique et les conditions anciennes du peuplement dans le nord-ouest argentin: (N.S.) **26** ('34) 301–07.

Météorologie Nouvelle carte mondiale de l'indice d'aridité: **17** ('41) 3–26.

Petermanns geogr. Mitt. Der „Atlas de France": **80** ('34) 205f.

Revista geogr. amer. La transformación económica de la Lorena: **1** ('33) 40–46.

Revista Soc. geogr. Cuba La paleogeografía: **13** ('40) 50–70. – La representación del relieve: **14** ('41) 47–68.

Revue géogr. Pyrénées et Sud-ouest L'Atlas de France du Comité National de Géographie: **5** ('34) 454–56.

Sciences [Paris] Essai de classification des grands types de climats: **45** ('37) 335–48.

Ferner ein Beitrag „De l'eau qui tombe à l'eau qui coule" (m. A. Coutagne) (32 S.) in einem Bericht über den Kongress der Association Internationale d'Hydrologie scientifique, Lisboa 1933. – Langjähriger Herausgeber der Jahresberichte des „Comité National Français de Géographie".

Mit: [1]) P. Birot; [2]) E. Colin; [3]) Mme R. Fayol; [4]) A. Guibaud.

VI **MARVEL,** Carl Shipp. Chem. (org.). – 1921–23 Assoc., '23–27 Assist. Prof., '27–30 Assoc. Prof., '30–53 Prof., '53–61 Research Prof., '61 Prof. Emer., Univ. of Illinois, Urbana, Ill.; '61– Prof., Univ. of Arizona, Tucson, Ariz.; '62–64 Chairman, Materials Advisory Committee, National

Research Council; '45 Pres., Amer. Chem. Soc. – '46 Hon.D.Sc. (Illinois Wesleyan Univ., Bloomington, Ill.); '63 Hon.D.Sc. (Univ. of Illinois, Urbana, Ill.); '70 Dr. h.c. (Univ. Louvain). – '44 William H. Nichols Medal (New York Sect., Amer. Chem. Soc.); '50 Willard Gibbs Medal (Chicago Sect., Amer. Chem. Soc.); '55 Gold Medal (Amer. Inst. of Chemists); '56 Priestley Medal (Amer. Chem. Soc.); '64 International Award (Soc. of Plastic Engineers); '64 Award in Polymer Chemistry (Amer. Chem. Soc.); '65 Perkin Medal (Amer. Sect., Soc. of Chem. Industry); '66 Madison Marshall Award (North Alabama Sect., Amer. Chem. Soc.); '66 Distinguished Service Award (U.S. Air Force Materials Labor.); '66 Award for Outstanding Achievement (U.S. Air Force Systems Command); '67 Chemical Pioneer Award (Amer. Inst. of Chemists); '70 John R. Kuebler Award (Alpha Chi Sigma Fraternity); '73 Award in the Chemistry of Plastics and Coatings (Amer. Chem. Soc.).

*1894, Sept. 11, Waynesville, Ill.

Zur Biogr. Chemical and Engng. News **26** ('48) 1696f. (m. Bildn.); **33** ('55) 2230 (m. Bildn.); **42** ('64) 30. März, 70–74 (m. Bildn.). – Nature [London] **153** ('44) 583.

Zum 55. Geb.tag Carl S. Marvel, builder of men: Chemical and Engng. News **28** ('50) 1920f. (m. Bildn.).

Zum 75. Geb.tag Festheft: J. Polymer Sci., Part A-1 **8** ('70) Nr. 8 (S. 1921–2308); darin S. 1921f.: C. G. Overberger, Foreword [Würdigung] (m. Bildn.).

Zur Bibliogr. Bibliographies Chemists **1** ('71) Nr. 3, 215–40.

S. Organic chemistry; an advanced treatise (H. Gilman) **1** ^{2}(New York '43) 150–405: Stereoisomerism[239,4]; 701–78: Synthetic polymers[283]; italien. in: Chimica organica superiore **1** (Torino '55). – Frontiers in chemistry. Advances in nuclear chemistry and theoretical organic chemistry (R. E. Burk, O. J. Grummit) **1** (New York–London '43) 219–41: Organic chemistry of vinyl polymers. – Synthetic rubber (G. S. Whitby, C. C. Davis, R. F. Dunbrook) (New York–London '54) 289–315: Chemical study of the structure of diene polymers and copolymers[17].

W. An introduction to the organic chemistry of high polymers (New York '59, London '60) 8+82 S.; russ.: (Moskva '61) 125 S.; japan.: (Tokyo '60) 91 S.; span.: (Barcelona '62) 82 S.

Analytical Chem. Separation of polybasic acids by fractional extraction[211]: **21** ('49) 1480–83.

Auk Unusual feeding habit of a Cape May warbler: (4) **65** ('48) 599–.

Biographical Mem., Nation. Acad. Sci. USA Frank Clifford Whitmore, 1887–1947: **28** ('54) 289–311. – Worth Huff Rodebush[263]: **36** ('62) 277–88.

Canadian Field Naturalist The blue grosbeak in Western Ontario: **64** ('50) 94–.

Chemical Bull. The scientific work of Roger Adams: **23** ('36) Nr. 3.

Chemical and Engng. News Careers in chemistry and chemical engineering, 7: The graduate training of chemists[4,82]: **28** ('50) 2765–67. – The responsibility of American chemists today: **34** ('56) 2168–71.

Chemistry and Industry Organic chemistry in universities and industry: **1965**, 666f.

Industrial and Engng. Chem. Copolymers of butadiene with halogenated styrenes[117,54,130,322,303]: **39** ('47) 1486–90. – Copolymers of butadiene with alkyl, aryl, alkoxyl, and phenoxyl styrenes[117,54,107,324,289,130,322,303]: **40** ('48) 2371–73. – Copolymerization of α,β-unsaturated ketones. Benzalacetophenone and other ketones copolymerized with butadiene and other monomers[196,118,155,251,144]: **45** ('53) 1532–38. – Polybutadiene modified by addition of thiols containing polar groups[284,118,251,144]: 2090–93. – Copolymerization reactions of cinnamic acid, its derivatives, and some related compounds[154,192,251,144]: 2311–17. – Copolymers of α-alkylacrylonitriles with 1,3-butadiene[244,251,144]: **46** ('54) 804–08. – Polymers of butadiene with monomers containing nitrile, carboxyl, and nitro groups[9,265,219,118,192,251,144]: **47** ('55) 344–51. – Butadiene – acrylic acid copolymers[202,67,227,251,144]: 2221–23. – Copolymers of pyridine analogs of chalcone with butadiene[42,227,251,144]: **48** ('56) 214–18.

Industrie chim. belge This – the polymer age: **35** ('70) 994–96 (m. französ., fläm. u. deutscher Zusammenfassg.).

Iranian J. Sci. and Technol. Self condensation of aromatic tetramines and their polycondensation with some tetrachloro compounds[291]: **2** ('72) Nr. 3, 203–12.

J. agric. and Food Chem. Polymerization studies with vinyl esters of esters derived from agricultural products[96]: **13** ('65) 402–05.

J. amer. chem. Soc. The rearrangement of certain polyines [,1]: The structure of the product obtained by the rearrangement of tetraphenyl-di-tertiary-butylethinylethane[8]: **54** ('32) 1174–84; Rearrangements of polyines,

2: Tetraphenyl-diphenylethinylethane[177]): 4445–50; ~ 3: The synthesis of bis-1,1'-(1,3-diphenylindyl)[98]): 4450–54; ~ 4: Tetraphenyl-di-(3-methyl-3-ethylpentinyl-1)-ethane[101]): **55** ('33) 1716–22; ~ 5: Reactions of bis-1,1'-(1,3-diphenylindenyl)[92]): 3712–15; ~ 6: Tetra-biphenyl-di-tertiary-butylethinylethane[256]): 4709–13; ~ 7: Formation of allenes[72])[254]): **57** ('35) 2619–23; ~ 8: Formation of diallenes[70]): **58** ('36) 29–34, 2659; ~ 9: Dimers of tri-t-butylethynylmethyl halides[243]): 865–70; ~ 10: Rearrangement product of hexa-t-butyl-ethynylethane[243])[195]): **59** ('37) 1351f.; Rearrangement of styryl substituted ethanes, 11[175])[195]): **60** ('38) 410–13; Rearrangements of tetra-aryldiallenes, 12: The synthesis of 2,8-diphenylchrysene[195]): **61** ('39) 895–97. – The reduction of acetylenic carbinols with titanium trichloride[249]): **54** ('32) 1184–90. – The directive influence of the alkylsulfonamido and dialkylsulfonamido groups[239])[92]): 2470–76. – Phenyl substituted aliphatic acids[101]): 2515–27. – Higher alkyl sulfonates[229]): **55** ('33) 345–49. – Quaternary ammonium salts from halogenated alkyl dimethylamines, 2: The polymerization of γ-halogenopropyldimethylamines[87])[151]): 753–57; ~ 3: ω-Bromo-heptyl-, -octyl-, -nonyl-, and -decyl-dimethylamines[146])[254]): 1977–81; Quaternary ammonium salts from bromopropyldialkylamines, 4: Formation of four-membered rings[87]): **56** ('34) 725–27; ~ 5: Conversion of cyclic ammonium salts to linear polymers[87]): **57** ('35) 1137–39; Ammonium salts from bromopropylamines, 6: Salts of polymeric tertiary amines[50]): **58** ('36) 2277–79. – [Cyclization of dienynes, 1:] Reactions of some substituted divinylacetylenes[20]): **55** ('33) 1655–62; [~ 2:] Cyclization of substituted divinylacetylenes[168]): 4276–79; [~ 3:] Hydrophenanthrenes and related ring systems from dienynes[199])[180])[272]): **58** ('36) 972–76; ~ 4: trans-1,2-Dialkyloctahydronaphthalene derivatives[180]): **59** ('37) 2662–65; ~ 5: Hydrophenanthrenes[199])[180])[194]): 2666–68; ~ 6: Fused ring systems from dienynes: Some limitations of the cyclization reaction[199]): 2669–72; ~ 7: Dehydrogenation of trans-dodecahydrophenanthrene and a further study of trans-3,4-dialkyloctalones[174])[136]): **61** ('39) 2003–08; ~ 8: Ring closures with α- and β-cyclohexenyl-acetylene derivatives of octalin[194])[193]): **62** ('40) 2659–65; ~ 9: Synthesis of a new perhydro-9-phenanthrone[269]): 2739f.; ~ 10: The dodecahydrophenanthrone obtained from dicyclohexenylacetylene[194])[269]): 2741–43; ~ 11: Ring closures with di-Δ^2-2-octalinylacetylenes; synthesis of perhydro-9-phenanthrone[193]): **63** ('41) 2218–20; ~ 12: The preparation and dehydrogenation of spirodecane and 3-methyl-spirodecane[29]): 2630–32. – The oxidation of Grignard reagents[92]): **55** ('33) 1693–96. – A proof of the unsymmetrical structure of the azoxy group[38]): 2841–50. – Trialkylethinyl-carbinols[40])[256])[224]): 3792–96. – The influence of a quaternary ammonium group on the hydrogen atoms of an adjacent methylene group[119]): 5000–02. – The reaction between sulfur dioxide and olefins [,1]: Cyclohexene[75])[41]): **56** ('34) 1815–19; ~ 2: Propylene[114]): **57** ('35) 1691–96; **58** ('36) 2659; ~ 3: Higher olefins and some limitations of the reaction[218]): **57** ('35) 2311–14; ~ 4: Polysulfones from acetylenes and sulfur dioxide[218]): **58** ('36) 2047–50; ~ 5: The structure of the polysulfones from olefins of the type $RCH{=}CH_2$[91])[218]): **59** ('37) 707–11; ~ 6: Ascaridole as a catalyst for the reaction [218])[91]): 1014f.; ~ 7: Copolymers from mixtures of olefins, acetylenes, and olefin derivatives with sulfur dioxide[52])[91]): **60** ('38) 1450–55; ~ 8: Vinyl halide polysulfones; peracetic acid as a catalyst for the reaction between sulfur dioxide and olefins[91]): 2622–26; ~ 9: Structural identity of polysulfones prepared by peroxide catalysis and under the influence of ultraviolet light[231]): **61** ('39) 1603; Polysulfones, 10: Vinyl chloride polysulfone[62]): 2709f.; Acetylene polysulfones, 11: The compound $C_{10}H_{16}SO_2$ from 1-pentyne-polysulfone and some experiments on other acetylenepolysulfones[274]): 2710–14; Polysulfones, 12: The synthesis of 3,4- and 2,5-di-n-propyltetrahydrothiophene-1,1-dioxides[274]): 2714–16; Reaction between sulfur dioxide and olefins, 13: Non-peroxide catalysts for the reaction between sulfur dioxide and olefins[13])[231]): **64** ('42) 1229f. – [Hexaalkylphenyl-ethanes, 1:] Hexa-p-alkylphenylethanes: The effect of the p-alkyl group on the dissociation of the ethane[46])[217]): **57** ('35) 1311–14; [~ 2:] Di-p-alkylphenyldibiphenylene-ethanes: The effect of the p-alkyl group on the dissociation of the ethane[224]): 1635–37; ~ 3: Hexa-p-cyclohexylphenylethane and hexa-m-tolyl-ethane[30]): **59** ('37) 1175f.; ~ 4: Preparation of some alkylbromobenzenes[30]): 1176–78; ~ 5: Dissociation of hexa-p-alkylphenylethanes[217]): 2622–25; Effect of substitution on the dissociation of hexaarylethanes, 6: Hexa-m-biphenylethane[89])[175]): **61** ('39) 77f.; ~ 7: Meta and para phenyl groups[175])[89]): 2008–10; ~ 8: The disproportionation of tri-p-tolylmethyl[213])[175]): 2769–71; ~ 9: The disproportionation of hexa-p-alkylphenylethanes and the effect of ortho-, meta-, and para-alkyl groups on dissociation of hexaarylethanes[175])[111])[131]): 2771–75; Hexa-p-alkylphenylethanes, 10: p-Cyclohexyl derivatives of hexaphenylethane[111]): **62** ('40) 1550–53; Alkyl-substituted hexaarylethanes, 11: Symmetry and steric effects as factors in dissociation[131])[111]): **63** ('41) 1892–96; The dissociation of hexaarylethanes, 12: The effect of naphthyl and biphenyl groups[230])[111])[270]): **64** ('42) 1824f.; ~ 14: Ethanes derived from mixtures of triaryl halides[111]): 2227; ~ 15: Methoxyl substituents[270])[127]): **66** ('44) 415–17; ~ 16: Alkyl and halogen derivatives[127])[163])[162])[270])[211]): 914–18. – Some reactions of δ-amino-valeric acid and its derivatives[224]): **57** ('35)

1557f. — The synthesis of bis-2,2'-(1,3-diphenylindenol-3). A contribution to the rubrene problem[66]: 1898–900, 2739. — The reduction of aromatic compounds with hydrogen and a platinum oxide – platinum black catalyst in the presence of halogen acid[30][64]: **58** ('36) 1594–96. — The structure of vinyl polymers [,1]: The polymer from methyl vinyl ketone[147]: **60** ('38) 280–84; ~ 2: Polyvinyl alcohol[57]: 1045–51; ~ 3: The polymer from α-angelica lactone[147]: **61** ('39) 1682–84; ~ 4: The polymers of the methyl α-haloacrylates[50]: 3156–60; ~ 5: Some reactions of the polymer of methyl vinyl ketone[147]: 3234; ~ 6: Polyvinyl halides[220][217]: 3241–44; ~ 7: Polyacrylyl chloride[147]: 3244–46; ~ 8: Polystyrene and some of its derivatives[170]: **62** ('40) 45–49; ~ 9: Catalysts[212]: 2666–70; ~ 10: Polymeres of the α-haloacrylic acids and their derivatives[56][44][50]: 3495–98; ~ 11: Optically active polymers from active vinyl esters; a convenient method of studying the kinetics of polymerization[56][44]: 3499–504; ~ 12: The polymer of methyl isopropenyl ketone[212][48]: **64** ('42) 92–94; ~ 13: Copolymerization of alkyl acrylates and alkyl maleates; some kinetic studies on copolymerization[74]: 1675–78; ~ 14: The structure of copolymers of vinyl chloride and vinyl acetate[129][162][222]: 2356–62; ~ 15: Optically active aryl peroxides; preparation, decomposition, and use as catalysts for vinyl polymerization[74][203]: **65** ('43) 1647–52; ~ 16: End-group structure of polyvinyl alcohol[117]: 1710–14; ~ 17: Copolymers of p-chlorostyrene and methyl methacrylate[222]: 2054–58; Vinyl polymers, 18: An optically active styrene derivative and its polymer[189]: **66** ('44) 475–77; ~ 19: Preparation and polymerization of p-cyanostyrene, p-vinylbenzoic acid and its methyl ester[189]: **67** ('45) 2250–52; ~ 20: The preparation and polymerization of some substituted styrenes[189][6][221]: **68** ('46) 736–38; ~ 21: The preparation and polymerization of the six nuclear isomeric dichlorostyrenes[189][6][127][221][289]: 861–64; ~ 22: The preparation and polymerization of four isomeric dimethylstyrenes[221][189]: 1085–88; ~ 23: The preparation and polymerization of some alkyl styrenes[6][189]: 1088–91; ~ 24: The reaction of benzoyl peroxide and maleic ester[203][252]: **69** ('47) 52–58. — The possible asymmetry of a monosubstituted cyclononane[90]: **60** ('38) 1051–53. — Hydrogen bonds involving the C–H link [,2]: The solubility of haloforms in donor solvents[282][47]: 1337–43; ~ 4: The effect of solvent association on solubility[47][282]: 2666–73; ~ 5: The solubility of methylene chloride in donor solvents[47][282]: 2714–16; Hydrogen bonding by S–H, 7: Aryl mercaptans[47][89]: **61** ('39) 3161f.; Hydrogen bonds involving the C–H link, 8: The solubilities of completely halogenated methanes in organic solvents[47][282]: 3550–52; ~ 9: Nitriles and dinitriles as solvents for hydrogen-containing halogenated methanes[47][282]: **62** ('40) 227f.; ~ 10: The solubility of donor solutes in halogenated hydrocarbons[58][47]: 2273–75; ~ 11: Effect of structure on bonding of donor and acceptor molecules[47][89]: 3109–12; ~ 12: Hydrogen bonds involving the CH←F link[47][89]: 3263f.; ~ 13: Hydrogen bonding and the solubility of alcohols and amines in organic solvents[47][89][282]: **63** ('41) 254–56; ~ 14: Solubility of donor solutes in hydrogen-bonding solvents[100][47]: 1609; ~ 15: Nonbonding of triphenylmethane hydrogen atoms[100]: 2221f. — Diaryl ketone peroxides[182]: **60** ('38) 1455–57. — The dimerization of 3-phenylindene[190]: 2816. — Acetylenic cyclohexane derivatives[174][269]: **62** ('40) 1880f. — m-Bromoalkylbenzenes[26]: **63** ('41) 1482f. — Ethyl γ-(2-carbethoxy-2-cyclohexanone)-butyrate and some related compounds[29]: 2853. — The addition of triarylmethyls to monoolefins[56][48]: **67** ('45) 1855. — Some derivatives of m-ethylaniline. A novel disproportionation of an amino-phenylmethylcarbinol[189]: **68** ('46) 185–87. — The structure of urea–formaldehyde resins[68][24][281]: 1681–86. — Polymerization of d-sec-butyl p-vinylbenzoate[189]: 2106f. — The reaction of sodium 1-dodecanesulfinate with mercuric chloride[3][126]: 2735. — [Polyalkylene sulfides, 1:] Polyalkylene sulfides from diolefins and dimercaptans[35]: **70** ('48) 993–98; ~ 2: Preparation of polyhexamethylene sulfide in emulsion[5]: **72** ('50) 1978–81; ~ 4: The effect of pH on polymer size[185]: 5026–29; ~ 5: The rate of formation in emulsion[160]: **73** ('51) 1064f.; ~ 7: The polymer from tetramethylenedithiol and biallyl[140]: 481; ~ 9: Polyarylene-alkylene sulfides[31]: 1097–99; ~ 12: Termination by disulfide formation[112][118]: **75** ('53) 1997f. — The preparation of 2-alkylbutadienes[178][221]: **70** ('48) 1694–99. — An allylic rearrangement in the pyrolysis of 3-acetoxy-3-cyano-1-butene[27]: 1775f. — o-Methoxy-, p-benzyl-, o-fluoro-, and o-cyanostyrenes. Further examples of the disproportionation of phenyl-methyl-carbinols to ethylbenzene[107]: 1895–98. — Claisen rearrangement of allyl 3,4-dimethylphenyl ether[108]: 2218f. — 2-Alkyl-1,3-butadienes[273]: 3842–46. — 1-Cyano-2,6-diphenyl-4-hydroxycyclohexane and some related compounds[171]: **71** ('49) 28–33. — Benzoylcyanide dimer and the addition of benzoyl cyanide to aromatic aldehydes[27][166][122]: 34–36. — The dimer of 2-cyano-1,3-butadiene[27]: 37–40. — Polytetramethylene sebacate: Pyrophoric lead as an ester exchange catalyst[124]: **72** ('50) 624. — The reduction of sulfonyl chlorides to mercaptans with lithium aluminum hydride[31]: 1033. — The effect of an acetylenic unit on the physical properties of polyesters and polyurethans[124]: 1674–77. — Polymercaptals and polymercaptols[232][35]: 2106–09. — Emulsion copolymerization of butadiene and styrene at low temperatures[235]: 2289f. — Separation of organic acids[207]): 2642–46. – [Oxidative hydrolysis of the ozonides of polybutadienes, 1:] The structure of butadiene-styrene copolymers; the butadiene-o-chlorostyrene copolymer[150]): 3887–91. – Polyazines[109]): 4819f. – The preparation of α-alkylacrylonitriles[167])[36]): 5408f. – Non-reduction of the acetal group by lithium aluminum hydride[109]): **73** ('51) 481. – Some alkanesulfinic acids and their derivatives[164]): 859. – The effect of cis and trans olefinic groups on the properties of polyurethans and polyesters[280]): 1066–69. – Polythiol esters [,1][140]): 1100–02. – Synthesis and polymerization of some 2-methyl-3-alkyl-1,3-butadienes[81]): **74** ('52) 1506–09. – The structure of the polymers of α-haloacrylates[266])[262])[69]): **75** ('53) 2326–30. – Polymerization of esters of cinnamic acid[154]): 3272f. – Diazonium fluoborates as initiators of vinyl polymerization[77])[248])[118]): 3846–48. – Copolymerization of anthracene with 1,3-butadiene[9]): 4600f. – Synthesis and polymerization of 6-hydroxy-4-hydroxymethylhexanal diethyl acetal and 5-hydroxy-4-hydroxymethylpentanal diethyl acetal[60]): 4601f. – 1-Cyano-1,3-butadienes, 6: Copolymerization of the cis- and trans-1-cyano-1,3-butadienes with butadiene[241])[285]): 4742–46. – The addition of dithiols to dibenzalketones[267]): 6318f. – The structure of propylene polysulfone[266]): **76** ('54) 61–69. – A twenty-six-membered cyclic dimercaptal[240])[192])[215]): 933f. – Copolymerization of 1,3-butadiene with some polynuclear aromatic hydrocarbons[9]): 5434f. – The synthesis of indone and some related compounds[112]): 5435–37. – An attempted synthesis of 3,4-dimethylenethiophane[219]): **77** ('55) 66–68, 6725. – The copolymer of allyl alcohol and 1,3-butadiene[202])[135]): 177f. – An improved preparation of dithioesters and some reactions and spectral properties of these compounds[206])[28]): 5997–99. Quadridentate and sexadentate chelates. Some preliminary studies in their preparation and thermal stability[12])[61]): **78** ('56) 4905–09. – Further attempts to prepare 3,4-dimethylenethiophane and its sulfone[184])[67]): 6171–74. – Cyclic dimercaptals and dimercaptols from alkylene dithiols[71]): **79** ('57) 986–88. – Polyalkylene disulfides[187]): 3089–91. – The synthesis of a polyampholyte of regular structure[173]): 4990–94. – The formation of a cyclic recurring unit in free radical polymerization [,1][260]): 5771–73; ~ 2[260]): **81** ('59) 984–86. – Heat-stability studies on chelates from Schiff bases of salicylaldehyde derivatives [,1][253]): **79** ('57) 6000–02; ~ 2[253]): **80** ('58) 832–35, 6701. – Some reactivity ratios of esters of acrylic acid[226]): **79** ('57) 6003–05. – Polymeric basic beryllium carboxylates[161]): **80** ('58) 619–22. – Lead tetraethyl as initiator for polymerization reactions[277]): 830f. – Polymeric phthalocyanines [,1][209]): 1197–99; ~ 2[161]): 6600–04. – Intermolecular-intramolecular polymerization of α-diolefins by metal alkyl coordination catalysts[245]): 1740–44. – Preparation and aromatization of poly-1,3-cyclohexadiene [,1][102]): **81** ('59) 448–52. – Heat-stability studies on chelates from Schiff bases and polyazines of salicylaldehyde derivatives[25]): 2668–70. – Polyalloocimene [,1][134])[259]): 4694–97. – Polymerization of higher α-diolefins with metal alkyl coordination catalysts[86]): 4737–44.

J. appl. Polymer Sci. Homo- and copolymers of vinyl esters, acrylates, and methacrylates of some derivatives of fatty acids[37]): **13** ('69) 1545–53. – Sulfoalkylation of a polybenzimidazole with propanesulfone[325]): **14** ('70) 2019–24.

J. biol. Chemistry 4-(or 5-)Hydroxymethyl-2-thiol-imidazole[119]): **103** ('33) 191–95. – A convenient synthesis of DL-lysine[66]): **106** ('34) 387–91.

J. chem. Educat. The place of polymers in beginning organic chemistry: **42** ('65) 3f.

J. electrochem. Soc. Attempts at the electrolytic initiation of polymerization[77])[248]): **100** ('53) 408–10.

J. macromol. Sci., A Thermally stable polymers with aromatic recurring units: **1** ('67) 7–28.

J. org. Chemistry Phosphonic acids and their alkyl esters from α,β-unsaturated ketones[59]): **2** ('37) 387–99. – A convenient synthesis of DL-glutamic acid[246]): **3** ('38) 198–203. – The condensation of acetaldehyde and vinyl acetate[101])[212]): **4** ('39) 252–55. – The formation of dimeric peroxides by ozonization of olefins, 1[182]): **6** ('41) 296–304. – Cyclization of dienynes, 13: Some methoxycyclohexenylacetylene derivatives[264]): **7** ('42) 88–97. – Dissociation of hexaarylethanes, 13: Halogen substituents[58])[111]): 392–96. – Polysulfones, 14: The stabilization of polysulfones toward heat[231]): **9** ('44) 113–16. – 1-Dodecane-1-sulfinic acid[126]): **13** ('48) 822–29. – The addition of 1,3-butadiene to propionitrile[116]): **15** ('50) 525–29. – The reaction of azibenzil with olefins[137]): **16** ('51) 741–45. – Oxidative hydrolysis of the ozonides of polybutadienes, 2: Isolation of 1,2,3-propanetricarboxylic acid[223])[235])[23])[308])[234])[306]): 838–53; ~ 3: Unexpected cleavage products[23])[223])[234]): 854–59. – Polythiol esters, 2: Preparation in emulsions[142]): **18** ('53) 707–14; ~ 3: Further studies on the preparation in emulsions[142]): 1664–69. – Copolymerization of conjugated unsaturated carbonyl systems containing thiophene units[204])[238]): 1730–38. – Copolymerization of trans-methyl-β-benzoylacrylate[84]): **20** ('55) 587–90. – Pyridine analogs of chalcone and their polymerization reactions[42])[227]): 1785–92. – The preparation of bis-(ethyl-3,5-dimethylphenoxyacetate)-4,4′-disulfide[233])[135])[67])[259]): **21** ('56) 1173f. – The boron fluoride catalyzed condensation of pyridine-2-aldehyde[245]): 1313f. – Reactivity ratios of 2-methyl-5-cinnamoylpyridine, 3-cinnamoylpyridine, and 3-pyridalacetophenone with styrene[250])[67]): 1314f. – Copolymerization reactions of trans-1,2-di-(2-pyridyl)-ethylene[258])[67]): 1420–22. – Some derivatives of ε-caprolactam[173]): **22** ('57) 1065–67. – Preparation of the pyridalacetones and the inductive effect of nitrogen on the dehydration of the intermediate aldols [245]): 1451–57. – Attempts to copolymerize pyrene with 1,3-butadiene and with p-chlorostyrene[275]): **23** ('58) 1384f. – Copolymers of anthracene with styrene and p-chlorostyrene[275]): 1479–82. – Synthetic studies in the dihydropyrene series[275]): 1483–88. – 2-Phenyl-1,3-butadiene and related compounds [277]): 1658–60. – Dimethyl dithiolfumarate and some copolymerization reactions[201]): **24** ('59) 137–39. – Polymerization reactions of itaconic acid and some of its derivatives[233]): 599–605. – Preparation of polymers containing pyridine units from polyvinyl ketones[34]): 957–63. – Structure of the reaction product of phenyl vinyl ketone and hydroxylamine[34]): 1022–24. – Pyrolytic cleavage of 2,6-diphenyl-1,7-diacetoxyheptane and 2,6-diphenylheptadiene[83]): 1494–97. – Polyalkylene disulfides and polysulfides containing silicon[25])[15]): **25** ('60) 237–40. – The formation of a cyclic recurring unit in the polymerization of diallyldimethylsilane[277]): 1641–43. – Intramolecular-intermolecular polymerizations of some phenyl-substituted non-conjugated diolefins[83]): 1784–86. – The synthesis of a regular polyampholyte[255]): 2207–09. – Cationic copolymerization of some α-methylstyrenes with vinyl 2-chloroethyl ether. Solvent effects[63]): 2209–11. – Synthesis of polymers containing recurring thiazole rings[176]): **26** ('61) 95–97. – Ethyl 3-oxo-2,2-dimethylcyclobutanecarboxylate[318])[294]): **37** ('72) 4206f.

J. Polymer Sci. Sodium-catalyzed copolymerization of 1,3-butadiene and styrene[14])[117]): **1** ('46) 275–88. – Emulsion polymerization at high temperature[205])[55])[19])[117])[241]): **2** ('47) 488–502. – Reduction activation of emulsion copolymerization of butadiene and styrene, 1: The benzol peroxide – ferrous pyrophosphate system[54])[189])[143]): **3** ('48) 128–37; ~ 2: Different organic peroxides and reducing activators in presence and absence of metals[54])[143])[145]): 433–37. – Use of cobalt complexes as activators in emulsion copolymerization of butadiene and styrene[117])[55])[221])[127])[323])[297])[296])[316]): 181–94. – Hydrogen peroxide as catalyst for emulsion polymerization of butadiene and styrene[54])[39])[286])[228]): 350–53. – n-Octyl mercaptan as modifier for emulsion polymerization at high temperature[148]): 354–57. – Inhibiting effect of certain phenols on GR-S polymerization[108]): 448–54. – Copolymers of 1,3-butadiene and 2,3-dimethyl-1,3-butadiene[273]): **4** ('49) 265–72. – Emulsion polymerization of 2-alkyl-1,3-butadiene[273])[17]): 583–95. – Koresin and related resins[85])[35]): 689–702. – Polymers and copolymers of o-acetoxystyrene and o-hydroxystyrene[208]): 703–07. – Copolymerization of butadiene-styrene by means of an oxygen, dodecyl mercaptan, and iron and cobalt pyrophosphate system[132]): **6** ('51) 83–91. – Polyalkylene sulfides with rubberlike properties[17]): 127–43. – Synthesis of mixed cellulose esters containing phosphorus[22]): 351–58. – Cationic polymerization of butadiene and copolymerization of butadiene and styrene[88])[172])[183])[207])[280]): 483–502. – Polyalkylene sulfides, 6: New polymers capable of cross-linking[160]): 711–16; ~ 8: Polymers from 4-vinylcyclohexene[214]): 717–24; ~ 10: The reaction of hexamethylenedithiol with 1,3-butadiene[51]): **8** ('52) 313–20; ~ 11: Polyalkylene sulfides containing silicon[51]): **9** ('52) 53–60; ~ 13: Polymers from 4-vinyl-1-cyclohexene and D-limonene[187]): **26** ('57) 23–28. – Copolymerization of butadiene and styrene in the oxygen – 1-alkanesulfinic acid system[164]): **6** ('51) 733–43. – Copolymers of benzalacetophenone[155])[80])[278]): 776. – Some copolymers of dimethyl 1-propene-2-phosphonate and of 1-phenylvinylphosphonic acid[278]): **8** ('52) 255f. – Vinyl-type polymers containing phosphorus[278]): 495–502. – Some new butadiene copolymers[80])[287])[251])[144]): 599–605. – Copolymerization of vinylsulfonic acid derivatives with butadiene [165])[118])[251])[144]): **10** ('53) 39–48. – Investigations of cross-linking in the emulsion polymerization of butadiene[60]): **13** ('54) 513–34. – Some copolymerizations of cis- and trans-dibenzoylethylene[84]): **16** ('55) 251–59. – bis-Type modifiers in polymerization, 2: Comparison of effectiveness of various compounds in emulsion butadiene and bulk styrene polymerizations[49])[43])[198])[135]): **17** ('55) 319–40. – The copolymer of 2-methyl-3-n-butyl-1,3-butadiene and styrene[184])[192])[251])[144]): **19** ('56) 51–57. – Alkyl thiolacrylates: Their preparation and polymerization[120])[251])[144]): 59–72. – Copolymerization of trialkyl aconitates with butadiene and some vinyl monomers[125])[67])[227])[251])[144]): **20** ('56) 437–46. – Copolymerization of 1,3-butadiene with 1- and 2-chloroanthracenes[125]): **21** ('56) 251–55. – Copolymerization of methyl trans-β-benzoylacrylate with butadiene[71]): **22** ('56) 223–26. – Reactivity ratios of vinyl esters of aliphatic acids and some common vinyl monomers[197]): **27** ('58) 39–58. – Copolymerization of trialkyl aconitates with vinylidene chloride[159]): **31** ('58) 165–71. – Polymers and copolymers of hydronopyl acrylate[226])[113])[43]): **33** ('58) 27–37. – Vinyl pinonate – vinyl chloride copolymers[259])[157]): **36** ('59) 35–39. – Polymerization of β-pinene with Ziegler-type catalysts[99])[152]): **40** ('59) 551–55. – Polymerization reactions of the acrylate and methacrylate esters of alcohols from jojoba oil[191])[133])[18])[290]): **44** ('60) 289–94. – Copolymers of vinyl chloride and some vinyl esters of acids derived from pinene[236])[157]): **45** ('60) 13–24. – Polymyrcene[115]): 25–34. – Vinyl octadecyl ether copolymers[63]): **46** ('60) 542f. – The structure of polydiacrylyl-methane[188])[176]): 546. – Reactivity ratios of vinyl 2-chloroethyl ether in cationic copolymerization with vinyl alkyl ethers and para-substituted α-methylstyrenes[63]): **47** ('60) 1–8. – Intramolecular-intermolecular polymerization of non-conjugated diolefins: **48** ('60) 101–08. – The preparation and polymerization of some long-chain mono-, di-, and triolefins with metal coordination catalysts[216]): **49** ('61) 335–52. – Polybenzimidazoles, new thermally stable polymers[261]): **50** ('61) 511–39. – Disiloxane benzimidazole polymers[176]): 541–47. – Copolymerization of dimethyl propen-2-ylphosphonate and styrene by using anionic initiation[191]): **55** ('61) 259–62. – Some polymers and copolymers of vinyldiphenylphosphine[191]): **56** ('62) 533–38. – Cross-linking polyepichlorohydrins with dimercaptans[268]): **60** ('62) 149–53. – Polyalloocimene, 2[134]): **61** ('62) 311–31. – Polybenzborimidazolines[176])[21]): **62** ('62) 59–72. – Some polymers and copolymers of vinyl ketostearates[65])[157]): 369–77.

J. Polymer Sci., A Polybenzimidazoles, 2[261]): **1** ('63) 1531–41; ~ 3[200]): **2** ('64) 2559–69; ~ 4: Polybenzimidazoles containing aryl ether linkages[73]): **3** ('65) 417-21. – Polymers derived from unsaturated esters of hydronopoxyalkanols[237]): **1** ('63) 1543–52. – Preparation and aromatization of poly-1,3-cyclohexadiene, 2[76])[103]): 2057–65; Preparation and aromatization of poly-1,3-cyclohexadiene and subsequent cross-linking, 3[295])[320]): **3** ('65) 1553–65. – Preparation and polymerization of vinyl 12-hydroxystearate[237]): **1** ('63) 2067–74. – Transannular polymerization of 1,5-cyclooctadiene[210])[95]): 2935–43. – Polydiacrylylmethane[276])[1]): 3261–64. – Preparation and polymerization of vinyl esters of cyclic and polychloro fatty acids[110])[50])[78])[186]): **2** ('64) 2523–32. – α,ω-Glycols and dicarboxylic acids from butadiene, isoprene, and styrene and some derived block polymers, esters, and urethans[104]): 2571–94. – Homopolymers and terpolymers of 5,7-dimethyl-1,6-octadiene[271]): 4415–23. – 2,7-Disubstituted 1,3,6,8-tetraazopyrene and related polymers[53])[210]): 5005–16. – Polymers and copolymers of vinyl pinolate and some reactions with isocyanates[158])[96])[106])[328])[313])[157]): 5047–56. – Synthesis and cyclopolymerization of 4,4-dimethyl-1,6-heptadiene-3,5-dione[276]): 5123–30. – α, ω-Glycols from isobutylene and some derived block copolymers[128]): 5313–18. – Experiments with a synthetic polyampholyte[7]): **3** ('65) 137–44. – Some low molecular weight polymers of D-limonene and related terpenes obtained by Ziegler-type catalysts[169])[16]): 949–60. – Homopolymerization of hydronopyl vinyl ether and 2-hydronopoxyethyl vinyl ether[158])[45]): 961–69. – Polybenzimidazoles, 5: Poly-2,6-(m-phenylene)-3,5-dimethyl-diimidazolebenzene[312]): 1661–. – Base-catalyzed polymerization of aromatic sulfonamides with an activated double bond, 1[279]): 2229; Base-catalyzed polymerization of p-styrenesulfonamides, 2: N-Methyl and N-phenyl derivatives[139])[279]): 3833–42. – Preparation and polymerization of vinyl esters of nonhydroxy carnauba wax acids and acrylic esters of carnauba wax alcohols[96])[45])[50])[186]): 2877–83. – Preparation and polymerization of vinyl esters of chloro- and hydroxystearic and eicosanoic acids[96])[45])[10])[93]): 2991–3001. – Polymers from ortho aromatic tetraamines and aromatic dianhydrides[53]): 3549–71. – Polymerization of vinyl esters of cyclic acids[96])[45]): 3659–61. – Terpolymers of ethylene and propylene with D-limonene and β-pinene[156])[123]): 3815–23.

J. Polymer Sci., A 1 α, ω-Glycols from polyisobutylene[247])[94]): **4** ('66) 447f. – Base-catalyzed polymerization of maleimide and some derivatives and related unsaturated carbonamides[138])[279]): 1121–34. – α,ω-Glycols from butadiene[247])[94]): 1898–901. – Polybutadiene glycol[247])[94]): 1901. – Preparation and polymerization of some vinyl ester amides of pinic acid[96])[106])[157]): 1993–2002. – Polymers from vinyl esters of perhydrogenated rosin[149]): 2003–14. – Preparation of polysiloxanes having terminal carboxyl or hydroxyl groups[138])[94]): 2325–27. – Model compounds and polymers with quinoxaline units [,1][121])[225])[276]): 2831–42; Polymers with quinoxaline units, 2[225]): **5** ('67) 545–52. – The use of dialysis in polymer purification[181]): **4** ('66) 2907f. – Synthesis and evaluation of a series of regular polyampholytes[181]): **5** ('67) 537–43. – Aromatic polysulfonamides[11])[33]): 553–61. – New synthetic route to α-alkylacrylonitriles and a study of their homopolymerization and copolymerization reactions[141]): 563–83. – Preparation of hydroxyl-terminated polysiloxanes by diborane reduction of corresponding acids[105]): 685f. – Polybenzimidazoles, 6: Polybenzimidazoles containing aryl sulfone linkages[179]): 1113–18. – Synthesis of 1,4,5,6,7,7-hexachloro- and hexabromobicyclo[2,2,1]-5-heptene-2-carboxylic acid vinyl esters and copolymerization with acrylonitrile[141]): 1279–87. – α,ω-Glycols from copolymers of isobutylene and 2,5-dimethyl-2,4-hexadiene[105])[32]): 1486–88. – Homopolymers and copolymers of acrylates and methacrylates of homoterpenylmethyl carbinol and α-campholenol[149]): 1489–99. – Polymerization of methyl 12-acryloxystearate, N,N-dimethyl 12-acryloxystearamide, and methyl 14-acryloxyeicosanoate[242]): 1501–11. – Polymers of the vinyl esters and perchlorocyclopentadiene adducts of petroselinic and oleic acids[149])[153]): 1809–25. – Reaction of triethyl phosphite with vinyl esters[149]): 2453f. – Homopolymers and vinyl chloride copolymers of vinyl esters of chlorinated fatty acids from Umbelliferae and Limnanthes douglasii[149])[157]): 2899–909. – Vinyl chloride acrylate of methoxy poly(ethylene-glycol) copolymers[149)157]: 2946–48. – Copolymers of methyl 12-acryloyloxystearate and vinyl chloride[37]: 2949–51. – Polymers from the vinyl esters of different samples of hydrogenated rosins[79]: **6** ('68) 1050–54. – Polymers with quinoxaline units, 3: Polymers with quinoxaline and thiazine recurring units[288]: 1259–71; ~ 4: Polymers with quinoxaline and oxazine units[327)288]: 1503–14; ~ 5: Polymers with quinoxaline and dioxin units[327]: **7** ('69) 2481–91. – Preparation and copolymerization of vinyl 10,11-epoxyundecanoate[37]: **6** ('68) 1273–79. – Polymers from the vinyl ester of dehydroabietic acid[79]: 1281–91. – Copolymerization of allyl esters of some fatty acids[37]: 1515–21. – Homopolymers and copolymers of vinyl ethers of rosin-derived alcohols[79)321]: 1523–36. – Polytriphenodithiazine[288]: 1774–76. – Polysiloxanes having aromatic heterocyclic units, 1: Polydimethylsiloxane benzimidazole polymer[315]: **7** ('69) 1295–98. – Polymers from 12α-hydroxymethylabiet-7,8-enoic acid and vinyl 12α-hydroxymethylabiet-7,8-enoate[321]: 2135–45. – Self condensation reaction of aromatic tetraamines in polyphosphoric acid[291)301]: 2293–303. – Polymers from 12-hydroxymethyltetrahydroabietic acid and its vinyl and acrylate esters[321]: 2365–77. – Polymers with recurring quinoxaline units, 5: Poly(6H-imidazo[4,5-g]oxazolo[4,5-b]quinoxaline-2,7-diyl-m-phenylene)[291]: 2746–48. – Polymers derived from 2,5-diamino-p-benzoquinonediimide and related compounds[325]: 3203–17. – Benzimidazole polymers from aldehydes and tetraamines[304]: **8** ('70) 171–77. – Copolymers of vinyl chloride with the vinyl esters and acrylates of low molecular weight polyesters of hydroxy acids[37)157]: 1247–59. – A polyamide from anthraquinonediketene[299]: 2611–15. – Polymers containing anthraquinone units: Polymers from 1,2,5,6-tetraaminoanthraquinone[293]: 3177–87; ~: Polyimidazoles and polypyrrolones from 1,2,5,6-tetraaminoanthraquinone[319]: 3189–98; ~: Benzimidazole and benzothiazole polymers[311]: 3199–209; ~: Polycondensations of 1,2,5,6-tetraaminoanthraquinone with some tetrachloroquinoxaline compounds[291]: 3211–24; ~: Polymers from 1,5-diaminoanthraquinone and aralkyldiketones[314)299)305]: **9** ('71) 3337–47. – Polymers containing anthraquinone and quinoxaline units: Polypyrrolones[299]: **8** ('70) 3225–34. – Benzimidazole, benzothiazole, and benzoxazole polymers with anthracene recurring units[311]: 3235–49. – Partial ladder polymers with anthraquinone units. Reaction of 1,2,5,6-tetraaminoanthraquinone with p-benzoquinone derivatives[325]: **9** ('71) 415–21. – Ladder pyrrolone structures with anthraquinone recurring units[325)294]: 691–700. – Polyesters from 12-hydroxymethyltetrahydroabietic acid and 12-hydroxymethyltetrahydroabietanol[317]: 1213–18. – Preparation and properties of some disiloxane and tetrasiloxane compounds[305]: 1755–58. – Copolymers of vinyl chloride and vinylidene chloride with some acid chlorides[309)298)310)302]: 2639–49. – Polymers containing 12-hydroxymethyltetrahydroabietanol[292]: **10** ('72) 489–96. – Polyamides from 12-(β-aminoethyl)abietan-18-amine[292]: 497–502. – Preparation and polymerization of a diisocyanate from the Diels-Alder adduct of levopimaric acid and acrylic acid[292]: 921–29. – New thermally stable polymer with a graphite-type structure[307)299]: 1243–61. – Aromatic polyethers, polysulfones, and polyketones as laminating resins[326]: **11** ('73) 261–73.

J. Polymer Sci., B Preparation of homopolymers and copolymers of vinyl maleopimarate acid anhydride[242]: **4** ('66) 431–37. – Copolymers of vinyl chloride and vinyl ethers, acrylates, and methacrylates of some fatty acids[309]: **8** ('70) 607–10.

Kagaku [Tokyo] Intramolecular-intermolecular polymerizations of non-conjugated diolefins: **24** ('60) Nr. 11, 45– [japan.].

Macromolecular Syntheses Polydisulfide of 1,9-nonanedithiol by catalytic air oxidation[25]: **1** ('63) 51–54.

Macromolecules Polyacrylonitrile with reactive end groups[293)300]: **1** ('68) 465–69.

Makromolekulare Chem. Some oxadiazole and triazole polymers[2]: **44/46** ('61) 388–97 [m. deutscher Zusammenfassg.].

Nucleus [Cambridge, Mass.] Copolymerization of di- and trisubstituted olefins: **32** ('55) 159.

Organic Syntheses 2-Ketohexamethylenimine (ε-Caprolactam)[66]: **17** ('37) 60–62. – ε-Benzoylamino-α-bromocaproic acid[66]: **19** ('39) 18f. – ε-Benzoylaminocaproic acid[66]: 20–23. – DL-Lysine hydrochloride[66]: 61–63. – n-Dodecyl- (Lauryl) -p-toluenesulfonate[229]: **20** ('40) 50f. – DL-Valine (α-Aminoisocaproic acid): 106–08. – DL-Isoleucine (α-Amino-β-methylvaleric acid): **21** ('41) 60–64. – DL-Leucine (α-Aminoisocaproic acid): 74–76. – DL-Phenylalanine (DL-α-Amino-β-phenylpropionic acid): 99–102. – p-Toluic acid[257]: **27** ('47) 86–88.

Preprints, Amer. chem. Soc., Div. org. Coatings and Plastics Chem. Preparation and polymerization of vinyl esters of cyclic fatty acids[110]: **22** ('62) 35–41.

Preprints, Amer. chem. Soc., Div. Polymer Chem. Synthesis and evaluation of a series of regular polyampholytes[181]: **7** ('66) 604–08. – Ladder and partial ladder heterocyclic aromatic polymers with quinoxaline and thiazine or oxazine recurring units[288]: **8** ('67) 229–34.

Proc., Robert A. Welch Foundat. Conf. chem. Res. Polyaromatic heterocycles: **10** ('67) 76–87.

Pure and appl. Chem. Thermally stable polymers: **16** ('68) 351–68.

Record chem. Progr. Structure of vinyl polymers[44]): **1** ('40) Nr. 3, 1–3. – Polyalkylene sulfides: **12** ('51) 185–89.

Register Phi, Lambda, Upsilon Dr. Wallace R. Brode: **42** ('57) 39f.

Rubber Chem. and Technol. Sodium-catalyzed copolymerizations of 1,3-butadiene and styrene[14])[117]): **20** ('47) 1–13.

SPE Journal Thermally stable polymers with aromatic recurring units: **20** ('64) 220–26.

SPE Transactions Polyaromatic heterocycles: **5** ('65) 29–.

Ferner Abdruck zahlreicher bereits vor 1932 in „Organic Synthesis" erschienener Beiträge in „Organic Synthesis, Collective Volume" **1** ('32) und **1** [2]('51).

Mit: [1]) A. Abdul-Karim; [2]) C. J. Abshire; [3]) C. E. Adams; [4]) R. Adams; [5]) P. H. Aldrich; [6]) R. E. Allen; [7]) J. P. Allison; [8]) D. Althausen; [9]) W. S. Anderson; [10]) T. H. Applewhite; [11]) F. E. Arnold; [12]) S. A. Aspey; [13]) L. F. Audrieth; [14]) W. J. Bailey; [15]) S. Banerjee; [16]) R. B. Bates; [17]) H. E. Baumgarten; [18]) W. G. Bickford; [19]) W. E. Blackburn; [20]) A. T. Blomquist; [21]) J. J. Bloomfield; [22]) B. R. Bluestein; [23]) C. Bluestein; [24]) F. E. Boettner; [25]) P. V. Bonsignore; [26]) D. G. Botteron; [27]) N. O. Brace; [28]) J. J. Brader; [29]) L. A. Brooks; [30]) J. H. Brown; [31]) P. D. Caesar; [32]) T. W. Campbell; [33]) S. Cantor; [34]) D. J. Casey; [35]) R. R. Chambers; [36]) L. C. Chou; [37]) R. C. L. Chow; [38]) T. T. Chu; [39]) C. J. Claus; [40]) D. D. Coffman; [41]) H. D. Cogan; [42]) L. E. Coleman, jr.; [43]) R. J. Coleman; [44]) H. G. Cooke, jr.; [45]) J. L. Comp; [46]) J. W. Copenhaver; [47]) M. J. Copley; [48]) J. O. Corner; [49]) A. J. Costanza; [50]) J. C. Cowan; [51]) H. N. Cripps; [52]) S. J. Davis; [53]) F. Dawans; [54]) R. Deanin; [55]) R. J. Dearborn; [56]) J. Dec; [57]) C. E. Denoon, jr.; [58]) F. C. Dietz; [59]) L. R. Drake; [60]) J. J. Drysdale; [61]) E. A. Dudley; [62]) L. H. Dunlap; [63]) J. F. Dunphy; [64]) H. W. Durand; [65]) T. K. Dykstra; [66]) J. C. Eck; [67]) J. Economy; [68]) J. R. Elliott; [69]) C. W. Fairbanks; [70]) E. D. Farley; [71]) R. C. Farrar, jr.; [72]) J. H. Ford; [73]) R. T. Foster; [74]) R. L. Frank; [75]) D. S. Frederick; [76]) D. A. Frey; [77]) H. Z. Friedlander; [78]) J. P. Friedrich; [79]) W. Fukuda; [80]) T. R. Fukuto; [81]) J. A. Fuller; [82]) R. C. Fuson; [83]) E. J. Gall; [84]) A. B. Galun; [85]) R. J. Gander; [86]) W. E. Garrison, jr.; [87]) C. F. Gibbs; [88]) R. Gilkey; [89]) E. Ginsberg; [90]) D. B. Glass; [91]) F. J. Glavis; [92]) M. T. Goebel; [93]) L. A. Goldblatt; [94]) C. R. Gore; [95]) R. Z. Greenley; [96]) J. H. Griffith; [97]) O. J. Grummit; [98]) L. F. Halley; [99]) J. R. Hanley, jr.; [100]) J. Harkema; [101]) J. Harmon; [102]) G. E. Hartzell; [103]) M. Hasegawa; [104]) K. Hayashi; [105]) J. K. Hecht; [106]) G. W. Hedrick; [107]) D. W. Hein; [108]) N. A. Higgins; [109]) H. W. Hill, jr.; [110]) J. C. Hill; [111]) C. M. Himel; [112]) C. W. Hinman; [113]) R. W. Hobson; [114]) M. Hunt; [115]) C. C. L. Hwa; [116]) J. C. H. Hwa; [117]) G. E. Inskeep; [118]) H. K. Inskip; [119]) A. O. Jackson; [120]) S. L. Jacobs; [121]) H. Jadamus; [122]) A. Roberts Johnson; [123]) E. F. Johnson; [124]) J. H. Johnson; [125]) J. W. Johnson, jr.; [126]) R. S. Johnson; [127]) H. W. Johnston; [128]) E. B. Jones; [129]) G. D. Jones; [130]) A. E. Juve; [131]) J. F. Kaplan; [132]) O. Keplinger; [133]) G. M. A. Khattab; [134]) P. E. Kiener; [135]) C. King; [136]) E. C. Kirkpatrick; [137]) M. I. Kohan; [138]) K. Kojima; [139]) A. Konishi; [140]) A. Kotch; [141]) J. Kovacs; [142]) E. A. Kraiman; [143]) B. M. Kuhn; [144]) B. G. Labbe; [145]) G. Brock Landes; [146]) M. R. Lehman; [147]) C. L. Levesque; [148]) C. D. Lewis; [149]) R. Liepins; [150]) R. E. Light, jr.; [151]) E. R. Littmann; [152]) D. T. Longone; [153]) C. K. Lyon; [154]) G. H. McCain; [155]) J. E. McCorkle; [156]) R. W. Magin; [157]) F. C. Magne; [158]) R. A. Malzahn; [159]) E. B. Mano; [160]) A. H. Markhart, jr.; [161]) M. M. Martin; [162]) T. W. Mastin; [163]) J. W. Meier; [164]) N. A. Meinhardt; [165]) V. C. Menikheim; [166]) F. A. Miller; [167]) W. R. Miller; [168]) D. T. Mitchell; [169]) M. Modena; [170]) N. S. Moon; [171]) A. C. Moore; [172]) C. R. Morgan; [173]) W. W. Moyer, jr.; [174]) R. Mozingo; [175]) M. B. Mueller; [176]) J. E. Mulvaney; [177]) H. E. Munro; [178]) R. L. Myers; [179]) T. V. L. Narayan; [180]) G. A. Nesty; [181]) C. H. H. Neufeld; [182]) V. E. Nichols; [183]) J. F. Noth; [184]) R. M. Nowak; [185]) G. Nowlin; [186]) J. L. O'Donneil; [187]) L. E. Olson; [188]) T. Otsu; [189]) C. G. Overberger; [190]) H. A. Pacevitz; [191]) D. M. Paisley; [192]) M. Passer; [193]) L. A. Patterson; [194]) D. E. Pearson; [195]) W. J. Peppel; [196]) W. R. Peterson; [197]) W. G. De Pierri; [198]) R. M. Pierson; [199]) P. S. Pinkney; [200]) L. Plummer; [201]) J. F. Porter; [202]) R. M. Potts; [203]) E. J. Prill; [204]) J. M. Quinn; [205]) N. Rabjohn; [206]) P. de Radzitzky; [207]) R. D. Rands, jr.; [208]) N. S. Rao; [209]) J. H. Rassweiler; [210]) B. Reichel; [211]) J. C. Richards; [212]) E. H. Riddle; [213]) W. H. Rieger; [214]) C. W. Roberts; [215]) C. N. Robinson; [216]) J. R. Rogers; [217]) M. F. Roy; [218]) L. L. Ryden; [219]) E. E. Ryder, jr.; [220]) J. H. Sample; [221]) J. H. Saunders; [222]) G. L. Schertz; [223]) W. M. Schilling; [224]) L. E. Schniepp; [225]) F. De Schryver; [226]) R. Schwen; [227]) G. P. Scott; [228]) R. L. Seitz; [229]) V. C. Sekera; [230]) J. W. Shackleton; [231]) W. H. Sharkey; [232]) E. Heng Hui Shen; [233]) T. H. Shepherd; [234]) G. P. Sheth; [235]) D. J. Shields; [236]) Y. Shimura; [237]) T. Shono; [238]) J. S. Showell; [239]) R. L. Shriner; [240]) E. A. Sienicki; [241]) H. R. Snyder; [242]) J. R. Sowa; [243]) W. J. Sparks; [244]) R. T. Stiehl; [245]) J. K. Stille; [246]) M. P. Stoddard; [247]) W. H. Stubbs; [248]) S. Swann, jr.; [249]) R. S. Sweet; [250]) V. Sziraky; [251]) W. K. Taft; [252]) D. F. De Tar; [253]) N. Tarköy; [254]) C. D. Thompson; [255]) G. L. De Tommaso; [256]) J. C.-Y. Tsao; [257]) W. F. Tuley; [258]) A. T. Tweedie; [259]) E. D. Vessel; [260]) R. D. Vest; [261]) H. Vogel; [262]) L. B. Wakefield; [263]) F. T. Wall; [264]) W. L. Walton; [265]) B. H. Weil; [266]) E. D. Weil; [267]) H. Wexler; [268]) D. W. West; [269]) R. V. White; [270]) J. Whitson; [271]) J. M. Wilbur, jr.; [272]) R. H. Wiley; [273]) J. L. R. Williams; [274]) W. W. Williams; [275]) B. D. Wilson; [276]) W. De Winter; [277]) R. G. Woolford; [278]) J. C. Wright; [279]) N. Yoda; [280]) C. H. Young; [281]) H. Yuska; [282]) G. F. Zellhoefer; [283]) E. C. Horning; [284]) K. G. Clarke; [285]) K. C. Murdock; [286]) M. B. Wyld; [287]) J. W. Berry; [288]) M. Okada; [289]) J. D. Young; [290]) S. P. Fore; [291]) A. Banihashemi; [292]) J. F. Bingham; [293]) W. Bracke; [294]) L. H. Brannigan; [295]) P. E. Cassidy; [296]) J. A. Damman; [297]) A. J. Deutschman; [298]) M. J. Diamond; [299]) P. K. Dutt; [300]) J. A. Empen; [301]) D. Fabbro; [302]) G. Fuller; [303]) M. M. Goff; [304]) J. Higgins; [305]) J. A. Hoefnagels; [306]) J. Honig; [307]) S. A. Hurley; [308]) O. R. Irwin; [309]) Z. Janović; [310]) D. J. Kertesz; [311]) H. Kokelenberg; [312]) L. Mitsuhashi; [313]) C. R. Mobley; [314]) R. M. Mortier; [315]) T. Nakajima; [316]) A. L. Oppegard; [317]) H. A. Osman; [318]) K. Parameswar-Sivaramakrishnan; [319]) R. Pense; [320]) S. Ray; [321]) M. Saga; [322]) C. H. Schroeder; [323]) D. A. Shepherd; [324]) P. V. Smith; [325]) J. Szita; [326]) J. Verborgt; [327]) R. Wolf; [328]) J. B. Lewis.

VI **MARVIN,** Charles Frederick. Meteorol. – 1913–34 Chief of the U.S. Weather Bur., Washington, D.C.; '03 Pres., Philosophical Soc. of Washington; '26 Pres., Amer. Meteorol. Soc. – '32 Hon.D.Sc. (Ohio State Univ., Columbus, O.). (⊠)

*1858, Okt. 7, Putnam (→ Zanesville), O.;

†1943, Juni 5, Washington, D.C.

Zur Biogr. C. D. Reed, The administration of the Weather Bureau: Scientific Monthly **38** ('34) 288–91 (m. Bildn.). – National cyclopædia of American biography **40** (New York '55).

Nekr. W. J. Humphreys, Science [USA] **98** ('43) 6f. – F. W. Reichelderfer, J. Washington Acad. Sci. **34** ('44) 134f.

Zum 100. Geb.tag E. S. Barr, American J. Physics **26** ('58) 118f. (m. Bildn.).

W. Sunshine tables (Washington, D.C. '44) (U.S. Department of Commerce. Weather Bureau).

Bull. amer. meteorol. Soc. Recent weather abnormalities in the U.S.: **13** ('32) 1–3.

Monthly Weather Rev. A rational theory of the cup anemometer: **60** ('32) 43–56. – Recent advances in anemometry: **62** ('34) 115–20.

Scientific Monthly Simplifying our calendar: **34** ('32) 366–68.

V, VI **MASCARELLI,** Luigi. Chem. (pharm.). – 1900–07 Assist., '07–13 Libero Doc. Chim. gen., Univ. di Bologna; '13–18 Prof. Chim. farm. e tossicol., Univ. di Cagliari; '18–41 Prof. ord. e Dir. dell'Ist. di Chim. farm. e tossicol., '33–41 [?] Dir. della Scuola di Farm. (→ '36 Prés., Fac. di Farm.), Univ. di Torino. – '30 Premio Giacomo Camician; '34 Premio Fondazione Volta (Accad. d'Italia); '38 Premio Reale per la Chimica (Accad. Nazion. dei Lincei).

*1877, Okt. 8, Bra, Piemont;
†1941, Dez. 12, Torino.

Nekr. G. Issoglio, Annali R. Accad. Agric. Torino **85** ('41/42) 511–20 (m. Bildn.).

S. Atti del IV Congresso nazionale di chimica pura ed applicata, Roma 1932 (Roma '33) 500–03, 503–05: Contributi alla conoscenza del bifenile e dei suoi derivati[2]). – Atti del V ~, Sardegna 1935 (Roma '36) 70–81: Heilpflanzen und aromatische Pflanzen Sardiniens und ihre wirksamen Grundsubstanzen [italien.]. – Atti del X Congresso internazionale di chimica, Roma 1938, **3** (Roma '39) 249f.: Ricerche nella serie del difenilmetano; nota preliminare[4]); **5** ('39) 371f.: Novità di ricerche e di applicazioni industriali del bifenile e derivati.

W. Esercitazioni di laboratorio (Per la laurea in farmacia) **1** (Torino '36) 155 S.

Archivio Sci. biol. La chimica delle vitamine: **20** ('34) 588–603.

Atti reale Accad. nazion. Lincei, Rend. Contributo alla conoscenza del bifenile e dei suoi derivati, 10: Influenza di alcuni sostituenti in 2′ su alcune reazioni dell'NH_2 in 2 [2])[4]): (6) **14** ('31) 506–11; ~ 11: Nuovi derivati del 2-metil-difenile ed influenza del CH_3 sulle reazioni dell'NH_2 in 2′ [2]): **15** ('32) 89–91; ~ 19: Preparazione di alcuni nuovi derivati[4]): **26** ('37) 243f.; ~ 20: Nuovo esempio di passaggio dal sistema bifenilico a quello fluorenico: Sintesi del 3-metil-fluorene[3]): 292–97.

Atti reale Accad. Sci. Torino Contributo alla conoscenza del bifenile e dei suoi derivati, 9: Ricerche intorno all'acido dipicrico ed al suo sdoppiamento ottico[5]): **67** ('32) 74–79; ~ 14: Sistemi binari: **72** ('37) 64–75; ~ 16: Passaggio dal sistema bifenilico a quello fluorenico[3]): 109–14; ~ 17: ≈[1]): 115–19; ~ 18: Considerazioni sulla reazione di F. Ullmann in rapporto ai bifenil-derivati asimmetricamente sostituiti in 2–2′ [3]): 234–45; ~ 24: Passaggio dal sistema bifenilico a quello fluorenico: Sintesi del 2,5-(oppure 4,7-) dimetil-fluorene[3]): **76** ('41) 66–69; ~ 25: ≈: Nuova sintesi del 9-metil-fluorene[3]): 70–73. – Felice Garelli †: **74** ('39) 519–36.

Atti Soc. ital. Progr. Sci. Contributo alla conoscenza del bifenile e dei suoi derivati: **21.** 1932, 2 ('33) 332f.; ~: Influenza dei sostituenti in 2′ su alcune reazioni dell'NH_2 in 2: passaggio dal sistema bifenilico a quello fluorenico[2]): 333–35. – Dosamento dello iodio organico mediante la bomba calorimetrica[3]): **22.** 1933,2 ('34) 287f. – I più interessanti progressi della chimica italiana nell'anno 1933: **23.** 1934, 2 ('35) 465–507. – La chimica delle vitamine, 1: 517–33.

Chimica e Industria Stato odierno della chimica degli ormoni sessuali: **17** ('35) 527–35.

Gazz. chim. Ital. Contributo alla conoscenza del bifenile e dei suoi derivati, 9: Ricerche intorno all'acido dipicrico ed al suo sdoppiamento ottico[5]): **62** ('32) 358–68; ~ 12: Nitrazione di alcuni derivati alogenati del bifenile[2]): **63** ('33) 654–60; ~ 13: Tentativi per ottenere l'o-difenilene[2]): 661–65; ~ 14: Diagrammi di stato di alcuni sistemi binari[2]): **67** ('37) 807–12; ~ 15: Passaggio dal sistema bifenilico a quello fluorenico: **66** ('36) 843–50; ~ 16: ≈: Sintesi del 2-metil-fluorene[3]): **67** ('37) 812–16; ~ 17: ≈: Sintesi del 4-metil-fluorene[1]): **68** ('38) 29–32; ~ 18: Considerazioni sulla reazione di F. Ullmann in rapporto ai bifenil-derivati asimmetricamente sostituiti in 2–2′ [3]): 33–48; ~ 19: Preparazioni di alcuni nuovi derivati[4]): 117–21; ~ 20: Nuovo esempio di passaggio dal sistema bifenilico a quello fluorenico: Sintesi del 3-metil-fluorene[3]): 121–29; ~ 21: Passaggio dal sistema bifenilico a quello fluorenico: Sintesi del 2,7-dimetil-fluorene[3]): **71** ('41) 289–93; ~ 22: ≈: Sintesi del 2,6-(oppure 3,7-)dimetil-fluorene[3]): 293–97; ~ 23: ≈: Sintesi del 3,5-(oppure 4,6-)dimetil-fluorene[3]): 297–301; ~ 24: ≈:

Sintesi del 2,5- (oppure 4,7-)dimetil-fluorene[3]): 389–97; ~ 25: ≈: Nuova sintesi del 9-metilfluorene[3]): 397–406.

Industria chim. Stato attuale degli studi nella serie del difenile: **7** ('32) 910.

Memorie Cl. Sci. fisiche, mat. e natur., Reale Accad. Italia Sulla formazione di nuclei eterociclici jodurati, azotati ed ossigenati: **3** ('31/32) Chimica, Nr. 2, 15 S.

Mit: [1]) A. Angeletti; [2]) D. Gatti; [3]) B. Longo; [4]) M. Pirona; [5]) B. Visintin.

IV–VI **MASCART,** Jean Marcel. Astron. — Dir. hon. de l'Observat. et Prof. hon. de la Fac. des Sci., Univ. de Lyon. — Officier de l'Instruct. publ.; Lauréat de l'Acad. Sci. Paris. (⊠)

* 1872, März 7, Paris;

† 1935, März 28.

Todesanzeige Astronomische Nachr. **255** ('35) 300.

Bull. Observat. Lyon Sur la bibliographie. Notations et abréviations: **13** ('32) 287–445.

C.R. hebd. Séances Acad. Sci., Paris Remarques sur les logarithmes: **194** ('32) 942–44. — Sur la lumière des étoiles filantes: **198** ('34) 544–46. — Sur les périhélies des petites planètes: **199** ('34) 260f. — Sur le groupement des périhélies planétaires: 772–74.

Revue gén. Sci. pures et appl. Etoiles filantes et bolides: **45** ('34) 164–69. — Sur les décimales des nombres transcendants: 486–88, 549.

VI **MAŠEK,** Vladimir. Math. — 1901–05 Stud., Techn. Hochsch. u. Univ. Praha; '05–20 Assist., Tschech. Techn. Hochsch. Brno; '12–14 Lehrer, Höhere Gewerbeschule, '17–19 Supplent, II. Staatl. Realschule, '18–20 Lehrer, Mädchengymnasium, Brno; '19 Dr. d. techn. Wiss.; '20 Doz., '21–28 außerord. Prof., '28–56 ord. Prof. u. Dir. d. Inst. f. Math. u. deskript. Geom., '56 Prof. Emer., Hochsch. f. Bodenkultur, Brno.

*1883, Nov. 19, Vinohrady;

†.

Zum 80. Geb.tag Z. Hustý, Čas. Pěst. Mat. **89** ('64) 250f. (m. Bildn., Schr.verz.).

W. Základy vyšší matematiky. Učební text pro posluchače vysoké školy zemědělské v Brně [Grundlagen der höheren Mathematik. Lehrtext für Studenten der Hochschule für Bodenkultur in Brno] (Brno '47) 205 S. — Vyšší matematika [Höhere Mathematik] (Praha '53) 205 S.

Čas. Pěst. Mat. Studie über das Konoid 5. Grades, das durch die Scheitelpunkte der durch zwei zueinander windschiefe Senkrechten gehenden hyperbolischen Paraboloide erzeugt wird: **79** ('54) 229–48 [tschech.].

Matematicko-fyzik. Čas. Über die Fläche, die von den Parabelbrennpunkten am elliptischen Paraboloid erzeugt wird: **5** ('56) Nr. 4, 212–15 [tschech. m. russ. Zusammenfassg.].

VI **MASIUS,** Morton. Physik. — 1909–15 Instructor, '15–19 Assist. Prof., '19–54 Prof., Worcester Polytechn. Institute, Worcester, Mass.; '39–49 Dir., Salisbury Labor. of Physics. — '46 Hon. Sc.D. (Worcester Polytechn. Inst.).

*1883, Okt. 6, Egg Harbor City, N.J.

Ue. M. Planck, Theory of heat radiation [2](New York '59) 224 S.

W. Elements of electro-magnetic theory (m. A. W. Duff, S. J. Plimpton) (Philadelphia, Pa. '40) 7 + 173 S. — College physics (m. A. W. Duff) (New York '41) 10 + 588 S.

American Physics Teacher On degenerate gases: **3** ('35) 40f. — On the relation of two mean free paths: **5** ('37) 260–62. — Partly unbalanced processes and the experiment of Clément and Desormes: **7** ('39) 35–39.

American J. Physics Physics at Worcester Polytechnic Institute: **10** ('42) 307–15. — Continuity in mathematics and physics: **13** ('45) 299–302.

VI **MASON,** Clyde Walter. Mikroskopie. — 1927–33 Assist. Prof., '33–66 Prof., '66 Prof. Emer., School of Chemical and Metallurgical Engng., Cornell Univ., Ithaca, N.Y. (⊠)

*1898, Juni 17, Watertown, S.Dak.

W. Handbook of chemical microscopy (m. E.M. Chamot) **1**: Principles and use of microscopes and accessories; physical methods for the study of chemical problems [2](New York '38) 16 + 478 S., [3]('58) 502 S.; **2**: Chemical methods and inorganic qualitative analysis [2]('40) 11 + 438 S. — Introductory physical metallurgy; a series of lectures presented to members of the American Society for Metals during the 29th National Metal Congress and Exposition, Chicago, Ill., 1947 (Cleveland, O. '47) 134 S.

Analytical Chem. The microscopist in the technical organization: **21** ('49) 430–32.

Industrial and Engng. Chem. Breaking emulsions by freezing[8]): **28** ('36) 1296–300. — Trisodium phosphate – sodium fluoride. Phase studies and analytical methods[1]): **31** ('39) 768–74.

Industrial and Engng. Chem., Analyt. Edit. Microscope cold stage with temperature control[8]: **6** ('34) 367–69. – Microscopical qualitative analysis of antimony and bismuth. Tetraethyl ammonium iodide as a reagent[5]): **8** ('36) 428–31. – The services of Emile M. Chamot to chemical microscopy: **11** ('39) 341–43. – Recommended practice for microscopical reports on crystalline materials: **17** ('45) 603f.

J. amer. chem. Soc. Anhydrous hydrazine, 6: Hydrazine trinitride monohydrazinate, $N_2H_5N_3\text{-}N_2H_4$ [3])[2]): **55** ('33) 1963–67. – Monoarylguanidines, 4: Benzoselenazoleguanidine[10])[6]): 3759–62. – The degradation of oriented cellulose structures by polarized ultraviolet light[9]): **61** ('39) 2995–3001. – Wilder Dwight Bancroft, 1867–1953: **76** ('54) 2601f.

Metals and Alloys Effect of bismuth as an impurity on the structure and allotropic transformation of tin[4]): **6** ('35) Nr. 4, 87–90.

Trans. amer. Inst. Mining and metallurg. Engr. The supposed high-temperature polymorphism of tin[7]): **133** ('39) 280–92.

Mit: [1]) E. B. Ashcraft; [2]) A. W. Browne; [3]) A. L. Dresser; [4]) W. D. Forgeng; [5]) F. T. Jones; [6]) J. P. Miale; [7]) G. E. Pellissier; [8]) T. G. Rochow; [9]) F. B. Rosevear; [10]) G. B. L. Smith.

VI **MASON,** Frederick Alfred. Chem. – 1931–35 Inspector of Technical Schools, '35–47 Staff Inspector (Pure and appl. Chem.), Board of Educat., London. (⊠)
*1888, Juni 22, London;
†1947, Sept. 19, London.

Nekr. P. C. L. Thorne, J. chem. Soc., London **1949**, 260f.

Chemistry and Industry Two great organic chemists: **54** ('35) 1082.

J. chem. Soc., London The blue sodium salt of rhodamine-B and some related substances[1]): **1933**, 1264–69. – The preparation of 4,4'-bisdiethylamino-2,2'-dimethoxytriphenylcarbinol[1]): 1269f. – The condensation of 1,8-naphthalyl chloride with m-ethylcarbonato-dimethylaniline[1]): **1934**, 651–53. – Some derivatives of 4,4'-tetramethyldiaminodiphenylmethane[4]): 1190–92. – The synthesis and properties of 2,7-tetramethyldiaminoanthraquinone, 2,7-tetramethyldiamino-10-hydroxy-10-phenylanthrone, and related compounds[4]): 1813–17.

J. Soc. Dyers and Colourists The structure of para red and related dyestuffs: **48** ('32) 293–95.

Proc. roy. Soc. London, Ser. A Trypanocidal activity and chemical constitution[2])[3])[5]): **166** ('38) S 57f.

Mit: [1]) W. R. Brown; [2]) G. M. Dyson; [3]) T. H. Fairbrother; [4]) D. C. R. Jones; [5]) A. Renshaw.

V, VI **MASON,** Max. Physik (math.). – 1908–09 Assoc. Prof., '09–25 Prof., Univ. of Wisconsin, Madison, Wis.; '25–28 Pres., Univ. of Chicago, Ill.; '28–36 Pres., Rockefeller Foundat., Claremont, Calif.; '36–50 Chairman, Observatory Council, '36–45 Member of the Executive Council, '45–51 Member of the Board of Trustees, California Inst. of Technol., Pasadena, Calif. – '26 Hon. D. Sc. (Columbia Univ., NewYork); '26 Hon. LL.D. (Univ. of Wisconsin, Madison, Wis.); '26 Hon. LL.D. (Yale Univ., New Haven, Conn.); '27 Hon. LL.D. (Dartmouth College, Hanover, N.H.); '37 Hon. LL.D. (Pomona College, Claremont, Calif.). – '40 Public Welfare Medal (Nation. Acad. Sci. USA). (⊠)
*1877, Okt. 26, Madison, Wis.;
†1961, März 22.

Nekr. W. Weaver, Biographical Mem., Nation. Acad. Sci. USA **37** ('64) 205–36 (m. Bildn., Faks., Schr.verz.).

S. Proc. Annual congress on medical education and licensure, Chicago, Ill., 1937 (Chicago, Ill. '37) 21–23: Medicine in education. – Dedication of the Palomar Observatory and the Hale telescope, June 3, 1948 (California Institute of Technology) (Pasadena, Cal. '48): Man and matter.

W. The electromagnetic field (m. W. Weaver) (New York '52) 13 + 389 S.

Science [USA] Presentation of the Public Welfare Medal to Dr. Frederick Fuller-Russell: **83** ('36) 477f. – Science and the rational animal: **84** ('36) 71–76.

VI **MASON,** Warren Perry. Physik. – 1921–35 Member of Technical Staff, '35–48 Head of Piezoelectric Research, '48–65 Head of Mechanics Research, Bell Telephone Labor., first in New York, then in Murray Hill, N.J.; '55–56 Pres., Acoust. Soc. of America; '65–Visiting Prof. Civil Engng. and Engng. Mechanics, Columbia Univ., New York. – '64 Arnold O. Beckman Award (Instrument Soc. of America); '65 Distinguished Alumni Award (Univ. of Kansas, Lawrence, Kans.).
*1900, Sept. 28, Colorado Springs, Colo.

Zur Biogr. J. acoust. Soc. America **41** ('67) 905–11 (m. Bildn., Schr.verz.). – Proc. IRE **42** ('54) 1705 (m. Bildn.).

H. Physical acoustics; principles and methods **1** (New York '64) – **5** ('68); darin eigene Beiträge: **1A**('64) 335–416: Use of piezoelectric crystals and mechanical resonators in filters and oscillators; 485–500: Multiple reflection ultrasonic delay lines; **1B** ('64) 173–214: Semiconductor transducers: General considerations; **3B** ('65) 235–86: Effect of impurities and phonon processes on the ultrasonic attenuation of germanium, crystal quartz, and silicon; **4A** ('66) 299–352: Acoustic wave and dislocation damping in normal and superconducting metals and in doped semiconductors.

MH. Physical acoustics; principles and methods **6** (New York '70) – **8** ('71).

S. Quartz crystals for electrical circuits; their design and manufacture (R. A. Heising) (Princeton, N.J. '46) 10–56: Quartz crystal applications; 537–54: Low frequency quartz crystal cuts having low temperature coefficients[30]). – Electrical engineers' handbook, **2**: Electric communication and electronics (H. Pender, K. McIlwain) [4](New York '50) 55–73: Piezoelectric crystals. – Proc. 1st United States national congress of applied mechanics (New York '53) 203–08: Effect of an oscillating tangential force on the contact surfaces of elastic spheres[41])[43])[26]). – Verformung und Fließen des Festkörpers. Internationale Union für Theoretische und Angewandte Mechanik, Kolloquium Madrid 1955 (R. Grammel) (Berlin–Göttingen–Heidelberg '56) 314–22: Dislocation relaxations in metals and single crystal quartz (m. Diskuss. S. 322 –24). – Proc. Symposium on the role of solid state phenomena in electric circuits, Brooklyn, N.Y., 1957 (J. Fox) (Brooklyn, N.Y. '57) (Polytechnic Institute of Brooklyn, Microwave Research Institute, Symposia series, 7) 91–108: Ferro electrics. – American Institute of Physics handbook (D. E. Gray) (New York '57) Sect. 2e: Crystallographic data[39]); 3·74 – 3·89: Acoustic properties of solids; 3·89 – 3·100: Properties of transducer materials; in d. 2. Aufl. [2]('63) 3·82 – 3·97: Acoustic properties of solids; 3·98 – 3·109: Properties of transducer materials; 9·2 – 9·21: Crystallographic data[39]). – Proc. 3rd International congress on acoustics, Stuttgart 1959 (L. Cremer) **1**: Principles (Amsterdam–London–NewYork–Princeton, N.J. '61) 509–11: Phonon viscosity and its effect on acoustic wave attenuation and dislocation motions; **2**: Applications ('61) 732–34: A compact electromechanical band-pass filter for frequencies below 20 kc/s [32]). – Congress report. 4th ~, Copenhagen 1962, **1** (København '62) Paper J 42: Effect of interstitials due to water on the attenuation and velocity of ultrasonic waves, and on the thermal resistance of sodium chloride crystals[9]) (4 S.); Paper K 26: Attenuation of high frequency longitudinal and transverse waves in germanium, silicon and Z-cut quartz and their relation to thermally determined parameters[21])[3]) (4 S.). – Rapports. 5e Congrès international d'acoustique, Liège 1965 (D. E. Commins) **2** (Liège '65) (Les congrès et colloques de l'Université de Liège, 33) K 55: Acoustic wave and dislocation damping by electron and phonon viscosities (4 S.). – Reports. 6th International congress on acoustics, Tokyo 1968, **5** (Amsterdam '68) H·37 – H·40: Conversion of acoustic energy to phonon energy in metals. – Proc. 7th ~, Budapest 1971, **4** (Budapest '71) 265–68: Low frequency internal friction in metals and rocks of the earth's crust; 269–72: Damping of dislocations in niobium by phonon viscosity[20]). – Proc. Seminar on advanced energy sources and conversion techniques, Pasadena, Cal., 1958 (Pasadena, Cal. '58) 165–80: Energy conversion in the solid state. – Molecular science and molecular engineering (A. R. von Hippel) (Cambridge, Mass. '59) 292–308: Piezo and ferroelectric devices. – McGraw-Hill encyclopedia of science and technology (W. H. Crouse) **7** (New York '60) 189f.: Acoustic interferometer; **11** ('60) 316f.: Acoustic radiometer; **14** ('60) 182–86: Ultrasonics. – Shock and vibration handbook (C. M. Harris, C. E. Crede) **1** (New York '61) Kap. 16, S. 27–39: Piezoelectric and piezoresistive pickups, 2: Properties of piezoelectric and piezoresistive materials. – Handbuch der Physik (S. Flügge) **11**, 1: Akustik 1 (Berlin–Göttingen–Heidelberg '61) 361–417: Dispersion and absorption of sound and high polymers. – Encyclopaedic dictionary of physics (J. Thewlis) **1** (New York–Oxford–London '62) 193f.: Anisotropy of elastic properties; **2** ('62) 618–21: Elastic moduli of crystals; **6** ('62) 276–79: Relaxation spectra of solids. – Semiconductor and conventional strain gages (M. Dean III, R. D. Douglas) (New York '62) 109–20: Recent developments in semiconductor strain transducers[42])[44]). – Dispersion and absorption of sound by molecular processes (New York '63) 223–71: Absorption and dispersion of sound in polymer solutions, polymer liquids, rubbers and solid polymers. – High temperature structures and materials. Proc. 3rd Symposium on naval structural mechanics, New York 1963 (A. M. Freudenthal, B. A. Boley, H. Liebowitz) (Oxford–New York '64) 1–56: Temperature dependence of elastic and anelastic properties in solids. – Resonance and relaxation in metals [2](New York '64) 247–86: High-amplitude internal friction and its relation to fatigue. – Proc. 5th National congress of applied mechanics, Minneapolis, Minn., 1966 (New York '66) 361–84: Internal friction measurements and their uses in determining the interaction of acoustic waves with phonons, electrons and dislocations. – Recent advances in engineering science, **3**: Proc. 4th Technical meeting of the Society of Engineering Science, Raleigh, N.C., 1966 (A. C. Eringen) (New York '68) 81–108: Acoustic waves and dislocation motions. – Advances in materials research **2**: Microplasticity (C. J. McMahon, jr.) (New York '68) 287–364: Low- and high-amplitude internal-friction measurements in solids and their relation to imperfection motions. – Physics of the solid state (S. Balakrishna, M. Krishnamurthi, B. Ramachandra Rao) (London '69) 381–87: Method for exciting a single harmonic of a longitudinally vibrating bar.

W. Electromechanical transducers and wave filters (New York '42, '43) 12 + 333 S.; [2]('48, '64) 12 + 419 S. – Piezoelectric crystals and their application to ultrasonics (New York '50, Princeton, N. J. '56) 11 + 508 S.; russ.: (Moskva '52) 447 S. – Physical acoustics and the properties of solids (Princeton, N.J. '58) 12 + 402 S. – Crystal physics of interaction processes (New York '66) 12 + 354 S. (Pure and applied physics, 23). – Ultrasonics and hypersonics. A review (– '68) 50 S. (ASTIA Document 667735). – Dislocation drag mechanisms and their effects on dislocation velocities (– '68) 35 S. (~ 667736).

Acta metallurg. Low-frequency component of the internal friction of single crystal copper and its relation to the Bordoni peak: **10** ('62) 461–65 [m. deutscher Zusammenfassg.].

Acustica Use of temperature- and time-stabilized barium titanate ceramics in transducers, mechanical wave transmission systems and force measurements: **4** ('54) 200–02 [m. französ. u. deutscher Zusammenfassg.].

Applied Mech. Rev. Use of ultrasonic and hypersonic velocity and attenuation measurements in determining imperfection motions in solids: **18** ('65) 257–64.

Applied Physics Letters Mechanism for electron damping of dislocations in Pb: **6** ('65) 111f.

ASLE Trans. Adhesion between metals and its effect on fixed and sliding electrical contacts: **2** ('59) Nr. 1, 39–49.

Bell Labor. Rec. Quartz crystal filters: **13** ('35) 305–11. – Transmission line structures as high frequency networks: **16** ('37/38) 118–21. – Crystals of quartz: **22** ('44) 282–89. – ADP and KDP crystals: **24** ('46) 257–60. – EDT and DKT crystals for carrier channel filters: **26** ('48) 222–25. – Barium titanate ceramic as an electromechanical transducer: **27** ('49) 285–89. – Sound transmission in solids at ultrasonic frequencies: 421–25. – New techniques for measuring forces and wear [in telephone equipment]: **32** ('54) 375–78. – Ultrasonic attenuation in superconductors[5]): **36** ('58) 253–55. – Semiconductors in strain gauges: **37** ('59) 7–9.

Bell System techn. J. Electrical wave filters employing quartz crystals as elements: **13** ('34) 405–52. – An electromechanical representation of a piezo-electric crystal used as a transducer: **14** ('35) 718–23. – The use of coaxial and balanced transmission lines in filters and wide-band transformers for high radio frequencies [30]): **16** ('37) 275–302. – Resistance compensated band-pass crystal filters for use in unbalanced circuits: 423–36. – Low temperature coefficient quartz crystals: **19** ('40) 74–93. – Electrical wave filters employing crystals with normal and divided electrodes[30]): 221–48. – Electrical and mechanical analogies: **20** ('41) 405–14. – Quartz crystal applications: **22** ('43) 178–223. – First and second order equations for piezoelectric crystals expressed in tensor form: **26** ('47) 80–138. – Optical properties and the electro-optic and photoelastic effects in crystals expressed in tensor form: **29** ('50) 161–88. – Zero temperature coefficient quartz crystals for very high temperatures: **30** ('51) 366–80. – Frequency dependence of elastic constants and losses in nickel[7])[21]): Nr. 4, Teil 1, 970–89. – Mechanical properties of polymers at ultrasonic frequencies: **31** ('52) 122–71. – New techniques for measuring forces and wear in telephone switching apparatus [36]): 469–503. – Solderless wrapped connections, 2: Necessary conditions for obtaining a permanent connection[26]): **32** ('53) 557–90. – Stress systems in the solderless wrapped connection and their permanence[1]): **33** ('54) 1093–110. – Effect of dislocations on ultrasonic wave attenuation in metals: **34** ('55) 903–42.

Electronics Semiconductor devices as pressure transducers: **35** ('62) Nr. 8, 35–39. – Ultrasonics in communications and production: **36** ('63) Nr. 42, 33–39.

Frequency Developments in ultrasonics: **2** ('64) Nr. 4, 10–15.

India Rubber World Measurement of mechanical properties of polymer liquids by ultrasonic methods[2])[21])[11]): **119** ('49) 612.

Industrial Res. [USA] Ultra- and hydrosonics: **2** ('60) Apr./Mai, 30–34.

Instruments and Control Systems Engineering applications of ultrasonics: **42** ('69) Nr. 4, 93–96.

IRE Trans. Use of internal friction measurements in determining the causes of frequency instabilities in mechanically vibrating frequency standards: **I-7** ('58) Nr. 3/4, 189–200. – A compact electromechanical band-pass filter for frequencies below 20 kilocycles[32]): **UE-7** ('60) Nr. 2, 59–70.

J. acoust. Soc. America The motion of a bar vibrating in flexure, including the effects of rotary and lateral inertia: **6** ('34/35) 246–49; **7** ('35/36) 75. – Tubular directional microphone [22]): **10** ('38/39) 206–15. – Electrical and mechanical analogies: **14** ('42) 128f. – Attenuation and scattering of high frequency sound waves in metals and glasses[21]): **19** ('47) 464–73. – Properties of liquids at high sound pressure[8])[16]): 664–77. – Absorbing media for underwater sound measuring tanks and baffles[13]): **20** ('48) 476–82. – Measurement of shear elasticity and viscosity of liquids by means of ultrasonic shear waves: **21** ('49) 58. – Use of barium titanate transducers for producing large amplitudes of motion and high forces at ultrasonic frequencies[37]): **22** ('50) 676. – Ferroelectric phenomena – a review: 676. – A barium titanate transducer capable of large motion at an ultrasonic frequency[37]): **23** ('51) 209–14. – Low frequency temperature coefficient barium titanate ceramics which are stable with time: **25** ('53) 833f. – Aging of the properties of barium titanate and related ferroelectric ceramics: **27** ('55) 73–85. – Relaxations in the attenuation of single crystal lead at low temperatures and their relation to dislocation theory: 643–53. – Ultrasonic attenuation at low temperatures for metals in the normal and superconducting states[5]): **28** ('56) 930–43. – Physical acoustics and the properties of solids: 1197–206. – Internal friction and fatigue in metals at large strain amplitudes: 1207–18. – Use of piezoresistive materials in the measurement of displacement, force, and torque[32]): **29** ('57) 1096–101. – Phonon viscosity and its effect on acoustic wave attenuation and dislocation motion: **32** ('60) 458–72. – Ultrasonic-wave propagation in pure silicon and germanium[3]): **36** ('64) 644–52. – Relation between third-order elastic moduli and the thermal attenuation of ultrasonic waves in nonconducting and metallic crystals[3]): **40** ('66) 852–62. – Relation between thermal ultrasonic attenuation and third-order elastic moduli for waves along the (110) axis of a crystal: **42** ('67) 253–57. – Thermal and electronic attenuations and dislocation drag in the hexagonal crystal cadmium[28]): **45** ('69) 470–80. – Constants of a trapped-energy electromechanical transducer made by evaporating a thin layer of a piezoelectric crystal on each side of a quartz plate: **46** ('69) 687–92. – Fifty years of ferroelectricity: **50** ('71) 1281–98. – The use of high-power ultrasonics (macrosonics) in studying fatigue in metals[20]): **51** ('72) 894–99.

J. appl. Physics [USA] Energy losses of sound waves in metals due to scattering and diffusion[21]): **19** ('48) 940–46; **20** ('49) 228f. – Hall effect modulators and "gyrators" employing magnetic field independent orientations in germanium[12])[37]): **24** ('53) 166–75. – Dissected amplifiers using negative resistance [29]): **25** ('54) 677. – Third-order elastic moduli of germanium[3])[21]): **32** ('61) 928–36. – Drag on dislocations due to thermal losses of the phonon–phonon interaction type: **35** ('64) 2779–81. – Damping of dislocations in lead single crystals [28]): **38** ('67) 1929–36. – Second-order strain accumulation at ultrasonic frequency[27]): **39** ('68) 36–40. – Fatigue mechanism in fcc metals at ultrasonic frequencies[40]): 5581–84. – Fatigue mechanism in iron at ultrasonic frequency[40]): **40** ('69) 4514–16. – Internal friction in Westerley granite. Relation to dislocation theory[4])[18]): **41** ('70) 5206–09. – Damping of dislocations in niobium by phonon viscosity[20]): **42** ('71) 1836–42.

J. Colloid Sci. Viscosity and shear-elasticity measurements of liquids by means of shear vibrating crystals: **3** ('48) 147–62.

J. geophys. Res. Internal friction mechanism that produced an attenuation in the earth's crust proportional to the frequency: **74** ('69) 4963–66. – Internal friction of Pennsylvania slate[18]): **76** ('71) 2084–89.

J. Physique Use of piezoelectric and ferroelectric materials in ultrasonic transducers: **33** ('72) Suppl. zu Nr. 11/12, C6·15–C6·23.

J. Polymer Sci. Mechanical properties of discrete polymer molecules[2])[11]): 8 ('52) 129–55; **9** ('52) 170.

McGraw-Hill Yearb. Sci. and Technol. Hypersonics: **1961/62** ('62) 271; **1962/63** ('63) 289f.; **1964/65** ('65) 211–13. – Ultrasonics: **1961/62** ('62) 512f.; **1962/63** ('63) 567f.; **1963/64** ('64) 398f.

Nature [London] Internal friction in moon and earth rocks: **234** ('71) 461–63.

Physical Rev. A dynamic measurement of the elastic, electric and piezoelectric constants of Rochelle salt: **55** ('39) 775–89. – Heavy water Rochelle salt [14])[17])[24]): **56** ('39) 378. – The elastic, dielectric and piezoelectric constants of heavy-water Rochelle salt[14]): **57** ('40) 54–56. – The location of hysteresis phenomena in Rochelle salt crystals: **58** ('40) 744–56. – The elastic, piezoelectric, and dielectric constants of potassium dihydrogen phosphate and ammonium dihydrogen phosphate: **69** ('46) 173–94. – Elastic, piezoelectric, and dielectric properties of sodium chlorate and sodium bromate: **70** ('46) 529–37. – Properties of monoclinic crystals: 705–28. – Theory of the ferroelectric effect and clamped dielectric constant of Rochelle salt: **72** ('47) 854–65, 976. – Electrostrictive effect in barium titanate: 869f. – Mechanical properties of long-chain-molecule liquids at ultrasonic frequencies[2])[11])[21]): **73** ('48) 1074–91; **74** ('48) 1873f. – Ultrasonic observation of twinning in tin[21])[29]): **73** ('48) 1213f. – Piezoelectric or electrostrictive effect in barium titanate ceramics: 1398f. – Electrostrictive effect in barium titanate ceramics: **74** ('48) 1134–47. – Theoretical model for explaining the ferroelectric effect in barium titanate[23]): 1622–36. — Measurement of shear elasticity and viscosity of liquids at ultrasonic frequencies[2])[21])[11]): **75** ('49) 936–46. — Elastic constants and internal loss of single nickel crystals[7])[21])[33]): 1954f. — The elastic constants of germanium single crystals [6])[21])[25])[31]): **78** ('50) 176. — Elastic and electromechanical coupling coefficients of single-crystal barium titanate[6])[21]): **82** ('51) 442f. — A phenomenological derivation of the first- and second-order magnetostriction and morphic effects for a nickel crystal: 715–23; **85** ('52) 1065. — Domain wall relaxation in nickel: **83** ('51) 683f. — The piezoelectric, dielectric, and elastic properties of $ND_4D_2PO_4$ (deuterated ADP)[23]): **88** ('52) 477–79. — Properties of a tetragonal antiferroelectric crystal: 480–84. — Derivation of magnetostriction and anisotropic energies for hexagonal, tetragonal, and orthorhombic crystals: **96** ('54) 302–10. — Ultrasonic attenuation due to lattice–electron interaction in normal conducting metals: **97** ('55) 557f. — Dislocation relaxations at low temperatures and the determination of the limiting shearing stress of a metal: **98** ('55) 1136–38. — Experimental evidence for dislocations in crystalline quartz[5])[34]): **99** ('55) 1894–96. — Comments on Weertman's dislocation relaxation mechanism: **101** ('56) 1430f. — Dislocations, relaxations, and anelasticity of crystal quartz[5])[34]): **102** ('56) 64–71. — Ultrasonic wave propagation in doped n-germanium and p-silicon[3]): **134** ('64) 1387–96. — Effect of electron-damped dislocations on the determination of the superconducting energy gaps of metals: **143** ('66) 229–35. — Phonon and electron drag coefficients in single-crystal aluminum[28]): **151** ('66) 434–41.

Physical Rev. Letters Relation between thermal conductivity defect in sodium chloride and acoustic relaxation effects at low temperatures[9]): **7** ('61) 270–73. — Ultrasonic attenuation and velocity changes in doped n-type germanium and p-type silicon and their use in determining an intrinsic electron and hole scattering time[3]): **10** ('63) 151–54.

Physics and Chemistry Solids Internal friction and ultrasonic yield stress of the alloy 90Ti6Al4V [35]): **31** ('70) 1925–33.

Proc. Inst. Radio Engr. An electromechanical representation of a piezoelectric crystal used as a transducer: **23** ('35) 1252–63.

Proc. IRE A new quartz-crystal plate, designated the GT, which produces a very constant frequency over a wide temperature range: **28** ('40) 220–23. — Piezoelectric crystals[38]): 428f. — A new direct crystal-controlled oscillator for ultra-short-wave frequencies[10]): **30** ('42) 464–72. — Low frequency quartz crystal cuts having low temperature characteristics[30]): **32** ('44) 208–15. — New low-coefficient synthetic piezoelectric crystals for use in filters and oscillators: **35** ('47) 1005–12. — Methods for measuring piezoelectric, elastic and dielectric coefficients of crystals and ceramics[15]): **42** ('54) 921–30; **45** ('57) 160. — Ferroelectrics and the dielectric amplifier[37]): **42** ('54) 1606–20. — Uses of ultrasonics in radio, radar and sonar systems: **50** ('62) 1374–84. — Equivalent electromechanical representation of trapped energy transducers: **57** ('69) 1723–34.

Reviews modern Physics Rotational relaxation in nickel at high frequencies: **25** ('53) 136–39.

Special techn. Publ., Amer. Soc. Testing Mater. Internal friction, plastic strain, and fatigue in metals and semiconductors: **237** ('58) 36–50.

Trans. amer. Soc. mech. Engr. Measurement of viscosity and shear elasticity of liquids by means of a torsionally vibrating crystal: **69** ('47) 359–67 (m. Diskuss. S. 368–70).

Tulsa geol. Soc. Digest Ultrasonics: **23** ('55) 214–17.

Mit: [1]) O. L. Anderson; [2]) W. O. Baker; [3]) T. B. Bateman; [4]) D. N. Beshers; [5]) H. E. Bömmel; [6]) W. L. Bond; [7]) R. M. Bozorth; [8]) H. B. Briggs; [9]) K. Brugger; [10]) I. E. Fair; [11]) J. H. Heiss; [12]) W. H. Hewitt; [13]) F. H. Hibbard; [14]) A. N. Holden; [15]) H. Jaffe; [16]) J. B. Johnson; [17]) G. T. Kohman; [18]) J. T. Kuo; [19]) —; [20]) D. E. MacDonald; [21]) H. J. McSkimin; [22]) R. N. Marshall; [23]) B. T. Matthias; [24]) S. O. Morgan; [25]) K. M. Olsen; [26]) T. F. Osmer; [27]) M. Ronay; [28]) A. Rosenberg; [29]) W. Shockley; [30]) R. A. Sykes; [31]) G. K. Teal; [32]) R. N. Thurston; [33]) J. G. Walker; [34]) A. W. Warner, jr.; [35]) J. Wehr; [36]) S. D. White; [37]) R. F. Wick; [38]) G. W. Willard; [39]) E. A. Wood; [40]) W. A. Wood; [41]) H. Deresiewicz; [42]) J. J. Forst; [43]) R. D. Midlin; [44]) L. M. Tornillo.

VI **MASON,** William Pitt. Chem. — 1893–1925 Prof., '12–25 Head of Departm. of Chem. Engng., Rensselaer Polytechn. Inst., Troy, N.Y.; '09- Pres., Amer. Water Works Assoc. — '08 Hon. LL.D. (Lafayette College, Easton, Pa.); '17 Hon. Sc.D. (Union College, Schenectady, N.Y.).

*1853, Okt. 12, New York;
†1937, Jan. 25, Little Boar's Head, N.H.

Ehrung William Pitt Mason Fellowship in Chemical Engineering, William Pitt Mason Annual Prize for the best senior thesis in chemistry (Rensselaer Polytechnic Institute).

Zur Biogr. H. S. van Klooster, J. B. Cloke, J. chem. Educat. **24** ('47) 210–13.

VI **MASOTTI,** Arnaldo. Mech., Math., Gesch. d. exakten Naturwiss. — 1925–33

Assist., '28–33 Prof. incar., '34–63 Prof. di ruolo Mecc. razion., '35–39 Pres. della Fac. di Architettura, R. Politecnico di Milano; '33–63 Libero Doc. e poi Prof., Univ. Cattolica del Sacro Cuore, Milano; '36–46 Segretario, Semin. Mat. e Fisico di Milano. – '58 Medaglia d'Oro dei Benemeriti della Scuola, della Cultura e dell'Arte (Repubbl. Italiana).

*1902, Nov. 18, Milano.

Bildnisse Il centenario del Politecnico di Milano 1863–1963 (Milano '64) 497, 501.

Zur Bibliogr. Annuario, Politecnico Milano **1937/39**, 233–36; **1940/41**, 164; **1941/47**, 365f.; **1947/51**, 380f.; **1951/55**, 394; **1955/63** I, 611f.; **1963/64**, 191.

H. Niccolò Tartaglia, Quesiti et inventioni diverse. Riproduzione in facsimile dell'edizione del 1554 (Brescia '59) (Supplemento ai Commentari dell'Ateneo di Brescia per il 1959); darin eig. Beitr.: XV–LXXXV: Introduzione. – Quarto centenario della morte di Niccolò Tartaglia. Convegno di storia delle matematiche, Brescia 1959. Atti (Brescia '62) (~ per il 1960); darin eigene Beiträge: 17–55: Niccolò Tartaglia e i suoi "Quesiti"; 119–59: Rarità tartagliane: spigolature bibliografiche e archivistiche.

MH. Antonio Francesco Frisi, Elogio storico di D^a. Maria Gaetana Agnesi (Milano '65); darin eig. Beiträge: [Kommentare][3]).

S. Enciclopedia italiana di scienze, lettere ed arti **22** (Milano '34) 504b–506a: Geometria delle masse. – Scritti matematici offerti a Luigi Berzolari (Pavia '36) 239–47: Sui moti piani nei quali la velocità complessa è funzione razionale dell'affissa. – G. Boffito, Scrittori barnabiti o della Congregazione dei chierici regolari di San Paolo (1533–1933) **4** (Firenze '37) 385–89: Descrizione dei manoscritti di Paolo Frisi del R. Politecnico di Milano. – Storia del R. Politecnico di Milano (F. Lori) (Milano '41) 287–318: Trattati pubblicati dai professori del R. Politecnico. – Giuseppe M. Boffito, Barnabita. L'uomo, le opere, bibliografia (Firenze '47) 141–72: Bibliografia di Giuseppe Boffito[1]). – Lezioni sulle vibrazioni meccaniche (L. Amerio) (Milano '52) 1–22: Vibrazioni dei sistemi con un grado di libertà. – Atti IV Congresso dell'Unione matematica italiana, Taormina 1951, **2** (Roma '53) 531–33: Linea indicatrice della equazione del centro nei moti kepleriani. – Scritti matematici in onore di Filippo Sibirani (Bologna '57) 167–72: Sopra una estensione di un teorema di Newton relativo ai moti centrali parabolici. – Atti del Convegno per le celebrazioni del cinquantenario della morte di G. V. Schiaparelli, Milano 1960 (Milano '60) 98–103: Sull'estensione della formula di Lambert al moto apparente delle stelle doppie. – Storia di Milano (Fondazione Treccani degli Alfieri) **16** (Milano-Roma '62) 713–814: Matematica e matematici. – Atti del Convegno internazionale celebrativo del 250° anniversario della nascita di R. G. Boscovich e del 200° anniversario della fondazione dell'Osservatorio di Brera, 1962 (Milano '63) 129–37: Sopra alcuni cimeli bibliografici della Specola Braidense. – Storia di Brescia (G. Treccani degli Alfieri) **2** (Brescia '63) 597–617: Niccolò Tartaglia. – Dictionary of scientific biography (C. C. Gillispie) **4** (New York '71) 595–97: Scipione Ferro.

W. Note idrodinamiche (Milano '35) 66 S. (Pubblicazioni della Università Cattolica del Sacro Cuore, serie XI: Scienze fisiche e matematiche, 1). – Matematica generale; appunti delle lezioni di "Matematica generale", tenute alla Università Cattolica del S. Cuore; complementi d'algebra e calcolo infinitesimale per le funzioni d'una variabile (Milano '44) 6 + 194 S.; [2]('45); **3. Aufl. u. d. T.**: Matematica generale: Complementi di algebra, calcolo infinitesimale per le funzioni di una variabile, geometria analitica piana, teoria della probabilità [3]('46) 8+327 S.; weitere Auflagen u. d. T.: Matematica generale: Analisi matematica, geometria analitica, teoria della probabilità [4]('48)12+521 S.; [5]('50); [6]('55); [7]('57); [8]('59); [9]('62); [10]('64); [11]('70)11+522 S.

Aevum [Milano] Appunti bibliografici sopra Vincenzo Botto (1861–1946): **21** ('47) 203–08.

Annali francescani Suor Maria Celeste Galilei (1600–1634): **73** ('42) 292–97.

Annali Mat. pura ed appl. Estensione delle formule di Eulero e di Lambert ai moti centrali hamiltoniani: (4) **50** ('60) 273–83.

Annali Univ. Italia Bibliografia del R. Politecnico di Milano (fino al 30 giugno 1942): **3** ('41/42) 492–94.

Annuario, Politecnico Milano Stefano Idzkowski detto Steva: **1941/47**, 136–38. – Umberto Cisotti: 160–74. – Salvatore Spera: **1955/63** I ('65) 300–02. – Bruto Caldonazzo: 351–54.

Atti (reale) Accad. nazion. Lincei, Rend. Relazione fra le curvature di due linee corrispondenti in una rappresentazione conforme: (6) **15** ('32) 519–24. – Un teorema di univocità relativo all'equazione di Poisson: 630–34. – Sulle trasversali di un sistema isotermo: **17** ('33) 523–25. – Azioni dinamiche esercitate da una corrente traslocircolatoria sopra un profilo ipocicloidale con n cuspidi: **19** ('34) 789–93. – Sul moto piano discontinuo indotto da una sorgente addossata ad una lamina rettilinea indefinita: **20** ('34) 169–73. – Sul centro del moto asintotico: **22** ('35) 426–28. – Moti piani in presenza di particolari sistemi di vortici-sorgenti: 429–32. – Effetti di zavorra nello spazio[2]): **23** ('36) 3–8. – Sui moti piani provocati da due vortici-sorgenti: 133–38. – Su alcune questioni di media nei moti centrali: (8) **15** ('53) 381–86. – Sui moti centrali relativi: **16** ('54) 48–53.

Atti Accad. pontificia nuovi Lincei Sopra un'equazione, caratteristica dei rapporti incrementali: **85** ('31/32) 380–86. – Teoremi di univocità per le soluzioni della equazione di Poisson soddisfacenti speciali condizioni al contorno: 393–409. – Sul moto di un sistema di sorgenti puntiformi libere: **86** ('32/33) 109–16. – Sul moto di una sorgente puntiforme: 189–210. – Osservazioni geometriche sul moto incipiente di un punto in un campo di forza: 243–53. – Sul moto di una sorgente puntiforme in presenza di una lamina rettilinea indefinita: **87** ('33/34) 151–63. – Moti piani indotti da una sorgente addossata ad un ostacolo: 248–55. – Sul moto piano indotto da una sorgente addossata ad una lamina rettilinea indefinita: 494–501. – Sul moto piano indotto da due sorgenti opposte addossate ad una lamina rettilinea: **88** ('34/35) 197–203. – Sul moto piano indotto da due sorgenti opposte addossate ad una lamina rettilinea indefinita: 204–10.

Atti e Mem., Deputaz. Storia patria Marche Matteo Ricci: (7) **7** ('52) 39–50.

Bene Bonaventura Cavalieri. Cenni commemorativi nel terzo centenario della morte: **59** ('47) 103–05. – L'opera scientifica di Luigi Gabba: **60** ('48) 107–10. – Nella ricorrenza di un centenario: Il matematico Gabrio Piola ed una antica poesia in suo onore: **62** ('50) 115–17. – Notizie galileiane in una lettera inedita di Gabrio Piola: **63** ('51) 116–18. – Matteo Ricci. Cenni commemorativi nel quarto centenario della nascita: **64** ('52) 124–27. – Matematica e matematici nella vita e nell'opera di Antonio Rosmini: **66** ('54) 153–58. – In memoria di Celso Confalonieri missionario in Giappone e Cina: **67** ('55) 126–29. – Una lettera inedita del Cardinale Federigo Borromeo: **68** ('56) 111–14. – In memoria di Niccolò Tartaglia nel quarto centenario della morte: **69** ('57) 134–40. – Sopra i "Quesiti" di Niccolò Tartaglia, nell'occasione della loro ristampa: **70** ('58) 144–50. – Sopra i "Cartelli di matematica disfida" di Lodovico Ferrari e Niccolò Tartaglia, nell'occasione della loro ristampa: **71** ('59) 144–48. – Ricordo di Giovanni Virginio Schiaparelli nel cinquantenario della morte: **72** ('60) 118–24. – Costanzo Bolognese antico traduttore italiano di Euclide: **73** ('61) 142–45. – Notizie intorno al matematico Lodovico Ferrari: **74** ('62) 152–55.

Come Autunno Maria Gaetana Agnesi in una poesia di Giannino Sessa: **5** ('42) 6–8. – Galileo Galilei. Cenni commemorativi nel terzo centenario della morte: 39–46.

Commentari Ateneo Brescia Commemorazione di Niccolò Tartaglia: **1957**, 25–48. – Gli Atti del Convegno di storia delle matematiche tenuto in commemorazione di Niccolò Tartaglia: **1961**, 19–23. – Anticipazioni sulla nuova edizione dei "Cartelli disfida matematica" di Lodovico Ferrari e Niccolò Tartaglia: **1971**, 10–68.

Memorie Soc. astron. ital. Niccolò Copernico, 1: Vita ed opere del sommo astronomo: **16** ('44) 193–207. – Cenno necrologico di Vito Volterra: **17** ('45/46) 142. – Cenno necrologico di Tullio Levi-Civita: 143. – Bibliografia di Luigi Gabba: **20** ('49) 11–21. – Sui moti ellittici armonici: **25** ('54) 45–58. – Su alcuni problemi dinamici connettibili alla teoria degli ammassi stellari sferici: **27** ('56) 109–15.

Missioni cattol. L'opera scientifica di Matteo Ricci: **84** ('55) 40–44, 64–69, 88–92, 112–17.

Rend., (Reale) Ist. lombardo Sci. e Lettere Condensatori aventi una armatura sferica di piccolo raggio: **65** ('32) 363–78. – Sul moto dei vortici-sorgenti: **66** ('33) 386–98. – Doppiette generalizzate nel piano: **69** ('36) 309–21. – Doppietta generalizzata nello spazio: 677–87. – Sul moto indotto da una sorgente addossata ad una sfera: 741–51. – Vena libera con sorgente: 893–911. – Sul moto di un vortice nel campo esterno ad una parete parabolica: **70** ('37) 137–46. – Sui moti oscillatorii di un punto: **73** ('39/40) 49–61. – Sul moto di un punto vincolato ad una linea piana nel quale è costante la intensità della reazione: **75** ('41/42) 211–31. – Sulla dinamica di un punto vincolato ad una linea cicloidale: 373–86. – Scritti inediti di Paolo Frisi, 1: Poesie latine giovanili del Frisi: **76** ('42/43) 286–300; ~ 2: Giudizio del Frisi sul trattato meccanico-geometrico di Giambattista Suardi: 301–15; ~ 3: Due lettere del Frisi sulla elettricità: **77** ('43/44) 3–14; ~ 4: "Brevi considerazioni sopra la cupola del Duomo di Milano": **78** ('44/45) 367–76; ~ 5: "Piano scientifico per il regolamento del Collegio dell'Ingegneri e Architetti": 377–90; ~ 6: "Relazione sopra l'Osservatorio di Brera": **81** ('48) 3–43; ~ 7: "Piano d'un'accademia scientifica e letteraria": **82** ('49) 55–66. – Sopra un teorema meccanico di Laisant: **83** ('50) 388–92. – In memoria di Gabrio Piola nel centenario della morte: 695–723. – Osservazioni sui moti kepleriani: **84** ('51) 345–53. – Sopra una generalizzazione dei moti centrali: 448–60. – Linea indicatrice della equazione del centro nei moti kepleriani: **85** ('52) 65–81. – Sui valori medi delle potenze del raggio vettore nei moti kepleriani: 273–77. – Sull'opera scientifica di Matteo Ricci: 415–45. – Sui moti centrali di un punto vincolato: **87** ('54) 515–29.

Rend., Ist. lombardo Sci. e Lettere, A Sui "Cartelli di matematica disfida" scambiati fra Lodovico Ferrari e Niccolò Tartaglia: **94** ('60) 31–41. – Su alcuni possibili autografi di Niccolò Tartaglia: 42–46. – Intorno a Costanzo Bolognese traduttore italiano di Euclide nel secolo XVI: **96** ('62) 143–50.

Rend., Ist. lombardo Sci. e Lettere, Parte gen. e Atti uffic. Federigo Giordano. Commemorazione e bibliografia: (3) **78** ('44/45) 11–26. – Commemorazione di Bonaventura Cavalieri: **81** ('48) 41–86. – Commemorazione di Luigi Gabba: **83** ('50) 125–46. – La nuova edizione dell'opera "Quesiti et inventioni diverse" di Niccolò Tartaglia: **93** ('59) 128–30. – Bruto Caldonazzo: **94** ('60) 145–54.

Rend. Semin. mat. e fisico Milano Sopra una notevole funzione ed il suo intervento in varie questioni fisico-matematiche: **6** ('32) 127–77. – Luigi Santarella (1886–1935): **9** ('35) 13–16. – Astronomia biblica: **10** ('36) 143–82. – Maria Gaetana Agnesi: **14** ('40) 89–127. – Bibliografie di Tullio Levi-Civita e Vito Volterra: **17** ('46) 16–61. – Umberto Cisotti †: **18.**1947 ('48) 1–35. – Luigi Gabba †: **19.**1948 ('49) XVf. – Questioni isoperimetriche nella fisica matematica: **24.** 1952/53 ('54) 3–33. – Matematica e matematici nella storia di Milano, da Severino Boezio a Francesco Brioschi: **33** ('63) 1–28 [m. engl. Zusammenfassg.].

Revista Unión mat. argentina Sul pendolo quadrantale: **17** ('55) 117–24.

Saggiatore Maria Gaetana Agnesi e le sue Instituzioni Analitiche: **1941,** 279–81.

Scuola cattol. I "Septem Sidera" attribuiti a Niccolò Copernico, tradotti in italiano da Mons. Vincenzo Botto: **71** ('43) 430–41. – Notizie sugli scritti del Padre Giuseppe Boffito Barnabita: **74** ('46) 157–60. – In memoria di Vincenzo Botto: 237–40.

Vita e Pensiero Giovanni Schiaparelli e l'opera sua: **21** ('35) 445–54. – Astronomia biblica: **28** ('37) 565–75; **29** ('38) 78–84, 199–206. – In memoria di Bonaventura Cavalieri nel terzo centenario della morte: **31** ('48) 524–27.

Mit: [1]) G. DeBernard; [2]) U. Cisotti; [3]) Giuseppina Masotti.

VI **MASSEY,** Sir Harrie Stewart Wilson. Physik, Math. – 1933–38 Independent Lecturer Math. Physics, Queen's Univ. Belfast; '38–50 Prof. Math., '50– Prof. Physics, '69– Vice-Provost, Univ. College of London; '46 Chairman, '47–53 Vice-Pres., '53–57 Pres., Atomic Scientists' Assoc.; '50–53 Vice-Pres., Roy. Astron. Soc.; '54–56 Pres., Physical Soc.; '59– Chairman, Brit. Nation. Committee for Space Research; '60–64 Pres., European Preparat. Commiss. for Space Research, '64– Chairman, European Space Research Organizat.; '65–69 Chairman of the Council of Scientific Policy, Departm. of Educat. and Sci.; '70– Vice-Pres., Roy. Soc. London. – '62 Hon. LL.D. (Univ. of Glasgow); '64 Hon. Sc.D. (Univ. of Belfast); '64 Hon. D.Sc. (Univ. of Leicester); '68 Hon. D.Sc. (Univ. of Hull). – '55 Hughes Medal, '58 Royal Medal (Roy. Soc. London). (⊠)
*1908, Mai 16, St. Kilda, Melbourne.

Zur Biogr. Lord Adrian, Proc. roy. Soc. London, Ser. A **234** ('56) 154. – C. Hinshelwood, ibid. **249** ('59) VII. – Nature [London] **165** ('50) 793; **176** ('55) 1094f.; **182** ('58) 1632.

Zum 60. Geb.tag E. H. S. Burhop, Advances atom. and molec. Physics **4** ('68) 1–11.

MH. Rocket exploration of the upper atmosphere (London '54); russ.: (Moskva '57). – Pure and applied physics. A series of monographs and textbooks **1** (NewYork–London '57).

S. Sixième rapport au Conseil international des unions scientifiques de la Commission pour l'étude des relations entre les phénomènes solaires et terrestres (Orléans '48) 176–79: Some problems of the upper atmosphere. – The emission spectra of the night sky and aurorae; papers read at an international conference held under the auspices of the Gassiot Committee of the Royal Society, London 1947 (London '48) 48–50: A note on the ionic composition of the upper atmosphere [2]); 97–105: The aurora[2])[35]). – Report of an International conference on fundamental particles and low temperatures, Cambridge 1946, **1** (London '47) 175–77: Collisions of neutrons and protons with deuterons and the nature of nuclear forces[9]). – Advances in electronics (L. Marton) **4** (New York '52) 1–68: Electron scattering in solids. – Proc. Conference on nuclear and meson physics, Glasgow 1954 (London–New York '55) 1–10: Survey of nuclear forces. – Vistas in astronomy (A. Beer) **1** (London–New York '55) (J. atmospher. and terrestr. Physics, Spec. Suppl. 3) 277–83: Atomic collision processes in astrophysics. – Handbuch der Physik (S. Flügge) **36** (Berlin–Göttingen–Heidelberg '56) 232–306: Theory of atomic collisions; 307–408: Excitation and ionization of atoms by electron impact; **37,** 1 ('59) 314–415: The collisions of electrons with molecules[14]). – Atomic collision processes. Proc. 3rd International conference on the physics of electronic and atomic collisions, London 1963 (M. R. C. McDowell) (Amsterdam '64) 3–13: The present state of the study of atomic collisions; 14f.: The exchange polarization approximation for the elastic scattering of slow electrons and positrons by atoms and ions: electron scattering by helium ions[57]). – Quantum theory of atoms, molecules, and the solid state; a tribute to John C. Slater (P. O. Löwdin) (New York '66) 203–15: Collisions of slow positrons with atoms[29])[44]). – Positron annihilation. Proc. of a conference, Detroit, Mich., 1965 (A. T. Stewart, L. O. Roellig) (New York–London '67) 113–25: Gaseous positronics. – Abstracts of papers. International conference on the physics of electronic and atomic collisions, Leningrad **1967**, **5** (Leningrad '67) 113–16: Positron–helium scattering with correlation[33])[58])[59]). – Physics of the one- and two-electron atoms. Proc. of the Arnold Sommerfeld centennial memorial meeting and of the international symposium, München 1968 (F. Bopp, H. Kleinpoppen) (Amsterdam '69) 511–42: The theory of the collisions of electrons with one- and two-electron atoms and ions.

W. The theory of atomic collisions (m. N.F. Mott) (Oxford–London–NewYork '33) 15+283 S., [2]('49); [3]('65) 22+858 S. – Negative ions (NewYork-Cambridge '38) 14+105 S., [2](New York–London '50) 14+136 S. – The atom and its nucleus (Brisbane '50) 24 S. (The John Murtagh Macrossan memorial lecture for 1949). – Electronic and ionic impact phenomena (m. E. H. S. Burhop) (Oxford '52) 18+669 S., Neudruck ('56); 2. Aufl. in 4 Bänden: **1**: Collision of electrons with atoms (m. E. H. S. Burhop) ('69) 20+664 S., **2**: Electron collisions with molecules and photo-ionization ('69) 18 S. + S. 665–1294, **3**: Slow collisions of heavy particles ('71) 20 S. + S. 1295–2114, [4 noch nicht erschienen]. – Atoms and energy (London–NewYork '53) 174 S. (Science in action, 1); [2](London–New York '56) 176 S. – The upper atmosphere (m. R. L. F. Boyd) (London '58, New York '59) 12+333 S., [2](London '60) 12+333 S.; russ.: (Leningrad '62) 376 S. – Ancillary mathematics (m. H. Kestelman) (NewYork–London '59) 16+990 S.; [2](London '64) 18+1053 S. – The new age in physics (NewYork–London '60) 342 S., [2](London '66, New York '67) 386 S.; französ.: (Paris '64) 14+377 S.; rumän.: (București '66) 415 S. – Basic laws of matter (m. A. R. Quinton) (Bronxville, N. Y. '61) 178 S. – Atmospheric photochemistry (m. A. E. Potter) (London '61) 27 S. (Royal Institute of Chemistry, Lecture series, 1961, Nr. 1). – Space physics (Cambridge '64) 8+237 S. – Space travel and exploration (London '66) 4+117 S. – Dispersion relations in high-energy physics (– '67) 16 S. (U. S. Clearinghouse for Federal Scientific and Technical Information. ASTIA Document 666680).

Annual Rep. Board Regents Smithsonian Instn. The nature of the upper atmosphere: **1954** ('55) 179–88.

Applied sci. Res., Sect. B Fundamental primary processes in gaseous discharges: **5** ('55) 1–9.

Astrophysical J. The continuous absorption of light by negative hydrogen ions[2]): **91** ('40) 202–14.

Contemporary Physics Space research: **1** ('60) 81–95. – Space travel and exploration, 4: Scientific results: The sun and solar-terrestrial relations; short-wave astronomy: **6** ('65) 172–91. – Atom–atom and atom–ion collisions, 2: Collisions between atoms and ions in which no excitation occurs; symmetrical charge transfer: **13** ('72) 135–58; ∼ 3: Collisions involving excitation transfer, spin exchange or depolarization, without internal energy change: 375–92; ∼ 4: Inelastic collisions: **14** ('73) 497–512.

Discuss. Faraday Soc. Gaseous ions and their reactions: **12** ('52) 24–33.

Endeavour Die Natur der höheren Atmosphärenschichten: **13** ('54) 81–85. – Mesonen, Hyperonen und Antiprotonen: **15** ('56) 117–27. – Raketen und Satelliten in wissenschaftlicher Forschung: **17** ('58) 85–89. – Zur Raumforschung: **20** ('61) 68–77. – Das Internationale Geophysikalische Jahr: Ein Rückblick: **22** ('63) 70–74. – Die Unschärferelation bei kurzlebigen Atom- und Elementarteilchenzuständen: **25** ('66) 59–64. – Stöße zwischen Gasatomen: **27** ('68) 114–19. – Neutrinos: **32** ('73) 86–92.

International Sci. and Technol. The chemical bond[56]): **1964**, Nr. 25, 62–68, 70, 72, 104f. – When atoms collide: **1965**, Nr. 43, 44–50.

J. atmospher. and terrestr. Physics The negative ion concentration in the lower ionosphere[2]): **1** ('51) 1–13.

J. Physics, Sect. B Behaviour of positrons in molecular gases, 2: Dependence of annihilation rates of positrons in rare gases on the presence of molecules: **5** ('72) 599–608.

J. sci. Instruments Semi-conductors: **24** ('47) 220–24.

Monthly Notices roy. astron. Soc. Metallic ammonium[4]): **114** ('54) 172–79.

National nuclear Energy Ser., Div. I Use of probes for plasma exploration in strong magnetic fields[6])[11]): **5** ('49) 13–76. – Threshold pressure for stable operation of arcs[11])[34]): 107–26. – Measurements of the absolute values of the cross sections for ionization of uranium tetrachloride and hexafluoride by electrons[3])[11])[14])[27]): 127–44. – Ionization and dissociation of uranium tetrachloride and hexafluoride by electron impact[11])[49]): 145–65. – Arc plasma[6])[11])[52]): 334–44.

Nature [London] Passage of neutrons through matter: **129** ('32) 469f., 691. – Diffraction of gas atoms[31]): **130** ('32) 276f. – Radiative collisions of neutrons and protons[31]):

133 ('34) 211. – The mass of ^{8}Be and ^{12}C [31]): 136 ('35) 141. – Determination of van der Waals forces[9]): 138 ('36) 77. – J.H. Michell †: 145 ('40) 616. – Polarization of electrons by double scattering[31]): 146 ('40) 264. – Collisions of neutrons with deuterons and the nature of nuclear forces[9]): 776. – Degaussing: 157 ('46) 647. – T. H. Laby†: 158 ('46) 157. – Nuclear forces and the magnetic moment of the deuteron[24]): 160 ('47) 794f. – F. C. Chalklin†: 173 ('54) 708f. – Rocket exploration of the upper atmosphere[26]): 177 ('56) 643–45. – Scientific observations of the artificial earth satellites and their analysis[8]): 181 ('58) 78–80.

New Scientist New states of atoms: **26** ('65) Nr. 447, 717–19.

Obituary Notices Fellows roy. Soc. London Leslie John Comrie, 1893–1950: 8 ('52) 97–107.

Observatory Ionization in the earth's upper atmosphere[23])[30]): **69** ('49) 185–91.

Philosophical Mag. Slow inelastic collisions between atomic systems[2]): (7) **45** ('54) 111–22. – Collision processes in meteor trails[40]): **46** ('55) 190–98. – The excitation of molecular vibration and rotation by impact of slow electrons: (8) **4** ('59) 336–40.

Philosophical Trans. roy. Soc. London, Ser. A The negative ions of atomic and molecular oxygen[2]): **239** ('43) 269–304. – Excitation and ionization of atoms by electron impact. The Born and Oppenheimer approximations, 1: General theory[2])[20]): **243** ('50) 93–117; ∼ 2: Comparison with experiment[2])[20])[54]): 117–43.

Physical Rev. The probability of K shell ionization of silver by cathode rays[11]): **48** ('35) 468. – Collisions of neutrons with deuterons and the reality of exchange forces[9]): **71** ('47) 558. – Scattering of protons by deuterons[9]): **73** ('48) 260f. – Effect of noncentral forces on the collisions of high-energy neutrons with protons[11])[24]): 1403f. – Scattering of electrons by hydrogen atoms[32]): **78** ('50) 180f.

Proc. Cambridge philos. Soc. The collision of electrons with rotating dipoles: **28.**1931/32 ('32) 99–105. – The scattering of electrons by nitrogen molecules[10]): **29.**1932/33 ('33) 511–21. – The double excitation of helium by electron impact[31]): **31** ('35) 604–08. – The intensity of x-ray spectrum lines of heavy elements[11]): **32** ('36) 461–70. – Anomalous scattering of α-particles and long-range nuclear forces[31]): **34** ('38) 498–501. – The emission and absorption of heavy electrons[13]): **35** ('39) 84–94. – Elastic collisions of mesons with electrons and protons[13]): 463–73.

Proc. chem. Soc., London The chemistry of the upper atmosphere: **1959,** 377–83.

Proc. physic. Soc., Sect. A Strong coupling in inelastic collisions of electrons with atoms [31]): **65** ('52) 845–53. – Inelastic collisions of electrons in helium and Townsend's ionization coefficient[1]): **66** ('53) 288–96. – Calculation of the 1s-2s electron excitation cross section of hydrogen by a variational method[32]): 406–08. – Gaseous reactions involving positronium[31]): **67** ('54) 695–704. – The scattering of nucleons by α-particles: The s-phases[22])[46]): 957–66; ∼ : Determination of the spin-orbit interaction[22])[39])[46]): **68** ('55) 746–53. – The collisions of nucleons with deuterons[7]): 769–80. – Application of variational methods to the theory of the scattering of slow electrons by hydrogen molecules[38]): **69** ('56) 659–67. – The elastic scattering of positrons by atoms and molecules[33]): **71** ('58) 38–44. – The excitation of the 2p state of hydrogen by slow electrons. Distorted wave treatment[28]): 574–84. – Positronium formation in helium[33]): **77** ('61) 811–16.

Proc. roy. irish Acad. The creation of electron pairs by nuclear capture of neutrons: **44** ('38) Sect. A, 77–85. – A small scale differential analyser – its construction and operation[53])[9])[43]): **45** ('38) Sect. A, 1–21. – Long range forces between hydrogen molecules[9]): 31–45.

Proc. roy. Soc. London, Ser. A The collision of electrons with molecules[31]): **135** ('32) 258–75. – The collision of slow electrons with atoms, 1: General theory and elastic collisions[31]): **136** ('32) 289–311; ∼ 2: General theory and inelastic collisions[31]): **139** ('33) 187–201; ∼ 3: The excitation and ionization of helium by electrons of moderate velocity[31]): **140** ('33) 613–36; ∼ 4[31]): **146** ('34) 880–900. – The collision of α-particles with atomic nuclei: **137** ('32) 447–63. – The passage of neutrons through matter: **138** ('32) 460–69. – Free paths and transport phenomena in gases and the quantum theory of collisions, 1: The rigid sphere model[31]): **141** ('33) 434–53; ∼ 2: The determination of the laws of force between atoms and molecules[31]): **144** ('34) 188–205. – The scattering of electrons by metal vapours, 1: Cadmium[12]): **141** ('33) 473–83; ∼ 2: Zinc[12]): **142** ('33) 509–18. – The passage of positive ions through gases[41]): 142–72. – The interaction of light nuclei, 1[31]): **148** ('35) 206–25; ∼ 2: The binding energies of the nuclei $^{3}_{1}$H and $^{3}_{2}$He [31]): **152** ('35) 693–705; ∼ 3: The binding energies of ^{4}He, ^{5}He, ^{6}Li, and of nuclei of type 4n[31]): **156** ('36) 634–54. – The relativistic theory of the Auger effect[11]): **153** ('36) 661–82. – Negative atomic ions[41]): **155** ('36) 472–89. – Nuclear excitation and disintegration collisions involving strong interaction, 1[31]): **162** ('37) 529–56. – The nature of the interaction between neutron and proton from scattering experiments[9]): **163** ('37) 281–97. – Dissociation, recombination and attachment processes in the upper atmosphere, 1: 542–53; ~ 2: The rate of recombination[2][9][47]): **170** ('39) 322–40. – The probability of annihilation of positrons without emission of radiation[11]): **167** ('38) 53–61. – The low-temperature properties of gaseous helium [,I][9]): **168** ('38) 378–89; **169** ('38/39) 205; ~ 2[9][21]): **179** ('41/42) 103–22. – Exchange effects in the theory of the continuous absorption of light, 1: Ca and Ca^{+2}): **177** ('40/41) 329–40. – The polarization of electrons by double scattering[31]): 341–57. – A self-consistent field for methane and its applications[9][45]): **178** ('41) 119–34. – The scattering of neutrons by deuterons and the nature of nuclear forces[9]): **179** ('41/42) 123–51. – The elastic scattering of fast positrons by heavy nuclei: **181** ('42/43) 14–19. – The basic reactions in the upper atmosphere, 1[2]): **187** ('46) 261–96; ~ 2: The theory of recombination in the ionized layers[2]): **192** ('47/48) 1–16. – The capture of neutrons by deuterons[11]): 156–66. – Non-central interactions between neutron and proton[24]): **196** ('49) 135–59. – The application of variational methods to atomic scattering problems, 1: The elastic scattering of electrons by hydrogen atoms[32]): **205** ('51) 483–96; ~ 2: Impact excitation of the 2S level of atomic hydrogen; distorted wave treatment[17]): **212** ('52) 521–30; ~ 4: The excitation of the 2^1S and 2^3S states of helium by electron impact[32]): **227** ('54/55) 38–51. – The scattering of neutrons and of protons by deuterons[9][25]): **211** ('52) 183–202. – Inelastic collisions between atoms, 1: General theoretical considerations[2][42]): **216** ('53) 437–58. – A discussion on radiative balance in the atmosphere. Introductory remarks: **236** ('56) 145–48. – A discussion on observations of the Russian artificial earth satellites and their analysis: Introductory remarks: **248** ('58) 1–3. – A discussion on space research: Introductory remarks: **253** ('59) 450f. – The excitation of the 2^3P state of helium by electron impact[32]): **258** ('60) 147–58. – Thermal scattering of atoms by homonuclear diatomic molecules[5][15][36]): **274** ('63) 427–42. – The elastic scattering of slow positrons by hydrogen atoms[55][29][58]): **278** ('64) 479–89. – Dispersion relations and the elastic scattering of electrons by helium atoms[29][48][50]): **294** ('66) 149–59.

Rep. Progr. Physics Properties of neutral and ionized atomic O and their influence on the upper atmosphere[2]): **9** ('42/43) 62–74. – Collisions between atoms and molecules at ordinary temperatures: **12** ('48/49) 248–69.

Reviews modern Physics Theory of the scattering of slow electrons: **28** ('56) 199–213.

Science Progr. [London] Antiprotons and antineutrons: **45** ('57) 1–10.

Suppl. Nuovo Cimento The use of the high pressure cloud chamber in the study of the unstable particles of the cosmic radiation[16][18][51]) u.a.): (10) **4** ('56) 272–85.

Trans. Faraday Soc. The excitation of molecular vibration by impact of slow electrons: **31** ('35) 556–63.

Yearb. physic. Soc., London Progress and problems in physics today: **1955**, 1–12. – Collisions: **1959** ('60) 15–28.

Yearb. World Affairs The peace-time applications of atomic energy: **1** ('47) 265–78.

Z. Physik Bemerkung über die Streuung von Molekularstrahlen in Gasen[19][31]): **97** ('35) 740–44.

Mit: 1) G. Abdelnabi; 2) D. R. Bates; 3) W. E. Berkey; 4) M. J. M. Bernal; 5) R. B. Bernstein; 6) D. Bohm; 7) A. H. de Borde; 8) R. L. F. Boyd; 9) R. A. Buckingham; 10) E. C. Bullard; 11) E. H. S. Burhop; 12) E. C. Childs; 13) H. C. Corben; 14) J. E. Craggs; 15) A. Dalgarno; 16) R. Donald; 17) G. A. Erskine; 18) G. R. Evans; 19) R. G. J. Fraser; 20) A. Fundaminsky; 21) J. Hamilton; 22) S. Hochberg; 23) F. Hoyle; 24) T. M. Hu; 25) S. J. Hubbard; 26) F. E. Jones; 27) J. Keene; 28) S. Khashaba; 29) J. Lawson; 30) A. C. B. Lovell; 31) C. B. O. Mohr; 32) B. L. Moiseiwitsch; 33) A. H. Moussa; 34) G. Page; 35) R. W. B. Pearse; 36) I. C. Percival; 37) –; 38) R. O. Ridley; 39) H. Robertson; 40) D. W. Sida; 41) R. A. Smith; 42) A. L. Stewart; 43) R. Sullivan; 44) D. G. Thompson; 45) S. R. Tibbs; 46) L. H. Underhill; 47) J. J. Unwin; 48) J. Wallace; 49) C. Watt; 50) D. Wilkinson; 51) E. S. Williams; 52) R. M. Williams; 53) J. Wylie; 54) J. W. Leech; 55) W. J. Cody; 56) L. P. Hammett; 57) I. H. Sloan; 58) K. Smith; 59) C. Wardle.

IV-VI **MASSOL,** Noël Gustave. Chem., Physik (angew. auf d. Chem.). – 1893–1928 Prof. Physique, 1899–1928 Dir. (→ Doyen), '28– Prof. hon., '37– Doyen hon., Ecole Supér. de Pharm. (→ Fac. de Pharm.), Univ. de Montpellier. (⊠)

*1857, Nov. 12, Montpellier;

†1951, Juni 6, Montpellier.

Nekr. E. Canals, Annales pharm. franç. **9** ('51) 89f.

IV-VI **MASSON,** Sir David Orme. Chem. (physik.). – 1884 D. Sc., Univ. of Edinburgh; 1886–1923 Prof., '12–16 Pres. of the Professorial Board, '24 Prof. Emer., Univ. of Melbourne. – '11–13 Pres., Australasian Assoc. for the Advancem. of Sci.; '17–20 first Pres. of the Australian Chem. Inst.; '22–23 Pres., Australian National Research Council. – '24 Hon. LL.D. (Univ. of Edinburgh). – '18 Commander, '23 Knight Commander of the Order of the Brit. Empire. (⊠)

*1858, Jan. 13, London;

†1937, Aug. 10, Melbourne.

Nekr. W. Bragg, Proc. roy. Soc. London, Ser. A **163** ('37) 464. – J. Read, Nature

[London] **140** ('37) 534-36. – A. C. D. Rivett, J. chem. Soc., London **1938**, 598-603; Obituary Notices Fellows roy. Soc. London **2** ('39) 455-64 (m. Bildn., Faks.). – W. L. Waterhouse, J. and Proc. roy. Soc. New South Wales **72**.1938 ('39) 5f.

V, VI **MASSON,** Sir James Irvine Orme. Chem. – 1924-38 Prof. and Head of Departm. of Pure Sci., Univ. of Durham; '38-52 Vice-Chancellor, Univ. of Sheffield; '53- Trustee of the Carnegie Trust for Universities of Scotland; '21-24 Hon. Secretary, Chem. Soc. of Great Britain and Ireland. – '53 Hon. LL.D. (Univ. of Sheffield); Hon. LL.D. (Univ. of Edinburgh).

*1887, Sept. 3, Toorak, Melbourne; †1962, Okt. 22, Edinburgh.

Zur Biogr. Nature [London] **141** ('38) 1089f.; **169** ('52) 396.

Nekr. R. D. Haworth, A. H. Lamberton, Biographical Mem. Fellows roy. Soc. **9** ('63) 205-21 (m. Bildn., Faks., Schr.verz. 48 Nrn.); Nature [London] **196** ('62) 1151f.; Proc. chem. Soc., London **1963**, 120f. – E. Laughton, Sheffield Univ. Gaz. Nr. **42** ('63) 46-49.

S. Science today; the scientific outlook on world problems explained by leading exponents of modern scientific thought; planned and arranged by Sir J. A. Thomson (J. G. Crowther) (London '34): Chemistry of today. – The march of science; a quinquennial review 1931-1935 (British Association for the Advancement of Science) (London '37): Physical chemistry.

W. Problems in the national teaching of science (London '32) 40 S. (Alexander Pedler lecture, 1931). – The Mainz Psalters and Canon Missae, 1457-1459 (London '54) 8+72 S. (Bibliographical Society, Special publication).

Durham Univ. J. A view of early typography: **1938**, März-Nr., 343-.

J. chem. Soc., London A mode of studying nitration[4]): **1933**, 105-14; ~ 2: Isomeric ratios in dinitrobenzene[5]): **1934**, 1352-57. – Thermal analysis and its application to the dinitrobenzenes[5]): 1357-60. – The iodoxy-group and its relations[6])[5]): **1935**, 1669-79. – The direct conversion of iodic acid and aromatic hydrocarbons into iodonium compounds[6]): **1937**, 1718-23. – The iodous cation as an agent for aromatic substitution[3]): **1938**, 1699-701. – The iodous sulphates[1]): 1702-08. – Hypoiodous cations and their action upon an organic reagent: 1708-12.

Library [London] The bibliography of a small incunable: (4) **17** ('36) 36-61. – The Editio princeps of Bede's Prose life of St. Cuthbert, and its printer's XIIth century copy[2]): **19** ('38) 289-303. – Canon Missae (1457-58): (5) **12** ('57) 43f. – The dating of the Missale speciale Constantiense: **13** ('58) 81-101.

Nature [London] A bibliography of Boyle: **130** ('32) 498f. – Organic and inorganic chemistry of iodine oxides: **139** ('37) 150f. – Iodine: **141** ('38) 227-30. – The universities and research: **145** ('40) 855f. – Science in the U.S.S.R.: **148** ('41) 663. – Sir Thomas Ranken Lyle †: **153** ('44) 518.

Proc. roy. Instn. Great Britain Iodine: **30**. 1937/38 ('38) 99-122.

Mit: [1]) C. Argument; [2]) B. Colgrave; [3]) W. E. Hanby; [4]) J. A. Hetherington; [5]) F. E. Pounder; [6]) E. Race.

VI **MASUMOTO,** Hakaru. Metallurgie (physikal.). – 1923-24 Lecturer, '24-33 Assist. Prof., '27 Sc.D., '33-58 Prof., '50-58 Dir. of Research Inst. for Iron, Steel and other Metals, '58 Prof. Emer., Tôhoku Imperial Univ., Sendai; '44 Founder, '58- Chief Manager and Dir., Research Inst. of Electric and Magnetic Alloys; '57-61 Chief Dir., Honda Memorial Foundat.; '57-58 Pres., Japan Inst. of Metals. – '31 Academy Prize, '46 Imperial Prize (Japan Acad.); '38 Award for Progress, '42 Special Prize, '44 Grand Prize of Invent., '44 Medal of Merit (Japan Inst. of Invent. and Innovat.); '40 Hôkô Prize (Hattori Hôkô Soc.); '50 Blue Ribbon Medal, '55 Person of Cultural Merits (Japan Governm.); '55 Order for Cultural Merits, '66 1st Rank of the Order of the Secret Treasure (His Majesty, the Emperor); '61 Gold Medal (Japan Inst. of Metals); '62 Honda Memorial Prize (Honda Memorial Foundat.).

*1895, Jan. 9, Hiroshima Prefecture.

J. physic. Soc. Japan New compounds of the $C1_b$, C1 types of RhMnSb, IrMnSn and IrMnAl, new $L2_1$ (Heusler) type of Ir_2MnAl and Rh_2MnAl alloys, and magnetic properties[23]): **32** ('72) 281. – New compounds of the $C1_b$,C1 types of IrMnSb and PdMnTe, new $L2_1$ (Heusler) type of Ir_2MnGa alloys, and magnetic properties[23])[27]): 570. – Crystal structures and magnetic properties of stoichiometric intermetallic compounds PdMnGe and RhMnGe[23])[25]): **34** ('73) 1414.

Nippon Kinzoku Gakkai Kaihô Studies on ferromagnetic metals and alloys: **1** ('62) 45-54 [ ].

Nippon Kinzoku Gakkai-Shi Über eine neue Legierung „Sendust“ und ihre magnetischen und elektrischen Eigenschaften[29]: **1** ('37) 127–35. — Über die thermische Ausdehnung von Kobalt–Eisen–Chrom-Legierungen und eine neue korrosionsbeständige Invar-Legierung: **2** ('38) 141–46. — Über die Änderung des elektrischen Widerstandes von Nickel-Kupfer-Legierungen in longitudinalen Magnetfeldern bei verschiedenen Temperaturen[17]: **3** ('39) 261–66. — Über den Elastizitätsmodul, seinen Temperaturkoeffizienten und die thermische Ausdehnung von Nickel–Kupfer-Legierungen[14]: **8** ('44) 49–54. — Über die Wirkung der Wärmebehandlung auf die magnetischen Eigenschaften von ferromagnetischen Eisen–Aluminium-Legierungen, 1: Einige physikalische Eigenschaften im getemperten Zustand[14]: 359–65; ∼ 2: Die Änderung der Permeabilität, der Magnetisierungsintensität und des Hystereseverlustes durch Abschrecken und eine neue Legierung „Alperm“[14]: **12** ('48) Nr. 5, 6–9. — Über den Elastizitätsmodul von Kobalt–Eisen–Chrom-Legierungen und seinen Temperaturkoeffizienten und über eine neue Legierung „Co-Elinvar“[14]: **8** ('44) 513–17. — Über die Anomalie der thermischen Ausdehnung von Eisen–Platin-Legierungen[7]: **12** ('48) Nr. 6, 1–4. — Über die Magnetostriktion von Eisen–Aluminium-Legierungen und eine neue Legierung „Alfer“[3][17][7]: Nr. 7/12, 1–6. — Über die dynamischen Eigenschaften der Legierung „Alfer“ mit besonderer Magnetostriktion[13]: **13** ('49) 1–4. — Über die magnetischen Shunt-Merkmale von Eisen–Nickel-Chrom-Legierungen und „Magnetischen-Shunt“-Legierungen[17][12]: **B 15** ('51) 376–82. — Über den Schubmodul und dessen Temperatur-Koeffizienten von Kobalt–Eisen–Chrom-Legierungen[14]: **16** ('52) 125–28. — Über die Anomalie der spezifischen Wärme in α-Phasenlegierungen von Kupfer und Zink bei hohen Temperaturen[14][19]: 359–61. — Über die Anomalie der spezifischen Wärme in α-Phasenlegierungen von Eisen und Chrom bei hohen Temperaturen[14][19]: 417–19. — Über die Wärmeausdehnung von Kobalt–Eisen–Vanadin-Legierungen und der neuen Legierung „Velinvar“, den Schubmodul und seinen Temperaturkoeffizienten[14][7]: 420–22. — Einfluß des Zusatzes von Nickel auf Wärmeausdehnung, den Schubmodul und seinen Temperaturkoeffizienten von Kobalt–Eisen–Chrom-Legierungen, insbesondere von Co-Elinvar, 1: Legierungen mit Zusätzen von 10 und 20% Nickel[14][8]: **17** ('53) 254–59; ∼ 2: Legierungen mit Zusätzen von 30 und 40% Nickel[14][18]: **18** ('54) 81–84. — Über die spezifische Wärme der α-Phasenlegierungen von Eisen und Kobalt[14][15]: **17** ('53) 312–14. — Über eine neue Anomalie bei den Legierungen von Nickel und Kobalt, 1: Über die Wirkung der Wärmebehandlung im Magnetfeld auf die magnetischen Eigenschaften [4][22]: 607–11; ∼ 2: Die Ursache des Einflusses der Magnetfeld-Wärmebehandlung[14][16]: 612–15. — Über die Anomalie der spezifischen Wärme der α-Phase von Nickel–Chrom-Legierungen bei hoher Temperatur[19][20]: **18** ('54) 85–87. — Über die Anomalie der spezifischen Wärme der α-Phase von Kupfer–Aluminium-Legierungen bei hohen Temperaturen[14][20]: 98–100. — Über die Magnetostriktion von Nickel–Kobalt-Legierungen und ihre Relaxation bei hohen Temperaturen [, 1][14][20]: **19** ('55) 131–35; ∼ 2[14][20]: **20** ('56) 637–41. — Über die Lage der äquivalenten Pole eines magnetisierten Stabes nach den Ergebnissen der Magnetometermethode, 2: Der Fall des Wolframmagnetstahls und des K.S.-Magnetstahls[19]: **19** ('55) 421–24; ∼ 3: Der Fall von Elektrolyteisen und Molybdän–Chrom-Permalloy[19]: 424–27. — Wärmeausdehnungskoeffizient, Schubmodul und sein Temperaturkoeffizient von Eisen–Nickel–Kobalt–Chrom-Legierungen, 1: Die Wärmeausdehnung und die Beziehung zwischen Super-Invar und rostfreiem Invar[14][8]: 478–80; ∼ 2: Der Schubmodul und sein Temperaturkoeffizient und die Beziehung zwischen Co-Elinvar und Elinvar[14][18]: 481–84. — Einfluß von Nickelzusätzen auf die Wärmeausdehnung, den Schubmodul und seinen Temperaturkoeffizienten von Kobalt–Eisen–Vanadin-Legierungen, 1: Legierungen mit 9,1% Nickel[14][21]: 484–86; ∼ 2: Legierungen mit 20 und 30% Nickel[14][1]: 487–89. — Einfluß von Kupferzusätzen auf die Kennzeichen der Elinvarlegierung „Co-Elinvar“, 1: Legierungen mit 5% Kupfer[14][18]: **21** ('57) 441–43. — Über den Temperaturkoeffizienten von Co-Elinvar (Eisen–Kobalt–Chrom–Nickel-Legierung)-Vibratoren[17][11]: **22** ('58) 117–20. — Der Einfluß des isothermen Glühens im Magnetfeld auf die magnetischen Eigenschaften von Eisen–Kobalt-Legierungen bei Raumtemperatur[20][19]: **23** ('59) 229–32. — Über die neue Elinvar-Legierung „Mo-Elinvar“ im ternären Kobalt–Eisen–Molybdän-System[14][18][8]: **24** ('60) 44–46. — Einfluß von Nickelzusätzen auf die Kennwerte von „Mo-Elinvar“, einer neuen Elinvarart von Legierungen von Kobalt, Eisen und Molybdän[14][8][18]: 308–11. — Über die Wirkung des isothermen Glühens im Magnetfeld auf die Magnetisierung und Magnetostriktion bei hoher und Zimmertemperatur in einer Fe_3Cr-Übergitter-Legierung[14][20]: 465–69. — Neue Legierung „Tungelinvar“ vom Elinvar-Typ im ternären System Kobalt–Eisen–Wolfram und Einfluß von Nickelzusätzen auf ihre Eigenschaften[14][18][21]: **25** ('61) 716–20. — Die Wärmeausdehnungskoeffizienten und Temperaturkoeffizienten des Elastizitätsmoduls von Eisen–Palladium-Legierungen[14][7]: **27** ('63) 263–65. — Über den Wärmeausdehnungskoeffizienten und den Temperaturkoeffizienten des Elastizitätsmoduls von Eisen–Platin-Legierungen[7]: 459f. — Über eine neue

Magnetlegierung „Malcolloy“ im System Kobalt–Aluminium[7])[23]): 561–65. – Eigenschaften der neuen Elinvar-Legierung „Mangelinvar“ im ternären System Kobalt–Eisen–Mangan und ihre Beeinflussung durch Nickelzusätze[14])[18]): **28** ('64) 96–101. – Einfluß des Zusatzes von Metallen auf die Eigenschaften einer neuen Magnetlegierung „Malcolloy“ im System Kobalt–Aluminium: Nickelzusätze[7])[23]): 390–96; ~ : Molybdänzusätze[7])[23]): **29** ('65) 217–22; ~: Titanzusätze[7])[23]): 222–27; ~: Vanadinzusätze[7])[23]): **30** ('66) 645–49; ~: Chromzusätze[7])[23]): 832–36; ~: Wolframzusätze[7])[23]): **31** ('67) 254–58; ~: Manganzusätze[7])[23]): 259–63; ~: Germanium-, Eisen-, Kupfer-, Silicium- und Antimonzusätze[23])[25]): **34** ('70) 1247–52. – Neue Legierung „Nimalloy“ mit hoher magnetischer Permeabilität im System Nickel–Mangan[7])[9]): **29** ('65) 228–31. – Einfluß des Zusatzes von Metallen auf die Eigenschaften neuer Legierungen mit hoher magnetischer Permeabilität vom Typ „Nimalloy“ im System Nickel–Mangan: Eisenzusätze[7])[9]): 1101–05; ~: Vanadinzusätze[7])[9]): **30** ('66) 837–40; ~: Siliciumzusätze[7])[9]): **31** ('67) 1117–21; ~: Aluminiumzusätze[9])[2]): **32** ('68) 444–47; ~: Titanzusätze[7])[9]): 521–24; ~: Antimonzusätze[9])[2]): 856–60; ~: Zinnzusätze[9])[2]): **33** ('69) 130–34; ~: Chromzusätze[9])[2]): 235–39; ~: Wolframzusätze[9])[2]): 488–92; ~ : Germaniumzusätze[9])[2]): 1007–11; ~: Molybdänzusätze[9])[2]): 1141–45; ~: Niobzusätze[9])[2]): **34** ('70) 40–44; ~: Kobalt- und Kupferzusätze[9])[2]): 380–84; ~: Tantalzusätze[9])[2]): 1029–33; ~: Eisen- und Chromzusätze[9])[2]): 1237–42; ~: Eisen- und Molybdänzusätze[9])[2]): 1242–47. – Über den Effekt der magnetischen Widerstandsänderung und den elektrischen Widerstand von Kobalteinkristallen[14])[6]): **30** ('66) 885–88. – Untersuchung des thermischen Ausdehnungskoeffizienten und der Temperaturabhängigkeit des Elastizitätsmoduls bei Einkristallen und Legierungen: Hexagonale Kobalteinkristalle[14])[6]): **31** ('67) 25–30; ~: Nickel-Kupfer-Legierungen [14])[28]): **33** ('69) 593–95; ~: Kobalt- und Palladiumlegierungen[28]): 685–87; ~ : Ferromagnetische Kobalt–Mangan-Legierungen[20])[6]): 1000–03; ~: Nickel–Palladium- und Nickel–Platin-Legierungen[28]): 1414–17; ~: Eisen–Chrom-Legierungen[28])[6]): **34** ('70) 847–50. – Elastische Anisotropien und Temperaturänderungen in Einkristallen einer hochelastischen „Dia-flex“-Legierung im System Kobalt–Eisen–Nickel–Chrom–Wolfram–Molybdän[14])[6]): **31** ('67) 263–68. – Kristallanisotropie und Temperaturabhängigkeit des Elastizitätsmoduls von Nickel-Einkristallen[14])[9])[6]): **32** ('68) 525–28. – Elastizitätsmodul von Palladium-Einkristallen bei hohen Temperaturen[14])[5]): 529–32. – Dehnungsfaktor und elektrische Eigenschaften kaltbearbeiteter Eisen–Chrom-Legierungen[10]): 681–84. – Einfluß von Kobalt- und Nickelzusätzen auf den Dehnungsfaktor und die elektrischen Eigenschaften von Eisen–Chrom-Legierungen[10]): 852–55. – „Pallagold“, eine neue nichtmagnetische Legierung vom Elinvar-Typ im System Palladium–Gold[28]): **33** ('69) 121–25. – Temperaturabhängigkeit des Elastizitätsmoduls des Einkristalls einer Palladium–Gold-Legierung (50 : 50) „Pallagold“[14])[5]): 126–29. – Der Einfluß von Metallzusätzen auf die Elinvar-Eigenschaft von Nickel bei hoher Temperatur: Chrom-, Molybdän- und Wolframzusätze[28])[10]): 1004 f.; ~: Silicium-, Zinn- und Vanadinzusätze[28])[10]): 1134–37; ~: Mangan-, Titan- und Zinkzusätze[28])[5]): 1138–40. – Elastische Anisotropie und ihre Temperaturabhängigkeit in Einkristallen der Legierung Super-Invar (63% Fe – 32% Ni – 5% Co)[6])[28]): 1299–303. – Einfluß der Zusätze verschiedener Elemente auf die Eigenschaften der nichtmagnetischen Elinvar-Legierung „Pallagold“ im System Palladium–Gold[28]): 1410–13. – Über die magnetische Kernresonanz der übersättigten ferromagnetischen β'-Phase im System Kobalt–Aluminium[23]): **34** ('70) 385–88. – Über die magnetischen Eigenschaften einer neuen intermetallischen Verbindung vom Cl_b-Typ: PtMnSb im System Platin–Mangan–Antimon[23]): 638–42. – Elastische Anisotropie und ihre Temperaturabhängigkeit in Einkristallen einer Eisen–Chrom-Legierung mit 19,43% Chrom[6]): 850–55. – Über eine neue Verbindung vom Cl_b-Typ, AuMnSb, und ihre magnetischen Eigenschaften[23]): **35** ('71) 141–45. – Neue nichtmagnetische Legierungen vom Elinvar-Typ im System Mangan–Kupfer[28])[6]): 723–30; ~ im System Mangan–Nickel[28])[6]): 1143–49; ~ im System Mangan–Kupfer–Chrom[28])[6]): 1150–55; ~ im System Mangan–Kupfer–Nikkel[28])[6]): 1155–61; ~ im System Mangan–Kupfer–Eisen[28])[6]): **36** ('72) 57–63; ~ im System Mangan–Kupfer–Kobalt[28])[6]): 176–81; ~ im System Mangan–Kupfer–Molybdän[28])[6]): 492–97; ~ im System Mangan–Kupfer–Wolfram[28])[6]): 498–503; ~ im System Mangan–Nickel–Chrom[28])[6]): 881–85; ~ im System Mangan–Nickel–Eisen[28])[6]): 886–90; ~ im System Mangan–Nickel–Kobalt[28])[6]): 1116–20; ~ im System Mangan–Nickel–Molybdän[28])[6]): **37** ('73) 333–37; ~ in den Systemen Mangan–Nickel–Wolfram und Mangan–Nickel–Wolfram–Molybdän[28])[6]): 1005–10. – Magnetische Eigenschaften von Nickel–Eisen–Niob-Legierungen[9])[2]): **35** ('71) 985–88. – Magnetische Eigenschaften von Nickel–Eisen–Tantal-Legierungen[9])[2]): **36** ('72) 63–65. – Magnetische Anisotropiekonstante und ihre Abhängigkeit von der Magnetostriktion in „Nimalloy“-Kristallen (System Nickel–Mangan–Eisen)[9]) [10]): 268 f. – Über Legierungen vom Cl_b-Typ im System Rhodium–Mangan–Antimon[23]): 680–85. – Über magnetische Eigenschaften der intermetallischen Verbindung PtMnSn vom Fluorit-Typ im System Platin–Mangan–

Zinn[23]): 827–33. – Dehnungsfaktor und elektrische Eigenschaften nichtmagnetischer Eisen–Kobalt–Mangan-Legierungen[10]): 1040–43. – Elastische Anisotropie und ihre Temperaturabhängigkeit bei Einkristallen von Co-Elinvar[6])[28]): 1111–15. – Eigenschaften des magnetostriktiven Verzögerungsglieds in Legierungssystemen Kobalt–Eisen–Chrom und Kobalt–Eisen–Chrom–Nickel[10]): **37** ('73) 462–65. – Über eine intermetallische Verbindung vom Cl_b-Typ, PdMnTe, und ihre magnetischen Eigenschaften[23])[27]): 872–75. – – Alle Arbeiten japan., z. T. mit engl. Zusammenfassg.

Nippon Tokei Gakkai Shi Elinvar-type materials for the hair springs of watches[14]): Nr. **16** ('60) 30–41 [], Nr. **17** ('61) 20–33 [], Nr. **18** ('61) 48–58 []. – Development and future of watch materials[14]): Nr. **41** ('67) 97–111 [].

Physical Rev. Change in the electric resistance of a single crystal of magnetite by magnetic field at low temperature[17]): **60** ('41) 835.

Science Rep. Tôhoku imp. Univ., Ser. I On the thermal expansion of alloys of cobalt, iron and chromium, and a new alloy "Stainless-Invar": **23** ('34/35)265–80. – On a new K.S. permanent magnet[3])[17]): 365–73. – On the magnetization of single crystals of nickel at various temperatures[3])[17]): **24** ('35/36) 391–410. – On the longitudinal magneto-resistance effect at various temperatures in nickel–copper alloys[17]): **25** ('36/37) 104–27. – On the longitudinal magneto-resistance effect at various temperatures in nickel–cobalt alloys: Honda Anniversary Volume ('36) 362–87. – On a new alloy "Sendust" and its magnetic and electric properties: 388–402.

Science Rep. Res. Inst., Tôhoku Univ., Ser. A Young's modulus and its temperature coefficient of the alloys of cobalt, iron, and chromium, and a new alloy "Co-Elinvar"[14]): **1** ('49) 17–22. – On the magnetostriction of iron–aluminium alloys and a new alloy "Alfer"[3])[17])[7]): 341–47. – Dynamical characteristics of the magnetostriction alloy "Alfer"[13]): **2** ('50) 413–19. – Abnormality in the thermal expansion of iron–platinum alloys[7]): 856–60. – Effect of heat-treatment on the magnetic properties of iron–aluminium alloys, 1: Some physical properties in an annealed state[14]): **3** ('51) 521–34; ~ 2[14]): **4** ('52) 321–37; ~ 3[14]): 338–46. – Magnetic shunt characteristics of iron–nickel–chromium alloys and M.S. alloy[17])[12]): 237–45. – Rigidity modulus and its temperature coefficient in the alloys of cobalt, iron, and chromium[14]): 246–54. – Thermal expansion and rigidity modulus and its temperature coefficient in the alloys of cobalt, iron, and vanadium and a new alloy "Velinvar"[14])[7]): 255–60. – Anomaly of the specific heat at high temperatures in α-phase alloys of copper and zinc[14])[19]): 481–85. – Anomaly of the specific heat at high temperatures in α-phase alloys of iron and chromium[14])[19]): **5** ('53) 203–07. – On the positions of the equivalent poles in a magnetized bar tested by the magnetometer method [,1][13])[19]): 329–34; ~ 2: Tungsten magnet steel and K.S. magnet steel[19]): **7** ('55) 377–84; ~ 3: Electrolytic iron and Mo–Cr permalloy[19]): 425–32. – On a new anomaly in the alloys of nickel and cobalt, 1: The effect of heat treatment in magnetic field on their magnetic properties[4])[22]): **6** ('54) 375–83; ~ 2: The cause for the effect of magnetic annealing[14])[16]): 462–68. – Order–disorder transformation of the alloys of iron and cobalt[14])[15]): 523–28. – Influence of addition of nickel on the thermal expansion, rigidity modulus and its temperature coefficient of the alloys of cobalt, iron and chromium, especially of Co-Elinvar, 1: Additions of 10 and 20 per cent of nickel[14])[8]): 529–38; ~ 2: Additions of 30 and 40 per cent of nickel[14])[18]): **7** ('55) 533–40. – Anomaly of specific heat in α-phase alloys of copper and aluminium[14])[20]): 465–68. – Magnetic properties of magnet alloys of iron, tungsten, and molybdenum[17]): **8** ('56) 319–24. – Thermal expansion coefficient, rigidity modulus and its temperature coefficient, of the alloys of iron, nickel, cobalt, and chromium, and relations of Super-Invar to Stainless Invar and of Elinvar to Co-Elinvar[14])[8])[18]): 471–83. – Effect of addition of nickel on the thermal expansion, the rigidity modulus and its temperature coefficient of the alloys of cobalt, iron, and vanadium[14])[1]): **9** ('57) 159–69. – Influence of addition of copper on the characteristics of an Elinvar type alloy Co-Elinvar, 1: Alloys containing 5 per cent of copper[14])[18]): 170–75. – Magnetization, magnetostriction and relaxation phenomena during isothermal magnetic annealing at high temperatures in nickel–cobalt alloys[14])[20]): 293–308. – Effect of isothermal magnetic annealing on the magnetic properties at room temperature of nickel–cobalt alloys[14])[20]): 374–94. – New Elinvar-type alloy "Tungelinvar" in the ternary system of cobalt, iron, and wolfram, and the characteristics dependent on the addition of nickel[14])[18]): **15** ('63) 206–18. – On the magneto-resistance effect and electric resistance of single crystals of cobalt[14])[6]): **18** ('66) 84–89. – Thermal expansion and temperature dependence of Young's modulus of single crystal of hexagonal cobalt[14])[6]): **19** ('67/68) 172–83. – Young's modulus of single crystals of palladium at high temperatures[14])[5]): 294–303. – Temperature dependence of Young's modulus in single crystals of a Pd–50% Au alloy "Pallagold"[14])[5]): **20** ('68) 119–28.

Seitetsu Kenkyu Lecture on magnetic materials: Nr. **157** ('37) 1–19, 21–36 [].

Trans. Japan Inst. Metals New Elinvar-type alloy, Mo-Elinvar, in the ternary system of cobalt, iron, and molybdenum, and the characteristics dependent on the addition of nickel[14][18][8]: **3** ('62) 4–9. – The thermal expansion coefficients and the temperature coefficients of Young's modulus of the alloys of iron and palladium[14][7]: **4** ('63) 114–17. – Thermal expansion coefficient and temperature coefficient of Young's modulus of iron and platinum alloys[7]: **6** ('65) 113–15. – A new magnet alloy "Malcolloy" in the system cobalt–aluminium[7][23]: 187–91. – Effect of the addition of other metals on the properties of the new magnet alloy "Malcolloy" in the system cobalt–aluminium: Addition of nickel[7][23]: **7** ('66) 286–92; ~: Addition of molybdenum[7][23]: **8** ('67) 8–13; ~: Addition of vanadium[7][23]: 100–05; ~: Addition of titanium[7][23]: 167–74; ~: Addition of chromium[7][23]: 259–64; ~: Addition of tungsten [7][23]: **9** ('68) 1–5; ~: Addition of manganese[7][23]: 6–10; ~: Addition of germanium[23][25]: **11** ('70) 395–99. – A new high magnetic permeability alloy "Nimalloy" in the system nickel–manganese[7][9]: **8** ('67) 49–54. – Effect of the addition of other metals on the characteristic properties of new high magnetic permeability alloys "Nimalloy" in the system nickel–manganese: Addition of iron[7][9]: 54–57; ~: Addition of silicon and titanium[7][9]: **9** ('68) 355–62; ~: Addition of aluminium[9][2]: **10** ('69) 115–18; ~: Antimony and tin additions[9][2]: 247–55; ~: Chromium and tungsten additions[9][2]: 414–20; ~: Molybdenum additions[7][9]: **11** ('70) 166–70; ~: Germanium and niobium additions[9][2]: 359–67; ~: Iron and chromium additions[9][2]: **12** ('71) 96–100; ~: Tantalum additions[9][2]: 153–58; ~: Iron and molybdenum additions[9][2]: 396–400. – Elastic anisotropy and its temperature dependence of single crystals of high elasticity alloy "Dia-flex" in the system cobalt–iron–nickel–chromium–wolfram–molybdenum[14][6]: **9** ('68) 257–62. – Crystal anisotropy and temperature dependence of Young's modulus in single crystals of nickel[14][9][6]: **10** ('69) 119–23. – The strain gauge factor and electrical properties in a cold worked state of iron–chromium alloy[10]: 124–27. – Effect of the addition of cobalt or nickel on the strain gauge factor and electrical properties of iron and chromium alloys[10]: 128–31. – The effect of additions of vanadium, molybdenum, tungsten, silicon, tin and chromium on the Elinvar property of nickel at high temperature[28][10]: 421–25. – The effect of additions of manganese, titanium and zinc on Elinvar property of nickel at high temperature[28][5]: 426–28. – New nonmagnetic Elinvar-type alloy "Pallagold" in the palladium–gold system[28]: **11** ('70) 51–55. – Magnetic properties of new high coercivity Cu–Mn–Sb alloys[23]: 79–83. – Effect of various additional elements on the properties of the nonmagnetic Elinvar-type alloy "Pallagold" in the palladium–gold system[28]: 84–87. – Thermal expansion and temperature dependence of Young's modulus of nickel–copper alloys[14][28]: 88–90. – Thermal expansion coefficient and temperature coefficient of Young's modulus of cobalt and palladium alloys[28]: 91–93. – Thermal expansion coefficient and temperature coefficient of Young's modulus and its equilibrium diagram of ferro-magnetic cobalt–manganese alloys[28][6]: 171–75. – Elastic anisotropy and its temperature dependence of single crystals of 63%Fe–32% Ni–5% Co alloy (Super-Invar)[6][28]: 176–79. – On magnetic properties of a new intermetallic Cl_b-type compound PtMnSb in the Pt–Mn–Sb system[23]: 385–90. – Thermal expansion coefficient and temperature coefficient of Young's modulus of nickel–palladium and nickel–platinum alloys[28]: 391–94. – On the nuclear magnetic resonance of the super-saturated ferromagnetic β' phase in the system of cobalt and aluminium[23]: **12** ('71) 3–6. – Magnetic properties of new high-coercivity Ag–Mn–Sb alloys[23]: 82–85. – Thermal expansion and temperature dependence of Young's modulus in Fe–Cr alloys[28][6]: 86–89. – Elastic anisotropy and its temperature dependence of the single crystals of Fe–19.43%Cr alloy[6]: 90–95. – On a new Cl_b-type compound AuMnSb and its magnetic properties[23]: 256–60. – New nonmagnetic Elinvar-type alloys in the Mn–Cu system [28][6]: **13** ('72) 21–25. – Magnetic characteristics of Ni–Fe–Nb alloys[9][2]: 180–85. – New nonmagnetic Elinvar-type alloys in the Mn–Ni system[28][6]: 315–21. – Nonmagnetic Elinvar-type alloys in the Mn–Cu–Cr system[28][6]: 373–78. – Nonmagnetic Elinvar-type alloys in the Mn–Cu–Ni system[28][6]: 379–84. – Nonmagnetic Elinvar-type alloys in the Mn–Cu–Co system[28][6]: **14** ('73) 56–61. – Antiferromagnetic Elinvar-type alloys in the Mn–Cu–Fe system[28][6]: 171–76. – On Cl_b-type alloys in the Rh–Mn–Sb system[23]: 177–82. – Antiferromagnetic Elinvar-type alloys in the Mn–Cu–Mo system[28][6]: 183–88. – Antiferromagnetic Elinvar-type alloys in the Mn–Cu–W system[28][6]: 245–50. – Nonmagnetic Elinvar-type alloys in the Mn–Ni–Cr system[28][6]: 251–56.

Mit: 1) K. Getô; 2) M. Hinai; 3) K. Honda; 4) S. Inoue; 5) S. Kadowaki; 6) M. Kikuchi; 7) T. Kobayashi; 8) T. Kôno; 9) Y. Murakami; 10) N. Nakamura; 11) I. Oguma; 12) T. Ôhara; 13) G. Ôtomo; 14) H. Saitô; 15) M. Shinozaki; 16) T. Shioya; 17) Y. Shirakawa; 18) Y. Sugai; 19) M. Sugikara; 20) M. Takahashi; 21) S. Tetuka (Tezuka); 22) I. Ukaji; 23) K. Watanabe; 24) –; 25) M. Mitera; 26) –; 27) S. Ôhnuma; 28) S. Sawaya; 29) T. Yamamoto.

VI **MATHERS,** Frank Curry. Chem. (anorg.). – 1903–07 Instructor, '07 Ph.D.,

'07–13 Assist. Prof., '13–23 Assoc. Prof., '23–50 Prof., '50 Prof. Emer., Indiana Univ., Bloomington, Ind.; '40 Pres., Electrochem. Soc.

*1881, Febr. 11, Bloomington, Ind.; †.

Chemist-Analyst Removal of carbon deposits in flasks and porcelain vessels: **32** ('43) 72.

Inorganic Syntheses Telluric acid[23])[4])[7]): **3** ('50) 145–47.

J. amer. med. Assoc. Oxygen rooms in hospitals should have entrances from the top and not from the sides[9]): **157** ('55) 338f.

J. electrochem. Soc. Electrodeposition of lead from the ethylbenzenesulfonate bath[28]): **93** ('48) Nr. 2, 47f. – Electrodeposition of lead from lead p-toluenesulfonate solutions[11]): **94** ('48) Nr. 5, 46N–50N. – Brightening agents for the tin-II sulfate – sulfuric acid electrolyte[5]): **102** ('55) 387–89. – The electrodeposition of lead from lead phenol sulfonate solutions[9]): 554–56.

Metal Cleaning and Finishing Alkaline plating baths for cobalt and nickel with high throwing power[29])[25]): **6** ('34) 412, 418f. – Electroplating of antimony: **7** ('35) 339f. – Directions for electroplating of aluminum[3]): **10** ('38) 114–16.

Metal Finishing Electrodeposition of lead from lead acetate solutions[26]): **38** ('40) 533–36. – Lead plating: **51** ('53) Suppl., zwischen S. 246 u. 363. – Tin plating from acid baths: ibid.

Metal Industry [London] Electrodeposition of magnesium: **43** ('33) 473f. – Electrodeposition of aluminium from non-aqueous solutions[3]): **44** ('34) 565–68. – Electrodeposition of aluminium from organic baths[3]): **49** ('36) 115–17. – Porosity of electrodeposited silver on steel[10]): **55** ('39) 295f. – Electrodeposition of lead from lead acetate solutions[26]): **57** ('40) 393–96. – Use of glycerol in solutions for electroplating[12]): **58** ('41) 355f. – Silver-plating baths containing amines[10]): **59** ('41) 121f. – Galvanic ammonium stannous oxalate baths[15]): **60** ('42) 404f.

Monthly Rev. amer. Electroplaters' Soc. Reduction of mist or spray from chromium [-plating] baths by fixed oils such as fish oil[1]): **20** ('34) Nr. 9, 11–16. – Survey of electroplating research at Indiana University: **24** ('37) 350–57. – Stripping of copper from various basis metals [,1][16]): **32** ('45) 268–70; [∼ 2][16]): 672–79, 719; ∼ 3: Calcium polysulfide – sodium cyanide method[18]): **33** ('46) 958–65.

Plating Stripping of copper [,4][18]): **35** ('48) 463f.; ∼ 5: Deplating in cyanide solutions[18]): 569f., 575f.

Proc. amer. Electroplaters' Soc. Complex cations as the important influence in plating baths: **1939,** 134–41. – The electrodeposition of lead from lead acetate solutions[26]): **1940,** 4 S. (Preprint).

Proc. Indiana Acad. Sci. Determination of the degree of hydration of magnesia in dolomitic limes[8]): **43** ('33) 113–15. – Separation of iron from indium with cupferron[22]): 125–27. – Experiments with hydrogen-exchange zeolites for preparing acids[31]): **51** ('41) 132–34. – Preparation of telluric acid from tellurium dioxide by oxidation with potassium permanganate[23])[4])[7]): **52** ('42) 114–16. – Solubility of telluric acid in aqueous nitric acid[23]): 117f. – Anode polishing[24]): **53** ('43) 130–33. – Inhibited acids for recovering tin from tin cans: **54** ('44) 112f. – Addition agents for electrodeposition of tin from stannous sulfate – hydrofluoric acid solutions[5]): **56** ('46) 141–44. – Preparation of fluoboric acid from fluosilicic acid and boric acid, and a comparison of the protective value of electrodeposited lead from fluosilicate and from fluoborate baths[17]): **59** ('49) 144–46. – Electrolytic oxidation of hydrochloric acid to perchloric acid: **63** ('53) 138f. – Aluminum solutions instead of ferric in qualitative testing for acetate: **66** ('56) 98f. – Electrodeposition of nickel from nickel perchlorate solution[19]): **68** ('58) 122–27.

Rock Products Increasing lime plasticity by electro-osmosis[30]): **45** ('42) Nr. 3, 73f.

Trans. electrochem. Soc. Electrodeposition of metals and alloys from formamide solutions[3]): **63** ('33) 8 S. [Preprint]. – Electrodeposition of lead from dithionate baths[2]): **64** ('33) 8 S. [∼]. – Electrodeposition of bismuth from perchloric acid solutions[13]): 6 S. [∼]. – Electrodeposition of magnesium[21]): 6 S. [∼]. – Electrodeposition of aluminum from non-aqueous solutions[3]): **65** ('34) 14 S. [∼]. – Fluorine from cesium acid fluoride[27]): **66** ('34) 7 S. [∼]. – Aluminum plating from organic baths[3]): **69** ('36) 9 S. [∼]. – Electrodeposition of aluminum alloys[3]): 5 S. [∼]. – Electrodeposition of silver alloys from aqueous solutions[14]): **74** ('38) 22 S. [∼]. – Adherence of thick silver plate on steel[10]): 15 S. [∼]. – Electrolytic manufacture of perchloric acid from sodium chlorate[20]): **75** ('39) 8 S. [∼]. – Porosity of electrodeposited silver on steel[10]): **76** ('39) 5 S. [∼]. – The electrodeposition of lead from solutions of lead sulfamate with addition agents[7]): 10 S. [∼]. – Effect of glycerol on the throwing power of plating baths[12]): **78** ('40) 5 S. [∼]. – Glycerol "foots" as brightening agent in cadmium cyanide baths[12]): 2 S. [∼]. – Silver-plating baths containing amines[10]): **79** ('41) 439–42. – New work on tin-plating from ammonium stannous oxalate[15]): **81** ('42) 267–71. – A new addition agent for the electrolytic refining of tin and lead[6]): **90** ('46) 81–84.

Mit: [1]) C. M. Alter; [2]) R. L. Bateman; [3]) R. D. Blue; [4]) H. Broderick; [5]) C. A. Discher; [6]) M. M. Felger; [7]) R. B. Forney; [8]) E. L. Fox; [9]) H. C. Gatos; [10]) L. I. Gilbertson; [11]) J. C. Griess; [12]) W. J. Guest; [13]) M. Harbaugh; [14]) A. D. Johnson; [15]) P. H. Johnson; [16]) C. E. Landwerlen; [17]) G. W. Leonard, jr.; [18]) E. L. Martin; [19]) B. W. Neher; [20]) K. C. Newnam; [21]) D. M. Overcash; [22]) C. E. Prichard; [23]) C. M. Rice; [24]) R. E. Ricks; [25]) C. W. Schaff; [26]) J. B. Schwartzkopf; [27]) P. T. Stroup; [28]) J. F. Suttle; [29]) G. F. Webb; [30]) H. S. Wilson; [31]) M. Yancey.

VI **MATHES,** Robert Carl. Elektrotechn. — 1925–51 Member of the Techn. Staff, Bell Telephone Labor., New York; '52–54 Consultant, U.S. Navy Electronics Labor., San Diego, Calif.

*1891, Apr. 19, New Ulm, Minn.

Annales Postes, Télégraphes et Téléphones "Compandor", un auxiliaire dans la lutte contre les parasites atmosphériques en radiotéléphonie[4]): **25** ('36) 848–70.

Bell System techn. J. The compandor. An aid against static in radio telephony[4]): **13** ('34) 315–32.

J. acoust. Soc. America Phase effects in monaural perception[2]): **19** ('47) 780–97. — The cathode-ray sound spectroscope[3])[1]): **21** ('49) 527–37. — Transducer efficiency vs transducer transmission efficiency: **26** ('54) 1078–80.

Proc. IRE Cover sheet for technical memoranda. A technique in information exchange: **37** ('49) 912f.

Mit: [1]) K. H. Davis; [2]) R. L. Miller; [3]) A. C. Norwine; [4]) S. B. Wright.

V, VI **MATHEWS,** Albert Prescott. Physiol., Biochem. — 1919–39 Prof. Biochem., Head of the Departm., '39 Prof. Emer., College of Medicine, Univ. of Cincinnati, O.; '39– Head of the Departm. of Physiol., Marine Biol. Labor., Woods Hole, Mass.

*1871, Nov. 26, Chicago, Ill.;

†1957, Sept. 21, Albany, N. Y.

Zur Biogr. Chemical and Engng. News **30** ('52) 1123.

Nekr. E. N. Harvey, Science [USA] **127** ('57) 743f. — J. amer. med. Assoc. **165** ('57) 853.

W. Physiological chemistry; a textbook for students [5](Baltimore, Md.–London '30), [6]('39) 16+1488 S.; ital.: Chimica fisiologica **1** (Milano '32) 15+636 S., **2** ('32) 7+649 S. (Biblioteca medica contemporanea). — Gravitation, space–time and matter; a study of the relation of gravitation to the flow of time; the atomic organization of space–time; the 126 isotopoids of hydrogen; and the photonic nature of the atoms (Cincinnati, O. '34) 5+103 S. — Principles of biochemistry (Baltimore, Md.–London '36) 10+512 S.; im Auszug u. d. T.: Vitamins, minerals and hormones (Baltimore, Md. '37) 97 S.

J. amer. chem. Soc. The absence of nicotinic acid in the urine of pellagrins and a method for its quantitative estimation[2])[1]): **60** ('38) 731f.

J. biol. Chemistry A method for the determination of nicotinic acid, nicotinamide- and possibly other pyridine-like substances in human urine[2])[1]): **125** ('38) 85–98.

J. physic. Chem. Gravitation considered as neutral magnetism due to motion of all matter in time: **36** ('32) 1738–43.

Mit: [1]) T. D. Spies; [2]) S. P. Vilter.

V, VI **MATHEWS,** Joseph Howard. Chem. (physikal.). — 1908–11 Instructor, '11–17 Assist. Prof., '17–19 Assoc. Prof., '19–52 Prof. and Chairman of Chem. Departm., '52 Prof. Emer., Univ. of Wisconsin, Madison, Wis.

*1881, Okt. 15, Auroraville, Wis.

W. Experimental physical chemistry (m. F. Daniels, J. W. Williams) [2](New York '34) 19+499 S.; [3]('41); [4]('49); 5. Aufl. m. F. Daniels, J. W. Williams, P. Bender, R. A. Alberty [5](New York–London '56) 9+482 S. — Firearms identification **1**: The laboratory examination of small arms, rifling characteristics in hand guns, and notes on automatic pistols (Madison, Wis. '62) 400 S.; **2**: Original photographs and other illustrations of hand guns ('62) 492 S.

J. chem. Educat. An experiment in chemical education: **21** ('44) 281f.

J. crimin. Law and Criminol. The rifling meter: **35** ('44/45) 134–39. — The comparison camera: **37** ('46/47) 247–52.

J. crimin. Law, Criminol. and Police Sci. A measurement of land impressions on fired bullets: **44** ('53/54) 799–809.

Ordnance "Gain" rifling: **42** ('57) 62–65.

Police [USA] The measurement of rifling characteristics of firearms: **1** ('56/57) Nr. 6, 15–19.

VI **MATHEWS,** John Alexander. Metallurgie. — 1913–20 Pres. and General Manager, Halcomb Steel Co., Syracuse, N. Y.; '20–23 Pres., '24–35 Vice-Pres. and Dir. of Research, Crucible Steel Co. of America, New York; '24– Lecturer, Amer. Inst. of Mining and Metallurg. Engrs., New York. — '03 Hon. Sc.D.

(Washington and Jefferson College, Washington, Pa.). — '02 Carnegie Gold Medal (British Iron and Steel Inst.); '28 Hunt Gold Medal (Amer. Inst. of Mining and Metallurg. Engrs.).

*1872, Mai 20, Washington, Pa.;
†1935, Jan. 11, Scarsdale.

Nekr. W. Campbell, Science [USA] **81** ('35) 190f.

J. amer. Welding Soc. Cause and cure of intergranular corrosion in austenitic steels: **11** ('32) 23–27.

Metal Progr. Alloy modifications of 18–8 steel: **24** ('33) Nr. 3, 13–20. — Columbium to stabilize 18–8 steel: **26** ('34) Nr. 1, 19–21.

Trans. electrochem. Soc. The electric furnace and the age of alloys: **61** ('32) 143–60.

VI **MATHEWSON,** Champion Herbert. Metallurgie, Metallogr. — 1907–11 Instructor, '11–19 Assist. Prof., '19–50 Prof., '20–50 Chairman of the Departm. of Metallurgy, '50 Prof. Emer., Yale Univ., New Haven, Conn.; '43 Pres., Amer. Inst. of Mining and Metallurg. Engrs. — '51 Hon. D.Sc. (Yale Univ., New Haven, Conn.). — '32 James Douglas Gold Medal, '50 Mathewson Gold Medal (Amer. Inst. of Mining and Metallurg. Engrs.); '47 Gold Medal, '60 A. E. White Distinguished Teacher Award (Amer. Soc. Metals).

*1881, Okt. 7, Essex, Conn.;
†1972, Juli 5, New Haven, Conn.

Ehrung Seit 1933 Mathewson Gold Medal (Amer. Inst. Mining, Metallurg. and Petroleum Engrs., Inst. of Metals Divis.).

Zur Biogr. Yale sci. Mag., Summer 1937.

Zum 60. Geb.tag Festgabe: Champion Herbert Mathewson, sixtieth birthday, Oct. 7, 1941 (New Haven, Conn. '41) 31+184 S. (m. Bildn., Schr.verz. S. XVII–XIX); darin: Z. Jeffries, Appreciation; A. Phillips, Champion Herbert Mathewson.

Nekr. J. Metals [NewYork] **24** ('72) 39 (m. Bildn.).

H. Modern uses of nonferrous metals (New York '35) (AIME series); darin eig. Beitr.: 107–37: Copper; ²('53).

MH. Zinc; the science and technology of the metal, its alloys and compounds (New York–London '59) (Amer. Chem. Soc. monograph ser., 142).

J. Inst. Metals On the theory of the origin of rolling textures in face-centered cubic metals[9]): **64** ('39) 237–58.

J. Metals [New York] The active slip systems in the simple axial extension of single crystalline alpha brass[7])[6]): **1** ('49) Trans., 527–34. — The origin of annealing twins in brass[7])[6]): 655–63. — A study of the plastic behavior of high-purity aluminum single crystals at various temperatures[11]): **2** ('50) Trans., 1159–67. — Structural studies of plastic deformation in aluminum single crystals[3]): **3** ('51) Trans., 653–60; **4** ('52) Trans. 526–29. — Recrystallization of aluminum single crystals after plastic extension[3]): 501–09.

Metal Industry [London] Metals of the future: **64** ('44) 150–52, 166f.

Metals Technol. Solubility of oxygen in solid cobalt and the upper transformation point of the metal[13]): **2** ('35) Nr. 6 (= Technical Publ., Amer. Inst. Mining and metallurg. Engr., 642) 17 S. — The solid solubilities of the elements of the periodic subgroup V^b in copper[8]): **3** ('36) Nr. 6 (= ~ 747) 19 S. — The heavier nonferrous metals in transportation: Nr. 7, 9–20. — Solid solubility of mercury in silver and in gold[5]): **5** ('38) Nr. 1 (= Technical Publ., Amer. Inst. Mining and metallurg. Engr., 884) 20 S. — Plastic deformation and subsequent recrystallization of single crystals of α brass[9]): Nr. 8 (= ~ 989) 21 S. — Plastic deformation and recrystallization of aluminum single crystals[4]): **7** ('40) Nr. 1 (= ~ 1145) 17 S. — Time and temperature effects in the deformation of brass crystals[2]): **8** ('41) Nr. 2 (= ~ 1288) 11 S. — Slip and twinning in magnesium single crystals at elevated temperatures[1]): **10** ('43) Nr. 3 (= ~ 1561) 28 S. — Unpredicted cross-slip in single crystals of α brass[7])[6]): **15** ('48) Nr. 2 (= ~ 2332) 14 S.

Mining and Metallurgy Metals of the future: **25** ('44) 5–11.

Monthly J., Inst. Metals On the theory of the origin of rolling textures in face-centered cubic metals: **6** ('39) 555–76.

Publ. School Engng., Yale Univ. The solid solubilities of the elements of the periodic subgroup V^b in copper[8]): Nr. **17** ('36) 20 S. — Unpredicted cross-slip in single crystals of alpha brass[7])[6]): Nr. **112** ('48) 14 S.

Trans. amer. Inst. Mining and metallurg. Engr. On the theory of formation of segregate structures in alloys[14]): **99** ('32) 264–73. — Solubility of oxygen in solid copper[10]): **111** ('34) 338–53. — Solubility of oxygen in solid cobalt and the upper transformation point of the metal[13]): **117** ('35) 56–73. — The solid solubilities of the elements of the periodic subgroup V^b in copper[8]): **124** ('36) 59–79. — Solid solubility of mercury in silver and in gold[5]): **128** ('38) 261–81. — Plastic deformation and subsequent recrystallization of single crystals of α brass[9]): **133** ('39) 161–81. — Plastic deformation and recrystallization of aluminum single crystals[4]): **137** ('40) 150–66. — Time and temperature effects in the deformation of brass crystals[2]): **143** ('41) 45–56. — Slip and twinning in magnesium single crystals at elevated temperatures[1]): **152** ('43) 226–54. — Unpredicted cross-slip in single crystals of α brass[7])[6]): **175** ('48) 86–100. — — Spätere Arbeiten siehe: J. Metals [New York].

Trans. amer. Soc. Metals Structural premises of strain hardening and precipitation: **32** ('44) 38–87.

Trans. amer. Soc. Steel Treating Division of the iron–vanadium–oxygen system into some of its constituent binary and ternary systems[15])[12]): **20** ('32) 357–84.

Trans. Connecticut Acad. Arts and Sci. Critical shear stress and incongruent shear in plastic deformation: **38** ('51) 213–46.

Yale sci. Mag. Metallurgy at Yale, eighty years of progress: **11** ('37) Nr. 4, 15–21.

Mit: [1]) P. W. Bakarian; [2]) H. L. Burghoff; [3]) N. K. Chen; [4]) J. A. Collins; [5]) H. M. Day; [6]) W. R. Hibbard, jr.; [7]) R. Maddin; [8]) J. C. Mertz; [9]) M. R. Pickus; [10]) F. N. Rhines; [11]) F. D. Rosi; [12]) C. H. Samans; [13]) A. U. Seybolt; [14]) D. W. Smith; [15]) E. Spire.

VI **MATHEWSON,** Louis Clark. Math. — Prof., Dartmouth College, Hanover, N.H. (⊠)

*1884, St. Joseph County, Mich.;

†1951, Okt. 27.

Nekr. School and Soc. **74** ('51) 287.

W. Three hundred ancestors of Brackett Marston Thayer (–'48) 37 S.

IV–VI **MATHIAS,** Emile Ovide Joseph. Physik, Meteorol. — 1910–32 Prof., '10–32 Dir. et '32–42 Dir. hon. de l'Inst. et Observat. de Physique du Globe du Puy-de-Dôme, '12–19 Doyen et '19–42 Doyen hon. de la Fac. des Sci., Univ. de Clermont-Ferrand, Puy-de-Dôme. — '43 (posthume) Prix d'Aumale (Acad. Sci. Paris).

*1861, Aug. 15, Paris;

†1942, März 7, Clermont-Ferrand, Puy-de-Dôme.

Nekr. B. Koch, Wärme- und Kälte-Techn. **44** ('42) 154. — C. Maurain, C. R. hebd. Séances Acad. Sci., Paris **214** ('42) 585–87.

S. 6e Congrès international du froid, Buenos Aires 1932. Première commission internationale (Commission Kamerlingh Onnes) de l'Institut international du froid. Rapports et communications issus du Laboratoire Kamerlingh Onnes (W. H. Keesom) (Leiden '32) 68–72: La courbe des densités du liquide et de la vapeur saturée et le diamètre rectiligne de l'oxyde de carbone[2])[1])[3]). — 7e Congrès international du froid, LaHaye–Amsterdam 1936 ('s Gravenhage '36) 96–102: Rapport sur le diamètre rectiligne[2]).

W. La foudre et sa forme globulaire. Exposé critique (Paris '35) 6+58 S. (Mémorial de l'Office national météorologique de France, No. 24). — Essai sur la forme approchée des lignes d'égale hauteur annuelle de pluie du Puy-de-Dôme (Clermont-Ferrand '39) 27 S.; Neuaufl. ('44) 17 S.

Annales Physique Sur l'oxyde de carbone et l'hélium[2]): (11) **5** ('36) 137–66. — Le krypton[2])[4]): **8** ('37) 467–83.

Bull., Assoc. Magnétisme et Electr. terrestres; C. R. Assemblée France. Rapport sur les travaux de la Section de Magnétisme et Electricité Terrestres depuis le congrès de Lisbonne: Nr. **10** ('37) 62–88.

Bull. histor. et sci. Auvergne Causerie sur les gaz monoatomiques: **55** ('35) 118–29.

Bull. Inst. et Observat. Physique Globe Puy-de-Dôme Action de la foudre sur l'homme et les animaux, 1: Nr. **6** ('34) 2e Suppl.

Bull. int. Inst. Refrigerat. Industry of very low temperatures and of the rare gases: **15** ('34) 91A–108A.

Bull. Soc. franç. Electriciens Observations nouvelles ou peu connues d'éclairs globulaires: (5) **2** ('32) 729–51.

Communications Kamerlingh Onnes Labor. Univ. Leiden La courbe des densités du liquide et de vapeur saturés et le diamètre rectiligne de l'oxyde de carbone[2])[1])[3]): **20** ('33) Nr. 221b, 5–7.

C.R. hebd. Séances Acad. Sci., Paris Variation de la tension superficielle de la matière fulminante en fonction de la température et du poids moléculaire: **194** ('32) 413–16. — Le diamètre rectiligne de l'oxyde de carbone[1])[3]): 1708–10. — Les éclairs globulaires et ascendants dans les montagnes et les plateaux élevés: 2257–60. — Sur le choc en retour: **195** ('32) 844–46. — Contribution à l'étude de la matière fulminante: Evaluation du rapport constant qui existe entre le volume final et le volume initial dans la décomposition progressive à la pression atmosphérique lorsque la température finale est identique à la température initiale: **196** ('33) 455–58; ~: Les phases de son explosion par refroidissement: 654–57. — Sur la réalité du reste d'éclair sphérique: **197** ('33) 962–64. — Sur l'orage du 1er juin 1933 à Hanoï (Tonkin): **198** ('34) 525–28. — Sur les foudres globulaires bleues: **199** ('34) 505–07. — La notion d'impureté dans les foudres globulaires nues: 1083–86. — Le diamètre de la courbe des densités: **200** ('35) 1643–45, 1892. — Sur la courbure du diamètre des densités: 1902–05; **204** ('37) 1097–99. — La théorie de Dauzère sur la conductibilité de l'air dans les régions exposées à la foudre: **201** ('35) 314–17. — La courbe des densités et le diamètre rectiligne du krypton²)⁴): **204** ('37) 630–33.

Industrie électr. La théorie de Dauzère sur la conductibilité de l'air dans les régions exposées à la foudre: **44** ('36) 523–.

Mémoires Acad. Sci., Inscript. et Belles-Lettres Toulouse La gamme. Gamme de Pythagore. Gamme d'Aristoxène. Gamme tempérée: (12) **11** ('35) 109–33.

Météorologie Le régime mensuel de la pluie, en fonction de l'altitude dans le Puy-de-Dôme et les départements voisins du Plateau-Central (Loire, Allier, Haute-Loire): (3) Nr. **11** ('37) 357–79. — Essai sur la forme approchée des lignes d'égale hauteur annuelle de pluie du Puy-de-Dôme: Nr. **17** ('38) 313f.

Montagne Les phénomènes de la foudre ascendante et globulaire dans les montagnes et les plateaux élevés: **59** ('33) 95–102.

Notices et Discours, Acad. Sci., Paris Discours prononcé à l'inauguration du monument élevé à la mémoire de Charles Bossut à Tartaras, Loire: **1**.1924–1936 ('37) 395–401.

Physica Le krypton²)⁴): **4** ('37) 1200–11.

Proc., Koninkl. Akad. Wet. Amsterdam La courbe des densités du liquide et de la vapeur saturée et le diamètre rectiligne de l'oxyde de carbone²)¹)³): **35** ('32) 551–53. — La courbe des densités et le diamètre rectiligne du krypton²)⁴): **40** ('37) 259.

Refrigerating Engng. The rare gases. Survey of industry and new applications of neon, helium and other atmospheric gases: **30** ('35) 196–98, 228.

Revue gén. Sci. pures et appl. La foudre et sa forme globulaire: **45** ('34) 106–15.

Mit: ¹) M. W. J. Bijleveld; ²) C. A. Crommelin; ³) P. P. Grigg; ⁴) J. J. Meihuizen.

IV-VI **MATIGNON,** Camille Arthème. Chem. — 1903–08 Prof. extraord., '08–34 Prof. ord. Chim. minérale, Collège de France, Paris; '32 Prés., Soc. Chim. France; '33 Prés., Conseil d'Hygiène du Départem. de la Seine; Prés., Fédérat. Nation. des Sociétés de Chim. Franç.; Prés., Confédérat. des Sociétés Sci. Franç.; Prés., Soc. Archéol. de Sens. — Dr. h.c. (Univ. de Liège). — 1896 Prix Jecker, 1924 Prix La Caze (Acad. Sci. Paris).

*1867, Jan. 3, Saint-Maurice-aux-Riches-Hommes, Yonne;
†1934, März 18, Paris.

Zur Biogr. Centenaire de la Société Chimique de France (1857–1957) (Paris '57) 207–10.

Nekr. E. Borel, C. R. hebd. Séances Acad. Sci., Paris **198** ('34) 1089–91. — F. Bourion, Bull. Soc. chim. France (5) **2** ('35) 377–436 (m. Bildn., Schr.verz.). — M. Delépine, ibid. (5) **1** ('34) 467–73; Notices et Discours, Acad. Sci., Paris **1**. 1924–1936 ('37) 520–27. — H. Le Chatelier, ibid. 516–19. — G. G. Longinescu, Buletinul Chim. pură și apl. Soc. române Chim. **37** ('35) 3–20 (m. Bildn.). — R. J. Meyer, Ber. dtsch. chem. Ges. **67A** ('34) 68f. — H. Moureu, Documentat. sci. No. **24** ('34). — W. J. Pope, J. chem. Soc., London **1937**, 705–08 (m. Bildn., Faks.); Nature [London] **133** ('34) 601. — J. Zawadzki, Roczn. Chem. **16** ('36) 163–71. — Annales Soc. sci. Bruxelles **54** ('34) Fasc. administr., XLII. — J. chem. Educat. **11** ('34) 425.

HZ. (Chefredakt.) Chimie et Industrie 1918–1934.

S. Cinquantenaire, Association des chimistes de sucrerie, de distillerie et industries agricoles de France et des colonies, 1882–1932 (Nancy '32) 15–: Le rôle de l'Association pendant 50 ans. — C. R. analytique du 12ᵉ Congrès de chimie industrielle, Prague 1932 (Paris '33) 132–: L'évolution de l'industrie des fertilisants. — C.R. 66ᵉ Congrès des sociétés savantes de Paris et des départements, Toulouse 1933. Section des sciences (Paris '34): L'obtention de l'hydrogène à partir des carbures d'hydrogène; Résumé de travaux en vue de l'obtention de l'hydrogène à partir des carbures d'hydrogène⁸). — Trabajos IX Congreso internacional de química pura y aplicada, Madrid 1934 **3** (Madrid '35) 139–47: Les méthodes modernes de l'obtention du phosphore et de l'acide phosphorique.

W. 1ᵉʳ Rapport de la Commission Permanente de Thermochimie (m. W. Swietoslawski, L. Keffler, W. A. Roth, F. Swarts, P. E. Verkade, E. W. Washburn) (Union Internationale de Chimie) (Paris '34). — Nouveau cours de chimie élémentaire, conforme au programme du 30 avril 1931. Classes de seconde A, A′ et B (m. J. Lamirand) ¹³(Paris '35) 8+246 S.

Anales Soc. españ. Física y Quím. La chimie des hautes températures: **31** ('33) Revista, 449–58.

Bull. Soc. chim. France Priestley et son œuvre scientifique: (4) **53** ('33) 1313–31. — Sur le dosage du butanediol-2,3⁶)²): (5) **1** ('34) 411–19. — Etude sur le phosphate d'urée²): 1114–27. — Sur l'hydratation de l'oxyde d'éthylène⁶)²): 1308–17. — Etude de la déshydratation catalytique de l'alcool butylique par l'alumine, 1: Isomérisation des butènes⁶)²): **2** ('35) 1169–81; ∼ 2: Dosage et préparation des butènes⁶)²): 1181–88.

Bull. Soc. franç. Minéral. Etude cristallographique du phosphate d'urée[2]): **56** ('33) 351–57.

Chimie et Industrie Etude de certains alliages légers d'aluminium et de bronze d'aluminium: **27** ('32) 1259–73; **28** ('32) 23–36. — L'extinction des liquides inflammables en combustion: 1018–23. — Les méthodes modernes de l'obtention du phosphore et de l'acide phosphorique: **31** ('34) 1263–77. — Le développement de l'industrie des engrais azotés en France: No. spéc. 4 bis, 662–69.

C. R. hebd. Séances Acad. Sci., Paris Sur la transformation des carbures acyliques saturés en carbures éthyléniques[4])[3]): **194** ('32) 1040–43. — Sur le phosphate d'urée[2])[5]): 1289–94. — Thermochimie des orthophosphates de calcium[8]): 2184–87. — Sur les brouillards nocifs: **195** ('32) 633–35. — Action de la vapeur d'eau sur le méthane[8]): 1345–48. — Action de la vapeur d'eau sur l'hexane et le benzène[8]): **196** ('33) 77–79. — Action de la vapeur d'eau sur les huiles lourdes pétrolifères et sur certains carbures cycliques[8]): 513–15. — Sur les causes de la production simultanée du butène-1 et du butène-2 au cours de la déshydratation catalytique de l'alcool butylique par l'alumine[6])[2]): 973–77. — Sur le vieillissement après trempe des alliages aluminium-glucinium[1]): 1256–60. — Du rôle de la température dans l'isomérisation des butylènes en présence d'alumine[6])[2]): 1560–63. — L'évolution de l'industrie des fertilisants: **197** ('33) 1161f. — Les arséniates d'ammoniaque[7]): **198** ('34) 777–79. — Préparation de l'éthylène et de ses homologues par cracking de l'heptane en présence de vapeur d'eau[8]): 1649–52.

Mémorial Poudres Sur les esters nitriques du propylène-glycol et des butylène-glycols[6])[2]): **25** ('33) 176–88.

Notices et Discours, Acad. Sci., Paris Funérailles de Charles Moureu. Discours: **1.1924–1936** ('37) 278–87. — Inauguration du monument élevé à la mémoire de Jean Chaptal à Mende, Lozère, le dimanche 21 août 1932: 415–28. — Vie et l'œuvre de Priestley: 479–506.

Revue pétrolifère Sur un procédé d'obtention de l'hydrogène à partir des carbures d'hydrogène[8]): **1934,** 1493–97.

Revue sci. Priestley et son œuvre scientifique: **71** ('33) 385–96. — L'Association bourguignonne des sociétés savantes et Vauban: **72** ('34) 111–15.

Mit: [1]) J. Calvet; [2]) M. Dodé; [3]) D. Florentin; [4]) A. Kling; [5]) Mlle Langlade; [6]) H. Moureu; [7]) A. B. de Passillé; [8]) M. Séon.

VI **MATSUI,** Mototarô. Chem. (anorg., angew.). — Stud. until 1905, '24 D.Engng., Tokyo Imp. Univ.; '05– Chief Engineer, Osaka Alkali Co., then until '25 Vice Dir. of Labor., Asahi Glass Co.; '25–28 Prof., Waseda Univ., Tokyo; '29–43 Prof. industr. Chem., Tokyo Inst. of Technology, Tokyo. — '34–36 Pres., Soc. of Chemical Industry, Japan.

*1882, März 25, Tokyo;

†1944, Mai 4.

Bull. Tokyo Univ. Engng. Operation of the adiabatic calorimeter[1]): 8 ('39) 339–57.

Chemical Trade J. and Chemical Engr. Sulfuric acid in Japan; cost reductions follow technical improvements: **99** ('36) 27f.

J. Soc. chem. Industry, Japan; Suppl. Binding On the platinum resistance thermometry, 3: Determination of low temperature scale between 0 and −190 °C[9]): **35** ('32) 165B–168B; ∼ 4: The determination of constants in Van Dusen's equation[15])[31]): **39** ('36) 472Bf. — A new apparatus for determination of melting points[10]): **35** ('32) 169B–171B. — The thermal dissociation of calcium carbonate in the atmosphere of carbon dioxide, 2: Existence of the primary and the secondary dissociation points of Iceland spar[3])[2]): 191B–195B; ∼ 3: Supplement of the primary and the secondary dissociation points[3])[2]): **36** ('33) 152Bf.; ∼ 4: The thermal change of the precipitated calcium carbonate[3]): 154Bf. — The thermal change of bismuth nitrate in the atmosphere of dry air[3])[2]): **35** ('32) 195B–197B. — The heat of solution of sodium carbonate and the twin calorimeter[9])[17]): 227B–232B. — On the chamber process, 23: Some physical and mechanical tests of lead sheets[10]): 304B–306B; ∼ 24: Corrosion test of sheet lead by sulphuric acid[10]): 307Bf.; ∼ 25: A continuous reading device for the nitrosity of nitrose in the sulphuric acid industry[24])[4]): **40** ('37) 56B–58B. — The determination of transition points of salt hydrates by dilatometry[9]): **35** ('32) 308B–312B. — Determination of transition point of sodium carbonate decahydrate by dilatometry[9])[30]): 313B–316B. — Continuous method of analysis of ammonium salt solution[23])[16]): 429B–433B. — Measurement of the concentration and dispersity of suspensions by the photoelectric cell, 1[23])[9])[27]): 569B–574B; ∼ 2[23])[9])[27]): 575B–577B; ∼ 3[23])[6]): **36** ('33) 691Bf. — Study on constant temperature apparatus, 6: A simple low-temperature thermostat[9]): 134B–136B; ∼ 7: A note on the controlling of an electric furnace[9]): 136Bf. — The dissociation pressure of calcium carbonate, 1: By the method of the differential thermocouple[3])[20])[8]): 155B–157B; ∼ 2: By the method of the differential manometer[3])[8]): 157Bf. — Measurement of transition point of sea sand[3])[8]): 339Bf. — Thermoelectric temperature scale of Pt–PtRh thermocouple[3]): 421B–424B. — Note on treatment of Pt–PtRh thermocouple[3]): 424B–426B. — Caustification of sodium carbonate by ferric oxide, 16: Dissociation of Na_2CO_3 in the presence of Fe_2O_3, 3[3])[8]): 468B–471B; ~ 17: Dissociation pressure of Na_2CO_3 in the presence of Fe_2O_3 (Supplementary report)[3])[29]): **37** ('34) 515B–517B; ~ 18: The heat of formation of sodium ferrite, 2[11]): 517B–522B. — Study on contact sulphuric acid manufacture, 1: Ba–V catalyst[26])[24]): **36** ('33) 546B–549B; ~ 2: The influence of arsenic on the activity of Ba–V catalyst[24])[25]): **37** ('34) 169B; ~ 3: Silver-vanadium catalyst on silica gel[24])[21]): **38** ('35) 80Bf.; ~ 4: Platinum catalyst on magnesium sulphate[24]): 148B–151B; ~ 5: Reaction promoters[24])[21])[14]): **39** ('36) 471B; ~ 6: Degree of dispersion of vanadium oxide on the carrier[13]): **40** ('37) 80Bf.; ~ 7: Study of the size of carrier[13]): 81B–83B; ~ 8: Temperature coefficient of vanadium oxide catalyst[13]): 465B–467B; ~ 10: Activating temperatures of vanadium oxide as a catalyst[13]): **41** ('38) 123B; ~ 11: Calcining temperature of the vanadium oxide catalyst[13])[7]): 123B–125B; ~ 12: Änderung in der Zusammensetzung der Jodlösung für die Reich-Probe[13]): 423B [engl.]; ~ 22[13])[19])[28]): **42** ('39) 329B. — Study on the instrumentation in the chemical factory, 1: A voltage regulator for small load[9]): **37** ('34) 316B–319B; ~ 2: A conductivity recorder[9]): 158Bf.; ~ 4: Continuous reading device by intermittent sampling[18])[5]): **41** ('38) 7B. — Correction in the calculation of the heat of formation of sodium ferrite: **39** ('36) 55Bf. — Rapid estimation of sulphur in pyrite cinder: **40** ('37) 142Bf. — Determination of the specific heat of sodium carbonate by twin calorimeter[12]): 246B–248B. — A continuous reading device for ammonia in ammoniacal brine[18])[24])[22]): 351Bf. — A continuous reading device for determination of electrical conductivity[18]): 415B.

Ferner Autor (oder Herausgeber?) eines Buches über technische Schwefelsäureherstellung ('33) und einer Einführung in das numerische Rechnen in der chemischen Industrie ('35).

Mit: [1]) T. Abe; [2]) K. Aoyama; [3]) K. Bitô; [4]) J. Fujino; [5]) A. Isikawa; [6]) S. Iwai; [7]) E. Iwanaga; [8]) M. Kadôno; [9]) Sh. Kambara; [10]) H. Katô; [11]) K. Kinjô; [12]) S. Kitazato; [13]) R. Kiyoura; [14]) T. Kojima; [15]) Z. Kuroda; [16]) S. Miyagi; [17]) K. Miyamura; [18]) N. Morishima; [19]) H. Morita; [20]) S. Murayama; [21]) T. Naka; [22]) T. Nasu; [23]) T. Noda; [24]) K. Oda; [25]) T. Okai; [26]) K. Ôki; [27]) Sh. Oyamada; [28]) T. Sawai; [29]) G. Tanabe; [30]) H. Yoshino; [31]) R. Yumen.

VI **MATSUMOTO,** Toshizô. Math. — 1911–14 Stud., '22 D.Sc., '25–53 Prof., '53 Prof. Emer., Kyoto Imp. Univ.
*1890, Juli 13, Osaka;
†1965, Mai 21.

MH. Partial differential equations (Kyoto '56).

W. Linear fractional transformations and their applications (Tokyo '40) [japan.]. — Functions and their representations (Tokyo '42) [japan.].

Japanese J. Math. On certain hypercomplex numbers: **19** ('47) 441–82.

Memoirs College Sci., Kyoto imp. Univ., Ser. A On the group of zero-sequence: **18** ('35) 1–7. — Sur le principe de Duhamel-Nomitsu: **22** ('39) 381–91. — Über die Einteilung des Simplexes: **23** ('41) 245–52. — On Hayami's turbulent tensor: **24** ('44) 63–72. — A note on Fowler's differential equations, 1: 79–81; ~ 2: 93–97. — Ein anderer Beweis des Hilfssatzes im Problem über Grundwasserströmung: 89–91. — Iteration of elliptic functions: **25** ('47) 27–29. — Hiroshi Okamura: **26** ('50) 1–3. — Note on the integral representation of Mathieu functions: **27** ('52/53) 133–37. — Note on nonlinear differential equation of catalysis: 267–70. — Sur la déduction axiomatique des formules de transformation de Lorentz: **29** ('55) 55–58.

Tôhoku math. J. Sur la définition des nombres irrationnels et les infinis: **37** ('33) 454–67.

VI **MATSUMURA,** Konomu. Chem. (org.). — 1924–59 Research Chemist, '59– Emer. Member, Kitasato Inst. for Infection Diseases, Tokyo; '63– Prof., Kitasato Univ., Tokyo.
*1894, März 18, Osaka.

Bull. chem. Soc. Japan 3-8'-Quinolinol-(5')-yl-alanine and related compounds[6])[10]): **42** ('69) 1741–43. — Preparation of 5-acetyl-8-quinolinol derivatives[8])[9])[5]): **43** ('70) 3282–84.

J. amer. chem. Soc. Friedel and Crafts reaction with 8-hydroxyquinoline: **57** ('35) 124–28. — Nitration of 4,4'-dimethoxydiphenylmethane: 128f. — Tetrahydro-p-phenanthroline: 495. — Condensation between formaldehyde and monoketones, 2: 496f. — The behaviour of β-p-dimethylaminobenzoin with alcoholic hydrochloric acid: 955. — Oxime of β-p-dimethylaminobenzoin: 955. — Sulfonation of acridone: 1533–36. — 1-Aminoacridine-4-carboxylic acid: **60** ('38) 591–93. — Sulfonation of 6-nitroacridone: 593–95. — The identification of 1-nitroacridone-4-carboxylic acid as 1-aminoacridine: **61** ('39) 2247f. — Preparation of certain derivatives of benzoxazole[3])[1]): **75** ('53) 2770f. — Preparation of 3',4'-dihydroxy-6-carboxyflavonol[3]): 6237f. — Condensation of chloralhydrate with 8-quinolinol[1]): **77** ('55) 6671–74.

J. org. Chemistry Styryl-type dyes[1]): **23** ('58) 86–88. — Amebicidal 8-quinolinol compounds[1]): **25** ('60) 853. — Chalcone-type 8-quinolinol compounds[1])[2]): 854–56. — 5-Carboxy-8-quinolinol derivatives[1]): 856f.

Kitasato Arch. exper. Med. An ultra filtration apparatus[4]): **26** ('53) 173–75. — Copper (II) complexes of 8-quinolinol-5-sulfonic acid[7]): **44** ('71) 107–15.

Mit: 1) M. Ito; 2) Sh.-T. Lee; 3) T. Nagano; 4) K. Yokoyama; 5) A. Ikemura; 6) T. Kasai; 7) Y. Kohda; 8) H. Okuma; 9) M. Onishi; 10) H. Tashiro.

VI **MATSUMURA** (Matumura), Sôji (Sôzi) (früher: **NAKAJIMA**). Math. (Differentialgeom.). — 1929–47 Prof., Taihoku Imp. Univ., Taihoku, Taiwan; '47–59 Prof., Kinki Univ., Osaka; '49–59 Prof., Osaka College of Economics.
*1887, Juni 29, Nara;
†1959, Okt. 6.

J. Osaka Inst. Sci. and Technol., Part 1 Über Flächen und Kurven, 61: **2** ('50) 41f. — Beiträge zur Geometrie der Kreise und Kugeln, 61: 47–50; ~ 62: **5/6** ('54) 47f.; ~ [63?]: 55–60. — Remark to Misra's paper: **2** ('50) 79f. — Bemerkung zur Korrelationstheorie: **3** ('51) 33f. — Über Eilinien und Eiflächen: 35–38. — Beiträge zur Theorie der Kurven in geometrischen Anwendungen von Fourierschen Reihen: **5/6** ('54) 45f. — Über Zerlegungsbeweise des Pythagoreischen Lehrsatzes: 49f. — On the solution of some differential equations: 51–53. — Differentialgeometrie der Kugelscharen, 1: **8** ('58) 13–41; ~ 2: **9** ('59) 15–62; ~ 3: 63–99. — Eiflächenpaare gleicher Breiten und gleicher Umfänge: 101f. — Über die ersten Fundamentalgrößen bei Eiflächen: 103f. — Über einen affingeometrischen Satz und die Deviation ebener Kurven: 105–07.

J. Soc. tropic. Agric., Taihoku imp. Univ. On some differential equations, 1: **4** ('32) 79–83; ~ 2: 218–20; ~ 3: 468f.; ~ 4: **5** ('33) 62–64; ~ 5: 229–34; ~ 6: 414–21; ~ 7: **6** ('34) 110–13; ~ 8: 164–71; ~ 11: **7** ('35) 205–11 [japan.]; ~ 12: 212–18 [~]. — On the theory of correlation, 1: **4** ('32) 83–86; ~ 2: 213–17; ~ 3: 460–67. — Some applications of mathematics to agriculture, 1: **6** ('34) 105–09. — On an application of imaginary number: 161–63.

Japanese J. Math. Einige charakteristische Eigenschaften homothetischer Eiflächen: **9** ('32) 55–58. — Über Minkowskis gemischten Flächeninhalt: 161–63.

Memoirs Fac. Sci. and Agric., Taihoku imp. Univ. Über Flächen und Kurven, 1: **5** ('32/33) 33–62; ~ 2: 207–45; ~ 3: 287–301; ~ 4: Charakteristische Eigenschaften der Homothetie von Eiflächen: 369–72; ~ 5: Über Minkowskis Stützfunktion: 373–77; ~ 6: Eilinien und Eiflächen: **10** ('33/34) 21–36; ~ 7: Zur relativen Differentialgeometrie: **18** ('36/37) 201f.; ~ 8: Über die Mittelpunktfläche: **15** ('35/36) 39–53; ~ 9: Eilinien und Eiflächen: 55–70; ~ 9A: 113–30; ~ 10: Über Parameter der ebenen Kurven: 151–64; ~ 11: Zur relativen und natürlichen Geometrie: 171–80; ~ 12: Über zwei Flächen, die zueinander eine Beziehung haben: 193–203; ~ 13: Einige Bemerkungen über Flächen und Kurven: 205–19; ~ 14: Kleine Bemerkungen über Geometrie: 245–55; ~ 15: Einige Bemerkungen zu Kurven und Flächen: 283–93; ~ 16: Über Eilinien und Eiflächen: **18** ('36/37) 21–52; ~ 17: Einige Bemerkungen über Kurven und Flächen: 133–48; ~ 18: Bemerkungen über Eilinien und Eiflächen: 215–28; ~ 19: **21** ('38/39) 21–24; ~ 20: Einige Bemerkungen über Flächen und Kurven: 307–17; ~ 21: ≈: **26** ('39) 59–88; ~ 22: Einige Bemerkungen über die Theorie der Konvexkurven und -flächen: **28** ('40) 259–97; ~ 23: Einige Bemerkungen über die Theorie der konvexen Flächen und Kurven: 323–78; ~ 24: Einige Bemerkungen über Eilinien und Eiflächen: **29** ('40) 13–36; ~ 25: ≈: 59–95. — Beiträge zur Geometrie der Kreise und Kugeln, 1: **5** ('32/33) 63–142; ~ 2: 169–206; ~ 3: 247–69; ~ 4: 271–85; ~ 5: 303–46; ~ 6: 347–67; ~ 7: 379–94; ~ 8: **10** ('33/34) 37–70; ~ 9: Einige Anwendungen der Kreis- und Kugelgeometrie: 81–174; ~ 10: **15** ('35/36) 71–86; ~ 11: 87–112; ~ 12: 131–50; ~ 13: 221–43; ~ 14: 257–64; ~ 15: 295–306; ~ 16: **18** ('36/37) 53–74; ~ 17: 149–63; ~ 18: 185–200; ~ 19: 229–39; ~ 20: 241–55; ~ 21: 257–74; ~ 22: 275–323; ~ 23: **21** ('38/39) 1–20; ~ 24: 33–68; ~ 25: 69–88; ~ 26: 89–125; ~ 27: 127–76; ~ 28: 177–252; ~ 29: 253–305; ~ 30: 319–83; ~ 31: **26** ('39) 1–58; ~ 32: 89–134; ~ 33: 135–77; ~ 34: 179–231; ~ 35: 233–87; ~ 36: 289–341; ~ 37: **28** ('40) 1–165; ~ 38: 167–258; ~ 39: 299–321; ~ 40: **29** ('40) 1–12; ~ 41: 37–58. — On a pair of surfaces mutually related, 1: **15** ('35/36) 265–82; ~ 2: 307–40; ~ 3: **18** ('36) 1–6; ~ 4: 7–19; ~ 5: 95–131; ~ 6: 203–14; ~ 7: **21** ('38/39) 25–32. — — Vermutlich weitere Arbeiten in den Bänden **29** und **30**.

Memoirs Fac. Sci., Taihoku imp. Univ., Ser. 1 Über Flächen und Kurven, 46: Über die Nullstellen von $R_n = \int_{-1}^{x} P_n(x)\mathrm{d}x$ [1]): **1** ('43/45) 93f. — — Vermutlich weitere Arbeiten in diesem Band.

Nippon Chûtô Kyôiku Sûgakkai Zasshi Some properties concerning a distribution of points: **14** ('32) 1–3. — On a species of triangles: 4f. — On ovals: 43–51. — On some differential equations concerning geometry: 347–50. — On two related plane curves: **15** ('33) 1–3. — On function space: 47–49. — On some problems: **16** ('34) 94–100. — On miscellaneous problems, 1: **19** ('37) 135–42; ~ 2: 407–15. — Problems of geometry: **20** ('38) 129–33. — — Alle Arbeiten japan.

Proc. physico-math. Soc. Japan A remark on imaginary elements in geometry: **14** ('32) 310.

Proc. Sci. Instn., Kinki Univ. Differentialgeometrie der Kugelscharen, 1: **1959**, Nr. 1, 47–75.

Tôhoku math. J. Eine Kennzeichnung homothetischer Eiflächen: **35** ('32) 285f. — Über zwei Flächen, welche eine Beziehung haben, 4: 329–44; ~ 5: **36** ('33) 125–31; ~ 6: 257–59. — Zur Differentialgeometrie der mehrdimensionalen Ellipsoide: 107f. — Differentialgeometrie der Kreisscharen, 13: 109–12; ~ 14: 116–24; ~ 15: **39** ('34) 235–38. — Sätze von Schottky und Landau für Funktionen von zwei Veränderlichen: **36** ('33) 113–15. — Über gemischte Volumina im vierdimensionalen Raum: 132–34. — Über einen affingeometrischen Satz und die Deviation ebener Kurven: 189–91. — Über konvex-geschlossene Flächen: 192–95. — Über die Axiomatik von Mittelbildungen: 260–62. — Beiträge zur Inversionsgeometrie und Laguerre-Geometrie: **37** ('33) 468–70. — On a pair of surfaces mutually related: **39** ('34) 17–21. — Eine charakteristische Eigenschaft von Kreis und Kugel: 22–24. — Über Minkowskis Stützfunktion: 25–27. — Differential geometry of circle-system: 28f. — Charakteristische Eigenschaften der Homothetie von Eiflächen: 30–32. — Weitere Kennzeichnungen der Kugel: 33–35. — Imaginäre Kurven mit der Krümmung Null: 233f. — Über die Deviation ebener Kurven: 239–42.

Tôkyô Butsuri Gaku Zasshi On the ovaloids similar and similarly situated: **41** ('32) 53f. — Some problems in geometry: 217–19. — Some studies on axioms: 219–27. — On some differential equations: 317–19; **44** ('35) 348–51. — On some surfaces mutually related: **41** ('32) 319–23. — On some problems in geometry: **42** ('33) 19–23. — Some problems on a family of circles: 142–45. — On the geometry of sphere: 179–83. — On a characteristic property of sphere: 209f., 486f. — On proofs of some theorems: 459–61. — A problem in affine geometry: 648f. — On two surfaces mutually related: 683–86. — On geometry of family of circles: 686f. — Two problems on the affine geometry: **43** ('34) 127f. — On an oval: 153. — Two notes: 256–58. — On the deviation of normal of a plane curve: 302f. — On geometry of circles and spheres: 355f. — On geometry of a system of circles: 396–400. — On the deviation of a plane curve: 499f. — Some remarks on geometry: **44** ('35) 161f. — Two notes: 189–91, 246–48. — A theorem on affine geometry and a solution of a differential equation: 452f. — Short notice on geometry: 513–15. — An oval with affine double normals: **45** ('36) 26f. — On a theorem of elementary geometry due to B. Segre: 105f. — A theorem concerning two ovaloids: 106f. — — Alle Arbeiten japan.

Mit: [1]) W. Kroll.

VI **MATTHAIOPOULOS,** Georg. Chem. (org., Lebensmittelchem.). — 1912–38 Prof. u. Dir. d. org.-chem. Instituts, '19–20 Dekan d. math.-physikal. Fak., '28–29 Rektor, Univ. Athenai.

*1873, Apr., Peiraieus;

†1958, Athenai.

W. Handbuch der organischen Chemie [griech.] [3](Athenai '33) 712 S.; 3 weitere Auflagen.

Annales Falsificat. et Fraudes Quelques observations sur les caractères microscopiques de la conserve de tomates[1]): **41** ('48) 195–98.

Chimika Chronika Progress of synthetic organic chemistry; derivatives of acetylene: **1** ('36) 5–10 [].

Mit: [1]) C. G. Macris.

VI **MATTHEWS,** Marcus Aurelius. Chem. — 1926–33 Research Chemist, Fuel Research Stat., East Greenwich, London; '30–33 Lecturer Coal Carbonisat., Sir John Cass Techn. Inst., London; '33–47 Research Leader and Techn. Manager, Imperial Chemical Industries Ltd., Billingham; '47–61 Planning Co-ordinator, Shell Int. Chem. Co. Ltd.; '58–63 Research and Developm. Dir., Shell Chem. Co. Ltd., London; '63–65 Vice-Pres., Soc. Chem. Industry.

*1901, Sept. 15, London.

Bildnis Chemistry and Industry **1963,** 1561.

Chemical Age The treatment of tar[1]): **27** ('32) 351–54.

Chemistry and Industry Planning in the heavy organic chemical industry: **1961,** 1589–96.

Colliery Guardian and J. Coal and Iron Trades The treatment of tar[1]): **145** ('32) 701–03.

Gas Engr. Motor spirit from hydrogenation of tar[1]): **49** ('32) 593–97.

Gas J. [London] Motor spirit from hydrogenation of tar[1]): **200** ('32) 213–15.

J. Inst. Fuel Treatment of tar: **6** ('32) 33–44.

J. Instn. Petroleum Technologists Low-temperature carbonization and low-temperature tar: **18** ('32) 415–19.

New Scientist Chemicals from oil: **3** ('58) Nr. 60, 11–13. — The earth's carbon cycle: **6** ('59) Nr. 151, 644–46.

Mit: [1]) J. G. King.

VI **MATTIOLI,** Gian Domenico. Mech., Math. – Prof. Mecc. razion., Univ. di Catania. – – Weitere Daten nicht bekannt. (☒)

W. Istituzioni di matematiche. Corso di matematiche generali per chimici e naturalisti (Padova '37) 8+480 S.; ²('44/45) 629 S. – Teoria dinamica dei regimi fluidi turbolenti (Padova '37) 11+323 S. – Lezioni di meccanica razionale ⁴(Napoli '41) 686 S., . . ., ⁶('45) 651 S. – Esercizi e complementi di meccanica razionale (Napoli '42) 560 S. – Esercizi e complementi di meccanica razionale e elementi di statica grafica (Napoli '47) 512 S.

Aerotecnica Calcolo del campo di velocità indotta per l'ala rettangolare: **24** ('49) 281–87.

Annali Mat. pura ed appl. Principi variazionali e trasformazioni adiabatiche: (4) **10** ('32) 283–328.

Atti reale Accad. nazion. Lincei, Rend. Sulla riduzione di rango dei sistemi canonici mediante integrali generici: (6) **15** ('32) 437–43. – Teoria della turbolenza: **17** ('33) 217–23. – Teoria della turbolenza. Conseguenze analitiche e confronto con l'esperienza: 293–99. – Sopra una condizione alla parete per l'equazione della turbolenza nei tubi: 932–34. – Assetto definitivo della teoria dinamica della turbolenza: **19** ('34) 572–77. – Dissipazione vorticosa nei regimi turbolenti: **21** ('35) 87–92. – Sforzi interni nei mezzi turbolenti ed equazioni generali della turbolenza: **22** ('35) 49–54. – Seconda forma delle equazioni della turbolenza nell'ipotesi di una direzione di trasporto: **23** ('36) 49–54. – Equazione energetica della turbolenza e condizioni d'integrazione delle equazioni indefinite: 55–61. – Sulla riduzione di rango dei sistemi pfaffiani: **27** ('38) 149–55. – Sul calcolo di effetti secolari mediante invarianti adiabatici: **29** ('39) 304–12. – Su di un principio variazionale centrale della dinamica: (7) **1** ('39/40) 418–27. – Sul significato del principio di Hamilton¹): **2** ('40/41) 142–57.

Atti reale Accad. Sci. Torino Sopra l'influenza della viscosità del fluido nei regimi turbolenti: **70** ('35) 220–39.

Atti, Reale Ist. veneto Sci., Lettere ed Arti Su una forma delle equazioni di Lagrange nelle quali il tempo e introdotto come n+1-esima coordinata: **91** ('31/32) II, 80–91. – Sulla stabilità laterale dell'ala portante dovuta alla turbolenza dello strato di contorno dorsale: **92** ('32/33) II, 497–522. – Getti piani turbolenti: **94** ('34/35) 607–28. – Correnti turbolente nei canali ricurvi: **95** ('35/36) 855–75.

Atti Soc. ital. Progr. Sci. Deflusso turbolento attorno alla lastra piana: **22.**1933, 2 ('34) 176–78. – Il problema della turbolenza nei riguardi teorici sperimentali ed applicativi: **27.**1938, 5 ('39) 21–29.

Commentationes, Pontificia Acad. Sci. Sopra gli effetti secolari delle maree e dell'irraggiamento di massa sugli elementi del moto dei sistemi binari e il problema dell'evoluzione secolare delle stelle doppie: **4** ('40) 225–86.

C.R. hebd. Séances Acad. Sci., Paris Sur la théorie de la turbulence dans les canaux: **196** ('33) 1282–84. – Sur les conditions à la paroi pour l'équation de la turbulence dans les canaux: 1866–68.

Forschung Geb. des Ingenieurwesens Theorie der Wärmeübertragung in glatten und rauhen Rohren: **11** ('40) 149–58.

Ingenieur-Arch. Theorie des dünnen Tragflügels bei beliebigen Umrißformen: **10** ('39) 153–59.

Politecnico [Milano] Volo lento e stabilità laterale: **83** ('35) 594–606.

Rend. Semin. mat. R. Univ. Padova Ricerche sulla meccanica dei moti fluidi turbolenti: **4** ('33) 67–91.

Science aérienne Sur une méthode et un dispositif nouveaux de contrôle latéral en perte de vitesse: **3** ('34) 1–8.

Technical Memoranda, Nation. Advisory Committee Aeronaut. Theory of heat transfer in smooth and rough pipes: Nr. **1037** ('42) 22 S.

Mit: ¹) A. Carrelli.

VI **MATTSON,** Sante Emil. Chem., Bodenkunde. – 1928–32 Assoc. Prof. Soil Chem., Rutgers Univ., New Brunswick, N.J.; '33–35 Doc., '35–51 Prof., '51 Prof. Emer., Kungl. Lantbrukshögskolan, Uppsala. – '52 Fil.D.h.c. (Kungl. Univ. Uppsala); '59 Agr.D.h.c. (Univ. Oslo).

*1886, Juli 6, Grevie, Schweden.

S. Trans. 3rd International congress of soil science, Oxford 1935, **1** (London '35) 67–70: The pH and base saturation of the podsol profile; 374–77: The reaction and the buffer capacity of soil organic matter⁷). – Proc. International symposium on the reactivity of solids, Gothenburg 1952, **1** (Göteborg '54) 369–72: Solubility relations of soil colloids.

W. Kalkbehov och kalkning (m. E. Ernest) (Stockholm '41) 24 S. [Sonderdruck aus: Jordbrukslära för ungdomsskolor, jordbrukskurser och självstudium (E. Ernest) ³(Stockholm '39)].

Acta Agric. scand. Factors determining the composition and cookability of peas¹)⁸)¹⁷)²⁹): **1** ('50) 40–61. – The ionic relationships of soil and plant [,1]: **16** ('66) 135–43; ∼ 2:

The salt effect on ion uptake: **17** ('67) 78–82; ~ 3: Positive and negative salt effect; a new look on plant nutrition: **19** ('69) 127–34; ~ 4: Ion uptake in relation to membrane activity and soil moisture: **23** ('73) 11–16; ~ 5: Ion uptake in relation to valence, membrane activity and soil moisture: **24** ('74) 33–36. – Basic functions of ammonia in acid soils and peat: **21** ('71) 293–97.

Acta agric. suecana [Stockholm] The cookability of yellow peas. A colloid-chemical and biochemical study: **2** ('46) 185–231.

Industrial and Engng. Chem. Coagulation of soil suspensions by Al and Fe salts. Electrophoretic study[26]): **27** ('35) 94–97.

J. physic. Chem. Cataphoresis. An improved cylindrical cell: **37** ('33) 223–27.

Kolloid-Z. Isoelektrische Niederschläge und ihre Eigenschaften: **58** ('32) 305–14.

(Kungl.) Lantbrukshögskolans Ann. The chemical characteristics of soil profiles, 1: The podzol[10]): **1** ('34) 33–68; ~ 2: The mutual interactions of podzolic materials[10]): **2** ('35) 1–30; ~ 3: The podzol complex[22]): 115–34. – The neutral salt reaction in relation to the point of exchange neutrality, the saturation and the combining capacity of a soil[10]): 135–57. – The electro-chemistry of soil formation, 1: The gel and the sol complex[10]): **4** ('37) 1–54; ~ 2: The phosphate complex[16]): **6** ('38) 109–57; ~ 3: The humate complex[5]): **7** ('39) 63–119; ~ 4: The salt effect on amphoteric colloids and phosphate fixation[16]): **8** ('40) 405–24; ~ 5: Some studies in lysimeters of solvation and flocculation of podzols[17]): **10** ('42) 241–57; ~ 6: Atmospheric salts in relation to soil and peat formation and plant composition[25])[28]): **12** ('44/45) 101–18. – The equi-ionic point and the point of exchange neutrality of soils[30]): **4** ('37) 169–89. – The constitution of the pedosphere: **5** ('38) 261–76 [m. schwed. Zusammenfassg.]. – Pedography of a hydrologic series of podzols, 1: Loss on ignition, pH and amphoteric reactions[20]): **7** ('39) 185–225; ~ 2: The loss on ignition and the reaction of the Annerstad series[20])[30]): **8** ('40) 183–207; ~ 3: Loss on ignition and pH of the brown earth series of Dala[18]): **9** ('41) 222–38; ~ 4: Distribution of Si, Al, Fe, Ti, Mn, Ca and Mg in the podzol of Unden and the brown earth of Dala[4])[16]): **11** ('43) 172–89; ~ 5: Distribution of K and P, and the Ca/K ratios in relation to the Donnan equilibrium: **12** ('44/45) 119–29; ~ 6: The composition and base status of the vegetation in relation to the soil[16]): 186–203. – The pH and the amphoteric behavior of soils in relation to the Donnan equilibrium[30]): **8** ('40) 1–54. – The acid–base equilibrium in vegetation, straw and humus, 1: Acids, acidoids and bases and their decomposition[17]): **9** ('41) 1–26; ~ 2: Acids, acidoids and bases in relation to soil type: 27–37; ~ 3: Formation of acidoids as related to the bases present: 38–56; ~ 4: Strength of the acidoids and its relationship to nitrogen: 57–73; ~ 5: Products of partial oxidation and ammonia fixation[17]): **10** ('42) 284–332; ~ 6: Ammonia fixation and humus nitrogen[17]): **11** ('43) 107–34; ~ 7: The acid–base condition during growth of wheat, barley, and red clover[17]): 207–17; ~ 8: Forms of acidity[17]): **12** ('44/45) 70–99; ~ 9: Forms of bases[17]): **13** ('46) 153–78; ~ 10: Some properties and functions of phytin[17]): **14** ('47) 290–300; ~ 11: Acid and base in decomposing litter[17]): **21** ('54) 389–400. – Laws of ion exchange [,1]: **10** ('42) 56–73; ~ 2: Valence effect in relation to the micellar ion concentration and base saturation of Donnan systems[19]): **12** ('44/45) 222–29; ~ 3: Donnan equilibria in plant nutrition: **15** ('48) 308–16. – Oxidation–reduction equilibrium of vegetation, litter and humus, 1: Reducing capacity, oxidimetric titration and liming toxicity: **11** ('43) 135–44. – Effects of liming on leached acid soils[,1]: **13** ('46) 196–222; ~ 2: Forms of manganese[8])[29]): **15** ('48) 291–307. – Phosphate relationships of soil and plant, 1: Membrane equilibria and phosphate uptake [8])[29])[31]): **16** ('49) 457–83; ~ 2: Soil – soil solution equilibria and phosphate solubility [31])[8])[29]): **17** ('50) 64–91; ~ 3: Forms of phosphorus in the Brännalt limed and unlimed podzol series[31])[3]): 107–19; ~ 4: Forms of phosphorus in the hydrologic soil series of the Dala brown earth and the Unden podzol[3])[31]): 121–29; ~ 5: Forms of phosphorus in the Lanna soil[31])[17])[3]): 130–40; ~ 6: The salt effect on phosphate solubility in pedalfer-soils[2])[3])[29])[17]): 141–60; ~ 7: Forms of phosphorus in the Marsta hydrologic clay series[8])[3])[29])[27])[17]): 222–46; ~ 8: Electrokinetics, amphoteric behaviour, and solubility relations of calcium phosphates[17])[21])[29]): **18** ('51) 128–53; ~ 9: Phosphate solubility in pedocal and calalfer soils[2])[17])[29]): **20** ('53) 19–50; ~ 10: Phosphate adsorption by soils as a function of concentration[3]): 71–79; ~ 13: Phosphate ion as a precipitant of calcium in cation-exchange systems: **22** ('56) 101–06. – Geochemistry of a raised bog [, 1][17]): **21** ('54) 321–66; ~ 2: Some nitrogen relationships[17]): **22** ('56) 219–24.

Nordisk Jordbrugsforskn. Isoelektrische Verwitterung: **1933**, Nr. 5, 19 S. [schwed.]. – Der Podsolkomplex[22]): **1935**, Nr. 4, 17 S. [~].

Soil Sci. The laws of soil colloidal behavior, 7: Proteins and proteinated complexes: **33** ('32) 41–72; ~ 8: Forms and functions of water: 301–23; ~ 9: Amphoteric reactions and isoelectric weathering: **34** ('32) 209–40; ~ 10: Exchange neutrality and combining capacity[11]): 459–83; ~ 11: Electrodialysis in relation to soil processes: **36** ('33) 149–63; ~ 12: The amphoteric nature of soils in relation to aluminum toxicity[11]): 229–44; ~ 13: Osmotic imbibition[9]): 317–27; ~ 14: The electrokinetics of hydrous oxides and their ionic exchange[24]): **38** ('34) 299–313; ~ 15: The degradation and the regeneration of the soil complex[11]): **39** ('35) 75–84; ~ 16: The cation exchange maximum in alumino-silicates[6]): 161–65; ~ 17: Magnesium silicate – its base-exchange properties[14])[15]): **40** ('35) 255–68; ~ 18: Colloidal electrolytes[10]): **43** ('37) 421–52; ~ 19: The gel and the sol complex in soil formation[10]): 453–73; ~ 20: The neutral salt effect and the amphoteric points of soils[12]): **44** ('37) 151–66; ~ 21: The amphoteric points, the pH and the Donnan equilibrium[30]): **49** ('40) 109–53; ~ 22: The thermal stability of acidoids and basoids[13])[30]): **50** ('40) 65–76; ~ 23: The constitution of the pedosphere and soil classification: **51** ('41) 407–25; ~ 24: Donnan equilibria in soil formation[19]): **61** ('46) 313–30. – Electrokinetics and base-exchange capacity of some inorganic colloids[23]): **33** ('32) 75–94.

Trans. Faraday Soc. The "amphoteric" double layer and the double ionic exchange in soils[30]): **36** ('40) 306–19.

Z. Pflanzenernähr., Düng., Bodenkunde Membrane equilibrium and phosphate uptake in plants[8])[29])[31]): **45** ('49) 23–37.

Mit: [1]) E. Åkerberg; [2]) E. Alvsaker; [3]) E. Barkoff; [4]) B. Bengtsson; [5]) K. Boratyński; [6]) J. S. Csiky; [7]) P. Ekman; [8]) E. Eriksson; [9]) J. G. Falconer; [10]) Y. Gustafsson; [11]) J. B. Hester; [12]) K.-Ch. Hou; [13]) A. Hovden; [14]) J. S. Joffe; [15]) L. T. Kardos; [16]) N. Karlsson; [17]) E. Koutler-Andersson; [18]) H. Larsen; [19]) K. G. Larsson; [20]) H. Lönnemark; [21]) – ; [22]) I. Nilsson; [23]) N. H. Parbery; [24]) A. J. Pugh; [25]) G. Sandberg; [26]) L. R. Setter; [27]) S. Ståhlberg; [28]) P. E. Terning; [29]) K. Vahtras; [30]) L. Wiklander; [31]) E. G. Williams.

VI **MATUKUMA,** Takehiko. Astron. – 1924–34 Assist. Prof., '34– Prof., Tôhoku Imp. Univ., Sendai.

*1890, März 18, Saga Prefecture; †1950, Jan. 14, Sendai.

Nekr. Y. Hagihara, Monthly Notices roy. astron. Soc. **111** ('51) 160.

W. Das Universum [japan.] (Tokyo '38) 160 S. – Astronomie [japan.] (Tokyo '49) 259 S.

Astronomical J. Occultations of stars by the moon, observed at Sendai 1934 Aug. – 1935 Dec.: **45** ('36) 132; ~ in 1936: **46** ('37) 60; ~ in 1937: **47** ('38) 16; ~ in 1938: **48** ('39) 36; ~ in 1939: **49** ('40) 14.

Beob.-Zirk. Astronomische Nachr. Die Koordinaten des Astronomischen Instituts der Tôhoku Kaiserlichen Universität zu Sendai: **22** ('40) 54.

Japanese J. Astron. and Geophysics On Einstein effect derived from the observations of the total solar eclipse on June 19th in 1936[2])[3])[1]): **18** ('40) 51–72.

Kagaku [Tokyo] The fundamental problems in the theory of stellar evolution: **3** ('33) 329–31 [japan.].

Nature [London] Derivation of Einstein effect from eclipse observations of 1936: **146** ('40) 264f.

Proc. imp. Acad., Tokyo Periodic orbits in Hill's case, 2: Retrograde variational orbits: **8** ('32) 147–50; ~ 3: Periodic ejectional orbit: **9** ('33) 364–66.

Science Rep. Tôhoku Univ., Ser. I Theory of Schmidt camera. Preliminary report: **33** ('49/50) Nr. 1, 43–50. – Motion of perihelion and node of the planets: Nr. 2, 115–21. – A criterion formula for the reflection effect in close binary stars: Nr. 3, 1–8. – Researches on the periodic orbits (herausgegeben von Z. Hitobuyanagi): **40** ('57) Nr. 4, 175–207.

Ferner Beiträge in Abhandlungen der Astronomischen Gesellschaft von Japan in japanischer Sprache über den Relativitätseffekt beim Problem der Breitenänderung ('32) und über Forschungen auf dem Gebiet periodischer Umlaufbahnen ('34, '35).

Mit: [1]) Y. Iwana; [2]) A. Onuki; [3]) S. Yosida.

VI **MATUZAWA,** Takeo. Geophysik, Seismol. – 1924–60 Prof., '29 Sc.D., '60 Prof. Emer., Univ. of Tokyo; '60–63 Prof., Hokkaidô Univ., Sapporo; '63– Prof., then Prof. Emer., Tokyo Kasei Gakuin College.

*1899, Mai 18, Saitama Prefecture.

Zum 60. Geb.tag Selected scientific papers of Dr. Takeo Matuzawa published in celebration of his sixtieth birthday (Tokyo [?] '60) (m. Bildn. u. Schr.verz.).

W. Study of earthquakes (Tokyo '64) 4+8+213 S.

Bull. Earthquake Res. Inst. Tokyo imp. Univ. Zwei merkwürdige Wellengruppen bei einigen Erdbeben in Kwanhö und die dritte Mitteilung über den vorlaufenden Teil der Erdbebenbewegungen[3]): **10** ('32) 499–516 [m. japan., engl. u. französ. Zusammenfassg.]. – Fluggeschwindigkeit einiger vulkanischer Bomben: **11** ('33) 329–46, 732; **12** ('34) 260. – Gasdruck bei einigen vulkanischen Ausbrüchen in Japan: **11** ('33) 347–49. – Über Schattenwellen und Kernwellen: **13** ('35) 39–45. – Seismometrische Untersuchungen des Erdbebens vom 2. März 1933 [,1]: 171–93; ~ 2: Analyse der in Kalifornien beobachteten Oberflächenwellen: 328–34; ~ 3: Erdbebentätigkeit vor und nach dem Großbeben; Allgemeines über Nachbeben: **14** ('36) 38–66. – Über die Jahresschwankung der Erdbebenhäufigkeit in Japan[11])[12])[15]): **15** ('37) 711–84. –

Bestätigung der Existenz der langperiodischen Schwingungen bei großen Erdbeben[13]): **17** ('39) 624f. – Erdbebenhäufigkeit in bezug auf die Stellung der Sonne und des Mondes[5])[4])[8])[10]): **18** ('40) 265–80. – Über die empirische Formel von Ishimoto und Iida $na^m=k$ zwischen der Bebenhäufigkeit n und der Amplitude a: **19** ('41) 411–15. – Temperaturverlauf an der Bodenoberfläche und der Spannungszustand in der Erdkruste, 1: **20** ('42) 20–29; ∼ 2: 265–72. – Feldtheorie der Erdbeben: **31** ('53) 179–201; ∼ : Vergleichung vom Großbeben vom 21. Dez. 1946 mit dem Nachbeben vom 18. April 1948: 249–53. – – Alle Arbeiten mit japan. Zusammenfassg.

Disin An example of surface reflexion of plane elastic waves: **4** ('32) 125–39 [japan.]. – Ein Gedankenexperiment über den Erdbebenherd: 618–24 [∼]. – On the thermal spring of Arima: **6** ('34) 119–24 [∼].

Gerlands Beitr. Geophysik Re suggestions regarding the notation for the pulses in near earthquakes[6]): **40** ('33) 99f.

J. Tokyo Kasei Gakuin College On the secular variation of seismicity: **4** ('64) 115–17 [japan.]. – The life and scientific activity of B. B. Galitzin: **5** ('65) 115–19 [∼]. – Vibrations of a system of particles [,1]: 121–31 [∼]; ∼ [2]: A two layer system: **6** ('66) 99f. [∼]; ∼ 3: **7** ('67) 95–106 [∼]; ∼ 4: **9** ('69) 91–100 [∼]; ∼ 5: **10** ('70) 97–114 [japan. m. engl. Zusammenfassg.]; ∼ 6: **11** ('71) 80–88 [∼]; ∼ II, 1: 89–99 [engl.]; ∼ II, 2: **12** ('72) 66–69 [∼]. – A two-dimensional problem of an elastic body, embedding a circular cylinder and subjected to remote forces: **6** ('66) 81–97 [japan.]. – Movement of arms in walking: **7** ('67) 107–14 [∼]. – Successive occurrence of large earthquakes: **8** ('68) 87–98 [∼]. – Remarks on the plate tectonic theory: **12** ('72) 70–74 [japan. m. engl. Zusammenfassg.].

Japanese J. Astron. and Geophysics Horizontal movement of water in the tunami of March 3, 1933[7])[9]): **11** ('33/34) 11–16. – Comparison of movement of water in a V-shaped bay with that in an U-shaped bay: 67–70.

Japanese J. Geophysics Tripartite observations of microseisms[1])[2])[14]): **3** ('62) 1–74 [japan.].

Jishin The crustal structure as derived from observations of the second Hokoda explosion: **13** ('60) Nr. 2 [japan.]. – Generation mechanism of earthquakes: **14** ('61) 254–59 [japan.].

Mit: 1) T. Asada; 2) N. Den; 3) T. Fukutomi; 4) Y. Hattori; 5) M. Hayakawa; 6) M. Ishimoto; 7) K. Kanbara; 8) T. Kaneko; 9) T. Minakami; 10) S. Miyamura; 11) H. Nakamati; 12) Y. Nisikawa; 13) K. Satô; 14) K. Takano; 15) Y. Yosimura.

V, VI **MAUGUIN,** Charles Victor. Mineral. — 1913–19 Prof. Minéral. et Cristallogr., Univ. de Nancy; '20–33 Maître de Conférences, '33–48 Prof. tit. et Dir. du Labor. de Minéral., Sorbonne, Paris.
*1878, Sept. 19, Provins, Seine-et-Marne;
†1958, Apr. 15, Villejuif, Seine.

Nekr. C. Jacob, C.R. hebd. Séances Acad. Sci., Paris **247** ('58) 5–9. – J. Pérès, Annales Univ. Paris **28** ('58) 535–37. – J. Wyart, Acta crystallogr. **11** ('58) 513f. (m. Bildn.); Bull. Soc. franç. Minéral. et Cristallogr. **81** ('58) 171f. (m. Bildn.).

Zur Biogr. J. Wyart in: Fifty years of x-ray diffraction (Utrecht '62) 335–40.

Zur Bibliogr. Notice sur les travaux scientifiques de M. Ch. Mauguin (Paris '36) 71 S.

S. Traité de chimie organique (V. Grignard) 1 (Paris '35) 81–119: Cristaux liquides; 2 ('48) 351–432: Applications des rayons x à l'étude des composés organiques. – Louis de Broglie, physicien et penseur (Paris '53) 430–36: La thèse de doctorat de Louis de Broglie; deutsch: Louis de Broglie und die Physiker (Hamburg '55) 186–92: Louis de Broglies Doktorthese. – Encyclopédie française 2: La physique (Louis de Broglie) (Paris '55) 2·38, 6–12: Les cristaux: Caractères généraux, Symétrie.

W. Comment les rayons x permettent de déterminer l'arrangement des atomes dans la matière (Paris '43) 24 S. (Les conférences du Palais de la Découverte, 22 sept. 1940).

Bull. Soc. franç. Minéral. La diffraction des rayons x par un cristal de dimensions limitées. Influence de la forme: cas de l'octaèdre régulier: **66** ('43) 409–34. – La structure des cristaux d'après Haüy: **67** ('44) 227–62.

Bull. Soc. franç. Minéral. et Cristallogr. L'origine des atomes: **77** ('54) 73–96.

C.R. hebd. Séances Acad. Sci., Paris Sur la théorie de la réflexion des rayons x par les cristaux: **202** ('36) 1375–77. – Réseau de Fourier et agitation thermique[1]): **208** ('39) 1446–50. – Sur la note de Mlle Jeanne Forêt ayant pour titre: Inexistence d'un prétendu paradoxe observé à propos de la solubilité du gypse dans les solutions de chlorure de sodium: **217** ('43) 265f. – Notice nécrologique sur Vladimir Vernadsky: **221** ('45) 157–61. – Notice nécrologique sur William Henry Bragg: 724–29. – Remarque à propos de la note de M. Yvan Schwob: Sur la dissociation thermique de la dolomite. Influence de faibles quantités de fondants: **224** ('47) 49. – Remarques sur les notes de M. J. Garrido: Sur la détermination des structures cristallines au moyen de la transformée de Patterson, et de MM. Clastre et Gay: La détermination des structures cristallines à partir du diagramme de Patterson:

230 ('50) 1879f. — Astronautique et relativité. A l'assaut de l'espace temps: **234** ('52) 1004–07, 1329.

J. Physique et Radium Sur la théorie de la réflexion des rayons x par les cristaux: (7) **7** ('36) 233–42.

Mit: [1]) J. Laval.

V,VI **MAUNDER,** Annie Scott Dill née Russell. Astron. — 1891–95, 1915–20 Computer, Roy. Observat., Greenwich; 1896–99, 1900–03, '42 Vice-Pres., British Astron. Assoc.

*1868, Apr. 14, Strabane, Co. Tyrone, Nordirland;

†1947, Sept. 15, London.

Nekr. M. A. Evershed, Monthly Notices roy. astron. Soc. **108** ('48) 48f. — J. brit. astron. Assoc. **57** ('47) 238. — Observatory **67** ('47) 231f.

HZ. J. brit. astron. Assoc. **5** (1894/95) – **6** (1895/96); **17** (1916/17) – **30** ('29/30).

S. The travels of Peter Mundy in Europe and Asia **5**: 1650–1667 (London '36): Astronomical appendix.

J. brit. astron. Assoc. The Sothic cycle or the Nakshatras: **43** ('33) 121–25. — Astronomical queries: **50** ('40) 158f.

J. Trans. Victoria Inst., London Early Hindu astronomy: **66** ('34) 14 S.; **71** ('39).

Monthly Notices roy. astron. Soc. Ch. L. Brook †: **100** ('40) 233f.

Observatory The origin of the symbols of the planets: **57** ('34) 238–47. — Old cometary records: 278–81. — The origin of the constellations: **59** ('36) 367–75.

IV–VI **MAURAIN,** Charles. Geophysik. — 1921–41 Prof. tit. et Dir. de l'Inst. de Physique du Globe, '26–41 Doyen, Fac. des Sci., Paris; '43 Vice-Prés., '44 Prés., Acad. Sci. Paris. — '30 Dr.h.c. (Univ. de Bruxelles); '32 Dr. h.c. (Univ. do Porto). — '61 Prix Jean Reynaud (Acad. Sci. Paris).

*1871, Febr. 27, Orléans;

†1967, Mai 26, Paris.

Zur Biogr. Jubilé de M. Charles Maurain, doyen de la Faculté des Sciences (Paris '41) (m. Bildn.); darin Ansprachen v. E. Cartan, A. Cotton und E. Borel; eig. Beitr.: Dankansprache. [Alle Beiträge französ.]. — E. Thellier, Notice sur la vie et l'œuvre de Charles Maurain (1871–1967) (Paris '72) 8 S. (m. Bildn. u. Faks.) (Institut de France, 1972, 2).

Nekr. J. Coulomb, C. R. hebd. Séances Acad. Sci., Paris **264** ('67) Vie acad., 128–30. — P.-P. Grassé, ibid. **265** ('67) Vie acad., 117f. — E. Thellier, ibid. **274** ('72) Vie acad., 42–.

MHZ. Annales Inst. Physique Globe Univ. Paris **1** ('22) –. — Annales Inst. Henri Poincaré **1** ('30) – **8** ('38). — Bull., Assoc. Magnétisme et Electr. terrestres; C. R. Assemblée **9.** 1933 ('34).

S. Traité de climatologie biologique et médicale (H. Piéry) **1** (Paris '34) 66–82: Electricité atmosphérique. — 4e Rapport de la Commission pour l'étude des relations entre les phénomènes solaires et terrestres (Conseil International des Unions Scientifiques) (Firenze '36) 73–75: Sur l'intervalle de temps entre les phénomènes solaires et les perturbations magnétiques terrestres.

W. Magnétisme et électricité terrestres: Magnétisme terrestre (Paris '35) 63 S. (Actualités scientifiques et industrielles, 287. Physique du globe, 1). — Physique du globe [3](Paris '37). — Etude pratique des rayonnements solaire, atmosphérique et terrestre (méthodes et résultats) (Paris '37) 4+188 S. — L'Observatoire géophysique de Chambon-la-Forêt (Paris '37) 20 S. (Ministère de l'Education nationale, Univ. de Paris, Fac. des Sci., Inst. de Physique du Globe). — La Faculté des Sciences de l'Université de Paris de 1906 à 1940 (m. A. Pacaud) (Paris '40) 16+69 S. — L'étude physique de la terre; intérieur, couche superficielle, atmosphère (Paris '42) 128 S.; [2]('49) 128 S.; [3]('61) 128 S. (Que sais-je?, 67). — Le climat parisien (Paris '47) 163 S. — La foudre (Paris '47) 215 S. (Collection Armand Colin, 248). — La météorologie et ses applications (Paris '50) 259 S.

Alsace franç. A la mémoire de Paul Appell[5])u.a.): **14** ('34) II, 889–.

Annales Inst. Physique Globe Univ. Paris Sur les phénomènes électriques terrestres à l'Observatoire du Val-Joyeux d'après 12 années d'observations: Champ électrique, conductibilité, ionisation[7])[8])[6])[2]): **17** ('39) 49–57.

Annales Postes, Télégraphes et Téléphones Sur les paratonnerres: **26** ('37) 822–37.

Annales Univ. Paris George David Birkhoff, Prof. à l'Université Harvard: **11** ('36) 497–99.

Annuaire Bur. Longitudes L'année polaire 1932–1933: **1935,** B1–B22.

L'Astronomie (BSAF) La chaleur solaire: **46** ('32) 135–45, 180–88.

Communications et Mém., Acad. Marine Progrès des connaissances sur le magnétisme terrestre: **11** ('32) 195–204.

C.R. Congr. Soc. savantes Paris et Dép. Discours prononcé à la séance d'ouverture du congrès, le mardi 18 mai 1937: **70** ('37).

C.R. hebd. Séances Acad. Sci., Paris Etude sur la conductibilité électrique et les noyaux de condensation atmosphériques au cours d'un voyage au Groenland[4]): **195** ('32) 837–40. — Etude sur la radiation calorifique globale au Groenland[4]): 985–87. — Sur l'intervalle de temps entre les phénomènes solaires et les perturbations magnétiques terrestres: **196** ('33) 1182–86. — Remarques sur la communication de MM. C.-E. Brazier et L. Génaux: Quelques remarques concernant le séisme du 2 mars 1933: 717. — Remarques sur la note de Mlle G. Homery: Déclinaison magnétique sur l'ensemble du globe: 800f. — Sur le tremblement de terre du 3 octobre 1933[1]): **197** ('33) 721f. — Influence possible des actions mécaniques (vibrations) et des perturbations magnétiques sur le champ magnétique terrestre et ses anomalies: **204** ('37) 1095–97. — Remarques au sujet de la note de M. G. Gibault: Sur la perturbation magnétique du 25 janvier 1938: **206** ('38) 358. — Remarque au sujet de la note de M. Pierre Bonnal: Sur l'aurore boréale du 13 octobre 1939: **209** ('39) 696. — Remarques au sujet de la note de M. Pierre Bernard: Les perturbations atmosphériques de la Terre et de Mars: **213** ('41) 983. — Emile Mathias †: **214** ('42) 585–87. — Edmond Rothé †: **215** ('42) 289–91. — Sur les perturbations magnétiques en baie[3]): **216** ('43) 273–76. — Propriétés des perturbations magnétiques en baie[3]): 327–29. — Sur les perturbations magnétiques à début brusque dans la région parisienne. Répartitions annuelle et diurne des débuts brusques: **217** ('43) 8–10. — Sur les perturbations magnétiques à début brusque. Sens des débuts brusques: 57–59. — Allocution prononcée en prenant possession du fauteuil de la présidence: **218** ('44) 18f. — Marin Molliard †: **219** ('44) 145–47. — Charles Achard †: 197–99. — Antonin Gosset †: 401f. — Jean-Louis Faure †: 402–04. — Lucien Cayeux †: 429–31. — Allocution [Nekrologe für Louis Bouvier, Joseph Bethenod, Marin Molliard, Charles Achard, Antonin Gosset, Jean-Louis Faure, Lucien Cayeux, Henri Buisson, Mathieu Leclerc du Sablon, Ludovic Mrazec und Alexis Carrel sowie Bericht über das eigene Arbeitsgebiet]: 641–45. — Allocution prononcée en quittant la présidence: **220** ('45) 18. — Sur la température moyenne de l'air au voisinage du sol dans la région parisienne: 673–75. — Remarques sur la note de M. Marcel Mayot: Sur la prévision des taches solaires: **224** ('47) 1701. — Sur la faible variabilité de la hauteur moyenne annuelle de la pluie sur l'ensemble du globe: **228** ('49) 526–28. — Carl Størmer, 1874–1957: **245** ('57) 1097f. — Jules Baillaud, 1876–1960: **251** ('60) 2617–19.

Gerlands Beitr. Geophysik Sur le rôle possible de vibrations mécaniques et des perturbations magnétiques dans les variations de la distribution du champ magnétique terrestre: **50** ('37) 229f.

J. Physique et Radium A la suite de la communication de M. A. Dauvillier: Recherches de physique cosmique: (7) **3** ('32) 24S.

Météorologie Etude sur la conductibilité électrique atmosphérique, les noyaux de condensation et la radiation solaire au Groenland (Scoresby-Sund)[4]): (N.S.) **9** ('33) Nr. 100, 261–64. — L'ouragan du 26 juin 1935 à l'Observatoire du Val-Joyeux[6]): **11** ('35) Nr. 129, 513–17. — Rapport sur les travaux scientifiques de P. Idrac: (3) **1** ('36) Nr. 3, 234–.

Notices et Discours, Acad. Sci., Paris Notice sur la vie et les travaux de Henri Andoyer: **1.** 1924–1936 ('37) 329–40. — Discours [Funérailles de Paul Janet]: 2.1937–1948 ('49) 24–26. — Cérémonie commémorative en hommage à Jean-Baptiste Charcot à la Sorbonne, le samedi 2 octobre 1937: 104–08. — Jubilé scientifique de M. Emile Borel à la Sorbonne, 14 jan. 1940. Discours: 328–31.

Revue int. Enseignement Charles Edouard Guillaume: **89** ('35) 107–.

Terrestrial Magnetism and atmospher. Electr. Etudes sur l'électricité atmosphérique au Val-Joyeux et à Paris: **37** ('32) 351–53.

Ferner Mitherausgeber der Collection "Euclide", Introduction aux études scientifiques.

Mit: [1]) C.-E. Brazier; [3]) P. Charczenko; [3]) J. Coulomb; [4]) J. Devaux; [5]) J. Dresch; [6]) G. Gibault; [7]) E. Salles; [8]) Mme Salles-Homery.

VI **MAURITZ,** Béla. Mineral., Petrogr. — 1914–49[?] Prof. u. Dir. d. Mineral. Inst., '29–30 Dekan, Univ. Budapest; Privatdoz., Ungar. Palatin-Joseph-Univ., Budapest; '23–32 Präs., Ungar. Geol. Ges. (☒)
*1881, Mai 3, Kassa.

HZ. (Redakt.) Matematikai és term. Értesítő **49** ('33) –.

S. Die Entstehung einer internationalen Wissenschaftspolitik. Die Grundlagen der ungarischen Wissenschaftspolitik (Leipzig '32) 190–97: Mineralogie und Petrographie; 579–81: Die Geologische Landesanstalt.

W. Kristálytan **1** [Vorlesungsskripte] (I. Steiner, L. Magda) (Budapest '41) 25 S.

Acta mineral.-petrogr. [Szeged] Mineralogic and petrographic observations: 8 ('55) 34–36. — Recent observations dealing with the zeolite minerals of the basalt rocks in the highlands of Lake Balaton: 37–40.

Földtani Értesítő Entstehung und Untergang der Berge: (N.F.) **3** ('38) 33–41 [ungar.]. — Geologie des heimgekehrten Ober-Ungarns, 2: Mineralwelt von Rozsnyó und Umgebung: **4** ('39) 1–9 [~].

Földtani Közlöny Das basaltische Gestein des Ság-Berges [Sághegy] bei Celldömölk in Ungarn[2]): **67** ('37) 241–56. – Petrochemische Daten der Basalte von Transdanubien: **78** ('48) 134–69. – Alkalische Ganggesteine aus der Umgebung von Mórágy[1]): **82** ('52) 137–42. – Die geologischen Ergebnisse der zweiten Tiefbohrung von Lovasberény[6]): 250–56. – Der Meteorit von Kisvarsány[3])[4]): **83** ('53) 138–44. – Trachyt und Trachyttuffe von Sajóhidvég[5]): 381–85. – Glauberit von Perkupa, Komitat Borsod, Ungarn[1]): 396f. – Aurél Liffa zum Gedenken: **88** ('58) 5–8. – Zwei neue vulkanische Gesteinstypen aus dem Mecsekgebirge: 42–47. – Neuere mineralogisch-petrographische Beobachtungen in Ungarn: 447–52. – – Alle Arbeiten ungar.

Fortschr. Mineral., Kristallogr. u. Petrogr. Die basaltischen Gesteine des Plattenseegebietes in Ungarn[2]): **23** ('39) CXL.

Magyar tudományos Akad., Emlékbeszédek Gedenkrede auf J. Krenner: **21** ('33) H. 18, 27 S. [ungar.].

Matematikai és term. Értesítő Die Zeolithmineralien der Basalte des Plattenseegebietes: **50** ('34) 635–49. – Aphrosiderit aus dem Granit der Hohen Tátra: **53** ('35) 238–47. – Die Basaltgesteine der Tátikagruppe[2]): **55** ('36/37) 75–103. – Der Basalt des Szentgyörgy-Berges in der Balatongegend[2]): 891–921. – Die Mineralien der Blasenräume im Basalt vom Haláp und Gulács (Plattenseegebiet): 923–37. – Der Basalt des Ság-Berges bei Celldömölk (Ungarn)[2]): 938–59. – – Alle Arbeiten ungar., z. T. m. deutscher Zusammenfassg.

Mineralogische u. petrogr. Mitt. Aphrosiderit aus dem Granit der Hohen Tatra: (N. F.) **47** ('35/36) 263–69. – Die basaltischen Gesteine der Tátikagruppe im Plattenseegebiet[2]): **48** ('36/37) 373–400. – Die Mineralien in den Hohlräumen der Basalte von Haláp und Gulács im Plattenseegebiet (Ungarn): **50** ('38/39) 93–106. – Die basaltischen Gesteine des ungarischen Beckens und ihre Zeolithmineralien: **55** ('43) 284–86.

Természettudományi Közlöny Die Naturschätze des wiedergekehrten Oberungarns: Mineralien, Gesteine: **70** ('38) 721–27 [ungar.].

Mit: [1]) G. Csajághy; [2]) H. F. Harwood; [3]) M. Hegedüs; [4]) T. Szelényi; [5]) V. Tolnay; [6]) Z. Schréter.

V, VI **MAUTHNER,** Ferdinand (Nándor). Org. Chem. –1930– Außerord. Titularprof., Univ. Budapest. – – Weitere Daten unbekannt. (⊠)

*1879, Juli 16, Budapest.

J. prakt. Chem. Untersuchungen über die 3-Methylgallussäure: (N.S.) **133** ('32) 120–25. – Über die Einwirkung von Benzoylchlorid auf Dimethylpyrogallol: 126–28. – Über die Wanderung der Acylgruppe bei den Polyoxyphenolen: **136** ('33) 205–12; ~ 2: **139** ('34) 293–95. – Die Synthese des Acetooxyhydrochinons: **136** ('33) 213–16. – Die Synthese des vicinalen Resacetophenons: **139** ('34) 290–92. – Synthese der Homosyringasäure: **142** ('35) 26–32. – Über die Darstellung des Kaffeesäuremethylesters: 33f. – Die Synthese der Glucokaffeesäure: 149–51. – Über die Synthese des 1-Propyl-pyrogallol-3,5-dimethyläthers: 152. – Die Synthese eines neuen Pyrogallolaldehyds: **145** ('36) 313–17. – Untersuchungen über Tetroxybenzole: **147** ('36/37) 287–92. – Die Synthese des Homo-o-veratrumaldehyds und eine neue Darstellungsweise des o-Veratrumaldehyds: **148** ('37) 95–100. – Über die Darstellung des Chinacetophenon-monomethyläthers: **149** ('37) 324–27. – Die Synthese des 6-Jodveratrols: 328f. – Die Synthese des Gluco-chinacetophenon-monomethyläthers: **150** ('38) 197f. – Über eine neue Synthese des 4-Methyl-pyrogallolaldehyds: 257–60. – Die Synthese einer neuen Glucogallussäure: **152** ('39) 20–22. – Die Synthese des 8-Methoxy-6-oxycumarins: 23–26. – Die Synthese des Acetylderivats des Primulaverosids, des Glucosids des gebräuchlichen Himmelschlüssels (Primula officinalis): **156** ('40) 150–53. – Die Synthese des 3-Methylpyrogallolaldehyds: 154–56. – Über die katalytische Reduktion des o-Vanillins und des iso-Vanillins: **158** ('41) 321–24. – Die Synthese des Primverins, des Hauptglucosids des gebräuchlichen Himmelschlüssels (Primula officinalis): **159** ('41) 36–38. – Die Synthese der Glucoside des Resacetophenons: **160** ('42) 33–37. – Über die Wanderung der Acylgruppe beim Orcin: 38–40. – Die Synthese des Glucobuteins: **161** ('43) 280–83. – Über die Konstitution des Glucoresacetophenons und neue synthetische Glucoside: 284–88.

Magyar chem. Folyóirat Über die Wanderung der Acylgruppe bei den Polyoxyphenolen: **39** ('33) 156–61; ~ 2: **40** ('34) 123f. – Die Synthese des Acetooxyhydrochinons: **39** ('33) 182–84. – Die Synthese des vicinalen Resacetophenons: **40** ('34) 121–23. – Die Synthese der Glucokaffeesäure: **42** ('36) 3–5. – Die Synthese der Homosyringasäure: 6–11. – Untersuchungen über Tetroxybenzole: 177–80. – Die Synthese eines neuen Pyrogallolaldehyds: 181–84. – Die Synthese des Homo-o-veratrumaldehyds und eine neue Darstellungsweise des o-Veratrumaldehyds: **44** ('38) 37–41. – Über die Darstellung des Chinacetophenonmonomethyläthers: 42–45. – Über eine neue Synthese des 4-Methylpyrogallolaldehyds: 165–68. – Die Synthese des Glucochinacetophenonmonomethyläthers: 169f. – Die Synthese des 3-Methylpyrogallolaldehyds: **46** ('40) 139–41. – Über die katalytische Reduktion des o-Vanillins und des Isovanillins: **47** ('41) 209–12. – Die Synthese des Primverins, des Hauptglucosids des gebräuchlichen Himmelschlüssels (Primula officinalis): 212–24. – Die Synthese der Glucoside des Resacetophenons: **49** ('43) 52–55. – Die Wanderung der Acylgruppen beim Orcin: 55–57. – – Alle Arbeiten ungar., meist mit deutscher Zusammenfassg.

Matematikai és term. Értesítő Die Synthese des Glyko-m-oxybenzaldehyds: **48** ('32) 473–77. – Die Synthese des Äthylpyrogallols: 478–84. – Über die Wanderung der Acylgruppe bei den Polyoxyphenolen: **50** ('34) 468–79; ∼ 2: **51** ('34) 289–93. – Die Synthese des Acetooxyhydrochinons: **50** ('34) 480–83. – Über die Wanderung der Benzoylgruppe beim Benzoyldimethylpyrogallol: 484–88. – Untersuchungen über die 3-Methylgallussäure: 489–96. – Die Synthese des vicinalen Resacetophenons: **51** ('34) 283–88. – Die Synthese der Glucokaffeesäure und der Homosyringasäure: **53** ('35) 113–31. – Die Synthese eines neuen Pyrogallolaldehyds: **55** ('36/37) 186–92. – Untersuchungen über die Tetroxybenzole: 441–48. – Die Synthese des Homo-o-veratrumaldehyds und eine neue Darstellungsweise des o-Veratrumaldehyds: 662–71. – Über die Darstellung des Chinacetophenonmonomethyläthers: **57** ('38) 245–51. – Die Synthese des 6-Jodveratrols: 252–55. – Die Synthese des Gluco-chinacetophenonmonomethyläthers: 698–700. – Über eine neue Synthese des 4-Methylpyrogallolaldehyds: 701–07. – Die Synthese des 6-Oxy-8-methoxycumarins: **58** ('39) 65–70. – Die Synthese einer neuen Glucogallussäure: 71–75. – Die Synthese des Acetylderivats des Primulaverosids, des Glucosids des gebräuchlichen Himmelschlüssels (Primula officinalis): **59** ('40) 516–21. – Die Synthese des 3-Methylpyrogallolaldehyds: 522–26. – Die Synthese des Primverins, des Hauptglucosids des gebräuchlichen Himmelschlüssels (Primula officinalis): **60** ('41) 442–46. – Über die katalytische Reduktion des o-Vanillins und des iso-Vanillins: 447–52. – Über die Wanderung der Acylgruppe beim Orcin: **61** ('42) 154–56. – Die Synthese der Glucoside des Resacetophenons: 159–63. – Über die Konstitution des Glucoresacetophenons und neue synthetische Glucoside: 643–47. – Die Synthese des Glucodimethylbuteins: **62** ('43) 355–59. – Die Synthese des Gluco-3-hydroxyxanthons: 360–66. – – Alle Arbeiten ungar. mit deutscher Zusammenfassg.

Wiener Chemiker-Ztg. Die Synthese von Pflanzensubstanzen: **47** ('44) 1–12. – Die Synthese des Gluco-3-oxyxanthons: 121f.

VI **MAXIM,** Nicolae. Chem. (org.). – 1923–27 Assist., '27–32 wiss. Arbeitsleiter, '32–37 Privatdoz., '37–38 Doz., '38– außerord. Prof., Univ. Bucureşti; '41–43 außerord. Prof., '43–48 Titularprof., '45–47 Rektor, Hochschule f. Handel u. Industrie, Bucureşti.

*1899, Sept. 28, Ploieşti;
†1948, Jan. 12, Bucureşti.

Nekr. Revue sci. **86** ('48) 192.

W. Teoria electronică în chimie (Conferinţă) (Bucureşti '35) 60 S. (lithogr.). – Chimie neorganică pentru licee şi şcoli speciale. Clasa V-a (m. I. Angelescu) (Bucureşti '35) 243 S. – Chimie neorganică pentru clasa VI-a a liceelor comerciale (m. I. Angelescu, M. C. Popovici) ²(Bucureşti '38) 240 S. – Chimie organică pentru clasa VII-a a liceelor comerciale (m. I. Angelescu) (Bucureşti '38) 235 S. – Chimie organică pentru licee şi şcoli speciale. Clasa VI-a (m. I. Angelescu) ²(Bucureşti '39) 156 S. – Curs de chimie aplicată (Bucureşti '43) 785 S. – Incercări şi analize de mărfuri, **1**: Mărfuri textile (m. P. Popescu) (Bucureşti '44) 162 S.; **2**: Chimie analitică calitativă (m. L. Manolescu) ('47) 448 S.; **3**: Chimie analitică cantitativă (volumetrie) şi analiza grăsimolor (m. R. Georgescu) ('47) 201 S. – Fizică şi chimie pentru clasa VIII-a secundară (m. I. Angelescu) (Bucureşti '46) 325 S. – Contribuţiuni la studiul cineticei saponificării şi al spectrelor de absorpţie ale unor funcţiuni (esteri-amide) cu nucleu furanic şi cu dublă legătură conjugată (m. I. J. Focşăneanu) (Bucureşti '47) 30 S.

Buletinul Chim. pură şi apl., Soc. Chim. România Secţ. Soc. române Şti. L'action des composés organomagnésiens mixtes sur la benzylidène-pulégone et la furfurylidène-pulégone[14])[13]): **2** ('40) 60–70. – L'action des composés organomagnésiens mixtes sur la benzylidène-carvone et la furfurylidène-carvone[14])[13]): **3** ('41/42) A24–A31.

Buletinul Soc. Chim. România L'halochromie des combinaisons à noyau furanique[11]): **16** ('34) 89–116. – Sur quelques cétones furaniques à doubles liaisons[4]): 117–20.

Bull. Soc. chim. France Sur la déshydratation des glycols bitertiaires acénaphténiques: (4) **51** ('32) 1147–51. – Synthèse de quelques β,β-furylalcoyl- et furylaryl-propiophénones parasubstituées [,1][3]): 1365–70; ∼ 2[3]): (5) **1** ('34) 1128–33. – Action des organomagnésiens mixtes sur les amides N-disubstituées de l'acide β-furylacrylique[14]): 1087–99. – L'action des composés organomagnésiens mixtes sur le nitrile α-phényl-β-furylacrylique [,1][1]): **2** ('35) 582–91; ∼ 2[1]): **3** ('36) 1329–34. – Sur la méthode de Bouveault pour la préparation des aldéhydes à partir des composés organomagnésiens et des amides formiques N-disubstituées[8]): **2** ('35) 591–600; ∼ 2[8]):

3 ('36) 1084–93. – Sur l'acide α-phényl-β-furylacrylique et quelques-uns de ses dérivés[12]): 2 ('35) 600–05. – Action des composés organomagnésiens mixtes sur les éthers: Furylidènemalonique, furylidènecyanacétique et furylidèneacétylacétique[7]): 3 ('36) 1114–24. – L'action des composés organomagnésiens mixtes sur les éthers-sels et les amides N-disubstituées de l'acide α-phényl-β-furylacrylique[12]): 1319–28. – Sur quelques cétones furaniques à plusieurs doubles liaisons(II) et quelques cétones éthyléniques au noyau pyrrolique[4]): 2251–56. – Action des composés organomagnésiens mixtes sur l'éther éthylique de l'acide β-furylacrylique[7]): 2266–70. – L'action des composés organomagnésiens mixtes sur les cétones furaniques à deux doubles liaisons conjuguées[11]): 4 ('37) 265–77. – Sur l'acide α-pyrrole-carbonique et quelques amides dérivées[14])[6]): 5 ('38) 44–48. – La préparation de quelques cétones furaniques à plusieurs doubles liaisons éthyléniques[11]): 49–53. – L'action des composés organomagnésiens mixtes sur l'acide N-diéthylorthophtalamique[2]): 54–57. – L'halochromie de quelques cétones furaniques et pyrroliques à doubles liaisons conjuguées[4]): 57–63. – L'action des composés organomagnésiens mixtes sur les amides N-disubstituées de l'acide α-furancarbonique[14])[6]): 6 ('39) 1339–47. – L'action des composés organomagnésiens mixtes sur la benzylidène-pulégone et la furfurylidène-pulégone[14])[13]): 7 ('40) 382–93.

C.R. Séances Acad. Sci. Roumanie Sur la condensation de la méthylfurylcétone avec l'isatine et la préparation de l'acide 2-furyl-quinoléine-4-carbonique (acide 2-furyl-cinchoninique ou cinchofurane)[15]): 6 ('42) 140–47. – Sur la condensation de la méthylpyrrylcétone avec l'isatine et la préparation de l'acide 2-pyrryl-quinoléine-4-carbonique (acide 2-pyrryl-cinchoninique ou cinchopyrrol)[15]): 147–52. – Sur la préparation de deux carbinols au noyau furanique[9]): 153f. – Sur l'acide cyclohexylcarbonique et quelques amides dérivées[9]): 154–56. – L'action de la cyclohexylméthylcétone sur l'isatine. Préparation de l'acide cyclohexyl-cinchoninique (acide 2-cyclohexyl-quinoléine-4-carbonique ou cinchocyclohexane)[9]): 8 ('46/47) 65–69. – Spectres d'absorption de quelques esters et amides au noyau furanique et doubles liaisons conjuguées[5]): 70–74.

Mit: [1]) G. Aldea; [2]) A. Andreescu; [3]) J. Angelesco (I. Angelescu); [4]) I. Copuzeanu; [5]) I. J. Focşăneanu; [6]) I. Fulga; [7]) E. Georgescu; [8]) R. Mavrodineanu; [9]) S. Petraşcu; [10]) S. Popesco; [11]) M. Popescu; [12]) N. Stancovici; [13]) N. Teodorescu; [14]) I. Zugrăvescu; [15]) C. Popescu.

V, VI **MAXTED,** Edward Bradford. Chem. (physikal.). – 1931–67 Lecturer in Catalysis, Univ. of Bristol; '22–24 Chairman of the Birmingham Sect., '35–37, '46–48 Chairman of the Bristol Sect., Soc. Chem. Industry.

*1887, März 7, Ramsgate;
†1967.

Nekr. A. Marsden, Chemistry and Industry **1968**, 716 (m. Bildn.).

S. Handbuch der Katalyse (G.-M. Schwab) 7: Katalyse in der organischen Chemie, 1 (Wien '43) 622–748: Hydrierung mit molekularem Wasserstoff [engl.].

W. Catalysis and its industrial applications (London '33) 12+529 S. – Modern advances in inorganic chemistry (New York–Toronto–Oxford '47) 6+296 S.

Advances Catalysis and related Subj. Poisoning of metallic catalysts: 2 ('51) 129–78.

Chemical Age The nitrogen industry in 1932: **27** ('32) 632f.; ∼ 1937: **37** ('37) 511f.; ∼ 1938: **39** ('38) 511f.; ∼ 1940: **44** ('41) 25f.; ∼ 1942: **48** ('43) 49f. – Recent progress in the nitrogen industries: **56** ('47) 59–63.

Chemistry and Industry The application of catalysis in industry: **16** ('38) 759–66. – Catalysis and the poisoning of catalysts: **1951**, 242–46.

Discuss. Faraday Soc. Relation between sensitivity to poisoning and catalytic surface[14])[16]): **1950**, Nr. 8, 135–40.

Gas J. [London] Removal of sulphur compounds from town gas by catalytic hydrogenation[17]): **247** ('46) 471f., 477f., 481f., 515f., 556f., 593.

Industrial Chemist and chem. Manufacturer Recent developments in the treatment of catalyst poisoning: **31** ('55) 172–78.

J. chem. Soc., London Studies in gaseous adsorption, 3: The thermal activation effect in the adsorption of hydrogen on platinum and nickel[8]): **1932,** 1532–39. – The energetics of catalysis, 1: The energetic homogeneity of a platinum surface[11]): **1933,** 502–04; ∼ 2: The poisoning coefficients and energies of activation of hydrogenation processes[18]): **1934,** 26–29; ∼ 3: Further studies of the poisoning coefficients of hydrogenation processes[18]): 672–74; ∼ 4: The influence of deactivation by heat treatment on the value of the activation energy[13]): **1935,** 393–96; ∼ 5: The temperature coefficient of hydrogenation processes[13]): 1190–92; ∼ 6: The kinetics of hydrogenation processes in liquid systems[13]): **1936,** 635–37. – The kinetics of the adsorption of hydrogen and of deuterium by platinum[13]): 1542–46. – Catalytic toxicity and chemical structure, 1: The relative toxicity of sulphur compounds in catalytic hydrogenation[21]): **1937,** 603–06; ∼ 2: The influence of the chain length in the alkyl sulphide and thiol series[21]): 1004–08; ∼ 3: The influence of various factors on the toxicity of sulphur compounds[21]): **1938,**

455–58; ~ 4: The relative toxicity of simple phosphorus, arsenic, antimony, and bismuth compounds[12]): 839 f.; ~ 5: Simple anions containing toxic elements[15]): **1940**, 252–56; ~ 6: Poisoning of platinum catalysts by metals[12]): 469–74; ~ 7: Elimination of catalyst poisons by conversion into derivatives of shielded type[15]): **1941**, 132–36. – The solvent factor in catalytic hydrogenation[18]): **1938**, 454 f. – The relative effect of inhabitants on adsorption and on catalytic activity, 1[13]): 1228–33; ~ 2[21]): **1939**, 1750–54. – Distribution factor in catalytic toxicity[21]): **1938**, 2071–78. – Studies in the detoxication of catalyst poisons, 1: General survey of some detoxicants: **1945**, 204–07; ~ 2: Use of various oxidizing agents for the detoxication of cysteine: 763–66; ~ 3: Detoxication of cysteine with metallic peracids[12]): 766–68; ~ 4: Detoxication of carbon disulphide[12]): **1946**, 23–25; ~ 5: Thiophen: **1947**, 624–27; ~ 6: Use of a revivable filter column: **1948**, 1091–93; ~ 7: Self-poisoning effect in the hydrogenation of pyridine[20]): 1093–97; ~ 8: Thionaphthene and thiophthenes[20]): 1916–19; ~ 9: Dimethylphenylphosphine[3]): **1953**, 1509–11. – Nature of chemisorptive bonds, 1: Some observed regularities: **1949**, 1987–91; ~ 2: Catalytic toxicity of organometallic compounds[14]): 2171–74. – The reversibility of the adsorption of catalyst poisons, 1: The revival of poisoned catalysts by simple washing[3]): **1952**, 4284–88; ~ 2: Derivatives of arsenic[3]): **1953**, 3153–56; ~ 3: Adsorption and desorption of thionaphthene and thionaphthol on platinum[3]): **1954**, 2778–82; ~ 4: Revival of poisoned catalysts by gas-phase desorption[10]): **1956**, 264–68. – Form of catalyst-poisoning curves[3]): **1954**, 3947–50. – Studies of the strength of poison-to-catalyst bonds, 1: Heats of adsorption of ethyl sulphide and thiophen on platinum[10]): **1956**, 2635–39. – The catalytic toxicity of nitrogen compounds, 1: Toxicity of ammonia and amines[4]): **1957**, 3844–47. – Metallic salts as promoters in hydrogenation with platinum oxide catalysts[1]): **1959**, 3130–33. – The rôle of supports in catalytic hydrogenation [with platinum catalysts], 1: Specific effects of various oxide carriers on the activity of platinum[1]): **1960**, 1995–98; ~ 2: Further effects of various oxide supports on the activity of platinum[7]): **1961**, 5086–90; ~ 3: The energetics of hydrogenation of crotonic acid with platinum catalysts and the titration of their adsorbed hydrogen[7]): **1963**, 3630–35. – The rôle of supports in catalytic hydrogenation [with palladium catalysts], 1: Activation effects of various oxide carriers on palladium[2]): **1961**, 4137–40; ~ 2: Activation effects of various metallic oxide carriers on palladium, with relation to the magnetic susceptibility and adsorption capacity of the catalyst, and studies on the sintering of palladium catalysts[2]): **1964**, 1127–32. – The activation of platinum catalysts by rare-earth and other oxides in the decomposition of hydrogen peroxide[9]): **1962**, 2330–33. – The detoxication of palladium catalysts poisoned by various metallic ions[2]): 2796–801. – The activation of reduced nickel catalysts by metallic oxides for the hydrogenation of ethyl oleate[9]): 5293–95. – The activation of palladous chloride by metal ions in the homogeneous hydrogenation of ethyl crotonate[9]): **1964**, 1750–52.

J. Soc. chem. Industry, Trans. Some current problems in catalysis: **53** ('34) 102–06. – The catalytic effectiveness and sensitivity to poisoning of alloy-skeleton nickel[19]): **57** ('38) 197–200. – Catalytic removal of organic sulfur compounds from coal gas by metallic thiomolybdates[12]): **65** ('46) 51 f. – Some recent advances in catalysis: **67** ('48) 93–97.

Nature [London] Catalytic poisons and magnetic susceptibility[5])[6]): **161** ('48) 804.

Trans. Faraday Soc. The kinetics of the adsorption of hydrogen on platinum and nickel[8]): **28** ('32) 253–61. – Kinetics and heat of adsorption of oxygen on platinum[8]): **29** ('33) 698–702. – Temperature coefficient of solubility of hydrogen in organic solvents[13]): **32** ('36) 769–75. – Kinetics and heat of adsorption of ethylene by platinum[13]): 1375–81. – Form of catalyst poisoning curves: **41** ('45) 406–10.

Mit: [1]) S. Akhtar; [2]) S. I. Ali; [3]) G. T. Ball; [4]) M. S. Biggs; [5]) M. H. Dilke; [6]) D. D. Eley; [7]) J. S. Elkins; [8]) N. J. Hassid; [9]) S. M. Ismail; [10]) M. Josephs; [11]) G. J. Lewis; [12]) A. Marsden; [13]) C. H. Moon; [14]) K. L. Moon; [15]) R. Morrish; [16]) E. Overgage; [17]) J. J. Priestley; [18]) V. Stone; [19]) R. A. Titt; [20]) A. G. Walker; [21]) H. C. Evans.

VI **MAYER,** André. Chem. (physiol.). – 1922–46 Prof., '30– Vice-Prés., Collège de France, Paris; '29– Dir., Inst. de Biol. physico-chim., Paris; '43 un des fondateurs, '45– Prés. du Comité exécutif, Food and Agriculture Organization (F.A.O.) of the United Nations; Prés., Soc. philomatique; Prés., Soc. de Chim. physique; Prés., Soc. de Chim. biol.; Prés., Assoc. des Physiologistes de Langue franç.; Prés., Soc. de Psychologie; Prés., Fédérat. des Sci. naturelles; Prés., Soc. d'Hygiène alimentaire. – Hon. D.Sc. (Univ. of Glasgow); Dr. h.c. (Univ. de Liège); Hon. L.H.D. (Middlebury College, Middlebury, Vt.). – '38 Prix L. La Caze de Physiol. (Acad. Sci. Paris).

*1875, Nov. 9, Paris;
†1956, Mai 27, Paris.

Ehrung André Mayer Fellowship of the Food and Agriculture Organization of the United Nations.

Nekr. M. Cépède in: Nutrition and society (Roma '56) (Food and Agriculture Organization of the United Nations. World food problems, 1). – R. Courrier, Notices et Discours, Acad. Sci., Paris **3**.1949–1956 ('57) 660–63. – M. Fontaine, Notices et Discours, Acad. Sci., Paris **4**. 1957–1963 ('64) 63–80 (m. Bildn.). – M. Lemoigne, C. R. hebd. Séances Acad. Sci., Paris **242** ('56) 2681–86. – J. Mayer, Science [USA] **124** ('56) 616f. – E. F. Terroine, Bull. Soc. Chim. biol. **38** ('56) 1389–95.

Zur Biogr. J. Mayer, J. Nutrition [USA] **99** ('69) 3–8 (m. Bildn.).

Zur Biobibliogr. Exposé des travaux scientifiques du docteur André Mayer. Suppl.: 1922–1934 (Paris '35) 109 S. – André Mayer, 1875–1956 (Abbéville '57) 81 S. – M. Fontaine, Notice sur la vie et les travaux d'André Mayer (Paris '58) 18 S.

H. (Redakt.) Encyclopédie française **4**: La vie (Paris '37); darin eig. Beiträge: Introduction; 4.08.3: Les caractères des êtres vivants; 4.14.10: La cellule; 4.18.2: L'adhésion des êtres vivants entre eux; 4.18.8: Actions physico-chimiques – les transits; 4.22.14: L'activité des êtres vivants; 4.24.3: L'organisation de l'automatisme; 4.32.4: Le mécanisme humoral; 4.32.12: Duodénum, Sécrétine; 4.54.13: Organisme normal et mesure du fonctionnement; 4.60.11: Suspension du cours de la vie; 4.60.15: Modification du cours de la vie; 4.64.9: La mort.

MHZ. Annales Physiol. et Physicochim. biol. **1** ('25)–.

S. Le Collège de France, 1530–1930. Livre jubilaire composé à l'occasion de son quatrième centenaire (Paris '32) 169–90: L'histoire naturelle et la physiologie au Collège de France. – Festschrift Heinrich Zangger **2** (Zürich-Leipzig-Stuttgart '35) 784–91: Les corps "toxiques" et l'équilibre cellulaire. – Traité de physiologie normale et pathologique (G.-H. Roger, L. Binet) **12**, Suppl. (Paris '40): L'hyperthermie. – Food and people. Seven essays (London '50) (UNESCO publication Nr. 520) 7–18: Nutrition, population and progress. – Gli uomini contro la fame. Scritti raccolti e pubblicati sotto gli auspici de l'"UNESCO" (Milano '51): Alimentazione, popolazione e progresso sociale. – Nutrition and society (Roma '56) (Food and Agriculture Organization of the United Nations. World food problems, 1): Nutrition and society.

W. Food and social progress (New York '50) 23 S. (Food and people ser., 3). – Alimentation, population et progrès social (Paris '50) 34 S. (Les hommes et leur nourriture); span.: Alimentación, populación y progreso social [in einem Band mit: M. Mead, El alimento y la familia] (Buenos Aires '51) [insgesamt] 91 S. (Series de la UNESCO, Ser. A: Los hombres y su alimentación, 8). – Conséquences sociales de quelques découvertes biologiques de notre temps (Paris '52) 25 S. (Conférences du Palais de la Découverte, Sér. A, No. 160).

Annales Physiol. et Physicochim. biol. Action pharmacodynamique des phénols nitrés. Un agent augmentant les oxydations cellulaires. Le dinitrophénol 1-2-4 (Thermol) [,1]: Caractères généraux de l'intoxication par le dinitrophénol 1-2-4 [9)10)]: **8** ('32) 1–50; Etudes sur l'action du dinitrophénol 1-2-4 (Thermol), 2: Quelques retentissements de l'intoxication mortelle par le dinitrophénol 1-2-4 sur les phénomènes généraux de la nutrition; action sur les réserves de glucides[9)10)]: 51–69; ~ 3: L'intoxication non mortelle et l'intoxication chronique par le dinitrophénol 1-2-4; accoutumance au dinitrophénol[9)10)]: 70–91; ~ 5: Présence du dinitrophénol 1-2-4 et de ses dérivés dans les organes et les liquides de l'organisme au cours de l'intoxication; élimination par l'urine[5)]: 117–21; ~ 8: Action pharmacologique des différents phénols nitrés; comparaison de l'intoxication par le dinitrophénol 1-2-4 avec celles que provoquent les autres phénols nitrés[9)10)]: 157–75; Etudes sur l'action pharmacologique du dinitrophénol 1-2-4 et des phénols nitrés, 9: Action des phénols nitrés sur l'hémoglobine[11)]: 176–94. – Etudes sur le besoin d'oxygène libre, 3: La germination du pollen[10)]: 581–632. – Appareil pour la mesure simultanée des échanges respiratoires et du dégagement de chaleur des petits animaux[3)]: 633–67. – Régulation automatique de l'ingestion et de l'absorption des aliments en fonction de la teneur en eau du régime[3)4)7)]: 870–90. – Sur quelques modalités de la thermorégulation[3)]: **9** ('33) 943–52. – Recherches sur les modalités de la thermorégulation [,1][3)]: **10** ('34) 147–236; ~ 2[3)]: **13** ('37) 111–30. – Etude calorimétrique du réchauffement. Le réchauffement et la "thermogenèse essentielle"[3)]: **11** ('35) 143–61. – Recherches sur l'influence de la tension d'oxygène sur les échanges, 1: Influence de la tension de l'oxygène contenu dans l'air inspiré sur la consommation d'oxygène des mammifères; étude sur le chien[2)]: 199–210; ~ 2: Influence de la vie à basse tension d'oxygène sur les échanges du lapin[7)8)]: 211–24; ~ 3: Influence de la tension de l'oxygène contenu dans l'air inspiré sur les échanges gazeux de la souris[1)]: 225–30; ~ 4: L'oxygène et l'acide carbonique, constituants cellulaires; relation entre la teneur de la cellule en constituants fondamentaux et l'activité cellulaire: 231–42. – Discussion à M. Chapheau, P. Creac'h, L. Genevois, R.

Saric: Sur la prétendue action hyperthermisante cellulaire des dinitrophénols: 904–09. — Les caractères individuels de la nutrition chez le lapin domestique[4])[7]): **12** ('36) 471–503. — Influence de la teneur en chlorure de sodium de la ration sur les caractères de la nutrition chez les lapins domestiques[4])[7]): 504–22. — Discussion à P. Gérard: Contributions apportées par l'histophysiologie comparée à la connaissance de la fonction rénale chez les vertébrés: 623–29. — Discussion à L. Brull: Sur le mécanisme de l'excrétion urinaire du phosphore: 658. — Discussion à A. Arthus: Intoxication protéique: 685f. — Perspiration et métabolisme de l'eau chez le lapin[3]): **13** ('37) 131–43. — Action antagoniste de la pilocarpine et de l'atropine sur la perspiration du lapin. Influence de l'état de nutrition[3]): 144–54. — Réaction thermorégulatrice du lapin à des variations brusques et de faible amplitude de la température extérieure[3]): 155–74. — La nutrition chez le chat normal et chez le chat sympathectomisé[3]): 175–82. — Recherche sur la dépense énergétique correspondant au transit d'eau à travers l'organisme[4])[7]): 449–59. — Masse du foie et intensité du métabolisme chez la souris blanche. Influence de la température extérieure[1])[7]): 493–501. — Masse du foie chez différentes espèces d'homéothermes. Son rapport avec la masse du corps[1])[7]): 502–08. — Etude des modifications du foie des souris blanches au cours du jeûne[1])[7]): 509–32. — Le mouvement des réserves de graisses chez la souris au cours du jeûne. Vitesse de la mobilisation des acides gras fixes[1])[7]): 533–38. — La mobilisation des graisses et leur accumulation dans le foie au cours du jeûne chez différentes espèces d'homéothermes[1])[7]): 539–53. — Observations sur les modifications du foie au cours du jeûne chez le lapin[8]): 554–70. — Action antagoniste de l'adrénaline et de l'ergotamine sur la perspiration du lapin[3]): 571–78. — Action de la choline et de ses dérivés sur la perspiration du lapin[3]): 579–91. — Etude de la perte de poids spontanée du chat[3]): 592–604. — Etude de la perte de poids spontanée du chat sympathectomisé[3]): 605–19. — Contribution à l'étude des commandes nerveuses et hormonales de la perspiration[3]): 620–33. — La vie aux basses tensions d'oxygène influe-t-elle sur la masse et la composition du foie de la souris blanche? [1])[7]): 634–41. — Influence de la tension d'oxygène sur la consommation d'oxygène de la souris blanche adulte[1])[7]): 1145–63. — Caractères et lois de la régulation de la thermolyse latente. Contribution à l'étude générale des régulations organiques[3]): **14** ('38) 100–21. — Variations de la quantité des constituants inorganiques du foie au cours du jeûne[8]): 257–64. — Effet des injections souscutanées d'acide citrique sur la masse du foie chez le lapin[8]): 265–70. — Recherches sur la régulation de la nutrition, 1: Qualités et cotes des mécanismes régulateurs généraux[3]): **15** ('39) 145–56; ~ 2: Les mécanismes régulateurs de la nutrition chez le lapin domestique[3]): 157–85; ~ 3: Mécanismes régulateurs de la nutrition et intensité du métabolisme[3]): 186–94; ~ 4: Différences entre deux races de lapins domestiques[3]): 195–209; ~ 5: Caractères individuels[3]): 210–14. — Les modalités de l'ingestion chez les lapins qui s'alimentent spontanément[1])[3]): 271–81. — Variation de masse et de composition du foie quand l'animal cesse de manger. Expériences sur le lapin. Influence de la durée écoulée depuis le repas. Influence de l'état de nutrition antérieure. Influence de la température extérieure[1]): 282–93. — La masse du foie chez les lapins et sa réaction quand varie l'intensité du métabolisme. Influence de la vie prolongée dans des conditions de déperdition calorique variées[1]): 294–304. — Variations de masse et variations de composition du foie chez le lapin. Influence de la vie prolongée dans des conditions de déperdition calorique variées[1]): 305–37. — Hypertrophie de certains organes essentiels pendant l'augmentation du métabolisme qui accompagne l'acclimatation au froid. Conséquence touchant la plasticité et le renouvellement de ces organes[1]): 411–31.

Bull. Acad. Méd. Notice nécrologique sur Sir Edward Sharpey Schafer (1850–1935): **113** ('35) 691–93. — Notice nécrologique sur M. Léon Frédéricq (de Liège) (1851–1935): **114** ('35) 244–51. — Notice nécrologique sur M. Charles Richet (1850–1935): **115** ('36) 51–64. — La crise alimentaire en France et dans le monde: **131** ('47) 575–77. — Quelques constatations touchant les rapports de l'alimentation avec d'autres phénomènes sociaux: **132** ('48) 214–16.

Bull. Soc. sci. Hyg. aliment. et Alimentat. ration. L'état de nutrition des populations du monde et l'économie sociale: **36** ('48) 279–93.

C.R. hebd. Séances Acad. Sci., Paris Remarque au sujet de la communication de MM. Albert Demolon et Georges Aubert: Sur la capacité de production des sols en Afrique équatoriale et tropicale: **234** ('52) 692.

International social Sci. Bull. [UNESCO] The United Nations Food and Agriculture Organization and the social sciences: **3** ('51) 615–28.

Médecine [Paris] L'hyperthermie et la "thermogenèse essentielle": **16** ('35) 690–94.

Notices et Discours, Acad. Sci., Paris Notice sur la vie et les travaux de Richard Fosse (1870–1949): **3**.1949–1956 ('57) 165–84.

Nourrisson Methods of examination applicable to groups of infants which allow an estimation of states of sub- and malnutrition, 2[6]): **34** ('46) 119–27 [französ.].

Presse méd. Léon Frédéricq (1851–1935): **43** ('35) 1681–83.

Progrès méd. Charles Richet (1850–1935): **1936**, 177–86.

Revue philos. France et Etranger Introduction à l'étude de la vie: **123** ('37) 133–62.

Semaine Synthèse La matière et la vie: **11** ('45).

Mit: [1]) L. Chevillard; [2]) D. Cordier; [3]) A. Gasnier; [4]) M. Gompel; [5]) M. Guerbet; [6]) M. Guiton-Vergara; [7]) F. Hamon; [8]) S. (Lazard-)Kolodny; [9]) H. Magne; [10]) L. Plantefol; [11]) F. Vlès.

VI **MAYER,** Karol Hieronim. Radiol. – 1921–46 Prof., '36–46 Dir. d. Inst. f. Radiol., Univ. Poznań.

*1882, Okt. 17, Krásznó [→ Krásno nad Kysucou, Slowakei]; †1946, Aug. 22, Poznań.

Nekr. S. Dąbrowski, Nowiny lekarskie **53** ('46) Nr. 17/18. – W. Mikułowski, Przegląd lekarski (2) **3** ('47) Nr. 13/14. – A. Schreiber, Polski Tygodnik lekarski **2** ('47) 1–3 (m. Schr.verz.). – Kronika Uniwersytetu Poznańskiego za lata 1945–1954/55 (Poznań '58) 245f. – Sprawozd. poznańsk. Towarz. Przyjaciół Nauk **13** ('46) 186.

Zur Biogr. J. Dobek, Archiwum Historii Med. **29** ('66) 381–92 (m. Schr.verz. 50 Nrn.).

S. Comunicaciones, Congreso internacional de lucha científica y social contra el cáncer, Madrid 1933 **2** (Madrid '33) 1042–46: Konzentrierung der Strahlentiefendosis mittels Krankentragevorrichtung.

Bull., Soc. Amis Sci. et Lettres Poznań, Sér. B Grandeur inconnue de la force et du travail du cœur: **11** ('51) 125–59 [m. russ. Zusammenfassg.].

Czas. sadowo-lekarskie Über latente Knochenverletzungen: **12** ('39) 2– [poln.].

Fortschr. Geb. Röntgenstrahlen Zur Tomographie: **52** ('35) 622f. – Erwiderung auf die Bemerkungen von Dr. G. Großmann: 624. – Erwiderung auf die Bemerkungen von A. Vallebona und St. Bistolfi, Genua: 625.

Nowiny lekarskie Maria Skłodowska [Curie] †: **46** ('34) 585–88 [poln.]. – Über die häufigsten Ursachen von Krebsrezidiven nach Bestrahlungen: **48** ('36) 5–7 [~]. – Die unbekannte Größe der Kraft und der Arbeit des Herzens: **53** ('46) 330–43 [~].

Nowotwory Die gegenwärtigen Bedingungen der Heilung von Krebs durch radiologische Methoden: **7** ('32) 168–72 [poln.].

Polski Przegląd chirurg. Die Behandlung bösartiger Geschwülste: **12** ('33) 586–91 [poln.].

Polski Przegląd radjol. Röntgenologische Untersuchung des Einflusses der fortgepflanzten Pulsation auf die Flüssigkeitsbewegung im Organismus: **12** ('37) 521f. [poln.].

Presse méd. Observations radiologiques sur la force pondéromotrice dans l'organisme vivant: **47** ('39) 580–82.

Radiology An x-ray inquiry into the genesis of the current of venous blood and lymph: **32** ('39) 275–81.

Radiološki Glasn. Bewegende Kräfte in den Lymph- und Blutgefäßen und ihre Beobachtung durch Röntgenuntersuchung: **2** ('38) Nr. 1/2, 16–20 [poln. m. französ. Zusammenfassg.].

Sprawozd. Czynności i Posiedzeń polsk. Akad. Umiejętności Die unbekannte Größe des Herzdruckes: **48** ('47) 139–42, 336–38 [poln.].

Strahlentherapie Infra- und Ultraschallstrahlen: **56** ('36) 285–97. – Eine neue Methode zur Bestrahlung mittels bewegter Radiumpräparate, 1: **64** ('39) 134–48.

VI **MAZET,** Robert Jean. Mech. – 1929–44 Prof., Univ. de Lille; '44–46 Recteur de l'Acad. de Caen; '46–47 Recteur de l'Acad. de Poitiers; '48–60 Prof., Univ. de Poitiers; '60– Prof., Univ. de Paris; '47– Dir. sci., Office Nation. d'Etudes et de Recherches Aéronaut. – '46 Dr. h.c. (Univ. de Montréal, Quebec, Can.). – '34 Prix Fourneyron, '41 Prix Montyon, '58 Prix Estrade-Delcros (Acad. Sci. Paris); '42 Prix Muteau (Acad. franç.); '46 Officier et '60 Commandeur des Palmes acad. (Ministère de l'Instruct. publ., Paris); '47 Chevalier et '64 Officier de la Légion d'Honneur; '56 Médaille de l'Aéronautique; '58 Prix (Conseil supér. de la Recherche sci. et techn.).

*1903, Febr. 7, Paris.

MH. P. Painlevé, Leçons sur la résistance des fluides non visqueux (Paris '49) (Publications scientifiques et techniques du Ministère de l'Air. Hors série).

S. Proc. 7th International congress for applied mechanics, London 1948, **4** (London '49) 96–108: Application de la méthode de "l'effet d'accompagnement" à la détermination de la vitesse critique de vol et du degré d'explosivité du flutter; 109–20: Sur le phénomène du talonnement. – Actes du Colloque international des vibrations non linéaires, Ile de Porquerolles 1951 (Paris '53) (Publications scientifiques et techniques du Ministère de l'Air, 281) 17 f.: Sur l'application de la méthode globale à l'étude de certains systèmes non linéaires [französ. u. engl.]. – Advances in aeronautical sciences. Proc. 1st International congress in the aeronautical sciences, Madrid 1958 (London–New York '59) 236–54: Représentation d'un système thermoélastique vibrant sans et avec fluage dans la direction de la vibration. – Creep in structures. International Union of Theoretical and Applied Mechanics, Colloquium, Stanford, Calif., 1960 (N. J. Hoff) (Berlin '62) 326–38: Sur un modèle apte à traduire le fluage sous charge constante des structures. – Stress waves in anelastic solids. International Union of Theoretical and Applied Mechanics, Symposium, Providence, R. I., 1963 (H. Kolsky, W. Prager) (Berlin–Göttingen–Heidelberg '64) 69–77: Vibrations d'une structure lamellaire sous fluage localisé. – Applied mechanics. Proc. 11th International congress of applied mechanics, Munich 1964 (H. Görtler) (Berlin–Heidelberg–New York '66) 360–67: Sur une conception hétérogène des milieux solides travaillant au delà du domaine élastique[2]). – Thermoinelasticity. International Union of Theoretical and Applied Mechanics. Symposium, East Kilbride 1968 (B. A. Boley) (Wien–New York '70) 170–87: Sur la normalité de la fonction de fluage lors d'essais de traction d'un dural à 200 °C. – Creep in structures. International Union of Theoretical and Applied Mechanics. Symposium, Gothenburg 1970 (J. Hult) (Berlin–Heidelberg–New York '72) 170–86: Sur la détermination des caractéristiques de fluage d'un matériau hétéroplastique par l'essai de traction isotherme à vitesse constante.

W. Travaux pratiques de mécanique rationnelle (m. F. Gallissot) (Paris–Lille '36) 9+145 S. (Travaux et mémoires de l'Université de Lille, Nouvelle série, Sect. II, Vol. 5). – Détermination par le calcul et par essais en soufflerie des vitesses critiques de vibration d'une maquette rigide de profil constant montée sur ressorts (m. J. Dörr) (Paris '50) 1+23 S. (Office National d'Etudes et de Recherches Aéronautiques, Publ. no. 39). – Représentation des vibrations libres d'une aile dans le vent à l'aide de la notion de mémoire. Communication faite au 8e Congrès international de mécanique appliquée, Istanbul 1952 (Châtillon-sous-Bagneux '54) 27 S. (~, Note technique no. 19). – Quelques aspects des essais de vibration au sol et en vol. Communication présentée à la 3e session du groupe de travail "Structures et matériaux" de l'Advisory Group for Aeronautical Research and Development, Washington, D.C., 1956 (Châtillon-sous-Bagneux '56) 17 S. [multigraphié] (~, Note technique no. 34); engl.: Some aspects of ground and flight vibration tests (Paris '56) 6+14 S. (North Atlantic Treaty Organisation. Advisory Group for Aeronautical Research and Development. Report 40-T). – Esquisse des bases théoriques de l'essai de vibration au sol. Communication présentée à la 7e session ~, Rome 1958 (Châtillon-sous-Bagneux '58) 25 S. [multigraphié] (~, Mémoire technique no. 8). – Détermination par essais de vibration au sol des caractéristiques d'une structure d'avion nécessaire aux calculs de "flutter" et à la recherche des corrections éventuelles (m. C. Béatrix) (Châtillon-sous-Bagneux '63) 19 S. (~, Note technique no. 72). – Mécanique vibratoire (Paris–Liège '55) 19+280 S.; ²('66) 368 S. – L'enseignement de la mécanique (m. P. Germain, J. Kampé de Fériet) (Paris '61) 40 S. (Les brochures de l'A.P.M.). – Cours de perfectionnement sur les vibrations aéroélastiques (Paris '69) [multigraphié] (Ecole Nationale Supérieure de l'Aéronautique).

Aéronautique et Astronautique La méthode utilisée en France pour la prévention du flottement des avions et des missiles: **21** ('70) 4–10 (m. Bildn.).

Bull. Acad. polon. Sci., Sér. Sci. techn. Fluage localisé d'une poutre hétéroplastique soumise à des charges dépassant la limite élastique vraie: **21** ('73) [371]–[382] (= Mécanique appliquée S. 243–54).

Bull. Assoc. Professeurs Math. Enseignement publ. Les méthodes de la mécanique vibratoire: **209** ('60).

Bull. Union Physiciens Comment éveiller le sens de la mécanique?: No. **350** ('46) 7–12. – Mécanique expérimentale quantitative[3]): No. **396** ('51) 185–95.

C.R. hebd. Séances Acad. Sci., Paris Sur une loi proposée pour compléter les lois du frottement: **198** ('34) 1378–81. – Sur une nouvelle définition des forces d'asservissement: 1750–53. – Sur une méthode rapide de quantification utilisable dans certains cas favorables: **217** ('43) 344–46. – Sur la détermination de l'axe élastique d'une aile d'avion: **220** ('45) 643–45. – Sur l'application d'une méthode de transposition globale à l'étude des vibrations thermoélastiques des structures: **245** ('57) 1043–45. – Mise en équations de la vibration libre d'une structure en tenant compté d'un fluage "établi" dans la direction de la vibration: **249** ('59) 942–44. – Effet, sur l'état vibratoire d'une structure, d'un fluage établi dans la direction de la vibration: 1183–85. – Sur la représentation dynamique d'une structure lamellaire soumise à une charge qui provoque un fluage localisé: **256** ('63) 2971–75. – Notice nécrologique sur Henri Béghin: **268** ('69) Vie acad., 108–11.

C.R. hebd. Séances Acad. Sci., Paris, Sér. A Sur l'équation d'état d'un matériau élastoplastique: **275** ('72) 531–35. – Sur l'équation d'état d'un milieu hétéroplastique: 549–54.

J. Math. pures et appl. Sur la stabilisation des liaisons d'asservissement: (9) **15** ('36) 133–50. – Sur une méthode permettant de trouver rapidement des formules de quantification utilisables en pratique (méthode dite des résidus): **23** ('44) 305–30.

Jahrb. dtsch. Ges. Luft- u. Raumfahrt Das in Frankreich angewandte Verfahren zur Verhütung des Flatterns von Flugzeugen und Flugkörpern: **1969**, 18–23.

Mécanique La mécanique expérimentale quantitative et la formation de l'ingénieur: **21** ('37) Nov./Dez.-No. – L'introduction de la mécanique expérimentale dans l'enseignement de la mécanique rationnelle: **22** ('38) Nov./Dez.-No.

Recherche aéronaut. Sur la stabilité des mouvements qui commencent sans glissement: No. **10** ('49) 11–23. – Une tentative pour tenir compte d'effets aérodynamiques non linéaires dans le calcul du flottement de structure en régime incompressible[4]): No. **71** ('56) 48–50. – Exploitation pratique d'un calcul de flottement à plusieurs degrés de liberté[1]): No. **78** ('60) 41–46.

Recherche aérospatiale Sur les paramètres élastoplastiques d'un matériau métallique: No. **128** ('69) 59–62.

Revue franç. Méc. Remarques sur la stabilité des systèmes linéaires actifs: **15** ('65) 3–9. – L'hétéroplasticité des matériaux métalliques: **43** ('72) 51–55.

Revue gén. Sci. pures et appl. Remarques sur le frottement et ses lois: **46** ('35) 437–43.

Science et Industrie Sur la théorie classique du frottement: **221** ('32) 4 S.; **222** ('32) 5 S.

Technique et Sci. aéronaut. La technique des essais de vibration au sol: **6** ('55) 395–99.

Mit: [1]) S. Chopin; [2]) G. Coupry; [3]) Y. Pironneau; [4]) A. Schindler.

VI **MAZUR,** Józef. Physik. — 1931–39 Privatdoz., Techn. Hochsch. Warszawa; '32–33 Gastassist., Kamerlingh-Onnes-Labor., Leiden; '46–53 Physiker, Metallurgy Departm., Roy. School of Mines, Imp. College of Sci. and Technol., London; '53–55 Physiker, British Rayon Research Assoc., Manchester; '55–59 Gastprof., Departm. of Appl. Math., Queen's Univ. Belfast; '59–70 Prof., Univ. Wrocław; '59– Mitglied des wiss. Rates d. Inst. f. Tieftemperatur- u. Strukturforschg. d. Poln. Akad. Wiss., Wrocław. — '38 Goldenes Verdienstkreuz (Poln. Ministerium f. Volksbildg.).

*1896, Nov. 29, Czeladź.

S. Tryumfy eksperymentu i jego granice (Trzaska, Evert, Michalski) (Warszawa '39) (Biblioteka wiedzy, 40): Sehr tiefe Temperaturen [poln.]. – Polish science and learning (Association of Polish University Professors and Lecturers in Great Britain) **1** (London '43): Zygmunt Janiszewski, Polish mathematician. – Trudy X Meždunarodnoj konferencii po fizike nizkich temperatur [Arbeiten der 10. Internationalen Konferenz über Tieftemperaturphysik], Moskva 1966 **2V** (Moskva '67) 88–96: Superconducting properties of impure tantalum [russ. u. engl.]. – Proc. 13th International congress of refrigeration, Washington, D.C., 1971 **1** (Westport, Conn. '73) 503–06: Effect of small concentrations of impurities on critical temperature of thallium[13])[10]).

W. English-Polish and Polish-English glossary of meteorological terms (Royal Air Force, Polish Depot) (Blackpool '40).

Acta physica polon. Variation avec la température de la constante diélectrique du sulfure de carbone: **1** ('32) 47–51 [poln. m. französ. Zusammenfassg.]. – Sur la variation avec la température de la densité du sulfure de carbone et de la nitrobenzine: 53–61 [~]. – Sur deux états différents du sulfure de carbone liquide[12]): 63–69 [~]. – Sur deux états différents de la nitrobenzine liquide[12]): 71–77 [~]. – La constante diélectrique du nitrobenzène en rapport avec la température[8]): 401–04 [poln. u. französ.]. – Sur deux états différents de liquides: **3** ('34) 347–54 [poln. m. französ. Zusammenfassg.]. – Remarks to Dr. Stefan Zamenhof's paper: New method of sensitive temperature and pressure measurements: **7** ('38/39) 272 [m. poln. Zusammenfassg.]. – Physical properties of nitrobenzene, 1: 285–89 [~]. – Über die spezifische Wärme des Nitrobenzols: 290–304 [~]. – Über die spezifische Wärme des Äthyläthers: 318–26 [~]. – First investigation on clouds over British isles using an aircraft: **20** ('61) 141–55. – On the possibility of foresight of the whiskers growth conditions from the metal vapour pressure in the formed temperature gradient[9]): **21** ('62) 365–70. – Investigation on austenite and martensite subjected to very low temperature: **25** ('64) 75–84. – Superconducting properties of impure tantalum[10]): **29** ('66) 107–17. – Specific heat of carbon steels at helium temperatures[13]): **32** ('67) 501–14. – The low temperature specific heat of some Polish tool steels and stainless steels[13]): **33** ('68) 657–. – The influence of aluminium admixture on the superconducting properties of tin[10]): 827–30. – The temperature hysteresis of electric permittivity of TGS single crystals[4]): **34** ('68) 859–65. – Specific heat of cementite in the temperature range 2–20 °K: **35** ('69) 91–99.

Acta physica polon., A The superconducting transition temperature of mercury with admixtures[10]): **37** ('70) 317f. — The superconducting transition temperature of tin with thallium admixtures[10]): **38** ('71) 761–65.

Archiwum Hutnictwa The low temperature specific heat of the Polish tool steels[13]): **15** ('70) 71– [poln. m. engl. Zusammenfassg.].

British J. appl. Physics The influence of an electric field on the growth of copper whiskers[2])[7])[9]): **12** ('61) 342f. — Hypothesis on the ionic mechanism of the growth of whiskers obtained by reduction of the metal halides[9]): 569–71. — Experimental estimation of the degree of the ionic thermal dissociation of the Cu(I)-vapour in the air atmosphere between 350 °C and 550 °C [9]): 572f. — Influence of the electric field on the silver and iron whiskers growth[2])[7])[9]): 635f.

Chłodnictwo Die Technik niedriger Temperaturen[11]): **2** ('67) Nr. 4, 77–80 [poln.]. — Leistungen und Entwicklungsperspektiven der Tieftemperaturphysik in Polen: **4** ('69) Nr. 8/9, 168– [~]. — Das Tieftemperatur-Institut der Technischen Universität Warschau, 1937–1939: **7** ('72) Nr. 2, 4–8 [~].

Cryogenics Investigation on austenite and martensite subjected to very low temperatures: **4** ('64) 36–38, 50–53 [m. französ., deutscher, italien. u. russ. Zusammenfassg.].

J. Textile Inst. Amontons' law and fibre friction[3]): **44** ('53) T59–T69. — Friction between dissimilar fibres: **46** ('55) T712–T714.

Nature [London] Relation between specific heat and temperature: **143** ('39) 28. — Anomalous thermal expansion of carbon disulphide at low temperatures: **144** ('39) 328f. — Influence of low temperatures on the mechanism of the austenite–martensite tranformation: **162** ('48) 184f. — Structure of tempered martensite: **164** ('49) 230f. — Grain size of martensite after treatment at very low temperatures: 358f. — x-Ray line-breadths of martensite: 712f. — Influence of very low temperatures on the hardness of carbon steels: **165** ('50) 610f. — Lattice parameters of martensite and of austenite: **166** ('50) 828. — Edward Stenz †: **177** ('56) 1014.

Postępy Fizyki Über die Arbeiten der Tieftemperatur-Abteilung des Physikalischen Instituts der Polnischen Akademie der Wissenschaften in Wrocław: **11** ('60) 349–54 [poln.]. — Über die Arbeiten des Tieftemperaturinstituts über fadenförmige Einkristalle[9]): **13** ('62) 309–14 [~].

Proc., Koninkl. Akad. Wet. Amsterdam On an apparatus for rectifying small quantities of liquefied gas, and on the purification of krypton[1])[5]): **36** ('33) 822–25. — The vapour pressures of solid krypton[5])[6]): **38** ('35) 568.

Proc. physic. Soc., Sect. B On the sampling of water droplets in natural clouds and in radiation fogs: **65** ('52) 457–.

Z. Physik Über zwei verschiedene Flüssigkeitszustände[12]): **74** ('32) 110–27. — Über die spezifische Wärme des Äthyläthers, des Nitrobenzols und des Schwefelkohlenstoffs: **113** ('39) 710–20.

Ferner drei Arbeiten für das Meteorological Research Committee (Air Ministry of Great Britain) über das physikalische Verhalten kleiner Flüssigkeitströpfchen in Wolken und Nebeln ('43/44).

Mit: [1]) H. van Dijk; [2]) T. Hof(f)man(n); [3]) H. G. Howell; [4]) A. Jaśkiewicz; [5]) W. H. Keesom; [6]) J. J. Meihuizen; [7]) J. Nikliborc; [8]) A. Piekara; [9]) J. Rafałowicz; [10]) C. Sułkowski; [11]) E. Trojnar; [12]) M. Wolfke; [13]) A. Zacharko.

VI **MAZURKIEWICZ,** Stefan. Math. — Stud. Univ. Kraków, Lwów, München u. Göttingen; 1913 Dr. phil., Univ. Lwów; '15–45 ord. Prof., 9 Jahre Dekan d. math.-naturwiss. Fak., '37– Prorektor, Univ. Warszawa; '33–35 Präs., Poln. Math. Ges.; '35– Generalsekretär, Wiss. Ges. Warszawa. (⊠)
*1888, Sept. 25, Warszawa;
†1945, Juni 19, Grodzisk.

Ehrung 1946 Stefan-Mazurkiewicz-Preis (Poln. Math. Ges.).

Nekr. K. Kuratowski, Fundamenta Math. [Warszawa] **34** ('47) 316–31; Roczn. Towarz. nauk. warszawsk. **31/38**.1938/45 ('54) 222f.

MHZ. Fundamenta Math. [Warszawa] **1** ('20) ff.

Teilsammlung Stefan Mazurkiewicz, Travaux de topologie et ses applications (K. Borsuk, R. Engelking, B. Knaster, K. Kuratowski, J. Łoś, R. Sikorski) (Warszawa '69) 380 S.; darin C. Kuratowski, Stefan Mazurkiewicz et son œuvre scientifique S. 9–18 (m. Bildn. u. Faks.); Liste des travaux scientifiques de Stefan Mazurkiewicz S. 19–26 (141 Nrn.).

W. Podstawy rachunku prawdopodobieństwa [Grundlagen der Wahrscheinlichkeitsrechnung] (J. Łoś) (Warszawa '56) 270 S. (Polska Akademia Nauk, Monografie matematyczne, 32).

Annales Soc. polon. Math. Un théorème sur les polynômes: **18** ('45) 113–17.

Bull. int. Acad. polon. Sci. et Lettres, Sér. A Sur les ensembles d'unicité: **1933**, 18–20. — Sur les suites de polynômes[3]): 131–36. — Les moyennes translatives et la loi de Gauss: **1934**, 1–8. — Sur les fonctions quasi-analytiques (B) [3]): **1935**, 1–3. — Sur les zéros des fonctions quasi-analytiques (B) [3]): **1937**, 1–6.

— Un théorème sur les fonctions caractéristiques: **1940/46** ('48) 1–3.

Čas. Pěst. Mat. a Fysiky Sur les rétractes absolus[1]): **64** ('35) 175. — Sur la métrisation de l'espace de continus péaniens: 179.

C.R. hebd. Séances Acad. Sci., Paris Sur les rétractes absolus indécomposables[1]): **199** ('34) 110–12.

Fundamenta Math. [Warszawa] Sur une classe de dendrites: **18** ('32) 88–98. — Sur les suites de fonctions continues: 114–17. — Sur l'hyperespace d'un continu: 171–77. — Sur les transformations intérieures: **19** ('32) 198–204. — Sur les composants dimensionnels d'un espace compact: 243–46. — Über die dimensionellen Komponenten: **20** ('33) 46–51. — Sur le type c de l'hyperespace d'un continu: 52f. — Ein Satz über dimensionelle Komponenten: 98f. — Über nicht plättbare Kurven: 281–84. — Sur la décomposition du plan en courbes: **21** ('33) 43–45. — Sur les ensembles de capacité nulle et les ensembles H: 59–65. — Sur un problème concernant les transformations continues[2]): 85–90. — Über total zusammenhangslose Mengen: **22** ('34) 267–69. — Sur les nombres dérivés: **23** ('34) 9f. — Ein Zerlegungssatz: 11–14. — Sur l'espace des continus péaniens: **24** ('35) 118–34. — Über die stetigen Abbildungen der Strecke: **25** ('35) 253–60. — Sur l'existence des continus indécomposables: 327f. — Über die Zerlegung kompakter Räume in zweipunktige Mengen: **26** ('36) 50f. — Über erreichbare Punkte: 150–55. — Über die Definition der Primenden: 272–79. — Über die Menge der differenzierbaren Funktionen: **27** ('36) 244–49. — Eine projektive Menge der Klasse PCA im Funktionalraum: **28** ('37) 7–10. — Ultraconvergence et espace fonctionnel: 289–93. — Sur la dimension de certains ensembles singuliers[4]): 305–08. — Sur les transformations continues des courbes: **31** ('38) 247–58. — Recherches sur la théorie des bouts premiers: **33** ('45) 177–228. — Sur les espaces de variables aléatoires (œuvre posthume éditée par E. Marczewski): **36** ('49) 288–302.

Matematičeskij Sborn. Über die Existenz unzerlegbarer Kontinua: (N.S.) **1** ('36) 720 [m. russ. Zusammenfassg.].

Mathematica [Cluj] Les fonctions quasianalytiques dans l'espace fonctionnel: **13** ('37) 16–21.

Monatsh. Math. u. Physik Über die Grundlagen der Wahrscheinlichkeitsrechnung, 1: **41** ('34) 343–52.

Sprawozd. Posiedzeń Towarz. nauk. warszawsk., Wyd. III Zur Axiomatik der Wahrscheinlichkeitsrechnung: **25** ('32) 1–4 [m. poln. Zusammenfassg.]. — Sur un problème de M. Borsuk: **26** ('33) 67–70 [∼]. — Sur les principes de la théorie de probabilité: 105–07 [poln.]. — Sur le théorème de Rouché: **28** ('35) 78f. — Sur le terme maximum d'une fonction entière: **29** ('36) 1–6 [m. poln. Zusammenfassg.]. — Sur une classe de fonctions méromorphes: 7–9. — Sur l'approximation des fonctions continues d'une variable réelle par les sommes partielles d'une série de puissances: **30** ('37) 25–30 [m. poln. Zusammenfassg.].

Mit: [1]) K. Borsuk; [2]) B. Knaster; [3]) H. Szmuszkowiczówna; [4]) E. Szpilrajn.

VI **MAZZA,** Francesco Paolo. Chem. (allg., Biochem.). — 1929–36 Libero Doc., poi Prof. incar., Univ. di Napoli; '37–43 Prof. straord., poi Prof. ord. e Dir. dell'Ist. di Chim. biol., Univ. di Torino.

*1905, Apr. 1, Napoli;
†1943, Jan. 29, Torino.

Nekr. L. Losana, Atti reale Accad. Sci. Torino **78** ('42/43) 362–69 (m. Schr.verz.). — G. Quagliariello, Chimica e Industria **25** ('43) 93f. (m. Bildn.); Enzymologia **12** ('46/48) 138.

MH. Chemoterapia. Biochimica, patologia, clinica **2–5** (Torino '44–50).

S. Problemy biologii i mediciny (Sbornik, posvjaščennyj 30-letiju naučnoj, pedagogičeskoj i obščestvennoj dejatel'nosti Liny Solomonovny Štern). Problèmes de biologie et de médecine (Volume jubilaire dédié à Prof. Lina Štern à l'occasion du 30e anniversaire de son activité scientifique, pédagogique et sociale) (Moskva '35): Sur la déhydrogénase des acides gras supérieurs contenu dans le B. coli communis. — Trattato di fisiologia (F. Bottazzi) **3** (Milano '42): Rene e secrezione urinaria.

W. Chimica biologica **1** (Torino [' 37]) 128 S., ('42) 500 S., ('44) 500 S.

Accad. Italia, Fondaz. A. Volta, Viaggi Studio ed Esploraz. Studio della tecnica degli enzimi deidrogenanti: **1933**, 27f.

Archives int. Physiol. Recherches sur la physiologie et la pharmacologie du système nerveux autonome, 18: Isolement de chloroaurate d'acétylcholine à partir d'un extrait de cellules nerveuses d'Octopus vulgaris[1]): **42** ('35) 43–46.

Archivio Fisiol. Ai parentali di Filippo Bottazzi: **41** ('41) Nr. 4, I–VII.

Archivio Sci. biol. Su di un nuovo acido biliare nella bile di bue[9]): **17** ('32) 320–26. — Idrolisi e sintesi enzimatica degli acidi biliari coniugati[12]): 434–46. — Gli acidi biliari: 463–90. — Il coefficiente termico della deidrogenazione enzimatica dell'acido succinico[4]): **19** ('34) 496–515. — Sull'ossidazione dell'acido piruvico prodotta dal B. coli communis[3]): **20** ('34) 486–97. — Deidrogenazione di acidi fenilalifatici per azione di enzimi contenuti nel fegato: **21** ('35) 320–31. – Sulla glicolosi nel tessuto nervoso [,1][6]: 443–65; ~ [,2][5]): **24** ('38) 203–28; ~ 3: Fosforilizzazione e glicolisi delle poltiglie di cervello estratte[5]): **25** ('39) 447–54. – Sulla ossidazione biologica degli acidi bibasici alifatici e sulla Ω-ossidazione degli acidi grassi monobasici: **22** ('36) 307–26. – Sulla natura chimica del principio antipernicioso del fegato [,1][10]): **23** ('37) 443–71; ~ 2[10]): **24** ('38) 83–88. – Esame ai raggi X degli acidi nucleinici e loro struttura[13]): 526–31. – Azione della lipasi pancreatica sul 2-3-dimetil-1-stearil-glicerolo e sul 1-3-dimetil-2-stearil-glicerolo[6]): **25** ('39) 270–78. – Esame ai raggi X e struttura della leucopterina e della xantopterina[13]): 438–46. – La deidrogenasi degli acidi grassi superiori[7]): **27** ('41) 142–62. – Sulla natura del principio antipernicioso gastrico[8])[10]): 291–326. – Sulla glicolisi nel cervello[5]): **28** ('42) 245–54.

Atti Convegni, Fondaz. Alessandro Volta Il valore biologico degli aminoacidi e dell'azoto non proteico: **7** ('37) 134–75 (Diskussion: 175–92).

Atti reale Accad. nazion. Lincei, Rend. Sulla deidrogenasi degli acidi grassi superiori contenuta nel fegato[12]): (6) **17** ('33) 476–80; ~[15]): **18** ('33) 461–63. – Sull'attività deidrogenasica del B. coli communis sugli acidi grassi superiori [,1][3]): **17** ('33) 1086–91; ~ 2[3]): **20** ('34) 113–18. – Sul meccanismo di azione dell'istozima[9]): **19** ('34) 97–102. – Alcuni p-aminobenzensolfonil-α-aminoacidi e loro derivati[8]): **28** ('38/39) 152–57. – Azoderivati di alcuni composti chemioterapici del tipo delle solfonamidi con diuretici del gruppo purinico[8]): **29** ('39) 80–83.

Atti reale Accad. Sci. Torino Sulla glicolisi nel tessuto nervoso[6]): **73** ('37/38) 228–44. – Su l'acido 2-fenil-1-8-naftiridin-4-carbonico e la 2-fenil-1-8-naftiridina[8]): **75** ('39/40) 438–44.

Atti reale Accad. Sci. Torino, Atti gen. e verbali Cl. unite Aspetti biochimici dei fenomeni della riproduzione: **75** ('39/40) 18–37. – Filippo Bottazzi (1867–1941): **77**.1941/42 ('42) 143–53.

Atti Soc. ital. Progr. Sci. I progressi della biochimica in Italia, durante l'anno 1934: **24**.1935,II ('36) 485–500.

Relazioni, Soc. ital. Progr. Sci. Recenti progressi dei metodi biochimici industriali: **28**. 1939, I ('40) 365–82.

Ber. dtsch. chem. Ges. Katalytische Reduktion von Campherchinon in Gegenwart von Methylamin. Die 2-Oxy-3-methyl-amino-camphane und ihre pharmakodynamischen Eigenschaften[9]): **72** ('39) 689–96.

Boll. Soc. ital. Biol. sperim. Su un nuovo acido biliare nella bile di bue[9]): **7** ('32) 245f. – Sul meccanismo di azione della succinodeidrogenasi dei muscoli[9]): **8** ('33) 244f. – Sull'attività deidrogenasica del B. coli communis sugli acidi grassi superiori[3]): 531–34. – Chimica degli ormoni e delle vitamine: 945–1000. – Sulla diffusione della deidrogenasi degli acidi grassi superiori nei vari organi[12]): 1780f.; ~: **9** ('34) 298f. – Deidrogenazione della glicerina con palladio[2]): 177f. – Ulteriori ricerche sull'ossidazione degli acidi grassi prodotta dagli enzimi nel fegato: 667–69. – Sull'ossidazione dell'acido acetacetico prodotta dal Bacterium coli[14]): 1251f. – Sull'ossidazione dell'acido piruvico prodotta dal Bacterium coli[3]): 1252f. – Azione deidrogenante del fegato su alcuni acidi fenilalifatici: **10** ('35) 138–40. – Sul meccanismo chimico della glicolisi nel cervello[6]): 725–27. – Ossidazione biologica degli acidi grassi bibasici ed Ω-ossidazione degli acidi grassi monobasici: **11** ('36) 143–45. – Ulteriori ricerche sulla ossidazione biologica degli acidi grassi bibasici saturi: 157f. – Sulla glicolisi del tessuto nervoso[5]): **13** ('38) 656–59.

Chimica e Industria Recenti progressi dei metodi biochimici industriali: **21** ('39) 663–69.

C.R. (hebd.) Séances (et Mém.) Soc. Biol. Identification d'acétylcholine extraite des cellules ganglionnaires d'Octopus[1]): **120** ('35) 246f.

Ergebn. Enzymforsch. Sulla deidrogenasi degli acidi grassi superiori: **9** ('43) 207–30.

Quaderni Nutriz. Sull'applicazione della digestione con papaina all'estrazione degli olii di fegato di tonno[8]): **8** ('41) 80–85. – La deidrogenazione del colesterolo a 7-deidrocolesterolo[8]): 85–96.

Ricerca sci. Sui fattori di accrescimento batterici (acido (+)-pantotenico, acido p-amino-benzoico) e loro relazioni con l'attività dei solfamidici[5]): **12** ('41) 1046–55. – Sul principio antipernicioso del fegato, 3: **13** ('42) 84–86. – Sull'applicazione industriale della digestione con papaina all'estrazione dell'olio di fegato di tonno[8]): 267–70. – Spettro di assorbimento e solubilità del 3-4-benzopirene in siero di sangue ed azione dei raggi X su le sue soluzioni[8]): 436–40.

Saggiatore Le applicazioni biologiche del ciclotrone: **1** ('40) 7f. – Gomma naturale e gomme sintetiche, 1: Gomma naturale e vulcanizzazione: 27–34; ~ 2: Gomme artificiali: 101–06. – Gamoni e termoni. Nuovi gruppi di ormoni della riproduzione e dei caratteri sessuali: 91–93. – Chemioterapia batterica coi solfamidici: 118–23. – Gli elementi biogeni: 200–06. – Le proteine dei tumori: 217f. – L'ultracentrifuga [,1]: Il metodo: 311–20; ~ [2]: I risultati: 375–80. – La struttura dei composti aromatici: 422–29. – Gli isotopi come indicatori in biologia: **2** ('41) 43–50. – Struttura molecolare della cellula: 97–104. – Un nuovo supermicroscopio magnetico: 225–31. – Una nuova vitamina: L'acido pantotenico: 273–75. – Ai parentali di Filippo Bottazzi: 275–79. – Struttura della cosidetta vitamina A_2: 328f. – Neue Untersuchungen über Curare: **3** ('42) 46–48 [italien.]. — — Ferner in dieser Zeitschrift 2 Aufsätze: „Economia di guerra e produzione di alimenti sintetici" und „Il nuovo mondo delle materie plastiche".

Schweizerische med. Wschr. Sulla natura dell'enzima emopoietico della mucosa gastrica[8]): **71** ('41) 344–46.

Scienza e Tecnica Alcuni aspetti del problema alimentare: **6** ('42) 222–36.

Ferner eine Abhandlung „Terapia biologica delle anemie" ('36).

Mit: [1]) Z.-M. Bacq; [2]) O. Carere; [3]) A. Cimmino; [4]) T. Laurenza; [5]) C. Lenti; [6]) C. Malaguzzi-Valeri; [7]) L. Marfori; [8]) C. Migliardi; [9]) L. Pannain; [10]) F. Penati; [11]) –; [12]) G. Stolfi; [13]) G. Tappi; [14]) R. Zanfagna; [15]) C. Zummo.

VI **MAZZA,** Luigi. Chem. — Circa 1935– Prof. incar. Chimica generale ed applicata ai materiali da costruzione, Istituto Superiore di Architettura di Firenze; poi Prof. di ruolo e Dir. dell'Istituto di Elettrochimica, Univ. di Genova. — — Genauere Daten nicht bekannt. (⊠).

*1898, Juni 15, Firenze.

S. Atti del X Congresso internazionale di chimica, Roma 1938, **3** (Roma '39) 438–41: Determinazione quantitativa diretta di alcuni elementi negli spettri di flamma per via fotoelettrica; 604–09: Sulla elettrometallurgia del lantanio, del cerio e del praseodimio.

Annali Chim. appl. Un filtro con trasmissione limitata all'ultravioletto medio ed alcune sue applicazioni: **30** ('40) 43–47. – Sulla fluorescenza dei sali di cerio in soluzione: 47–50.

Annali Chim. Studi sulla separazione delle terre rare mediante resine scambiatrici di cationi. Influenza del tipo di sale introdotto e della velocità di introduzione[8]): **45** ('55) 781–96. – Determinazione polarografica del piombo nel sangue[15])[2]): 797–804. – Cromatografia su strato sottile ad elevata sensibilità[14])[6]): **57** ('67) 1177–86.

Atti Accad. ligure Sci. e Lettere Struttura cristallina e spettri di riflessione degli ossifluoridi del praseodimio, del neodimio e del samario[9]): **7** ('51) 44–52.

Atti (reale) Accad. nazion. Lincei, Rend. Sulla radioattività del neodimio, del samario e delle miscele samario-neodimifere[13]): (6) **18** ('33) 472–78. – La suscettività magnetica degli ossidi misti delle terre rare, 1: Miscele di neodimio e praseodimio e di neodimio e samario: **21** ('35) 813–18. – Amplificazione galvanometrica mediante celle fotoelettriche differenziali: **23** ('36) 891–93. – Sulle lastre fotografiche per l'ultravioletto estremo: (8) **1** ('46) 1331–33. – Su una apparecchiatura a funzionamento continuo ed automatico per la separazione e per la determinazione quantitativa degli elementi delle terre rare in miscela, mediante resine scambiatrici di ioni: **11** ('51) 80–85.

Chimica e Industria Analisi di miscele di ioni inorganici mediante scambio ionico[14])[6]): **47** ('65) 437. – Cromatografia su strato sottile ad alta sensibilità[14])[6]): 437f.

Gazz. chim. ital. Sulla sensibilità dell'analisi chimica röntgenspettroscopica, 1: Metodi di emissione: **65** ('35) 724–30; ∼ 2: Metodi di assorbimento: 730–34. – Sulla radioattività delle terre rare, 1: La distribuzione della radioattività nei frazionamenti delle terre ceriche: 993–1008. – La suscettività magnetica degli ossidi misti delle terre rare, 2: Miscele samario–gadolinio[1]): **66** ('36) 552–62. – Gli ossialogenuri delle terre rare ed i loro spettri di riflessione. Ossicloruri dei ceridi: **70** ('40) 57–72. – Preparazione degli elementi delle terre rare ad elevatissima purezza, 1: Ricerche con scambiatori cationici e raccolta automatica delle frazioni eluite con il metodo della rampa inclinata[8]): **89** ('59) 1496–510; ∼ 2: Sul controllo e la delimitazione delle bande di adsorbimento di ioni inorganici nelle colonne di cromatografia per scambio ionico e sulla separabilità delle bande contigue[8])[3]): **93** ('63) 1140–54. – Cromatografia rapida su carta di ioni inorganici. Metalli alcalini e alcalini terrosi[14]): 1155–64. – Analisi di miscele di ioni inorganici mediante scambio ionico, 1: Separazione degli ioni magnesio, calcio, stronzio e bario[14])[6]): **95** ('65) 599–609; ∼ 2: Separazione degli ioni litio, sodio, potassio, magnesio, calcio, stronzio, bario[14])[6])[4]): 610–14; ∼ 3: Separazione degli ioni nichel, manganese, cobalto e zinco con l'impiego di solventi misti[6])[4])[12]): **97** ('67) 1551–57; ∼ 4: Separazione degli ioni nichel, arsenico, manganese, cobalto, rame, cadmio, zinco e mercurio[6])[12])[4]): 1558–68.

Giorn. Chim. industr. ed appl. Indagini röntgenografiche ed elettrochimiche sull'elettrodo positivo dell'accumulatore a piombo a formazioni Plantè: **14** ('32) 319.

Scientia I progessi della chimica inorganica negli ultimi cinquant'anni: **94** ('59) 139–46.

Mit: [1]) E. Botti; [2]) B. M. Bruno; [3]) V. Contardi; [4]) A. Dadone; [5]) –; [6]) R. Frache; [7]) –; [8]) N. E. Gotelli; [9]) A. Iandelli; [10]) –; [11]) –; [12]) R. Ravasio; [13]) L. Rolla; [14]) L. Sardo; [15]) E. Scotti.

VI **MAZZETTI,** Carlo. Chem. (angew.). — Stud., 1915 Dott. in Chim., '14–20 Assist., '21–26 Libero Doc., Univ. di Roma; '27–35 Prof. ord., '33–35 Dir., R. Ist. Super. d'Ingegneria di Roma → '36–58 Prof. ord. e Dir. dell'Ist. di Chim.,

Fac. d'Ingegneria civile ed industr., Univ. di Roma; '26–32 Dir., Officine della Soc. Romana Gas.

*1890, Febr. 21, Iglesias;

†1958, Juni 11, Roma.

Nekr. G. Malquori, Atti Accad. nazion. Lincei, Rend. (8) **28** ('60) 417–19. – E. Mariani, Annali Chim. **53** ('63) 1223–36 (m. Bildn., Faks. u. Schr.verz.).

S. Atti del IV Congresso nazionale di chimica pura ed applicata, Roma 1932 (Roma '32) 98–109: Possibilità di utilizzazione degli asfalti e degli scisti bituminosi italiani. – I progressi dell'industria chimica italiana nel 1° decennio di regime fascista (D. Marotta) (Roma '32): L'industria del cracking. – Enciclopedia italiana di scienze, lettere ed arti **21** (Milano '34): Lignite; Litopone; Appendice 2, **1** (Roma '48): Gassificazione; Gas di gassogeno.

Acqua e Gas La conferenza internazionale dei produttori di benzolo: **26** ('37) Nr. 2 [?], S. 3–.

Annali Chim. Discorso di apertura del convegno su "Lo studio e le applicazioni delle pozzolane": **44** ('54) 569–71.

Annuario, R. Univ. Studi Roma Giulio Sirovich †: **1939/40**, 795–97. – Giovanni Giorgis†: **1944/45.**

Atti Soc. ital. Progr. Sci. L'industria del gas in Italia: **21.**1932, 2 ('33) 61–72.

Giorn. Genio civile Constatazioni recenti e precauzioni nuove nei riguardi della decomposizione delle malte e dei conglomerati cementizi nell'acqua di mare[1])[2]): **89** ('51) Nr. 1, 3–14.

Industria chim. L'industria del gas in Italia: **7** ('32) 1504–10.

Rassegna econ. Colonie Il problema dei combustibili nell'impero: **1937.**

Ferner Skripten von Vorlesungen über Angewandte Chemie ('34) und Allgemeine Technologie ('46) [ital.].

Mit: [1]) L. Greco; [2]) P. Periani.

VI **MAZZONI,** Pacifico. Finanzmath., Statist. – 1912–16 Stud., '16 Dott. in Mat., Univ. di Pisa; '16–30 Insegnante, Istituti tecnici ed Ist. Nautico, '30–34 Preside dell'Ist. Nautico, Bari; '34–65 dapprima Prof. incar., R. Ist. Super. di Sci. Econ. e Commerciali, poi Prof. ord. e Dir. dell'Ist. di Mat. appl. della Fac. di Econ. e Commercio (temporaneamente Preside di questa Fac.), poi anche Dir. dell'Ist. di Mat. della Fac. di Sci. mat., fisiche e naturali, '65–70 Prof. fuori ruolo, Univ. di Bari.

*1895, März 23, Bari.

S. C.R. XI° Congrès international d'actuaires, Paris 1937 (Paris '37): Sul valore dei prestiti a lunga scadenza. – Studi in memoria di Rodolfo Benini (Roma '56): Sulla distribuzione dei redditi. – Scritti matematici in onore di Filippo Sibirani (Bologna '57) 181–93: Sulla curva di Amoroso per la distribuzione dei redditi. – Maffeo Pantaleoni. [Scritti] in occasione del riscoprimento del busto nella Biblioteca della Facoltà economica (Università degli Studi di Bari. Facoltà di economia e commercio) (Bari '57): M. Pantaleoni e l'Università di Bari.

W. Lezioni di matematica finanziaria, **1**: Parte generale (Bari '37) 211 S., . . ., [3]('42) 242 S., [4](Firenze-Bari '48) 244 S.; **2**: Parte finanziaria e attuariale (Bari '38) 352 S. – Elementi di matematica finanziaria e attuariale per gli istituti tecnici commerciali (m. A. Nobile) (Bari '38) 253 S. – Aritmetica pratica ad uso della scuola media (Bari '41) 240 S. – Aritmetica pratica ad uso delle scuole professionali (Bari '43) 228 S. – Elementi di algebra ad uso della scuola media (Bari '43 [?]). – Algebra elementare. Ad uso dei ginnasi superiori, licei scientifici e istituti magistrali (Bari '46) 158 S. – Algebra elementare. Ad uso della prima classe degli istituti tecnici superiori (Bari '46) 182 S. – Lezioni di analisi algebrica (Bari '47) 251 S. – Compendio di matematica generale [6](Firenze '55) 248 S.; [7](Roma '58) 252 S.; [8]('60); [9]('62); [10]('64), revid. Aufl. [10]('68) 252 S. – Compendio di matematica finanziaria e attuariale [5](Roma '58) 299 S.; [6]('63) 4+301 S.

Annali Fac. Agrar., R. Univ. Bari Galileo Galilei: **3** ('42).

Annali, Ist. Statistica, Univ. Bari Lo storno nell'assicurazione vita: **1939,** 14 S. – Sull'interpolazione analitica e sulla distribuzione dei redditi: **27** ('55) 3–53.

Archivio sci. reale Ist. super. Sci. econ. e commerc., Bari Sulla formola di Hattendorf e il rischio medio: **1933/34,** 8 S. – Alcune considerazioni sull'influenza dell'elasticità della domanda in regime di monopolio: **1935,** 42 S. – Sull'influenza di scarti costanti della mortalità o del saggio d'interesse nell'assicurazione vita: **1937,** 37 S. – Sull'andamento delle funzioni fondamentali della matematica attuariale: ibid. 44 S.

Assicurazioni Sul problema del riscatto e della riduzione nell'assicurazione vita: **3** ('36) 647–68. – Sul bilancio tecnico e sugli utili delle imprese di assicurazione sulla vita: **4** ('37) 498–539.

Atti Ist. nazion. Assicuraz. Alcune considerazioni sulla mortalità degli assicurati dell'Istituto Nazionale delle Assicurazioni: **9** ('37) 177–92. — Sul calcolo delle tariffe di una compagnia di assicurazioni sulla vita: **11** ('39) 67–106. — La formola di Hattendorf generalizzata ed il rischio medio: **12** ('40) 45–64. — Gli utili d'interesse e di mortalità e la loro interdipendenza: **13** ('41) 10 S. — Intorno al metodo d'interpolazione del Lever: **14** ('42) 163–79.

Boll. Unione mat. ital. Su una proprietà della vita matematica: **11** ('32) 84–87.

Giorn. Ist. ital. Attuari Contributo alla teoria degli accumuli: **3** ('32) 37–53. — Sul metodo dei quozienti per estrapolare le rendite vitalizie: 182–86. — Sulla determinazione della riserva matematica nel caso di premi frazionati: 473–94. — Sulle aree moltiplicabili del Cantelli: **4** ('33) 100–08. — Un metodo di caricamento industriale dei premi: 369–401. — Su un'origine geometrica di tipi di distribuzioni di frequenze: **5** ('34) 219–23. — Sulle aree moltiplicabili: **6** ('35) 237–42. — Equazione differenziale di secondo ordine caratteristica per la riserva matematica: **8** ('37) 29–38. — Sulle proprietà delle funzioni fondamentali della matematica attuariale: **9** ('38) 104–18. — Equazione differenziale di Riccati per il premio continuo di una assicurazione mista: **10** ('39) 111–15. — Equazioni differenziali per le rendite continue: **15** ('52) 85–92. — Il metodo d'interpolazione del Lever: **17** ('54) 22–35. — Sulla costituzione di un capitale per inseguimento: **18** ('55) 43–58. — Sulle funzioni di sopravvivenza che portano alle stesse riserve matematiche: **24** ('61) 179–93.

Giorn. Mat. finanziaria Su una particolare rappresentazione analitica degli istogrammi: (4) **1** ('55) 131–38.

Ricerca [Napoli] Sulle proprietà di alcuni polinomi: **2** ('51) Nr. 1, 22–27; Nr. 2, 18–24; Nr. 3/4, 14–21. — Sull'andamento di una notevole funzione: **3** ('52) Nr. 2, 12–15.

Weitere Arbeiten auf dem Gebiet der Finanzmathematik in denselben und in anderen Zeitschriften.

III–VI **MAZZOTTO,** Domenico. Physik. — 1907–29 Prof., '10–13, '24–26 Dir. della Scuola di Farmac., '26–28 Pres. della Fac. di Sci., '29 Prof. Emerito, R. Univ. di Modena.

*1854, Okt. 23, Venezia;

†1940, Apr. 5.

W. Nuovi conti fatti pei prodotti fino a 100×100 e quozienti fino a 1000:100, e conti quasi fatti fino a 100×1000 ad uso degli uomini d'affari pei calcoli in piazza ed a tavolino; con tabella pel calcolo degli interessi semplici ecc. (Modena '33) 15, [49] S. — Valori naturali delle funzioni trigonometriche a cinque decimali, di 10′ in 10′ colle differenze per 1′ disposte col metodo nuovo di continuità fra 0° e 90° evitante la consueta incomoda inversione a 45° (Modena '33) [6] S.

Atti e Mem. reale Accad. Sci., Lettere ed Arti Modena Semplificazione del metodo scolastico di far la divisione: (4) **4** ('33/34) 43–46. — Studio comparativo fra circuito melodico semplice e doppio in regime intermittente: 47–53. — Sulla natura del regime intermittente del circuito melodico: (5) **1** ('36) 43–48.

V, VI **MAZZUCCHELLI,** Arrigo. Physikal. Chem. — 1928–35 Prof., R. Univ. di Pisa.

*1877, Febr. 8, Firenze;

†1935, Jan. 7, Pisa.

Nekr. C. Porlezza, Annuario, R. Univ. Pisa **1934/35,** 496–98. — Nuovo Cimento **13** ('36) 44.

S. Enciclopedia italiana di scienze, lettere ed arti **13** (Milano '32) 630–32: Elemento.

Gazz. chim. ital. Elettrodi bimetallici al nicromo nella acidimetria potenziometrica: **62** ('32) 265–70. — La elettrolisi del cromossalato ammonico rosso[1]): 756–63. — Misure del potenziale di deposizione di alcuni ossalati complessi[1]): 764–74. — Formule teoriche sul metodo di Landsberger: **64** ('34) 213–17. — Sulla opportunità di introdurre i periodi quantici nella Tavola di Mendeleieff: **65** ('35) 467–73.

Mit: [1]) U. Bacci.

IV–VI **MEBIUS,** Claes Albert. Physik, Math. — 1892–1920 Realschullehrer, Göteborg; '18–20 tit. Prof., Göteborgs Högskola; '04–05 Vors., Königl. Ges. f. Wiss. u. Literatur zu Göteborg; Gründer u. langjähr. Vors. d. Physikal. Gesellschaften in Uppsala u. Göteborg. (⊠)

*1854, Nov. 15, Arvika;

†1947, Febr. 22.

Göteborgs kungl. Vet.- och Vitterhets-Samhälles Handl. Die statische Elektrizität, eine Strömungserscheinung: (5) **2** ('32) Nr. 8, 37 S. — Zahlentheoretische Untersuchungen, 3: Die diophantische Gleichung $A^3+B^3-C^3-D^3=E$: (6) **3** ('44/45) Nr. 6, 21 S.

Tidskr. elementär Mat., Fysik och Kemi Über den ganzzahligen Wert für Seiten und Diagonalen in einem Parallelogramm: **15** ('32) 200–03. — Zur Bestimmung von Dreiecken, deren Seiten, Flächen und Höhen rationalen Zahlenwert haben: **16** ('33) 173–76. — Über Dreiecke mit Primzahlhöhen: 224. — — Alle Arbeiten schwed.

IV-VI **MEDER,** Alfred Arnold Adolf (Alfred Richardovič). Math. – 1919–39 Prof., Lettische Univ. Riga. – '38 Dr. math. h.c. (⊠)
*1873, Okt. 1 (Sept. 19), Riga;
†1944.

HZ. (Redakt.) Korrespondenzbl. Naturforscher-Ver. Riga **59** ('27) – **63** ('39).

MHZ. (Mitredakt.) Korrespondenzbl. Naturforscher-Ver. Riga **57** ('15), **58** ('24), **64** ('42).

Korrespondenzbl. Naturforscher-Ver. Riga Prof. Dr. Karl Reinhold Kupffer †: **62** ('37) 1–19. – – Ferner Zusammenstellung des Registers zu den Bänden **1–60** nebst Verzeichnis der übrigen Druckschriften des Vereins (Riga '32) 88 S.

IV-VI **MEDOLAGHI,** Paolo. Math. (Statistik). – 1923–36 Dir. gen., Ist. Nazion. della Previdenza Sociale, Roma; '29–50 Pres., Ist. Ital. degli Attuari, Roma; '36–37 Prof. incar., '37– Prof. ord. Econ. e Finanza delle Imprese d'Assicuraz., Univ. di Roma.
*1873, Nov. 24, Firenze;
†1950, Juli 8, Roma.

Nekr. Giorn. Ist. ital. Attuari **14** ('51) 3f.

S. Un secolo di progresso scientifico italiano: 1839–1939 (L. Silla, M. D'Amelio) **1** (Roma '39) (Società italiana per il progresso delle scienze) 253–65: Matematica attuariale; 267–76: Calcolo delle probabilità. – Capitalizzazione o ripartizione? (Roma '51) 24–34: Capitalizzazione o ripartizione?; 40–45: Il sistema finanziario della assicurazione obbligatoria per la invalidità e vecchiaia.

W. Economia e finanza delle imprese assicuratrici [Corso di lezioni]. Anno accademico 1939–40 (Roma '40) 376 S. (R. Università di Roma. Facoltà di scienze statistiche, demografiche e attuariali).

Atti Ist. nazion. Assicuraz. Sui fondamenti matematici dell'assicurazione contro i danni della grandine: **10** ('38) 119–47. – Considerazioni sull'assicurazioni dei rischi tarati: **11** ('39) 41–66.

Atti Riunione sci., Soc. ital. Statistica Sulla stabilità della curva di distribuzione dei redditi: **1** ('39).

Barometro econ. ital. Sulle correlazioni tra serie statistiche rappresentative di fenomeni economici: **5** ('33) 501–03.

Giorn. Ist. ital. Attuari La utilità delle assicurazioni: **8** ('37) Nr. 4. – Indirizzi di ricerca nelle assicurazioni danni: **9** ('38) 297–307.

Relazioni, Soc. ital. Progr. Sci. La teoria dei rischi aggravati nella assicurazione sulla vita umana: **28.** 1939, **3** ('41) 37–43.

Rivista bancaria La tecnica dell'assicurazione: **21A** ('39) 319–23.

IV-VI **MEERBURG,** Pieter Adriaan. Chem. (physikal.). – 1910–34 Leiter d. chem.-pharmaz. Abteilg., '23–34 Dir., Zentrallabor. f. d. Volksgesundheit, Utrecht; '34–40 Gründer u. Leiter eines eigenen hyg.-chem. Labor., Bussum.
*1874, Juni 25, Leiden;
†1940, Nov. 30.

Nekr. W. P. Jorissen, Chemisch Weekbl. **38** ('41) 270–75 (m. Bildnissen, Schr.verz.).

W. Methodiek voor chemisch en bacteriologisch drinkwateronderzoek (m. A. Massink) (Groningen–Batavia '34) 119 S. – Register over de jaargangen 1 tot en met 30 (1903–1933) van het Chemisch Weekblad (Amsterdam '38) 225 S.

Chemisch Weekbl. Die Kropffrage in den Niederlanden: **29** ('32) 751–57. – Dr. A. van Druten †: **31** ('34) 19–. – – Alle Arbeiten niederländ.

Nederlandsch Tijdschr. Geneeskunde Der Jodgehalt unserer Lebensmittel im Zusammenhang mit dem Struma: **79** ('35) 3289–93 [niederländ.].

VI **MEES,** Charles Edward Kenneth. Physik (Photogr.). – 1912 Establisher of Kodak Research Labor., '12–34 Dir. of Research, '23–47 Dir., '34–55 Vice-Pres. in Charge of Research and Developm., Eastman Kodak Co., Rochester, N.Y.; '48 Establisher of Kodak Research Labor., Harrow, Engl.; Establisher of Kodak Research Labor., Vincennes, France; '12 Vice-Pres., Roy. Photogr. Soc. – '23 Hon. Sc.D. (Univ. of Rochester, N.Y.); '50 Hon. Sc.D. (Alfred Univ., Alfred, N.Y.). – '08, '34 Silver Medal (Roy. Soc. Arts); '13, '53 Progress Medal, '24 Hurter and Driffield Medal (Roy. Photogr. Soc.); '21 John Scott Medal and Award (City of Philadelphia, Pa.); '23 Médaille Janssen (Soc. franç. Photogr.); '36 Progress Medal (Soc. of Motion Picture and Television Engrs., Engl.); '37 Henry Draper Medal (Nation. Acad. of Sci., USA); '40 Progress Medal (Photogr. Soc. of America); '43 Rumford Medal (Amer.

Acad. of Arts and Sci., Boston, Mass.); '48 Adelsköldska Guld Medalj (Photogr. Verein Schweden); '52 John Scott Award (Board of Directors of City Trusts, Philadelphia, Pa.); '54 Franklin Gold Medal (Franklin Inst., Philadelphia, Pa.).

*1882, Mai 26, Wellingborough, England;

†1960, Aug. 15, Honolulu, Hawaii.

Ehrung C.E.K. Mees International Medal (Opt. Soc. of America).

Zur Biogr. M. Dembling, Science illustrated **3** ('48) 39. – A. D. McFadyen, Chemical and Engng. News **25** ('47) 3494, 3544. – G. B. B. M. Sutherland, J. opt. Soc. America **47** ('57) 773 (m. Bildn.). – F. E. Wright, Scientific Monthly **45** ('37) 87f. (m. Bildn.). – Chemical and Engng. News **32** ('54) 4378. – Industrial and Engng. Chem., News Edit. **17** ('39) 227. – J. Franklin Inst. **258** ('54) 493–96 (m. Bildn.). – J. opt. Soc. America **42** ('52) 220; **43** ('53) 321; **46** ('56) 233f. (m. Bildn.). – Nature [London] **163** ('49) 54; **177** ('56) 360. – Science [USA] **123** ('56) 180 (m. Bildn.). – Z. wiss. Photogr., Photophysik u. Photochem. **51** ('56) 132–34 (m. Bildn.).

Nekr. H. Baines, Proc. chem. Soc., London **1961**, 269–71. – W. Clark, Abridged sci. Publ., Kodak Res. Labor. **37** ('60) XI–XX; Biographical Mem. Fellows roy. Soc. **7** ('61) 173–97 (m. Bildn., Faks., Schr.verz.). – J. opt. Soc. America **50** ('60) 1121f. – Observatory **80** ('60) 208. – Publ. astron. Soc. Pacific **72** ('60) 435. – Quarterly J. roy. astron. Soc. **2** ('61) 279–81. – Sky and Telescope **21** ('61) 27.

S. Science and applications of photography. Proc. of the International conference held on the occasion of the centenary of the Royal Photographic Society of Great Britain, London 1953 (R. S. Schultze) (London '55) 7–: The mechanism of optical sensitizing; 257–66: Fifty years of work on the theory of the photographic process.

W. Fundamentals of photography [7](Rochester, N.Y. '35) 7+123 S.; [8]('38) 126 S. – Photography (London–New York '36) 12+214 S.; [2]('42) 18+227 S., ('45), ('54). – The theory of the photographic process (New York '42) 10+1124 S., ('44), ('51); [2]('54) 1133 S., ('59) (m. Mitarbeitern); 3. Aufl. herausgegeben von T. H. James u. A. Kocher [3]('66) 11+591 S. – The path of science (m. J. R. Baker) (New York–London '46) 12+250 S. – The organization of industrial scientific research (m. J. A. Leermakers) [2](New York '50) 8+383 S. – An address to the senior staff of the Kodak Research Laboratories, November 9, 1955 (Rochester, N.Y. '56) 30 S. – From dry plates to ektachrome film. A story of photographic research (New York '61) 14+312 S.

Abridged sci. Publ., Kodak Res. Labor. Some photographic aspects of sound recording: **16.** 1933/1934 ('35) 180–99.

Annual Rep. Board Regents Smithsonian Instn. Recent progress in astronomical photography: **1953** ('54) 205–18.

Astrophysical J. Transmission coefficients of light-filters: **79** ('34) 513.

British J. Photogr. Photographic plates for use in spectroscopy and astronomy: **79** ('32) 410–13, 427–29, 443f.; **80** ('33) 560f., 583.

Bull. amer. ceram. Soc. The growth of industrial research: **29** ('50) 448–53.

Bull. Res. Council Israel, Sect. C Cyanine sensitizing dyes: **5** ('57) 289–98.

Bull. Soc. franç. Photogr. et Cinématogr. Some photographic aspects of sound recording: **22** ('35) 11–, 34– [].

Camera Craft Kodachrome: a new 16-mm color process: **42** ('35) 237–41.

Chemical and Engng. News The view ahead in chemistry: **29** ('51) 4062–64.

Chemistry [Washington] The view ahead in chemistry: **25** ('51) 27–.

Chemistry and Industry Leo Hendrik Baekeland and photographic printing papers: **1955,** 1134–38.

Electrical Engng. [USA] Scientific thought and social reconstruction: **53** ('34) 381–.

Endeavour Modern color photography: **7** ('48) 131–40.

Industrial and Engng. Chem. Scope of research management: **24** ('32) 65–.

J. chem. Soc., London Samuel Edward Sheppard, 1882–1948: **1949,** 261–63.

J. Franklin Inst. Photography and the advance of pure science: **226** ('38) 281–92. – Direct processes for making photographic prints in color: **233** ('42) 41–50. – Fifty years of photographic research: **258** ('54) 497–500. – The structure of the developed photographic image: **260** ('55) 259–68.

J. opt. Soc. America Photographic plates for use in spectroscopy and astronomy, 2: **22** ('32) 204–06; ~ 3: **23** ('33) 229–33; ~ 4: **25** ('35) 80–83. – Recent advances in sensitizers for the photography of the infrared[1])[2]): **23** ('33) 216–22.

J. roy. Soc. Arts Some photographic aspects of sound recording: **82** ('34) 924–.

J. Soc. Dyers and Colourists Direct processes for making photographic prints in color: **59** ('43) 101–03.

J. Soc. Motion Picture Engr. Some photographic aspects of sound recording: **24** ('35) 285–326. – The development of the art and science of photography in the twentieth century: **28** ('37) 3–. — Recent advances in the theory of the photographic process: **37** ('41) 10–21. — S. E. Sheppard, 1882–1948: **51** ('48) 667f.

J. Soc. Motion Picture and Televis. Engr. History of professional black-and-white motion-picture film: **63** ('54) 134–37.

Nature [London] Sensitizing dyes and their use in scientific photography: **137** ('36) 726–30. — Recent advances in our knowledge of the photographic process: **150** ('42) 720–23. — S. E. Sheppard †: **162** ('48) 952f. — Secrecy and industrial research: **170** ('52) 972f.

Photographic J. Recent advances in sensitizers for the photography of the infra-red[1])[2]): **73** ('33) 258–64. — Photographic plates for use in astronomy: **74** ('34) 448–61. — The modern era in photography: **79** ('39) 225–56. — Direct processes for making photographic prints in color: **82** ('42) 300–05.

Photographic J., Sect. A The Kodak Research Laboratories: **88** ('48) 50–. — Samuel Edward Sheppard: **89** ('49) 18f.

Photographische Industrie Aufnahmematerial für wissenschaftliche Arbeiten: **30** ('32) 512–16, 538–42. — Photographische Platten für spektroskopische und astronomische Zwekke, 3: **31** ('33) 834–37. — Die neuesten Fortschritte auf dem Gebiete der Infrarotsensibilisatoren[1])[2]): 1064–66, 1102f.

Proc. roy. Instn. Great Britain Sensitizing dyes and their application to scientific photography: **29.** 1935/37 ('37) 136–49.

Proc. roy. Soc. London, Ser. A The Kodak Research Laboratories: **192** ('47/48) 465–79.

Proc. roy. Soc. London, Ser. B The Kodak Research Laboratories: **135** ('47/48) 133–47.

Science [USA] The Kodacolor film: **95** ('42) Suppl. zu Nr. 2453, S. 10.

Scientific Monthly Recent advances in our knowledge of the photographic process: **55** ('42) 293–300.

Sigma Xi Quarterly Scientific thought and social reconstruction: **22** ('34) 13–.

Mit: [1]) L. G. S. Brooker; [2]) F. M. Hamer.

VI **MEGGERS,** William Frederick. Physik. — 1914–20 Physicist, '20–58 Chief of Spectroscopy Section, Nation. Bur. of Standards, Washington, D.C.; '59– Consultant, U.S. Atomic Energy Commiss.; '60– Physicist, The Welch Scientific Comp., Chicago, Ill. — '47–49 Vice-Pres., '49–51 Pres., Optical Soc. of America; '35–38, '48, '52 Pres., Wavelength Commiss. of the Internat. Astron. Union; '50 Pres., Internat. Joint Commiss. for Spectroscopy. — '50 Hon. D.Sc. (Ripon College, Ripon, Wisc.). — '47 Frederick Ives Medal, '64 C.E.K. Mees Medal (Optical Soc. of America); '49 Gold Medal (U.S. Departm. of Commerce); '51 Liège Medal (Univ. de Liège); '52 Applied Spectroscopy Medal (New York Soc. for Applied Spectroscopy); '53 Elliot Cresson Medal (Franklin Inst., Philadelphia, Pa.); '63 Spectroscopy Award (Pittsburgh Soc. for Spectroscopy).

*1888, Juli 13, Clintonville, Wisc.; †1966, Nov. 19.

Ehrung William F. Meggers Award (Optical Society of America).

Zur Biogr. J. appl. Physics [USA] **10** ('39) 767 (m. Bildn.). — J. opt. Soc. America **38** ('48) 1–6 (m. Bildn. u. Schr.verz.); **42** ('52) 148, 436; **43** ('53) 932 (m. Bildn.); **44** ('54) 576 (m. Bildn.); **48** ('58) 861; **49** ('59) 1.

Nekr. P. D. Foote, Biographical Mem., Nation. Acad. Sci. USA **41** ('70) 319–40 (m. Bildn., Faks., Schr.verz.). — Nature [London] **213** ('67) 342.

H. H. Kayser, Tabelle der Schwingungszahlen der auf das Vakuum reduzierten Wellenlängen zwischen λ 2000 Å und λ 10000 Å (Ann Arbor, Mich. '44). — H. D. Hubbard, Key to periodic chart of the atoms (Chicago, Ill. '47); ('50); Hubbard's Key to periodic chart of the atoms ('53); Key to the Welch periodic chart of the atoms ('59) (W. M. Welch Scientific Comp.); ('63).

S. Verhandelingen, op 25 Mei 1935 aangeboden aan P. Zeeman ('s Gravenhage '35) 190–200: Infrared spectra of noble gases (10,500 Å to 13,000 Å). — Spectroscopy in science and industry. Proc. 5th Summer conference on spectroscopy and its applications, Cambridge, Mass., 1937 (New York '38) 57–59: Available tables of wave lengths for spectrochemical analysis. — Proc. 6th Summer conference on spectroscopy and its applications, Cambridge, Mass., 1938 (NewYork '39) 112f.: A bibliography of spectrochemical analysis, 1920–1937[20]); 114–17: Standard wave lengths. — Proc. 7th ~, Cambridge, Mass., 1939 (New York '40) 1–6: A quarter century of spectrochemical analysis at the National Bureau of Standards; 73–76: Some spectroscopic suggestions. — Encyclopaedia Britannica; a new survey of universal knowledge (W. Yust) **21** (Chicago, Ill.–London–Toronto . . . '47) 180–95: Spectroscopy; **21** ('53) 334f.: Stark effect; **23** ('53) 940f.: Zeeman effect; **21** ('65) 180–96: Spectroscopy; 335f.: Stark effect; **23** ('65) 940–43: Zeeman effect. — 8. Colloquium spectroscopicum internationale, Luzern 1959. Gesamtausgabe der Vorträge und Referate (Aarau '60) 119–21: Residual arc spectra of seventy elements diluted in copper[6])[20]).

W. Index to the literature on spectrochemical analysis (m. B. F. Scribner) [1:] 1920–1937 (Philadelphia, Pa. '39) 59 S., 1920–1939 [2]('41) 94 S. (American Society for Testing Materials, Committee E-2 on Emission Spectroscopy); 2: 1940–1945 ('47) 180 S. (∼); 3: 1946–1950 ('54) 232 S. (ASTM special technical publications, 41–C); 4: 1951–1955 ('59) 314 S. (∼ 41–D). – Table of wavenumbers (m. C. D. Coleman, W. R. Bozman) 1: 2000 Å to 7000 Å (Washington, D.C. '60) 500 S., 2: 7000 Å to 1000 μ ('60) 534 S. (National Bureau of Standards monograph 3). – Tables of spectral-line intensities (m. C. H. Corliss, B. F. Scribner) 1 (Washington, D.C. '61) 12+473 S., 2 ('61) 272 S. (∼ 32).

Analytical Chem. Emission spectroscopy: **21** ('49) 29–31; **22** ('50) 18–23; **24** ('52) 23–27; **26** ('54) 54–58; **28** ('56) 616–21.

Applied Optics Review of reviews of atomic spectroscopy: **2** ('63) 657–63.

Astronomical J. The fundamental standard of wave length: **56** ('51) 116–18.

Biographical Mem., Nation. Acad. Sci. USA Henry Crew, 1859–1953: **37** ('64) 33–54. – William Weber Coblentz †: **39** ('67) 55–102.

Bull. Soc. appl. Spectroscopy Principals and principles of spectrochemical analysis: **3** ('48) Nr. 2, 1–12.

Applied Spectroscopy What use is spectroscopy?: **6** ('52) Nr. 4, 6–10.

J. appl. Physics [USA] Spectroscopic apparatus: **10** ('39) 734–40.

J. opt. Soc. America Notes on the physical basis for spectrographic analysis: **31** ('41) 39–46. – Emission spectra of the rare-earth elements: 157–59. – Sir C. V. Raman (a brief biography): 510f. – The strongest lines of singly ionized atoms: 605–11. – Spectroscopy, past, present, and future: **36** ('46) 431–48. – A light wave of artificial mercury as the ultimate standard of length: **38** ('48) 7–14. – Wave lengths of mercury 198 [12]): **40** ('50) 737–41. – Fundamental research in atomic spectra: **41** ('51) 143–48. – Collecting of data concerning atomic spectra. Report of Subcommittee b. (Transactions of the Joint Commission for Spectroscopy)[16]): **43** ('53) 415f.; **46** ('56) 147–49; **47** ('57) 1038f. – Notation for atomic spectra. Report of Subcommittee e. (∼)[16]): **43** ('53) 422–25. – Present experimental status of rare-earth spectra: **50** ('60) 405f. – The centennial of spectrochemistry[23]): 1035–38.

J. Res. nation. Bur. Standards Infrared spectra of helium[7]): **9** ('32) 121–29. – Wave lengths and Zeeman effects in lanthanum spectra: 239–68. – Infrared arc spectra photographed with xenocyanine[13]): 309–26. – An analysis of lanthanum spectra[18]): 625–68. – Further description and analysis of the first spectrum of xenon[11]): **10** ('33) 139–49. – Infrared spectra of neon, argon and krypton[11]): 427–48. – Long-wave arc spectra of alkalis and alkaline earths: 669–84. – The infrared arc spectra of manganese and rhenium: 757–69. – The second spectrum of krypton[2])[11]): **11** ('33) 409–40. – Interference measurements in the spectra of noble gases[11]): **13** ('34) 293–309. – Second spectrum of hafnium (Hf II)[20]): 625–57. – Interference measurements in the infrared arc spectrum of iron: **14** ('35) 33–40. – Infrared spectra of noble gases (10,500 Å to 13,000 Å): 487–97. – Multiplets and terms in the first two spectra of columbium[20]): 629–47. – Arc and spark spectra of columbium[14]): **16** ('36) 385–419. – Term analysis of the first spectrum of vanadium (V I) [18]): **17** ('36) 125–92. – Interference measurements of wave lengths in the ultraviolet spectrum of iron[11]): **18** ('37) 543–57. – Arc and spark spectra of lutecium[20]): **19** ('37) 31–39. – Arc and spark spectra of ytterbium[20]): 651–64. – Spectrum of lutecium monoxide[27]): **20** ('38) 125–28. – Zeeman effect in the second and third spectra of xenon[11])[2]): **23** ('39) 683–99. – First spectrum of tin: **24** ('40) 153–73. – Description and analysis of the second spectrum of vanadium (V II) [16]): **25** ('40) 83–132. – The first spectrum of antimony[11]): **28** ('42) 463–78. – Term analyses of the first two spectra of columbium[11]): **34** ('45) 477–585. – Lamps and wave lengths of mercury 198[28]): **44** ('50) 447–55. – The first spectrum of arsenic[21])[16]): **45** ('50) 346–56. – The arc and spark spectra of technetium[20]): 476–89. – The absorption and emission spectra of promethium[20])[1]): **46** ('51) 85–98. – Multiplets and terms in technetium spectra: **47** ('51) 7–14. – The arc spectra of gallium, indium, and thallium[17]): **48** ('52) 334–44. – A description of the arc and spark spectra of rhenium: **49** ('52) 187–216. – An intersystem transition in the first spectrum of beryllium[1])[6])[25]): **50** ('53) 131f. – Extension of the arc spectra of palladium and platinum (6,500 to 12,000 Å) [12])[16]): **53** ('54) 225–28. – Arc and spark spectra of ruthenium[12]): **55** ('55) 97–126. – Wave lengths from iron-halide lamps[22]): **58** ('57) 41–49. – Emission spectra of actinium[9])[24]): 297–315. – Term analysis of the first spectrum of rhenium (Re I) [15])[26])[4]): **59** ('57) 319–48. – Wave lengths from thorium-halide lamps[22]): **61** ('58) 95–103. – Improved description of hafnium spectra[6]): 269–324. – The second spectrum of ruthenium (Ru II)[21]): 373–411. – Term analysis of the second spectrum of rhenium (Re II) [4])[19]): 441–61.

J. Res. nation. Bur. Standards, A The first spectrum of manganese (Mn I)[4][10]): **68** ('64) 9–59. — More wave lengths from thorium lamps[22]): **69** ('65) 109–18. — Wave lengths, intensities, and Zeeman patterns in ytterbium spectra (Yb I, II, III, IV)[6]): **70** ('66) 63–106. — The second spectrum of ytterbium (Yb II)[16]): **71** ('67) 397–545. — An improved description of technetium spectra (Tc I and Tc II, 2,000 to 9,000 Å)[1][6]): 547–65.

J. Washington Acad. Sci. Harry John McNicholas †: **33** ('43) 192.

Lunds Univ. Årsskr., Avd. 2 Rydberg centennial conference on atomic spectroscopy: Opening address: **50** ('54/55) Nr. 21, 13f.

Optika i Spektroskopija Present status of the question of the spectra of rare earths from the experimental point of view: **6** ('59) 430–33 [russ.].

Physica Hyperfine structure of technetium ($^{99}_{43}$Tc) spectral lines[12]): **17** ('51) 484.

Physical Rev. Nuclear spin of technetium 99[12]): **80** ('50) 905f. — The magnetic moment of technetium 99[12]): **82** ('51) 341f. — Nuclear spin of actinium 227[24][9]): **84** ('51) 168. — Nuclear moments of actinium 227[9][24]): **98** ('55) 1514; **111** ('58) 1747.

Physics Teacher Spectra inform us about atoms: **2** ('64) 303–11.

Publ., Amer. astron. Soc. Interference measurements of wave lengths in the ultraviolet spectrum of iron[11]): **9** ('36/39) 13f. — The spectrum of ionized vanadium[16]): 225.

Publ. astron. Soc. Pacific The presence of ytterbium in the sun[16]): **44** ('32) 175–77.

Reviews modern Physics The primary standard of wave length: **14** ('42) 59–63. — Atomic spectra of rare-earth elements: 96–103.

Revue univ. Mines, Métallurgie, Trav. publ., Sci. et Arts appl. Industrie The present state and future prospects in emission spectroscopy: (9) **15** ('59) 230–37.

Science [USA] Electron configurations of "rare-earth" elements: **105** ('47) 514–16. — Emission spectra of actinium[9][24]): **124** ('56) 940f.

Science Counselor Light wave of mercury 198 as ultimate standard of length: **11** ('48) Nr. 2, 50f., 70f.

Scientific American Measurement by mercury: **179** ('48) Nr. 2, 48–53.

Scientific Monthly The seventieth anniversary of Professor P. Zeeman: **41** ('35) 85–87. — The ultimate standard of length: **68** ('49) 3–11.

Smithsonian miscell. Collect. Standard wave lengths: **120** ('54) 568–78. — Series relations in atomic spectra: 578–85.

Spectrochimica Acta Principals and principles of spectrochemical analysis: **3** ('47) 5–17. — The spectrochemistry of technetium and promethium: **4** ('51) 317–26. — The emission spectra of actinium[9][24]): **8** ('56/57) 290. — The fundamental facts of atomic spectra: **391**. — The spectrochemistry of actinium: **10** ('57/58) 195–200. — Relative intensities for the arc spectra of seventy elements[6][20]): **17** ('61) 1137–72.

Technical News Bull., U.S. Bur. Standards Light wave of mercury 198 as ultimate standard of length: **31** ('47) 133–37. — Atomic standards of length now available: **35** ('51) Nr. 3, 29–31. — Two new elements confirmed[20][1]): 31–33. — Emission spectra of actinium: **41** ('57) 49–51. — Spectral-line intensity tables[6][20]): **45** ('61) 201f.

Trans. int. astron. Union Commission des Etalons de Longueur d'Onde et des Tables de Spectres Solaires: **4** ('33) 233–36; **5** ('36) 299–303; **6** ('39) 79–102; **7** ('50) 146–54; **8** ('52) 188–98; ∼ [8] u. a.): **9** ('55/57) 201–27; ∼ [8] u. a.): **10** ('60) 211–33.

Ferner eine Tafel „Periodic charts of the atoms" (m. H. D. Hubbard, † 1943), herausgegeben 1940 von der W. M. Welsh Scientific Comp., Chicago, Ill.; weitere Ausgaben '47, '50, '53, '59, '63, '65 (vgl. auch **H.**).

Mit: 1) W. R. Bozman; 2) T. L. de Bruin; 3) –; 4) M. A. Catalán; 5) –; 6) C. H. Corliss; 7) G. H. Dieke; 8) B. Edlén; 9) M. Fred; 10) O. Garcia-Riquelme; 11) C. J. Humphreys; 12) K. G. Kessler; 13) C. C. Kiess; 14) A. S. King; 15) P. F. A. Klinkenberg; 16) C. E. Moore; 17) R. J. Murphy; 18) H. N. Russell; 19) M. Sales; 20) B. F. Scribner; 21) A. G. Shenstone; 22) R. W. Stanley; 23) J. L. Tech; 24) F. S. Tomkins; 25) R. E. Trees; 26) R. Velasco; 27) W. W. Watson; 28) F. O. Westfall.

VI **MEHL,** Robert Franklin. Chem., Metallurgie. — 1923–25 Prof. and Head of the Chem. Departm., Juniata College, Huntingdon, Pa.; '25–27 Nation. Research Fellow, Harvard Univ., Cambridge, Mass.; '27–31 Superintendent, Divis. of Physical Metallurgy, Naval Research Labor., Washington, D.C.; '31–32 Assist. Dir. of Research, Amer. Rolling Mill Co., Middletown, O.; '32–65 Prof. Metallurgy and Dir. of Metals Research Labor., '35–60 Head of the Departm. of Metallurg. Engng., '53–60 Dean of Graduate Studies, Carnegie Inst. of Technol., Pittsburgh, Pa.; '65–67 Visiting Prof., Univ. of Delaware, Newark, Del.; '67–69 Visiting Prof., Syracuse Univ., Syracuse, N.Y.; '45 Attaché, U.S. Embassy, London; '49 Consultant, Inst. of Techn. Research, São Paulo, Brazil; '50 Chairman, Minerals and Metals Advisory Board, Nation. Research Council; '52 Special Consultant, U.S. Departm. of State, Brazil, Joint Commiss., Point-4 Program; '60–65 Consultant, U.S. Steel Corporat., Zürich. – '38 Hon. Sc.D. (Franklin and Marshall College, Lancaster, Pa.); '44 Dr. h.c. (Univ. de São Paulo); '44 Hon. Eng.D. (Stevens Inst. of Technol., Hoboken, N.J.); '52 Hon. Eng.D. (Colorado School of Mines, Golden, Colo.); '59 Hon. Eng.D. (Case Inst. of Technol., Cleveland, O.); '59 Hon. D.Sc. (Univ. of Pennsylvania, Philadelphia, Pa.); '73 Hon. D.Eng. (Carnegie-Mellon Univ., Pittsburgh, Pa.). – '34 Scott Medal, '53 Francis J. Clamer Medal (Franklin Inst., Philadelphia, Pa.); '34, '39, '43, '47 Awards, '45 James Douglas Medal (Amer. Inst. of Mining and Metallurg. Engrs.); '39 Henry Marion Howe Medal, '51 Albert Sauveur Achievem. Award, '52 Gold Medal (Amer. Soc. for Metals); '43 Medal (Amer. Industr. Radium and x-Ray Soc.); '44 Medal (Assoc. Brasil. de Metais); '56 Médaille Le Chatelier (Soc. franç. de Métallurgie); '56 Pittsburgh Award (Amer. Chem. Soc.); '59 Vincent Bendix Medal (Soc. for Engng. Educat.); '60 Platinum Medal (Brit. Inst. of Metals).

*1898, März 30, Lancaster, Pa.

Ehrung '73– Robert Franklin Mehl Medal (Inst. of Metals Divis., Amer. Inst. of Mining, Metallurg. and Petroleum Engrs.).

Zur Biogr. Chemical and Engng. News **30** ('52) 4272. – J. Engng. Educat. **50** ('59/60) 28f. – Nature [London] **161** ('48) 592.

MH. (Consulting Editor) McGraw-Hill publications in metallurgy (Metallurgy and metallurgical engineering series) (New York–London '42) – ('60).

S. Hardenability of alloy steels (medium and low alloy steels – up to 5% alloy). Papers and discussions of a symposium presented before the 20th annual convention of the American Society for Metals, Detroit, Mich., 1938 (Cleveland, O. '39) 1–55: Physics of hardenability. – Phase transformations in solids. Symposium, Ithaca, N.Y., 1948 (R. Smoluchowski) (New York '51) 545–87: Eutectoid reaction[16]). – Precipitation from solid solution. A series of nine educational lectures presented to members of the American Society for Metals during the National metal congress and exposition, Chicago, Ill., 1957 (Cleveland, O. '59) 1–5: Precipitation from solid solution: Introduction and summary.

W. Metalurgia do ferro e do aço (São Paulo '45) 296 S. (Escola Politécnica da Universidade de São Paulo, Publ. 3). – A brief history of the science of metals (New York '48) 6+83 S. (American Institute of Mining and Metallurgical Engineers).

ABM, Boletim Assoc. brasil. Metais O papel da pesquisa na indústria metalúrgica: **20** ('64) 581–602. – Reticulados, imperfeições e átomos nos metais. A nova microscópia: **26** ('70) 251–69.

Acta metallurg. Spiral growth during vapor deposition of cadmium[46]): **3** ('55) 213–15. – Calorimetric study of the austenite–pearlite transformation[22])[47]): **4** ('56) 37–46. – The free energy of formation and the interfacial enthalpy in pearlite[35])[47]): **6** ('58) 763–71. – Estimation of equilibrium vacancy concentration in solid metals[57])[47]): **9** ('61) 256f. – Crystallography of the precipitation of ferrite on austenite grain boundaries in a Co+20% Fe alloy[62])[45]): **15** ('67) 1432–40.

American Scientist Metallurgy and science: **40** ('52) 229–59.

Contributions, Amer. Inst. Mining and metallurg. Engr. The Widmanstätten structure, 4: The iron–carbon alloys[6])[53]): **37** ('33) 35 S.

C.R. hebd. Séances Acad. Sci., Paris Etude micrographique de la croissance des cristaux par condensation de la phase vapeur dans le cas du cadmium[1]): **244** ('57) 2713–16.

Heat Treating and Forging Non-destructive testing methods: **18** ('32) 412–14.

Iron Age Structure and rate of formation of pearlite: **148** ('41) Nr. 18, 45-49.

J. appl. Physics [USA] Rates of diffusion in solid alloys: **8** ('37) 174–85. – Self diffusion in iron[8]): **19** ('48) 217f.

J. Iron and Steel Inst. Third Hatfield memorial lecture: The decomposition of austenite by nucleation and growth processes: **159** ('48) 113–29.

J. Metals [New York] The statistical nature of the endurance limit[48]): **1** ('49) 364f. – Self-diffusion in alpha and gamma iron[8]): **2** ('50) 144–49. – Diffusion coefficient of carbon in austenite[58])[7]): 553–60. – Interface and marker movements in diffusion in solid solutions of metals[12]): **3** ('51) 155–73. – Diffusion in iron oxides[25]): **4** ('52) 147. – Effect of molybdenum and of nickel on the rate of nucleation and the rate of growth of pearlite[43]): 771–80. – Research in progress: Time duration of the formation of a martensite plate and the influence of metallurgical variables[10]): 1042. – Rates of diffusion and marker movements in beta brass[36]): **5** ('53) 153f. – Self-diffusion of iron in iron oxides and the Wagner theory of oxidation[25])[8]): 827–43; **6** ('54) 670–72. – Rate of propagation of martensite[10]): **5** ('53) 1251–58; **6** ('54) 681f. – Mobilities in diffusion in alpha brass[27]): **7** ('55) 88–99. – Diffusion and marker movements in β brass[36])[8]): **8** ('56) 73–78. – Orthodoxy, heterodoxy, and metallurgical education: **11** ('59) 672–77.

Metal Progr. Crystallographic problems in the heat treatment of steel: **34** ('38) 439f. – Recrystallization: **35** ('39) 156–59, 192–96. – Electrolytic preparation of iron and steel micro-specimens[44])[42]): **37** ('40) 55–57. – Electrolytic preparation of metal micro-specimens[44])[42]): **38** ('40) 554. – Meteoritic iron[14]): 799–804. – Hardening of steel: **40** ('41) 759–65.

Metallurgical Soc. Conf. On the Widmanstätten structure: **27** ('63) 245–69.

Metals and Alloys Etch pits in iron. Their use in determining the orientation of iron crystals[53]): **4** ('33) 31f., 36. – An x-ray study of Lüders' lines and strain figures in low-carbon steel[19]): **6** ('35) 158f. – Metallurgical education: **10** ('39) Nr. 10, A-50, A-52. – Diffusion in α solid solutions of aluminium[49])[56]): **13** ('41) 41–44.

Mining and Metallurgy Theoretical metallurgy: **15** ('34) 46–51. – The science of metals grows apace. Many new alloys and methods of treatment. Nonferrous physical metallurgy. Introduction: **17** ('36) 42. – Self-diffusion in iron[8]): **28** ('47) 555.

Nature [London] Segregation of cementite from austenite[6])[53]): **129** ('32) 313f. – Orientation of oxide films on metals[40])[49]): **134** ('34) 1009. – Orientation of oxide films on iron[40]): **137** ('36) 702.

Proc. amer. Soc. Testing Mater. The anisotropy of the fatigue properties of SAE 4340 steel forgings[48]): **52.1952** ('53) 779–90.

Proc. roy. canad. Inst. Metal crystals: (Ser. 3A) **18** ('52/53) 40f.

Publicação, Inst. Pesquisas tecnol., São Paulo Forschung und industrieller Fortschritt: Nr. **367** ('50) [portugies.].

Revue Métallurgie [Paris] Observations sur le faciès cristallographique de la martensite[59]): **50** ('53) 465–75. – La théorie de la décomposition de l'austénite: **54** ('57) 246–56. – La formation de la ferrite proeutectoïde dans les aciers au carbone[16])[63]): **55** ('58) 201–10. – La recherche métallurgique aux Etats-Unis et en Europe: **61** ('64) 113–19 (m. Bildn.).

Special techn. Publ., Amer. Soc. Testing Materials The statistical nature of the fatigue properties of SAE 4340 steel forgings[48]): **137** ('52) 3–21. – The statistical behavior of fatigue properties and the influence of metallurgical factors[17]): 25–54. – A statistical interpretation of the effect of understressing on fatigue strength[17]): 58–64.

Technical Notes, Nation. Advisory Committee Aeronaut. Investigation of statistical nature of fatigue properties[17]): Nr. **2719** ('52). – Fatigue strength of chrome-nickel-molybdenum steels[15])[65]): Nr. **3211** ('54) 34 S.

Technical Publ., Amer. Inst. Mining and metallurg. Engr. Studies upon the Widmanstätten structure, 5: The gamma–alpha transformation in pure iron[53]): Nr. **521** ('34) 7 S.; ~ 6: Iron-rich alloys of iron and nitrogen and of iron and phosphorus[6])[30]): Nr. **539** ('34) 18 S.; ~ 7: The copper-silver system[6])[33]): Nr. **595** ('35) 19 S.; ~ 8: The gamma–alpha transformation in iron–nickel alloys[14]): Nr. **797** ('37) 15 S.; ~ 9: The Mg–Mg_2Sn and Pb–Sb system[14])[34]): Nr. **820** ('37) 12 S. – Orientation of ferrite in pearlite[53]): Nr. **566** ('34) 12 S. – Review of theoretical metallurgy during 1934: Nr. **594** ('35) 18 S. – Preferred orientation in cold-rolled sheets of mild steel[19]): Nr. **704** ('36) 14 S. – Diffusion in solid metals: Nr. **726** ('36) 4 S. – Oxide films on iron[40]): Nr. **780** ('37) 21 S. – Constitution of high-purity iron–carbon alloys[58]): Nr. **798** ('37) 41 S. – Preferred orientations in iron–silicon alloys[6])[5]): Nr. **813** ('37) 13 S. – Rates of diffusion in the α solid solutions of copper[49]): Nr. **883** ('38) 37 S. – Yield point of single crystals of iron under static loads[19]): Nr. **893** ('38) 6 S. – Simultaneous diffusion of nickel and silicon in solid copper[49]): Nr. **1072** ('39) 12 S. – Reaction kinetics in processes of nucleation and growth[32]): Nr. **1089** ('39) 26 S. – Rate of diffusion of carbon in austenite in plain carbon, in nickel and in manganese steels[58]): Nr. **1180** ('40) 28 S. – Mechanism of precipitation from solid solutions of silver in aluminum[6])[18]): Nr. **1275** ('41) 15 S. – Rate of diffusion of nickel in gamma iron in low-carbon and high-carbon nickel steels[58]): Nr. **1281** ('41) 10 S. – Rate of diffusion of manganese in gamma iron in low-carbon and high-carbon manganese steels [58]): Nr. **1282** ('41) 13 S. – Low temperature oxidation of single crystals of copper[37]): Nr. **1317** ('41) 22 S. – Recrystallization of silicon ferrite in terms of rate of nucleation and rate of growth[55]): Nr. **1438** ('42) 12 S. – Lattice relationships in decomposition of austenite to pearlite, bainite and martensite[54]): Nr. **1459** ('42) 16 S. – Rate of nucleation and rate of growth of pearlite: Nr. **1460** ('42) 23 S. – Rate of growth of intermediate alloy layers in structurally analogous systems[37]): Nr. **1463** ('42) 26 S. – Rate of precipitation of silicon from the solid solution of silicon in aluminum[31]): Nr. **1508** ('42) 16 S. – Aging in the solid solution of silver in aluminum[18])[6]): Nr. **1557** ('43) 20 S. – Mechanism of precipitation from solid solutions of zinc in aluminum, magnesium in aluminum and of some magnesium-base alloys[18])[6]):

Nr. **1558** ('43) 22 S. — Effect of inhomogeneity in austenite on the rate of the austenite–pearlite reaction in plain carbon steels[50]): Nr. **1568** ('43) 16 S. — Symposium on practical aspects of diffusion: Nr. **1658** ('44) 10 S. — Orientations in (copper–zinc) diffusion layers[60])[6]): Nr. **1694** ('44) 10 S. — Recrystallization of aluminum in terms of the rate of nucleation and the rate of growth[4]): Nr. **1805** ('45) 28 S. — Thermodynamic activities and diffusion in metallic solid solutions[8]): Nr. **2168** ('47) 16 S. — The effect of cobalt on the rate of nucleation and the rate of growth of pearlite[23]): Nr. **2211** ('47) 26 S. — Mechanism of precipitation in alloys of beryllium in copper[21])[6]): Nr. **2341** ('48) 23 S. — — Alle Beiträge auch in **Metals Technol. 1** ('34) – **15** ('48).

Trans. amer. Inst. Mining and metallurg. Engr. Studies upon the Widmanstätten structure, 3: The aluminum-rich alloys of aluminum with copper, and of aluminum with magnesium and silicon[6])[49]): **1932,** 26 S. [Preprint]; ~ 4: The iron–carbon alloys[6])[53]): **105** ('33) 215–58. — — Weitere Arbeiten auch als **Technical Publ., Amer. Inst. Mining and metallurg. Engr.** (siehe dort!) sowie in **J. Metals [New York]** (siehe dort!).

Trans. metallurg. Soc. AIME Marker movements in the K–Rb-diffusion[61])[52]): **212.**1958 ('59) 412f. — Commentary on metallurgy: **218** ('60) 386–95. — Diffusion in γ brass[38]): **221** ('61) 561–67. — Sorption of zinc in α brass using optical reflectivity measurements[57])[47])[26]): **224** ('62) 742–51. — Growth of cementite particles in ferrite[3])[28]): **242** ('68) 1853–63.

Trans. amer. Soc. Metals A dilatometric study of the α-γ transformation in high-purity iron[58])[2]): **24** ('36) 46–66. — The effect of deoxidation on the rate of formation of ferrite in commercial steels[39])[24]): 281–312. — Influence of deoxidation on the aging of mild steels[64])[24]): 595–639. — Slip, twinning, and cleavage in iron and silicon ferrite[6])[5]): **25** ('37) 702–36. — Some factors influencing austenitic grain size in high-purity steels[14])[34]): **26** ('38) 153–72. — Structure and rate of formation of pearlite: **29** ('41) 813–61. — Structure of pearlite[29]): **30** ('42) 381–420. — Interlamellar spacing of pearlite[44])[23])[32]): 1049–80. — The mechanism and the rate of formation of austenite from ferrite–cementite aggregates[50]): **31** ('43) 613–50. — Transverse mechanical properties in heat-treated wrought steel products[58]): **1948,** Reprint Nr. 23, 91 S. — A quench cracking susceptibility test for hollow cylinders[58])[51])[9]): **1949,** Reprint Nr. 13, 26 S. — Transverse mechanical properties in an SAE 1045 forging steel[20])[58]): **45** ('53) 1080–122. — Statistical fatigue properties of lamellar and spheroidal eutectoid steel[15])[27]): **47** ('55) 423–39. — Slip, twinning, and fracture in single crystals of iron[13])[27]): **49** ('57) 118–31. — Growth of cadmium from the vapor[41]): **50** ('58) 1006–30. — Spiral growth during vapor deposition of cadmium[46]): **51** ('59) 162–84.

Yearb. amer. Iron and Steel Inst. Nondestructive testing methods in the iron and steel industry: **1932,** 126–84.

Mit: 1) A. Accary; 2) R. A. Ackley; 3) G. P. Airey; 4) W. A. Anderson; 5) G. Ansel; 6) C. S. Barrett; 7) W. Batz; 8) C. E. Birchenall; 9) I. Boverman; 10) R. F. Bunshah; 11) –; 12) L. C. Correa da Silva; 13) J. J. Cox; 14) G. Derge; 15) G. E. Dieter; 16) C. A. Dubé; 17) E. Epremian; 18) A. H. Geisler; 19) M. Gensamer; 20) A. H. Grobe; 21) A. G. Guy; 22) W. C. Hagel; 23) M. F. Hawkes; 24) C. H. Herty, jr.; 25) L. Himmel; 26) J. P. Hirth; 27) G. T. Horne; 28) T. A. Hughes; 29) F. C. Hull; 30) H. S. Jerabek; 31) L. K. Jetter; 32) W. A. Johnson; 33) H. F. Kaiser; 34) A. R. Kommel; 35) J. J. Kramer; 36) U. S. Landergren; 37) B. Lustman; 38) C. F. Lutz; 39) D. L. McBride; 40) E. L. McCandless; 41) J. E. McNutt; 42) H. Markus; 43) R. W. Parcel; 44) G. E. Pellissier, jr.; 45) W. Pitsch; 46) W. I. Pollock; 47) G. M. Pound; 48) J. T. Ransom; 49) F. N. Rhines; 50) G. A. Roberts; 51) C. F. Sawyer; 52) M. T. Simnad; 53) D. W. Smith; 54) G. V. Smith; 55) J. K. Stanley; 56) K. A. von den Steinen; 57) M. L. Swanson; 58) C. Wells; 59) D. M. van Winkle; 60) S. Woo; 61) L. Yang; 62) P. L. Ryder; 63) H. I. Aaronson; 64) B. N. Daniloff; 65) G. T. Thorne.

VI **MEIDELL,** Birger Øivind. Versicherungsmath. — 1923–46 Prof. u. Leiter d. Versicherungstechn. Seminars, Univ. Oslo; '21–25 Präs., Norweg. Versicherungsmathematiker-Verein.

*1882, Febr. 4, Bergen;

†1958, Jan. 29, Oslo.

Zum 50. Geb.tag Forsikringstid. **36** ('32) 35 (m. Bildn.).

Zur Biogr. T. Hoel in: Norsk biografisk leksikon (A. W. Brøgger, E. Jansen) **9** (Oslo '40) 126–28. — Studentene fra 1910. Biografiske oplysninger samlet til 25-årsjubileet 1935 (Oslo '35) 237 (m. Bildn.). — Universitetet i Oslo 1911–1961 **1** (Oslo '61) 496f.

Nekr. Forsikringstid. **62** ('58) 50.

S. 8. Skandinaviska matematikerkongressen, Stockholm 1934 (Lund '35) 228–36: Über eine explizite Lösung der allgemeinen Gleichung n-ten Grades der Finanzmathematik []. — C. R. Congrès international des mathématiciens, Oslo 1936 **2** (Oslo '37): Intregration zusammengesetzter Funktionen mit Anwendung auf versicherungsmathematische Probleme.

W. Interpolasjonslære. Forelesninger ved det Forsikringstekniske Seminar (Oslo '34) 91 S. (mimeogr.). — Den private livsforsikringsteknikk. Referat av forelesninger i det Forsikringstekniske Seminar (P. Gotaas) **1** (Oslo '36) 100 S. (mimeogr.); **2** ('37) 100 S. (~); **3** ('38) 87 S. (~). — En appell til branntakstbestyrerne (Oslo '42) 7 S. — Rentelære. Referat av forelesninger ved Universitetets Forsikringstekniske Seminar (P. Gotaas) (Oslo '43) 92 S. (mimeogr.), ('59) 92 S. (~).

Bank Über den Effektivzins: **33** ('40) 295–99.

Blätter dtsch. Ges. Versicherungsmath. Beitrag zur Anwendung des Mittelwertsatzes auf versicherungsmathematische Probleme: **2** ('54) 97–117.

Forsikringstid. Femårige opgjør av Forsikringsfondet: **38** ('34) 51f. – Tuberkulosen målt ved morbiditet og mortalitet. Hvad skjuler sig bak tallenes tilsynelatende konflikt?: **40** ('36) 229f. – Maksimum for egen regning i livsforsikring: **41** ('37) 38f. – Om beregningen av den effektive rente: **42** ('38) 271f. – Prisutdelingen for aktuararbeider: **43** ('39) 52–.

Norges Håndverk Tale til håndverkets pris ved utdelingen av svennebrevene 8/5 1943: **25** ('43) 87–89.

Norsk mat. Tidsskr. Professor Dr. Alf Guldberg †: **18** ('36) Nr. 2, 33–39 [norweg.].

Skandinavisk Aktuarietidskr. Betrachtungen über den effektiven Zinsfuß bei Anleihen: **15** ('32) 159–74. – Über mechanische Ausgleichung: **16** ('33) 94–113. – Alf Guldberg: **19** ('36) 126–28 [norweg.]. – Über verschiedene explicite Lösungen des Problems von der Berechnung des effektiven Zinsfußes bei Anleihen: **21** ('38) 129–44. – Zur Theorie und Praxis der Berechnung des effektiven Zinsfußes bei Anleihen: **22** ('39) 122–51. – Randbemerkungen zum Landréschen Maximum: **36** ('53) 168–81. – Zur Abschätzung des Einflusses einer Zinsänderung auf die Leibrentenwerte: **37** ('54) 23–37.

Z. ges. Versicherungswiss. Über die soziale Versicherung in Norwegen: **41** ('41) 69–76.

VI **MEKSYN,** David. Math., Mech. – Wiss. Mitarbeiter an d. Edinburgh Univ., dann bis 1954 am Imperial College of Sci. and Technol., London. – – Genauere Angaben nicht bekannt.

*1889, Petersburg;

†1973, Febr. 26.

W. New methods in laminar boundary-layer theory (Oxford '61) 24+294 S.

C.R. hebd. Séances Acad. Sci., Paris Sur la position des singularités dans les solutions de l'équation de la couche limite: **248** ('59) 2286f. – Ecoulement transsonique plan: **266** ('68) 379–81. – Sur les fondements de conception du mouvement turbulent isotropique: **272** ('71) 1018–21.

J. Aero/Space Sci. The boundary-layer equation for axially symmetric flow past a body of revolution-motion of a sphere: **25** ('58) 631–34, 664. – Magnetohydrodynamic flow past a semi-infinite plate: **29** ('62) 662–65.

Nature [London] Neutrons: **131** ('33) 366. – Structure of neutrons and β-disintegration: **137** ('36) 906. – Relativity of accelerated motion: **160** ('47) 834f.

Philosophical Mag. Wave equations of an electron in a real form: **13** ('32) 834–44. – Uncertainty relations and volume of photons: **15** ('33) 592–601. – A unified field theory, 1: **17** ('34) 99–112; ~ 2: Gravitation: 476–82.

Proc. London math. Soc. Asymptotic integrals of a fourth order differential equation containing a large parameter: (2) **49** ('47) 436–57.

Proc. roy. Soc. Edinburgh Green's function for an ellipse, and its application to the motion of a point vortex: **58** ('37/38) 176–80.

Proc. roy. Soc. London, Ser. A Solution of Oseen's equations for an inclined elliptic cylinder in a viscous fluid: **162** ('37) 232–51. – Fluid motion between parallel planes. Dynamical stability: **186** ('46) 391–409. – Stability of viscous flow between rotating cylinders, 1: **187** ('46) 115–28; ~ 2: Cylinders rotating in opposite directions: 480–91; ~ 3: Integration of a sixth order linear equation: 492–504. – The laminar boundary-layer equations, 1: Motion of an elliptic and circular cylinders: **192** ('47/48) 545–67; ~ 2: Integration of non-linear ordinary differential equations: 567–75. – The laminar boundary-layer equations of bodies of revolution. Motion of a sphere: **194** ('48) 218–28. – Note on stability of laminar viscous flow between parallel planes: **195** ('49) 174–79. – Integration of the boundary-layer equations for a plane in a compressible fluid: 180–88. – Integration of the laminar boundary-layer equation, 1: Motion of an elliptic cylinder; separation: **201** ('50) 268–78; ~ 2: Retarded flow along a semi-infinite plane: 279–83. – Stability of viscous flow over concave cylindrical surfaces: **203** ('50) 253–65. – Motion in the wake of a thin plate at zero incidence: **207** ('51) 370–80. – Stability of viscous motion between parallel planes for finite disturbances[1]): **208** ('51) 517–26. – Integration of the equations of transonic flow in two dimensions: **220** ('53) 239–54. – Integration of the boundary-layer equations for a plane in compressible flow with heat transfer: **231** ('55) 274–80. – Integration of the boundary-layer equations: **237** ('56) 543–59.

Z. angew. Math. u. Mech. The boundary-layer equations of compressible flow. Separation: **38** ('58) 372–79 [m. deutscher, französ. u. russ. Zusammenfassg.]. – Retarded flow past a semi-infinite plane. Solution of an nonlinear ordinary differential equation: **40** ('60) 229–35 [m. deutscher u. russ. Zusammenfassg.].

Z. angew. Math. u. Physik Plate thermometer: **11** ('60) 63–68 [m. deutscher Zusammenfassg.]. – Supersonic flow past a semi-infinite plane: **16** ('65) 344–50 [~]. – Magneto-hydrodynamic flow past a semi-infinite plate: **17** ('66) 397–403 [~].

Z. Physik Differential integral equation for the spectrum of isotropic homogeneous turbulence: **174** ('63) 301–13. – Stability of laminar flow between parallel planes for two- and three-dimensional finite disturbances: **178** ('64) 159–72. – The foundations of turbulent motion flow between parallel planes [,1]: **195** ('66) 485–88; ~ 2: **209** ('68) 440–44; ~ 3: **216** ('68) 261–66. – The foundation of turbulent motion: **249** ('71/72) 247–52.

Mit: [1]) J. T. Stuart.

IV–VI **MELANDER,** Gustaf. Meteorol. – 1908–30 Prof. u. Dir. d. Meteorol. Zentralanstalt, Helsinki.

*1861, Jan. 9, Kuopio;

†1938, Aug. 25, Helsinki.

Nekr. J. Keränen, Meteorologische Z. **55** ('38) 410–12; S.-Ber. finn. Akad. Wiss. **1940** ('44) 13 S. – H. Lunelund, Årsbok-Vuosikirja, Soc. Sci. fennica **13** ('40) Nr. 4, 10 S. (m. Bildn. u. Faks.).

Suomalaisen Tiedeakatemian Toimituksia, Sarja A Ein Beispiel des Zerspringens in Schwingung geratener Glasgegenstände: **37** ('33) Nr. 11, 5 S. – Über Versuche mit Geisslerschen Röhren ohne eingeschmolzene Elektroden: **57** ('41) Nr. 12, 6 S.

V, VI **MELDRUM,** Andrew Norman. Chem. (org.), Gesch. d. Chem. – 1918–31 Prof., '25–31 Principal, Roy. Inst. of Sci., Univ. of Bombay; Foundat. Fellow, Indian Chem. Soc.; Pres., Bombay Sect., Indian Chem. Soc.; '31–34 living in Edinburgh. (⊠)

*1876, März 19, Alloa, Scotland;

†1934, März 12, Edinburgh.

Nekr. M. O. Forster, J. chem. Soc., London **1934**, 1476–78. – M. S. Shah, J. Univ. Bombay **3** ('34) 231–36. – J. N. M., S. M. M., J. indian chem. Soc. **11** ('34) 503–06 (m. Schr.verz.). – Nature [London] **133** ('34) 749f. – Science [USA] **79** ('34) 333.

Ehrung 1931– Meldrum Memorial Prize.

Archeion [Roma] Lavoisier's three notes on combustion (1772): **14** ('32) 15–30.

Isis Lavoisier's early work in science, 1763–1771 [,1]: **19** ('33) 330–63; ~ 2: **20** ('34) 396–424.

J. chem. Soc., London The bicentenary of Joseph Priestley. Priestley's unique contribution to science: **1933**, 902–15.

J. indian chem. Soc. Condensation of butylchloral with gallic acid and the three cresotic acids[8]): **9** ('32) 121–25. – Condensation of chloral with 2-hydroxy-p-toluic acid and its methyl ether[7]): 483–91. – The condensation of methyl- and ethyl-o-toluidines with chloral hydrate[1]): **10** ('33) 107–10. – Condensation of chloral and bromal hydrates with amides[5]): **11** ('34) 529–33. – Derivatives of hydroxybenzoic acids[6]): 535–40. – Constitution of the reduction product of chloral acetamide[15]): **13** ('36) 117f. – Condensation of chloral and bromal with polyhydric alcohols[15]): 118–22. – Condensation of chloral with acid amides. Properties of -CH(OH) · CCl_3 group[3]): 185f. – A note on the constitution of the reduction product of trichloromethylparaconic acid[9]): 213–16. – 6-Sulpho-m-cresotic acid and related compounds[17]): 641–44.

J. Univ. Bombay Chloralides of α-hydroxy carboxylic acids[2]): **3** ('34) 149–52. – Effect of temperature on solutions of sodium phosphate in the presence of organic acids[13]): **5**, 2 ('36) 102–04. – Condensation of chloral with urethans: a study of the group $NHCH(OH)CCl_3$[11]): **6**, 2 ('37) Pt. 2, 114f. – Nuclear condensation products of chloral with phenols[10]): 116–19. – The reduction of some derivatives of anhydro-2-β, β, β-trichloro-α-hydroxyethoxy-1-β,β,β-trichloro-α-hydroxyethylbenzene[14]): 120–22.

Nature [London] Priestley as a practical chemist: **131** ('33) 801.

Proc. indian Acad. Sci., Sect. A Synthesis of phenylacetic acids from gallic acid and its methyl ethers[12]): **1** ('35) 431–36. – Synthesis of m-hemipinic acid[12]): 437–39. – Synthesis of substances related to cochinillic and carminic acids[16]): 510–27. – Reduction of the -CH(OH)·CCl_3 group[4]): **2** ('35) 580–83.

Mit: [1]) A. H. Advani; [2]) D. M. Bhatt; [3]) M. G. Bhojraj; [4]) A. S. Datar; [5]) G. W. Deodhar; [6]) N. Hurry; [7]) B. M. Kapadia; [8]) B. N. Katrak; [9]) R. D. Kotwal; [10]) K. V. Lonkar; [11]) D. B. Pandya; [12]) P. H. Parikh; [13]) N. M. Shah; [14]) A. S. Tata; [15]) G. M. Vad; [16]) K. S. Vaidyanathan; [17]) C. N. Baniji.

VI **MELDRUM,** William Buell. Chem. (anorg.). – 1917–22 Assist. Prof., '22–26 Assoc. Prof., '26–56 Prof., Haverford College, Haverford, Pa. – '26 Pres., '36 Vice-Pres., Amer. Sci. Teachers Assoc.

*1887, Dez. 18, Hull, Que., Can.;

†1956, Dez. 31, Haverford, Pa.

Zur Biogr. The national cyclopaedia of American biography **46** (New York '63) 592f.

Nekr. Chemical and Engng. News **35** ('57) 56.

W. Introduction to theoretical chemistry (m. F. T. Gucker, jr.) (New York '36) 14+614 S. – Qualitative analysis of inorganic materials (m. E. W. Flosdorf) (New York '38) 13+ 230 S. – Semimicro qualitative analysis of inorganic materials (m. E. W. Flosdorf, A. F. Daggett) (NewYork '39) 14+354 S. – Physical chemistry (m. F. T. Gucker, jr.) (NewYork '42) 12+683 S.; Neuaufl. ('50) 12+683 S. – Quantitative analysis (Ann Arbor, Mich. '44) 31 S. – A textbook of qualitative analysis (using the semimicro method) (m. A. F. Daggett) (NewYork '46) 11+431 S.; ('51) 431 S. – Quantitative analysis (m. A. F. Daggett) (Boston, Mass. '55) 470 S.

Industrial and Engng. Chem., Analyt. Edit. Use of aeration in Kjeldahl distillations[5])[6]): **6** ('34) 63f. – Determination of sulfate in the presence of chromate[2])[4]): **13** ('41) 456f. – Coprecipitation of chromate with $BaSO_4$ [2])[1]): **15** ('43) 560–62.

J. amer. chem. Soc. Transition phenomena, involving decahydrated mixed crystals of sodium sulfate and sodium chromate[2])[4]): **63** ('41) 2262–67. – Molal depression constant for camphor[7])[3]): **65** ('43) 2023–25.

J. chem. Educat. Calibration of apparatus as an exercise in quantitative analysis[2]): **10** ('33) 504f. – Technical library and undergraduate research[3]): **20** ('43) 592–94. – Cultural values of the sciences in the premedical program[2]): **23** ('46) 338–40. – Demonstrations using the ferroxyl reagent: **25** ('48) 254f. – Demonstrations using a divided projection cell: 490–92. – Electrochemistry in the freshman course: **28** ('51) 282–85. – Gram equivalent weights: **32** ('55) 48–51.

Mit: [1]) C. E. Bricker; [2]) W. E. Cadbury, jr.; [3]) T. O. Jones; [4]) W. W. Lucasse; [5]) R. Melampy; [6]) W. D. Myers; [7]) L. P. Saxer.

VI **MELLET,** Rodolphe. Chem. (analyt., pharmaz.). – 1906–10 Privatdoc., '10–47 Prof. extraord. Chim. analyt., '18–20 Doyen, Fac. des Sci., '34–47 Dir. de l'Ecole de Pharm., '48 Prof. hon., Univ. de Lausanne; '15 Prés., Soc. Vaudoise des Sci. Natur.

*1877, Juli 22, Lausanne;
†1955, Febr. 27, Lausanne.

Nekr. Rapport annu., Univ. Lausanne **1954/55** ('56) 4f.

III–VI **MELLIN,** Robert Hjalmar. Math. – 1884–98 Oberlehrer, 1898–1907 Prof., '04–07 Dir., Polytechn. Inst., Helsinki, nach Umwandlung in Techn. Hochschule '08–26 dort Prof. Differential- und Integralrechnung.

*1854, Juni 19, Tyrnävä b. Limingo;
†1933, Apr. 5, Helsinki.

Nekr. E. Lindelöf, Acta math. **61** ('33) I–VI (m. Bildn., Schr.verz. 34 Nrn.); Årsbok-Vuosikirja, Soc. Sci. fennica **12B** ('34) Nr. 2, 10 S. (m. Bildn., Faks., Schr.verz. 45 Nrn.). – K. A. Poukka, Esitelmät ja Pöytäkirjat, Suomalainen Tiedeakatemia **1934** ('35) 129–38.

W. Das allgemeinste und oberste Naturgesetz (Helsinki '33) 11 S. [Verfassername: H. Mellin-Thermenius].

Suomalaisen Tiedeakatemian Toimituksia, Sarja A Das Zeit-Raum-Problem: **34** ('32) Nr. 3, 23 S. – Die Widersprüche in der Relativitätstheorie: **37** ('33) Nr. 8, 13 S.

VI **MELLON,** Melvin Guy. Chem. (analyt.). – 1919–25 Assist. Prof., '25–31 Assoc. Prof., '31–62 Prof., '32–37 Dir. Chemical Instruct., '62 Prof. Emer., Purdue Univ., Lafayette, Ind. – '40 Hon. D.Sc. (Allegheny College, Meadville, Pa.); '58 Hon. D.Sc. (Mount Union College, Alliance, O.). – '52 Fisher Award in Analyt. Chem., '57 Patterson Award in Chem. Documentat. (Amer. Chem. Soc.); '53 Anachem Award (Assoc. Analyt. Chemists); '65 Annual Medal (New York Sect., Soc. for Applied Spectroscopy).

*1893, Okt. 25, Conneaut Lake, Pa.

H. Analytical absorption spectroscopy; absorptimetry and colorimetry (NewYork–London '50); darin eig. Beitr.: 78–115: Physics: General principles of absorptimetric methods; russ.: (Moskva '53).

S. Proc. VIIth Summer conference on spectroscopy and its applications, Cambridge, Mass., 1939 (NewYork '40) 101–06: Spectrophotometry in analytical chemical research. – Trace analysis; papers presented at a symposium, New York 1955 (J. H. Yoe, H. J. Koch, jr.) (NewYork '57) 188–210: Colorimetry. – Proc. Conference on physiological aspects of water quality, Washington, D.C., 1960 (H. A. Faber, L. J. Bryson) (Washington, D.C. '60) 27–38: Detection and analysis of chemicals in water, 1: Inorganic constituents. – Encyclopedia of spectroscopy (G. L. Clark) (New York '60) 1–12: Analytical absorption spectrometry. – Encyclopaedic dictionary of physics (J. Thewlis) **6** (Oxford–London–New York–Paris '62) 734–37: Absorption spectroscopy. – Laboratory planning for chemistry and chemical engineering (H. F. Lewis) (New York '62) 274–317: University and college laboratories. – Encyclopaedia Britannica **21** (Chicago, Ill.–London–Toronto... '65) 179f.: Spectrophotometry. – Treatise on analytical chemistry (I. M. Kolthoff, P. J. Elving), Part I: Theory and practice, **10** (New York–Palo Alto, Cal.–Los Angeles, Cal. '72) 6495–528: Literature of analytical chemistry; Part III: Analytical chemistry in industry, **1** (New York '67, London '68) 187–211: Design of laboratories for analytical chemistry.

W. Methods of quantitative chemical analysis; an introduction to their theory and technic (New York '37) 9+456 S. – Chemical publications: their nature and use [2](New York–London '40) 12+284 S., [3]('58), [4]('64) 11+324 S. – Quantitative analysis record book (New York '44) 120 S., [2]('69) 202 S. – Colorimetry for chemists (Columbus, O. '45) 7+133 S. – Quantitative analysis; methods of separation and measurement (New York '55) 10+694 S. – Bibliography of spectrophotometric methods of analysis for inorganic ions. 1959 supplement, covering Analytical Chemistry, The Analyst, and Analytica Chimica Acta for the period 1952–1958 (m. D. D. Bly) (Philadelphia, Pa. '59) 4+27 S. (ASTM Techn. publ. 125-A). – Searching the chemical literature (Washington, D.C. '64) 40 S. (American Chemical Society).

Advances Chem. Ser. Searching less-familiar periodicals[41]): **4** ('51) 37–44; **30** ('61) 92–101. – Personal difficulties with the chemical literature: 67–74.

American J. Physics Symposium on technical library technics[6])[7])[43])[40])[16])[33]): **12** ('44) 116–.

Analyst Nitron as a precipitant for nitrates[24])[25]): **59** ('34) 18–25. – Ultra-violet absorptimetric determination of arsenic as 12-molybdoarsenic acid[49]): **77** ('52) 708–15.

Analytica chim. Acta Colorimetric determination of thorium[42]): **2** ('48) 370–76. – The spectrophotometric determination of vanadium as molybdovanadic acid[50]): **23** ('60) 355–62.

Analytical Chem. Spectrographic examination of organic precipitates[19])[48]): **19** ('47) 654f. – Determination of phosphorus, germanium, silicon and arsenic by the heteropoly blue method[2]): 873–77. – Progress report of the Committee on Naming Analytical Methods: 931f. – Colorimetric determination of iron with nitroso-R-salt[19]): 1014–16. – Colorimetric determination of iron with various dioximes[19]): 1017–20. – Spectrophotometric determination of phosphorus as molybdophosphoric acid (phosphomolybdic acid)[2]): **20** ('48) 749–51. – Teaching students how to evaluate data[14]): 1140–43. – Annual review of analytical chemistry: Light absorption spectrometry: **21** ('49) 3–7; **22** ('50) 2–7; **23** ('51) 2–7; **24** ('52) 2–8. – Polarographic study of molybdophosphoric and molybdosilicic acids[2])[48]): **21** ('49) 563–65. – Automatic operations in quantitative analysis[39]): **22** ('50) 136–53, 742. – Role of separations in analytical chemistry: 1342–46. – Automatic operations in analytical chemistry[39]): **23** ('51) 101–15; **24** ('52) 131–43. – Colorimetric determination of nickel with α-furildioxime[18])[36]): **23** ('51) 500–03. – Spectrophotometric study of the cadmium-1,10-phenanthroline system[49]): **24** ('52) 894–96. – A century of colorimetry: 924–31. – Determination of sulfur dioxide by color-changing gels[39]): 1586–90. – Ultraviolet spectrophotometric determination of nitrites with 4-aminobenzenesulfonic acid[38]): **25** ('53) 341–43. – Colorimetric determination of cyanide and thiocyanate[30]): 446–50. – Colorimetric determination of ammonia and cyanate[30]): 1188–92. – Absorptiometric determination of nickel with β-mercaptopropionic acid[32]): 1411f. – Extraction of heteropoly acids[49]): 1668–73. – Spectrophotometric determination of arsenic and tungsten as mixed heteropoly acids[20]): 1809–13. – Light absorption spectrometry: **26** ('54) 2–11; ∼[2]): **28** ('56) 559–76, **30** ('58) 554–69, **32** ('60) Nr. 5, 194R–210R, **34** ('62) Nr. 5, 232R–242R, **36** ('64) Nr. 5, 256R–266R, **38** ('66) Nr. 5, 317R–330R, **40** ('68) Nr. 5, 255R–273R. – Literature problems in analytical photometry: **26** ('54) 181–85. – Absorptiometric study of certain organic fluorine compounds[27]): **28** ('56) 860–64. – Colorimetric determination of fluoride in water by heteropoly blue system[8]): 1567–70. – p-Phenylenediamine derivatives as reagents for the ultraviolet absorptiometric determination of nitrite ion[31]): 1674–78. – Ammonia-pyridine-pyrazolone reaction[32]): **29** ('57) 293–95. – Ultraviolet absorptiometric determination of boron in aqueous medium using chromotropic acid[31]): 378–82. – Absorptiometric method for determination of cesium[29]): 1181–84. – Spectrophotometric determination of inorganic fluoride and of fluorine in organic compounds[8]): 1632–37. – Spectrophotometric determination on filter paper of germanium, phosphorus, and arsenic[9]): **30** ('58) 1849–55. – Automation in analytical chemistry: Nr. 12, 25A–34A. – An indirect absorptiometric method for the determination of boron[5]): **32** ('60) 50–54. – Determination of bismuth based on the reduction of molybdophosphoric acid: An absorptiometric method[5]): 54–57. – Spectrophotometric determination of vanadium as tungstovanadic acid[50]): 204–07. – Spectrophotometric determination of iron(III) by means of 6-hydroxy-1,7-phenanthroline[13]): **33** ('61) 1782–86. – Spectrophotometric determination of niobium as reduced molybdoniobic acid[21])[50]): **34** ('62) 640–43. – Spectrophotometric determination of titanium as reduced molybdotitanic acid[21]): 856–59. – Spectrophotometric estimation of zirconium as reduced molybdosulfatozirconic acid[10]): **35** ('63) 1382–86. – Properties and analytical applications of the iron(II)-2,2'-bipyrimidine complex[1]): 1386–92; **36** ('64) 1276. – Nature of Benedict's "arsenophosphotungstic acid" reagent[47]): 1068–71. – Spectrophotometric determination of vanadium(V) with 6-hydroxy-1,7-phenanthroline[11]): **37** ('65) 1096–99.

Industrial and Engng. Chem. Water content of certain fire-protective media[24]): **25** ('33) 94f.

Industrial and Engng. Chem., Analyt. Edit. Analytical uses of 2-propanol[15]): **6** ('34) 345–48. – Colorimetric standards for silica[45]): 348–50. – Solutions for colorimetric standards, 6: Ferric chloride solutions[26]): **7** ('35) 187–89; ~ 7: Aqueous solutions of elements 23 to 29 [26]): **8** ('36) 463–65. – The role of spectrophotometry in colorimetry: **9** ('37) 51–56. – The phosphotungstate method for vanadium. Spectrophotometric study[52]): 251–54. – The peroxide method for vanadium[52]): 375f. – Determination of iron with 7-iodo-8-hydroxyquinoline-5-sulfonic acid[45]): 406–09. – Determination of iron with mercaptoacetic acid[45]): **10** ('38) 7–9. – Determination of iron with o-phenanthroline[17]): 60–64. – Solutions for colorimetric standards: Permanent series for the o-toluidine method for chlorine[12]): 256–58. – Present status of colorimetry: **11** ('39) 80–85. – Colorimetric determination of chlorine with p-aminodimethylaniline[4]): 202f. – Colorimetric determination of iron with salicylaldoxime[53]): **12** ('40) 448–50. – Thiocyanate method for iron[51]): **13** ('41) 551–54. – Colorimetric determination of iron with kojic acid[37]): 612–14. – Molybdenum blue reaction[51]): 760–64. – Colorimetric determination of trinitrobenzene in dinitrobenzene[37]): **14** ('42) 861f. – Colorimetric determination of iron with 2,2'-bipyridyl and with 2,2',2''-terpyridyl[37]): 862–65. – Color reactions of 1,10-phenanthroline derivatives[37])[44]): 931–33. – Colorimetric determination of cobalt with terpyridyl[37]): **15** ('43) 74f. – Colorimetric determination of copper with 1,10-phenanthroline[37]): 116–18. – Color of aqueous $K_2Cr_2O_7$ solutions[28]): **16** ('44) 42–44. – Colorimetric determination of germanium as molybdigermanic acid[28]): 128–30. – Colorimetric determination of phosphorus as molybdivanadophosphoric acid[28]): 379–83. – Further studies of the molybdenum blue reaction[28]): 466–69. – Light absorption spectrometry: **17** ('45) 81–88. – Colorimetric determination of nickel with dimethylglyoxime[36]): 380–82. – Colorimetric determination of nitrites[42]): **18** ('46) 96–99.

Industrial and Engng. Chem., News Edit. Adjustment of analytical weights[45]): **15** ('37) 542.

J. amer. chem. Soc. A spectrophotometric study of certain neutralization indicators[17]): **60** ('38) 2607–10. – A colorimetric study of two derivatives of 1,10-phenanthroline[22]): **72** ('50) 3217–20. – Concerning the structure and composition of pyrocatecholboric acid – pyridine complexes[31]): **78** ('56) 4572–75.

J. amer. pharm. Assoc. Titration of certain alkaloids[46]): **21** ('32) 672–75. – Solutions for colorimetric standards, 8: Arny's series[26]): **26** ('37) 227–30.

J. amer. Water Works Assoc. Colorimetry and photometry in water analysis: **39** ('47) 341–51.

J. chem. Documentat. Chemical writing: **4** ('64) 1–5.

J. chem. Educat. Analytical uses of ethanol[15]): **10** ('33) 243–45. – Time-lag in chemical literature: 284–87. – Exercise in indirect analysis: 493. – Non-chemical publications important in chemistry: 619–21. – Analytical uses of color[15])[34]): 691–93. – Analyzed samples[34]): **11** ('34) 664–67. – The methods of quantitative chemical analysis[35]): **14** ('37) 365–71. – Isotopes and analytical standards: **15** ('38) 290. – Ideological uncertainties in titrimetry: **17** ('40) 422–25. – Problems of teaching quantitative analysis, 2: Student's laboratory records[35]): **19** ('42) 33–35. – Analytical experiments in spectrophotometry: 415–18. – Symposium on technical library techniques. Publications. Pitfalls and problems: **20** ('43) 534–37. – A library problem in quantitative analysis: **24** ('47) 283–86. – Quantitative analysis: a perspective of problem and prospect: **25** ('48) 610–17. – Classification of methods in quantitative chemical analysis[39]): **26** ('49) 468–71. – Electrodeposition apparatus for student laboratories[14])[23]): **30** ('53) 254–56.

J. opt. Soc. America A calculator for obtaining tristimulus values from spectrophotometric data[45]): **27** ('37) 414f. – Naming spectroscopic analytical methods: **31** ('41) 648–50.

J. org. Chemistry Synthesis of 2,2'-bipyrimidine from 2-bromopyrimidine[1]): **27** ('62) 2945f.

J. physic. Chem. Rhythmic precipitation with organic precipitants[24]): **38** ('34) 85–93. – Spectrophotometric study of universal indicators[51]): **45** ('41) 313–21.

Ohio J. Sci. The beginning course in quantitative analysis: **61** ('61) 87–92.

Proc. amer. Soc. Testing Mater. The chemistry in colorimetry: **44** ('44) 733–39.

Proc. Indiana Acad. Sci. Heteropoly compounds in chemical analysis[50]): **50** ('40) 110–17. – Science, scientists, and society: **52** ('42) 9–20.

Record chem. Progr. Role of heteropoly compounds in absorptimetry: **11** ('50) 177–86.

Science [USA] Science, scientists, and society: **97** ('43) 361–68.

Sewage and industr. Wastes Colorimetric determination of metals in sewage and industrial wastes[3])[18]): **22** ('50) 1543–62. – Polarographic determination of metals in industrial wastes[3]): **23** ('51) 59–63. – Colorimetric determination of cyanide[30]): 1402–07. – Colorimetric determination of free ammonia with pyridine-pyrazalone reagent[30]): **24** ('52) 1098–100. – Colorimetric determination of cyanide, cyanate and thiocyanate in sewage and plating wastes[30]): 1254–59.

Mit: [1]) D. D. Bly; [2]) D. F. Boltz; [3]) P. G. Butts; [4]) D. H. Byers; [5]) R. H. Campbell; [6]) A. G. Connolly; [7]) E. J. Crane; [8]) R. P. Curry; [9]) J. M. O. Damon; [10]) G. C. Dehne; [11]) J. A. Dougherty; [12]) G. Dragt; [13]) J. M. Duswalt; [14]) P. J. Elving; [15]) G. W. Ferner; [16]) C. W. Foote; [17]) W. B. Fortune; [18]) A. R. Gahler; [19]) M. Griffing; [20]) D. K. Gullstrom; [21]) J. C. Guyon; [22]) M. N. Hale; [23]) J. R. Hayes; [24]) J. E. Heck; [25]) A. Hunt; [26]) C. T. Kasline; [27]) F. Kingdon; [28]) R. E. Kitson; [29]) W. G. Krochta; [30]) J. M. Kruse; [31]) D. F. Kuemmel; [32]) J. B. Lear; [33]) E. H. McClelland; [34]) J. P. Mehlig; [35]) D. R. Mellon; [36]) A. M. Mitchell; [37]) M. L. Moss; [38]) J. M. Pappenhagen; [39]) G. D. Patterson, jr.; [40]) E. Portman; [41]) R. T. Power; [42]) B. F. Rider; [43]) J. Sasso; [44]) G. F. Smith; [45]) H. W. Swank; [46]) J. Tigelaar; [47]) E. Van Dalen; [48]) T. de Vries; [49]) C. Wadelin; [50]) G. W. Wallace; [51]) J. T. Woods; [52]) E. R. Wright; [53]) D. E. Howe.

V, VI **MELLOR,** Joseph William. Chem. (anorg., insbes. Keramik). – 1893– Stud., D.Sc., Univ. of Otago, Dunedin, New Zealand; then Lecturer at an agricultural college in New Zealand; 1899–1904 Postgraduate Student, Owens College, Univ. of Manchester; '04–13 Lecturer and scientist in pottery manufacture, Stoke-on-Trent; '14–34 Principal of the Pottery Departm., North Staffordshire Technical College, Stoke-on-Trent; '05–38 Hon. Secretary, Ceramic Soc.; '19–37 Dir. of Research, Brit. Refractories Research Assoc. – '37 Commander of the Order of the British Empire. (☒)

*1869 [nicht 1873], Juli 9, Huddersfield;

†1938, Mai 24, Putney.

Nekr. W. Bragg, Proc. roy. Soc. London, Ser. A **169** ('38/39) 7f.; Proc. roy. Soc. London, Ser. B **126** ('38/39) 269f. – A. T. Green, J. chem. Soc., London **1943**, **341–43**; Obituary Notices Fellows roy. Soc. London **2** ('39) 573–76 (m. Bildn., Faks.).

Biogr. W. E. S. Turner, Trans. brit. ceram. Soc. **58** ('59) Nr. 12, S. 48.

W. A comprehensive treatise on inorganic and theoretical chemistry **1** (London–NewYork '22) 15+1065 S.; **2** ('22) 6+894 S.; **3** ('23) 10+927 S.; **4** ('23) 10+1074 S.; **5** ('24) 7+1004 S.; **6** ('25) 10+1024 S.; **7** ('27) 10+977 S.; **8** ('28) 10+1110 S.; **9** ('29) 11+967 S.; **10** ('30) 10+958 S.; **11** ('31) 12+909 S.; **12** ('32) 13+944 S.; **13** ('34); **14** ('35) 900 S.; **15** ('36) 824 S.; **16** ('37) 818 S. – Modern inorganic chemistry [8](London–NewYork '33) 20+1111 S.; ab 9. Aufl. u. d. Titel: Mellor's modern inorganic chemistry (m. G. D. Parkes) ('39, '43) 19+915 S.; [10]('51, '59) 21+967 S.; Neuaufl. ('61) 22+1024 S.; portugies.: Química inorgânica moderna (Pôrto Alegre '46) 1090 S. – Uncle Joe's nonsense for young and old children. A medley of fun and philosophy (London–NewYork '34) 12+231 S. – Treatise on quantitative inorganic analysis; with special reference to the analysis of clays, silicates and related minerals; 2. Aufl. m. H. V. Thompson [2](London '38) 31+784 S. – Intermediate inorganic chemistry. Neuaufl. (London–New York '41) 20+690 S. – Higher mathematics for students of chemistry and physics; with special reference to practical work. Neudrucke d. 4. Aufl. (NewYork '46, London '47) 21+641 S., ('55) 21+641 S.

British Clayworker Shrinkage of clays during drying: **42** ('34) 302–08.

Chemistry and Industry Refractory materials[1]): **16** ('38) 627–37.

Refractories J. Research in the clay and refractories industries[1]): **8** ('32) 173–77.

Trans. ceram. Soc. The "pinch effect" in the crazing of tiles: **31** ('32) 129f. – Discoloration of refractories by "irion": **32** ('33) 403–14. – Some notes on the shrinkage of clays during drying: 455–71. – Crazing and peeling of glazes: **34** ('35) 1–112. – Durability of pottery frits, glazes, glasses and enamels in service: 113–90. – Spitting of glazes in the enamel kiln [,1]: **35** ('36) 1–42; ~ 2: 355–63. – Chemistry of the Chinese copper-red glazes [,1]: 364–78; Chemistry of copper-red glazes, 2: 487–91. – Cobalt and nickel colors: **36** ('37) 1–9. – Spontaneous rupture of aged pottery: 10–12. – Cultivation of crystals on glazes: 13–15. – Chemistry of the chrome-tin colors: 16–27. – Discoloration of chrome-green colors: 28–30. – Ferric oxide colors[2]): 31–43. – Retrospection: 44–48. – Cobalt-blue colors: 264f. – Note on the molecular formulas of clays and glazes: 323–25. – Crazing of glazed wall-tiles in service: 443–65. – The chemical constitution of the clay molecule, 6: Review of later theories: **37** ('38) 118–25. – Note on study of pan-grinding: 126–29.

Mit: [1]) A. T. Green; [2]) G. E. Meir.

VI **MÉMERY,** Henri. Astron., Meteorol. – Chef des observations solaires,

Observatoire de Physique Solaire et de Météorologie, Talence, Gironde.

*1871, Saint-Martin-Château, Creuse; †1951, Apr. 19, Talence, Gironde.

Nekr. Manley-Bendall, L'Astronomie (BSAF) **65** ('51) 314 (m. Bildn.).

W. L'influence solaire et les progrès de la météorologie. Résultats de 50 années d'observations solaires et météorologiques comprenant les observations et les recherches effectuées à Talence, à partir de 1900 (Talence '32) 23 S. (Observatoire de Physique solaire et de Météorologie). – Les bases de l'influence des phénomènes solaires en météorologie. L'action individuelle des taches solaires dans les variations de l'état atmosphérique sur l'ouest de l'Europe. Résultats fournis par la méthode des comparaisons journalières dans la recherche de l'influence des phénomènes solaires (Talence '36) 32 S. (∼). – L'action individuelle des taches solaires sur les phénomènes terrestres. Exposé des observations qui ont amené à reconnaître l'action particulière de chaque tache ou groupe de taches ou de facules (Talence '48) 40 S. (∼).

L'Astronomie (BSAF) Une observation montrant directement le mouvement de rotation de la terre: **46** ('32) 50. – L'activité solaire. Deux groupes de taches importants[1]): **53** ('39) 320. – – Zahlreiche Mitteilungen über Beobachtungen von Sonnenflecken sowie einige über Beobachtungen von Sternschnuppenfällen.

Bull. Assoc. astron. Nord Sur la formation des taches solaires: **10** ('36) 47–49. – Quelques remarques au sujet de l'article de M. Loreta sur "Le champ d'action ouvert aux amateurs en astronomie": 49f.

Bull. Observat. Talence Rayonnement nocturne: (3) No. **2** ('33) 11f. – Essaim d'étoiles filantes 1933, octobre 9: No. **6** ('33) 33–36. – Le minimum solaire actuel peut être fixé à 1933: No. **9** ('34) 53. – Une curieuse observation: l'échancrure du bord solaire par les grandes taches: 55. – Une série d'étés chauds en relation avec les minima de la période solaire. Les taches solaires et les orages: No. **10** ('34) 57–59. – Variation des taches solaires en 1933 et 1934: No. **13** ('35). – Une période solaire et météorologique de 100 ans: No. **16** ('35) 85–89; No. **17** ('35) 93–96; No. **21** ('36) 113–20. – La durée des périodes solaires: No. **20** ('36) 109–12. – Les époques glaciaires et les variations solaires: No. **43** ('40) 229–32. – Accroissement rapide d'un groupe de taches solaires: 234. – Abaissement important de la température à partir du 10 janvier 1940: 234f. – Variations des taches solaires en 1938 et en 1939: 235f.; ∼ en 1939 et en 1940: No. **49** ('41) 268. – Taches solaires et météorologie: No. **43** ('40) 236. – Tremblements de terre et variations solaires: No. **44** ('40) 237f. – Les retours du grand groupe de taches solaires de janvier 1940: 239. – Lune rousse. Gelées de printemps. Taches solaires: No. **45** ('40) 241–43. – Les hivers rigoureux et la durée des périodes solaires: No. **46** ('40) 245–51. – Variations annuelles des taches solaires fixant l'époque du dernier maximum: No. **49** ('41) 265f. – Erreurs produites par l'emploi des moyennes: 266f. – Sur la profondeur des taches solaires: No. **50/51** ('41) 271f. – Une idée nouvelle sur la cause de la formation des phénomènes solaires: 273. – – Zahlreiche Mitteilungen über Sonnenflecken-Beobachtungen.

Bull. Soc. astron. Bordeaux Saisons anormales et variations solaires: **1931/32** ('33) Nr. 8, 20–34.

C. R. hebd. Séances Acad. Sci., Paris Sur une époque remarquable d'activité solaire (première quinzaine de février): **196** ('33) 603–05. – Une période solaire de 100 ans: **202** ('36) 1568f. – Sur un indice de stabilité de l'activité solaire: **206** ('38) 1451f. – Sur une anomalie de la période solaire 1923–1933: **208** ('39) 733f.

Nature [Paris] Deux étés chauds: 1933 et 1934: **62** ('34) 475.

Mit: [1]) F. Quénisset.

VI **MENCHOFF,** D. → VI **MEN'ŠOV,** Dmitrij Evgen'evič

V, VI **MENDENHALL,** Charles Elwood. Physik. – 1901–04 Assist. Prof., '04–05 Assoc. Prof., '05–35 Prof., '26–35 Chairman of Physics Departm., Univ. of Wisconsin, Madison, Wis.; '19 Sci. Attaché, Amer. Embassy, London; '19–20 Chairman, Divis. of Physic. Sci., Nation. Research Council; '21 Vice-Pres., Optical Soc. of America; '23–25 Pres., Amer. Physical Soc.; '29–30 Vice-Pres., Amer. Assoc. for the Advancem. of Sci.

*1872, Aug. 1, Columbus, O.; †1935, Aug. 18, Madison, Wis.

Sohn von Thomas Corvin Mendenhall III, IV, VI

Ehrung Charles E. Mendenhall Fellowship for graduate students in experimental physics (University of Wisconsin).

Nekr. K. T. Compton, Science [USA] **82** ('35) 317f. – L. R. Ingersoll, J. opt. Soc. America **26** ('36) 75f.; Review sci. Instruments **6** ('35) 291f. – W. F. G. Swann, Proc. amer. philos. Soc. **76** ('36) 391–94. – J. H. van Vleck, Biographical Mem., Nation. Acad. Sci. USA **18** ('38) 1–22 (m. Bildn., Faks., Schr.verz.).

MHZ. J. opt. Soc. America 7 ('23) - 11 ('25).

S. Physics for students of science and engineering (A. W. Duff) [7](Philadelphia,Pa.-London '32) 191–295: Heat.

W. College physics (m. A. S. Eve, D. A. Keys) (Boston,Mass.-London '35) 10+592 S., [2]('44), [3]('50), [4]('56) 8+660 S.

Physical Rev. The photoelectric work functions of the 211 and 310 planes of tungsten[1]): (2) **51** ('37) 346–49.

Mit: [1]) C. F. De Voe.

IV, VI **MENDENHALL,** Walter Curran. Geol. – 1896–1901 Assist. Geologist, '01–22 Geologist, '08–12 Geologist-in-charge of Underground Water Investigations, '12–22 Chief of the Land Classification Branch, '22–30 Chief Geologist, '31–43 Dir., U.S. Geol. Survey, Washington, D.C.; '36 Pres., Geol. Soc. America. – '28 Hon. Sc.D. (Colorado School of Mines, Golden, Colo.); '32 Hon. Sc.D. (Univ. of Wisconsin, Madison, Wis.). – '44 Penrose Medal (Soc. Econom. Geol.).

*1871, Febr. 20, Marlboro, Stark Co., O.;

†1957, Juni 2, Chevy Chase, Montgomery Co., Md.

Bildnis Scientific Monthly **35** ('32) 90.

Nekr. D. F. Hewett, Science [USA] **126** ('57) 603f. – M. M. Leighton, Bull. amer. Assoc. Petroleum Geologists **42** ('58) 682–90 (m. Bildn. u. Schr.verz.).

Zur Biogr. National cyclopaedia of American biography **47** (NewYork '65) 154f. (m. Bildn.).

Bull. geol. Soc. America Development and present status of geology in North America: **48** ('37) 349–63.

Monthly Bull., Pennsylvania Dep. intern. Affairs Establishment of Pennsylvania Survey - an outstanding event in development of sciences in U.S.: **2** ('36) Nr. 1, 17f.

New int. Yearb. U.S. Geological Survey: **1939** ('40) 305.

Proc. geol. Soc. America Memorial of David White: **1936** ('37) 271–91.

Proc. Vol. geol. Soc. America Memorial to Frank Charles Schrader: **1945** ('46) 259–70.

Science [USA] Economies imposed on the U.S. Geological Survey: **76** ('32) 77f. – The 16th International Geological Congress: **78** ('33) 247–54. – David White †: **81** ('35) 244–46. – Occurrence of a deposit of trona: **91** ('40) 11f.

Scientific Monthly The United States Geological Survey: **36** ('33) 105–20. – David White: an appreciation: **40** ('35) 380–82.

Ferner Jahresberichte über die Tätigkeit des U.S. Geological Survey, als Monographien ('31, '32) bzw. in Annual Report of U.S. Department of Interior ('33–'39).

VI **MENEGHINI,** Domenico. Chem. (industr.). – 1927–30 Prof. straord., '30–54 Prof. ord., temporaneamente Prorettore e Pres. della Fac. di Ingegneria, R. Politecnico (→ Univ.) di Padova.

*1883, Dez. 19, Legnago, Verona;

†1956, Apr. 8, Padova.

Nekr. E. Crefaz, Annuario Univ. Studi Padova **1958/59** ('59) 663f. (m. Bildn.).

MHZ. Giorn. Chim. industr. ed appl. **1** ('19) - **16** ('34).

S. Résumés des communications. IVe Congrès international technique et chimique des industries agricoles, Bruxelles 1935 (Bruxelles '35) 160–66: Natur der Alkalität von Rübenzuckersäften []. – Atti X Congresso internazionale di chimica, Roma 1938, 4 (Roma '39) 384–91: L'industria dello zucchero.

W. Chimica applicata ed industriale **1** (Milano '39) 8+320 S., [2]('42), [3]('44), [4]('46), [5]('47), [6]('52) 14+350 S.; **2** ('40) 8+387 S., [2]('42), [3]('44), [4]('46), [5]('48), [6]('53) 8+446 S.

Atti, (Reale) Ist. veneto Sci., Lettere ed Arti Sul bilancio di materie nei forni a carburo: **94** ('34/35) 587–96. – Malte e laterizi nel "Fontego dei Tedeschi" in Venezia: **96** ('36/37) 119–26. – Sulla fabbricazione del ferro-silicio ad alto titolo: **101** ('41/42) 213–18. – Sull'aggiunta do sostanze tensio-attive nelle malte cementizie: **108** ('49/50) 113–17.

Atti e Mem., Reale Accad. Sci., Lettere ed Arti Padova Sulla utilizzazione del salino potassio: (N.S.) **51** ('34/35) 81–91. – Untersuchung von Handelsbenzinen: **53** ('37) 63–69 [italien.].

Chimica e Industria Novità nel campo dell'industria saccarifera: **17** ('35) 223–30.

Gazz. chim. ital. Il comportamento dell'amilene all'azione delle scariche elettriche oscure[1]): **62** ('32) 621–32.

Industria saccarifera ital. La sezione sperimentale zuccheri nel Politecnico delle Venezie: **25** ('32) 530–34. – Il comportamento dei sughi del diagramma pH–CaO% [1]): **28** ('35) 443–53.

Ricerca sci. Nuove ricerche per l'industria saccarifera: **6, 2** ('35) 323–26. – Ricerche sul dimetilacetale come carburante: **8, 1** ('37) 459–67. – Ricerche sull'acetale dimetilico come carburante sussidiario: **8, 2** ('37) 591–99. – Materie plastiche da prodotti vegetali[1]): **13** ('42) 756–63.

Ricerche Sez. sperim. Zuccheri, Padova Problemi moderni nella industria dello zucchero: **1** ('36) 17–34. — La misura dell'esponente di idrogeno (pH) nei laboratori di fabbrica[1]): 93–110. — L'alcool etilico carburante da prodotti vegetali: **3** ('39) 179–89.

Mit: [1]) I. Sorgato.

VI **MENON,** Kottiazath Narayana. Chem. (org.). — Prof., Maharaja's College, Ernakulam (affiliated to the Univ. of Madras), later on (ca. 1955) Prof., Univ. of Madras, India. — — Genauere Daten nicht bekannt. (⊠)

Current Sci. Chemical composition and physical characteristics of some natural fats and oils[1]): **15** ('46) 43. — Determination of linoleic acid in glycerides[1])[5]): **18** ('49) 8f. — Synthesis of yohimbine and related ring structures[3]): 374. — Examination of the root bark of Tabernaemontana crispa[1]): **21** ('52) 315f. — Longifolene: **23** ('54) 266. — Benzophenanthridine ring system[3])[4]): **24** ('55) 193.

J. chem. Soc., London Strychnine and brucine, 18: Final stages of degradation of dinitrostrychol and an account of some nitrohydroxyquinoline derivatives[7]): **1932,** 780–84.

J. indian chem. Soc. Chemical examination of the roots of Aristolochia indica, Linn., 2: The essential oil[6])[2]): **12** ('35) 494–98.

J. Madras Univ., Sect. B Aromatization and isomerization of bicyclic terpenes: **23** ('53) 92–96.

Proc. indian Acad. Sci., Sect. A Isolation and constitution of an acid from the root bark of Ixora coccinea, Linn.[1]): **17** ('43) 11–15. — Tentative method for the determination of mono-unsaturated and di-unsaturated glycerides[1]): 114–18. — Action of Grignard reagents on benzopyrenes, 1: Preparation of some chromenes from 4-substituted coumarins[1]): **18** ('43) 28–30. — Fixed oil from Jatropha curcas, Linn.[1]): 160–63. — Oil of Mimusops elengi, Linn.[1]): **19** ('44) 1–4. — Alkaloids, 1: Oxidation of papaverine to papaveraldine (xanthaline) by SeO_2: 21 f. — Tentative method for the determination of mixed glycerides present in natural fats by estimating the saturated acids present in azelao glycerides obtained by permanganate oxidation in acetone[1]): **21** ('45) 222–27. — Glyceride composition of fats and oils, 1: Mowrah oil[1])[8]): 228–31; ∼ 2: Fatty acids and glycerides of Terminalia bellirica, Roxb.[1])[8]): **23** ('46) 283–87. — Chemistry of glycerides, 1[1]): **27** ('48) 279–83. — Synthesis of compounds related to Erythrina alkaloids[3]): **29** ('49) 361–63. — Petroselinic acid: Occurrence in some Umbelliferae seed fats[5]): **38** ('53) 128–31. — Heterocyclic compounds, 1: Isatins[5]): 132–34.

Mit: [1]) A. R. S. Kartha; [2]) B. L. Manjunath; [3]) K. K. Mathew; [4]) B. S. Pai; [5]) P. S. Raman; [6]) U. S. K. Rao; [7]) R. Robinson; [8]) T. A. Venkatasubramanian.

V, VI **MENOZZI,** Angelo. Chem. (industr., agron.). — 1888–1900 Prof. straord., 1896–1929 Dir. del Labor. di Chim. agrar. con funzione di Staz. agrar., '00–33 Prof. ord., '14–24 Dir. del R. Ist. Super. Agrar., '33 Prof. Emer., Univ. di Milano; '28–30 Vicepres., '31–33 Pres., Ist. Lombardo di Sci. e Lettere, Milano; Pres., Soc. d'Igiene; Pres., Soc. Chim. Ital.; Pres., Ist. Sieroterapico, Milano; Pres., Soc. Agraria di Lombardia; Pres., Stazione della Seta; Pres., Assoc. per l'Alta Cultura; Pres. di altri istituti culturali, di ricerca e di sperimentazione; '29–Senatore del Regno.

*1854, Febr. 12, Fogliano, Reggio Emilia;

†1947, Jan. 5, Milano.

Zur Biogr. Annuario reale Ist. lombardo Sci. e Lettere **1938,** 123f. (m. Bildn., Faks.).

Nekr. L. Cambi, Atti Accad. nazion. Lincei, Rend. (8) **32** ('62) Appendice, S. 65f. — U. Pratolongo, Rend., Ist. lombardo Sci. e Lettere, Parte gen. e Atti uffic. (3) **80** ('47/48) 30–38.

W. Manuale dei concimi (m. T. Poggi) ²(Milano-Roma '35) 180 S., ³('40) 206 S. — Chimica vegetale e agraria (m. U. Pratolongo) **1**: Chimica vegetale ²(Milano '45) 15+309 S.; **2**: Chimica agraria; il terreno e i fertilizzanti ('38) 16+537 S., ²('46), ³('52) 16+461 S.; **3**: Chimica delle fermentazioni ('47) 259 S., ²('55) 20+362 S.; **4**: Analisi chimico-agrarie ('52) 24+575 S.

Chimica e Industria Lana ottenuta dal latte: Lanital: **17** ('35) 706.

Enzymologia Acido piroglutammico. Osservazione alla nota di N. Lichtenstein: **9** ('40/41) 94.

Rend., Reale Ist. lombardo Sci. e Lettere Discorso del presidente: (2) **65** ('32) 35–43; **67** ('34) 37–45. — Antonio Garbasso †: **66** ('33) 325f.

Rend., Reale Ist. lombardo Sci. e Lettere, Parte gen. e Atti uffic. Serafino Belfanti †: (3) **72** ('38/39) 149f.

VI **MEN'ŠOV,** Dmitrij Evgen'evič. Math. — 1912–16 Stud., '23–34 wiss. Mitarbeiter, '28–34 Doz., '34– Prof., '35 Dr. d. physikal.-math. Wiss., '41– Leiter d. Inst. f. Funktionentheorie (→ Inst. f.

Theorie d. Funktionen u. d. Funktionalanalysis), Staatsuniv. Moskva; '19–20 Prof., Univ. Nižnij Novgorod; '20–22 Prof., Pädagog. Inst. u. Polytechn. Inst., Ivanovo-Voznesensk; '22–25 Doz., Forsttechnol. Inst., Moskva; '29–35 Prof., Pädagog. Inst., Moskva; '34–41, '47– wiss. Mitarbeiter, Steklov-Inst. f. Math., Akad. Wiss. UdSSR, Moskva. – '51 Staatspreis (UdSSR); '51 Leninorden (UdSSR); '61 Ehrenkreuz (UdSSR); '72 Rotbannerorden (UdSSR).

*1892, April 18 (6), Moskva.

Zur Biogr. N. K. Bari, L. A. Ljusternik, Usp. mat. Nauk **2** ('47) Nr. 6, 240–42 (m. Bildn.).

Zum 60. Geb.tag N. K. Bari, L. A. Ljusternik, Usp. mat. Nauk **7** ('52) Nr. 3, 145–50 (m. Bildn. u. Schr.verz.).

Zum 70. Geb.tag P. S. Aleksandrov, P. L. Ul'janov, Usp. mat. Nauk **17** ('62) Nr. 5, 161–75 (m. Bildn. u. Schr.verz. 69 Nrn.).

Zum 75. Geb.tag Vestn. mosk. Univ., Ser. I **22** ('67) Nr. 6, 138–42 (m. Bildn. u. Schr.verz.-Auswahl 1962–67, 6 Nrn.).

Zum 80. Geb.tag P. S. Aleksandrov, A. N. Kolmogorov, P. L. Ul'janov, Usp. mat. Nauk **27** ('72) 185–95 (m. 2 Bildnissen u. Schr.verz. 1962–1971). – E. P. Dolženko, P. L. Ul'janov, Vestn. mosk. Univ., Ser. I **27** ('72) Nr. 5, 116–23 (m. Schr.verz.-Auszug).

Zur Biobibliogr. N. K. Bari, L. A. Ljusternik, Die Arbeiten D. E. Men'šovs über trigonometrische Reihen: Usp. mat. Nauk **6** ('51) Nr. 4, 187–89 [russ.].

MH. (Mitredakt.) N. N. Luzin, Integral i trigonometričeskij rjad [Das Integral und die trigonometrische Reihe] (Moskva–Leningrad '51); darin eig. Beiträge: 5–7: Vorwort [russ.][1]); 389–531: Kommentare [russ.][1]). – (Mitredakt.) N. N. Luzin, Sobranie sočinenij, 1: Metričeskaja teorija funkcij i teorija funkcij kompleksnogo peremennogo [Gesammelte Werke, 1: Metrische Theorie der Funktionen und Theorie der Funktionen einer komplexen Variablen] (Moskva '53).

S. Matematika v SSSR za tridcat' let [30 Jahre Mathematik in der UdSSR] 1917–1947 (Moskva–Leningrad '48) 256–87: Metrische Theorie der Funktionen einer reellen Veränderlichen [russ.][1])[4])[10]). – Trudy 3-go Vsesojuznogo matematičeskogo s-ezda [Arbeiten der 3. Mathematischen Unionskonferenz], Moskva 1956, 1 (Moskva '56) 89f.: Über die Grenzwerte der Teilfolgen von Partialsummen trigonometrischer Reihen. – Trudy 4-go Vsesojuznogo matematičeskogo s-ezda [Arbeiten der 4. Mathematischen Unionskonferenz], Leningrad 1961, 2 (Leningrad '64) 667–72: Unbestimmtheitsgrenzen trigonometrischer Reihen [russ.]. – Proc. International congress of mathematicians, Edinburgh 1958 (London '60) 398–406: Über die Konvergenz trigonometrischer Reihen [russ.]. – Nekotorye problemy matematiki i mechaniki [Einige Probleme der Mathematik und Mechanik. A. M. Lavrent'ev zum 70. Geburtstag] (Leningrad '70) 198–204: Unbestimmtheitsgrenzen dem Maß nach der T-Mittel der Unterreihen einer trigonometrischen Reihe [russ.].

W. Les conditions de monogénéité (Paris '36) 55 S. (Actualités scientifiques et industrielles, 329. La théorie des fonctions, 3). – Nikolaj Nikolaevič Luzin (m. P. S. Novikov, A. P. Epifanova) (Moskva–Leningrad '48) 29+2 S. (Akademija nauk SSSR, Materialy k biobibliografii učenych SSSR, Ser. mat., 3).

Acta Sci. math. [Szeged] Über die Konvergenz trigonometrischer Reihen: **12A** ('50) 170–84 [russ.].

Annales Soc. polon. Math. Über die Unbestimmtheitsgrenzen der Partialsummen von trigonometrischen Reihen: **25** ('52) 323–37 [russ.].

Bull. Soc. math. France Sur la convergence et la sommation des séries de fonctions orthogonales: **64** ('36) 147–70.

Colloquium math. [Polonia] Sur les suites convergentes des sommes partielles des séries trigonométriques: **6** ('58) 155–64.

C.R. (Dokl.) Acad. Sci. URSS Sur les séries de fonctions orthogonales bornées dans leur ensemble: (N.S.) **15** ('37) 295–99. – Sur la représentation des fonctions mesurables par des séries trigonométriques: **26** ('40) 214–16. – Sur la convergence uniforme des séries de Fourier: **32** ('41) 245f. – Sur les sommes partielles des séries trigonométriques: **41** ('43) 51–53. – Sur les séries trigonométriques universelles: **49** ('45) 79–82.

Dokl. Akad. Nauk SSSR Über die Konvergenz trigonometrischer Reihen dem Maß nach: **59** ('48) 849–52. – Über Fourier-Reihen stetiger und summierbarer Funktionen: **67** ('49) 787–89. – Über die Unbestimmtheitsgrenzen trigonometrischer Reihen: **74** ('50) 181–84. – Über die Grenzwerte der Teilfolgen von Partialsummen trigonometrischer Reihen: **106** ('56) 777–80. – Über die Grenzfunktionen einer trigonometrischen Reihe: **114** ('57) 476–78. – Über die Summation von Orthogonalreihen durch lineare Methoden: **131** ('60) 507–09. – Über universelle Funktionenfolgen: **151** ('63) 1283–85. – Über Grenzen der Unbestimmtheit dem Maß nach und Limesfunktionen von trigonometrischen und Orthogonalreihen: **160** ('65) 1254–56. – Grenzen der Unbestimmtheit dem

Maß nach von T-Mitteln trigonometrischer Reihen: **176** ('67) 518–21. – Eigenschaften der Cesàroschen Mittel negativer Ordnung für Fourier-Reihen von stetigen Funktionen: **197** ('71) 781–83. – Die Anwendung der Cesàro-Summationsmethoden negativer Ordnung auf Fourier-Lebesguesche Reihen: **210** ('73) 271–73. – – Alle Arbeiten russ.

Fundamenta Math. [Warszawa] Sur la généralisation des conditions de Cauchy-Riemann: **25** ('35) 59–97.

Izvest. Akad. Nauk SSSR, Ser. mat. Summation von Orthogonalreihen von Funktionen mittels linearer Methoden: **1937**, 203–30 [russ.]. – Über einige Eigenschaften der Fourier-Reihen: **18** ('54) 379–88 [russ.].

Matematičeskij Sborn. Sur les conditions suffisantes pour qu'une fonction univalente soit holomorphe: **40** ('33) 3–23 [m. russ. Zusammenfassg.]. – Sur la monogénéité asymptotique: (N.S.) **1** ('36) 189–210 [russ. m. französ. Zusammenfassg.]. – Sur une généralisation d'un théorème de M. H. Bohr: **2** ('37) 339–56 [m. russ. Zusammenfassg.]. – Sur les séries de fonctions orthogonales bornées dans leur ensemble: **3** ('38) 103–20 [~]. – Sur une généralisation d'un théorème de M.M. Hardy et Littlewood: 367–73 [~]; **5** ('39) 451 [russ. u. französ.]. – Sur les multiplicateurs de convergence pour les séries de polynômes orthogonaux: **6** ('39) 27–52 [m. russ. Zusammenfassg.]. – Sur la sommation des séries de fonctions orthogonales par des méthodes de Cesàro: **8** ('40) 121–36 [~]. – Sur les séries de Fourier des fonctions continues: 493–518 [~]. – Sur la représentation des fonctions mesurables par des séries trigonométriques: **9** ('41) 667–92. – Sur la convergence uniforme des séries de Fourier: **11** ('42) 67–96. – Sur les sommes partielles des séries de Fourier des fonctions continues: **15** ('44) 385–432 [m. russ. Zusammenfassg.]. – Über die Partialsummen trigonometrischer Reihen: **20** ('47) 197–230 [russ.]. – Über die Unbestimmtheitsgrenzen der Fourier-Reihen: **30** ('52) 601–50 [~]. – Über die Unbestimmtheitsgrenzen dem Maß nach der Partialsummen von trigonometrischen Reihen: **34** ('54) 557–74 [~]. – Über fast konvergente trigonometrische Reihen: **37** ('55) 265–92 [~]. – Über konvergente Folgen von Partialsummen einer trigonometrischen Reihe: **48** ('59) 397–428 [~]. – Über die Grenzen der Unbestimmtheit von Teilfolgen der Partialsummen von Fourier-Reihen: **58** ('62) 335–76 [~]. – Über universelle Funktionenfolgen: **65** ('64) 272–312 [~]. – Grenzen der Unbestimmtheit dem Maß nach von T-Mitteln trigonometrischer Reihen: **81** ('70) 485–524 [~]. – Eigenschaften der Cesàroschen Mittel negativer Ordnung und gewisser verschiedener T-Mittel für Fourier-Reihen von stetigen Funktionen: **86** ('71) 419–45 [~].

Mathematische Ann. Sur les représentations qui conservent les angles: **109** ('33) 101–59.

Trudy mat. Inst. im. Steklova Über die Konvergenz trigonometrischer Reihen dem Maß nach: **32** ('50) 99 S. [russ.]. – Grenzen der Unbestimmtheit dem Maß nach von trigonometrischen und Orthogonalreihen: **99** ('67) 63 S. [russ.].

Trudy mosk. mat. Obšč. Über Fourier-Reihen summierbarer Funktionen: **1** ('52) 5–38. – Über die Grenzfunktionen einer trigonometrischen Reihe: **7** ('58) 291–334. – Über die Summation von Orthogonalreihen mittels linearer Methoden: **10** ('61) 351–418. – Limesfunktionen im engeren Sinn von trigonometrischen und Orthogonalreihen: **21** ('70) 135–208. – – Alle Arbeiten russ.

Uč. Zap. mosk. gos. Univ. Über Partialsummen von Orthogonalreihen von Funktionen: **135** ('48) 3–9. – Über Fourier-Reihen stetiger Funktionen: **148** ('51) 108–32. – Über Unbestimmtheitsgrenzen von Partialsummen universeller trigonometrischer Reihen: **165** ('54) 3–33. – – Alle Arbeiten russ.

Usp. mat. Nauk Über Fourier-Reihen summierbarer Funktionen: **6** ('51) Nr. 5, 158. – 16. Moskauer Schulmathematik-Olympiade[13)][8)][6)]: **9** ('54) Nr. 3, 257–62. – Über den Internationalen Mathematiker-Kongreß in Edinburgh[1)]: **14** ('59) Nr. 2, 235–38. – Abram Iezekiilovič Plesner zum 60. Geburtstag[5)][7)][11)]: **16** ('61) Nr. 1, 213–18. – Nina Karlovna Bari † [9)][11)]: **17** ('62) Nr. 1, 121–33. – Die Moskauer Mathematische Gesellschaft in der Zeit von 1910–1920: **20** ('65) Nr. 3, 19f. – Georgij Pavlovič Tolstov zum 60. Geburtstag[12)][3)][2)]: **27** ('72) Nr. 1, 255–64. – – Alle Arbeiten russ.

Vestn. mosk. Univ. Einige Fragen aus der Theorie der trigonometrischen Reihen: **5** ('50) 3–10 [russ.].

Vestn. mosk. Univ., Ser. I N. K. Bari, 1901–1961 [11)]: **17** ('62) Nr. 1, 74–80. – Über die metrische Funktionentheorie an der Universität Moskau seit fünf Jahrzehnten[11)]: **22** ('67) Nr. 5, 24–36. – Über das Problem der Darstellung von Funktionen durch Reihen[11)]: **25** ('70) Nr. 2, 30–40. – – Alle Arbeiten russ.

Mit: 1) N. K. Bari; 2) A. N. Kolmogorov; 3) V. Ja. Kozlov; 4) A. A. Ljapunov; 5) L. A. Ljusternik; 6) E. A. Morozova; 7) M. A. Najmark; 8) I. R. Šafarevič; 9) S. B. Stečkin; 10) G. P. Tolstov; 11) P. L. Ul'janov; 12) I. Ja. Verčenko; 13) V. M. Zolotarev.

V, VI **MENŠUTKIN**, Boris Nikolaevič. Chem., Geschichte der Chem. – 1929–38 ord. Prof. u. Leiter d. Lehrstuhls f. anorg. u. analyt. Chem., Forsttechn. Akad., Leningrad; '30–34 Prof., Metallurg. Inst. → '34–38 Prof. u. Leiter d. Lehrstuhls f.

allg. Chem., Industrie-Inst., Leningrad; '30 Vizepräs., Russ. Chem. Ges. (⊠)
*1874, Apr. 29 (17), Petersburg;
†1938, Sept. 15, Leningrad.

Nekr. M. A. Bloch, Priroda [SSSR] **1938**, Nr. 11/12, 161–64; Ž. obščej Chim. **9** ('39) 2104–12 (m. Bildn. u. Schr.verz. 82 Nrn.). – T. L. Davis, B. N. Menshutkin's contributions to the history of chemistry: J. chem. Educat. **15** ('38) 203–09 (m. Bildn. u. Schr.-verz.). – S. P. Gvozdov, Metallurg **1939**, Nr. 6, 110f. – S. A. Pogodin, Chimija v Škole **1939**, Nr. 2, 85–89; Usp. Chim. **7** ('38) 1896–906 (m. Schr.verz.-Auszug 24 Nrn.).

Zur Biogr. S. A. Pogodin, Izvest. Sekt. fiziko-chim. Analiza **13** ('40) 25–35 (m. Bildn., Faks. u. Schr.verz. 195 Nrn.). – N. N. Efremov, Die Arbeiten B. N. Menšutkins über die thermische Analyse von Systemen mit organischen Komponenten: ibid. 37–59 [russ.]. – S. A. Pogodin, Die Arbeiten B. N. Menšutkins über die Geschichte der Chemie: ibid. 61–65 [~].

Zum 25. Todestag D. V. Želtuchin, Chimija v Škole **1963**, Nr. 6, 17f. (m. Bildn.); Ž. obščej Chim. **33** ('63) 3787f. (m. Bildn.).

Zum 90. Geb.tag E. I. Denisov, V. P. Šišokin, Ž. prikl. Chim. **37** ('64) 2514f.

Zur Biobibliogr. Archiv Akademii Nauk SSSR. Obozrenie archivnych materialov **3** (Moskva–Leningrad '50) (Akademija Nauk SSSR, Trudy archiva, 9) 49f.

H. (Redakt.) M. V. Lomonosov, Sočinenija [Werke] **7** (Leningrad '34). – (Redakt.) Trudy jubilejnogo Mendeleevskogo s-ezda [Arbeiten der Mendeleev-Jublilläumssitzung], Leningrad 1934, **1** (Moskva–Leningrad '36), **2** ('37).

MH. (Mitredakt.) M. V. Lomonosov, Sočinenija [Werke] **6** (Leningrad '34). – (Mitredakt.) A. V. Majer, Chimiko-techničeskij slovar', nemecko-anglijsko-francuzsko-russkij (Leningrad '37); A. W. Mayer, Chemical-technical dictionary (German-English-French-Russian) (New York '42).

MHZ. (Mitredakt.) Izvest. Inst. fiziko-chim. Analiza → Izvest. Sekt. fiziko-chim. Analiza **1** ('19) - **12** ('40).

S. Bol'šaja sovetskaja ėnciklopedija [Große Sowjetenzyklopädie] **37** (Moskva '38) 373–77: Lomonosov, Michail Vasil'evič, 1711–1765 [russ.][1]). – Akademik V. V. Petrov, 1761–1834. K istorii fiziki i chimii v Rossii v načale XIX v. Sbornik statej i materialov [Akademiemitglied V. V. Petrov, 1761–1834. Zur Geschichte der Physik und Chemie in Rußland zu Beginn des 19. Jahrhunderts. Sammlung von Aufsätzen und Materialien] (Moskva–Leningrad '40) 13–35: Vasilij Vladimirovič Petrov als Chemiker [russ.].

W. Važnejšie ėtapy v razvitii chimii za poslednie poltorasta let [Die wichtigsten Etappen in der Entwicklung der Chemie in den letzten 150 Jahren] (Leningrad '32) 116 S., [2]('33) 119 S., [3]('34) 119 S. – Kurs obščej (neorganičeskoj) chimii [Lehrbuch der allgemeinen (anorganischen) Chemie] [4](Leningrad '33) 738 S.; aserbajdschan.: (Baku '37) 392 S. – Chimija [Chemie] [2](Leningrad '35) 592 S. – Trudy M. V. Lomonosova po fizike i chimii [Die Arbeiten von M. V. Lomonosov auf dem Gebiet der Physik und Chemie] (Moskva–Leningrad '36) 537 S. – Chimija i puti ee razvitija [Die Chemie und die Wege ihrer Entwicklung] (Moskva–Leningrad '37) 2+350 S. – Žizneopisanie M. V. Lomonosova [Lebensbeschreibung M. V. Lomonosovs] [2](Leningrad '37) 237 S.; 3. Aufl. herausgeg. v. S. I. Vavilov, L. B. Modzalevskij [3](Moskva–Leningrad '47) 295 S. (m. Bildn. zwischen S. 280/81); engl.: Russia's Lomonosov, chemist, courtier, physicist, poet (Princeton, N.J. '52) 8+208 S.

Isis Vasilij Vladimirovič Petrov and his physico-chemical work: **25** ('36) 391–98.

Izvest. Akad. Nauk SSSR, Otdel. obščestvenn. Nauk Biographie Lomonosovs: **1937**, Nr. 1, 35–148 [russ.]. – Die Arbeiten von M. V. Lomonosov über Chemie und Physik: 243–47 [~].

Izvest. Sekt. fiziko-chim. Analiza Materialien zur Geschichte der thermischen Analyse: 8 ('36) 373–408 [russ.].

J. chem. Educat. Early history of Russian platinum: **11** ('34) 226–29. – Historical development of the conception of chemical elements: **14** ('37) 59–61.

Metallurg 50 Jahre Eutektikum: **1934**, Nr. 7, 3–8 [russ.].

Nature [London] Early history of Mendeléeff's Periodic Law: **133** ('34) 946. – The thermometer scale of de l'Isle: **137** ('36) 34.

Nauka i Techn. Periodisches System der Elemente 1907–1937: **1937**, Nr. 2, 5 S. [russ.].

Priroda [SSSR] P. P. Fedot'ev †: **1934**, Nr. 5, 89–91. – Zum 100. Todestag von V. V. Petrov: **1935**, Nr. 3, 55–59. – Die Entwicklung der Vorstellungen über das chemische Element: **1936**, Nr. 2, 117–29. – M. V. Lomonosov als Naturforscher. Zum 225. Geburtstag: Nr. 12, 129–37. – Die wesentlichen Punkte der Entwicklung des Periodensystems der Elemente, 1868–1937: **1937**, Nr. 3, 116–26. – – Alle Arbeiten russ.

Vestn. Znanija A. Lavoisier: **1936**, Nr. 3, 195–201. – Wissenschaftliche Tätigkeit Lomonosovs: Nr. 12, 883–88. – T. E. Lovic: **1937**, Nr. 4, 48–51. – Die Chemie der Atmosphäre der Erde und anderer Planeten: Nr. 5, 27–. – V. M. Severgin: Nr. 6, 46–49. – E. Rutherford†: Nr. [?], 5 S. – Aus der

Vergangenheit der russischen Chemie: **1938,** Nr. 1, 63–66. — — Alle Arbeiten russ.

Vysšaja Škola Art und Weise der Durchführung eines Lehrgangs der allgemeinen Chemie: **1938,** Nr. 1, 40–44 [russ.].

Ferner Übersetzung zahlreicher Arbeiten M. V. Lomonosovs aus dem Lateinischen ins Russische, wiedergegeben in: M. V. Lomonosov, Polnoe sobranie sočinenie [Gesammelte Werke] **1**, **2** u. **4** (Moskva–Leningrad '50, '51, '55). — Einige weitere Veröffentlichungen.

Mit: [1]) B. N. Vyropaev.

VI **MENTRÉ,** Paul Octave. Math., Mech. — 1921-25 Maître de Conférences, '25–26 Prof. sans Chaire, '28–36 Prof. Math. appl., Fac. Sci., Univ. de Nancy; '26–28 Dir., Inst. d'Electromécanique, Istanbul Üniv.; '33–35 Prés., Soc. des Sci. de Nancy. — '33 Prix Francœur (Acad. Sci. Paris).

* 1889, Aug. 6, Abbéville (-lès-Conflans), Meurthe-et-Moselle; †1936, Juli 28.

Nekr. A. Mauduit, Bull. mens. Soc. Sci. Nancy (N.S.) **2** ('37) No. 2, 45–48 (m. Bildn.).

W. Eléments de mathématiques supérieures (Mécanique), à l'usage des candidats au certificat de mathématiques générales et des ingénieurs (m. H. Vogt) (Paris '31) 8+216 S. — Problèmes de mécanique. Solutions des exercices proposés dans les Eléments de mathématiques supérieures (Mécanique) (m. H. Vogt) (Paris '34) 257 S.

Bull. Soc. math. France Etudes géométriques des caractéristiques: **62** ('34) 265–73.

C.R. Assoc. franç. Avancement Sci. Etude géométrique du problème général de la déformation à un paramètre: **57** ('33) 40–42.

C.R. hebd. Séances Acad. Sci., Paris Application projective du complexe tétraédral harmonique sur le complexe linéaire non spécial: **194** ('32) 512f. — Sur certaines surfaces tétraédrales: **195** ('32) 452–54. — Sur une déformation projective des complexes tétraédraux: **196** ('33) 1069–71. — Sur les surfaces développables inflexionnelles des complexes de droites: **201** ('35) 763f.

Mémoires Soc. roy. Sci. Liège Sur certaines surfaces tétraédrales[1]): (3) **18** ('33) No. 2, 13 S. — Etude géométrique des lignes asymptotiques des surfaces gauches: **20** ('35) No. 2, 28 S.

Mit: [1]) O. Rozet.

VI **MENZEL,** Donald Howard. Astrophysik. — 1924–25 Instructor, Univ. of Iowa, Iowa City, Ia.; '25–26 Assist. Prof., Ohio State Univ., Columbus, O.; '26–32 Assist. Astronomer, Lick Observat., '28, '31 Exchange Prof., Univ. of California; '32–35 Assist. Prof., '35–38 Assoc. Prof., '38– Prof., '46–49 Chairman of the Departm. of Astron., Harvard Univ., Cambridge, Mass.; '46–54 Assoc. Dir. for Solar Research, '51–52 Dir. of Sacramento Peak Station at Sunspot, N.Mex., '52–54 Acting Dir., '54– Dir., Harvard College Observat., Cambridge, Mass.; '53–54 Chairman, Visiting Committee, Nation. Bur. of Standards; '54– Chairman, Boyden Observat. Administrative Council; '53–59 Chairman, Advisory Committee, Associated Universities, Inc.; '59 Chief Scientist, Geophysics Corporat. of America. — '54 Hon. D.Sc. (Univ. of Denver, Colo.). — '26, '28, '47 A. Cressy Morrison Prizes (New York Acad. Sci.); '57 Thomas Alva Edison Foundat. Award; '58 Distinguished Citizens Award of Denver, Colo.

*1901, April 11, Florence, Colo.

H. Prentice-Hall physics series (New York '47–'55). — (Bearb.) D. P. Todd, The story of the starry universe; the science of astronomy, the size, motions, relative positions and other phenomena of the heavenly bodies (New York '48), ('54) (Popular science library, 6). — Fundamental formulas of physics (New York '55) (Prentice-Hall physics series); **1.2** (New York '60); russ.: (Moskva '57). — The radio noise spectrum (Cambridge, Mass. '60); darin eigene Beiträge: 123–28: Solar whistlers[28]); 151–76: A study on cosmic radio noise sources. — Selected papers on physical processes in ionized plasmas (New York '62). — (Bearb.) M. E. Martin, The friendly stars (New York '64); darin eig. Beitr.: Preface [55]). — (Bearb.) R. Wyler, G. Ames, The new golden book of astronomy, an introduction to the wonders of space (New York '65); darin eig. Beitr.: Preface; u. d. T.: Wonders of space (London '68). — Selected papers on the transfer of radiation (New York '66). — (Bearb.) A. E. Fanning, Planets, stars and galaxies; descriptive astronomy for beginners (New York '66).

MH. Conference on non-linear processes in the ionosphere, Boulder, Colo., 1963. Papers (Washington, D. C. '64). — The nature of the lunar surface. Proc. of the 1965 IAU-NASA symposium, Greenbelt, Md. (Baltimore, Md. '66).

HZ. Telescope 1936–1941.

S. General Assembly, International Scientific Radio Union, Zürich 1950, 8 (Bruxelles '50)201–04: Behavior of the E and F1 layers[83]). – Problemi della fisica solare. Convegno di scienze fisiche, matematiche e naturali, 1952 (Roma '53) 119–36, 154: The behavior and classification of solar prominences[25]); 143–47, 154f.: The variation in prominence distribution over the sunspot cycle[8]); 257: Magnetic hydrodynamics theory of prominences and the aurora borealis; 288f.: Some basic facts of oscillating plasma; 292: The new solar observatory at Sacramento Peak (New Mexico). – Climatic change; evidence, causes and effects (H. Shaply) (Cambridge, Mass. '53) 117–21: On the causes of the ice ages. – The book of knowledge; the children's encyclopedia (E. V. McLoughlin) [**1954**] (New York–Toronto '54): Solar activity and the earth[53]); [**1955**] ('55): Solar fireworks[53]). – Vistas in astronomy (A. Beer) **1** (London–NewYork '55) (J. atmospher. and terrestr. Physics, Spec. Suppl. 3) 296–303: "Turbulence", kinetic temperature, and electron temperature in stellar atmospheres[9])[42])[79]). – Solar eclipses and the ionosphere. A symposium, London 1955 (W. J. G. Beynon, G. M. Brown) (London–New York '56) (∼ 6) 279–82: The E layer of the ionosphere, 1: Physical theory; 282–92: ∼ 2: Statistical analysis[83])[27]). – Radio astronomy (H. C. van de Hulst). International Astronomical Union symposium Nr. 4, Jodrell Bank Experimental Station near Manchester 1955 (London '57) 342–44: On the origin of solar radio noise[42]). – The college quad (E. R. Clapp u. a.) (New York '57): Other worlds than ours. – J. I. Brown, Explorations in college reading (Boston, Mass. '59) 170–78: The bounds of space and time. – McGraw-Hill encyclopedia of science and technology (New York '60): Flying saucers. – Dictionary of American biography [Neudruck] **5** (New York '61) I, 289f.: Herbert Alonzo Howe; **6** ('61) I, 213f.: Exum Percival Lewis; **8** ('63) II, 412: John Martin Schaeberle; **11** ('64 [?]) II, 91–93: William Wallace Campbell. [Alle Beiträge auch in der Originalausgabe ('28ff.)]. – Proc. Symposium on solar seeing, Rome 1961 (National Research Council of Italy) (Roma '62) 25–30: The theory of atmospheric seeing; 67–72: The brightness of the sky in the vicinity of the sun[71]). – Space age astronomy (A. J. Deutsch, W. B. Klemperer) (NewYork–London '62) 407–11: Problems of instrumentation for a Mars probe; 412f.: Stereoscopy from space satellites[54]). – The solar corona (J. W. Evans). Proc. International Astronomical Union symposium nr. 16, Cloudcroft, N. Mex., 1961 (London–NewYork '63) 159f.: The evolution of solar prominences[24]); 307–14: Magneto-hydrostatic models of the solar corona[24]); 315–29: The sun's magnetic field and the stability of solar markings[54]). – Atti del Convegno sulle macchie solari, Firenze 1964 (G. Righini) (Firenze '66) (Pubblicazioni del Comitato nazionale per le manifestazioni celebrative del IV centenario della nascita di Galileo Galilei, 2,2) 226–35: Sunspots, magnetic fields and the structure of the solar atmosphere[73]). – Atti del Convegno sui campi magnetici solari e la spettroscopia ad alta risoluzione (Firenze '66) (∼ 2,4) 308–16: Magnetic fields and small-scale structure of the solar atmosphere[73]); 335–41: General conclusions. – Moon and planets. A session of the 7th International space science symposium, Wien 1966 (A. Dollfus) (Amsterdam '67) 1–6: The surface of the Moon, Mars and Venus. – Planetary nebulae (D. E. Oosterbrock, C. R. O'Dell). International Astronomical Union symposium nr. 34, Tatranská Lomnica 1967 (Dordrecht '68) 279–81: The role of magnetic fields in the origin and structure of planetary nebulae; 386–89: Long-period variables and planetary nebulae. – Structure and development of solar active regions (K. O. Kiepenheuer). International Astronomical Union symposium nr. 35, Budapest 1967 (Dordrecht '68) 142–47: Sunspots and magneto-hydrodynamic flows[2]). – Topics in modern physics; a tribute to Edward U. Condon (W. E. Brittin, H. Odabasi) (Boulder, Colo. '71) 245–50: The determination of coronal polarization.

W. Stars and planets; exploring the universe [2](New York '35, London '36) 7+121 S.; [3](New York '38) 129 S. – Theoretical physics (NewYork '47); Neuauflagen u. d. T.: Mathematical physics ('53) 412 S., ('61) 412 S. – Elementary manual of radio propagation (New York '48) 12+222 S. – Our sun (Philadelphia, Pa.–Cambridge, Mass. '49) 8+326 S.; (New York '50) 326 S.; (Cambridge, Mass. '59, New York '60) 10+350 S.; japan.: (–'51); russ.: (Moskva '63) 328 S. – Flying saucers (Cambridge, Mass. '53) 319 S.; russ.: (Moskva '62) 352 S. – The universe in action (Birmingham, Ala. '57) 71 S. – Writing a technical paper (m. H. M. Jones, L. G. Boyd) (New York '61) 9+132 S. – The world of flying saucers; a scientific examination of a major myth of the space age (m. L. G. Boyd) (New York '63) 302 S. – Stellar interiors (m. P. L. Bhatnagar, H. K. Sen) (London–New York '63) 13+317 S. (The International astrophysics series, 6). – A field guide to the stars and planets; including the moon, satellites, comets, and other features of the universe (Boston, Mass. '64) 14+397 S. (The Peterson field guide series, 15); (London '66) 15+397 S.; deutsch: Kosmos-Taschenatlas Astronomie (Stuttgart '67) 403 S. – Principles of atomic spectra (m. B. W. Shore) (New York '68) 14+538 S. – Astronomy (New York '70) 320 S.; (London '71) 320 S. – Survey of the universe (m. anderen) (New York '71) 860 S.

American J. Physics Upper atmosphere: **17** ('49) 49–.

American Peoples' Encyclopedia Yearb. Flying saucers: **1953**. – Lunar and interplanetary flight: **1956**. – Space flight: **1957**.

Annals Harvard College Observat. The design and operation of the Harvard-M.I.T. 1936 eclipse equipment[11)35)4)12)]: **105** ('38) 87–98. – Harvard photoelectric microdensitometer[23)]: 99–105.

Annual Rep. Board Regents Smithsonian Instn. The edge of the sun: **1956** ('57) 215–27.

Asia [NewYork] Shadow over Asia: **1941**, 540–.

Astronomical J. Continuous spectrum of the solar corona: **52** ('46) 47. – Stellar electrodynamics: **53** ('48) 201. – Lunar rays and the dike system of the Spanish Peaks, Colo.[21)]: 201f. – Theory of the ionosphere: **54** ('48/49) 45. – A symbolic solution of the equation of radiative transfer: 132. – Operational solution of radiative transfer in absorption lines[71)]: **55** ('50) 74f. – Operational solution of the reflection effect in eclipsing binaries[71)]: 176f. – Magneto-hydrostatics and solar prominences: **56** ('51) 135. – Matrices for birefringent filters[71)]: 139. – Origin of the aurora borealis: **57** ('52) 20f. – A model of the chromosphere from 1952 eclipse data[3)59)79)]: **59** ('54) 314. – The case for H_2O clouds on Venus[82)]: 329f. – Mechanisms in prominence activity[42)44)]: **60** ('55) 166f. – The origin and evolution of sunspots[44)42)]: 171f. – The record prominence of 10 February, 1956[76)50)64)70)43)]: **61** ('56) 186. – On the nature of solar activity[42)]: **62** ('57) 21. – The calculation of line profiles in a stratified atmosphere[24)32)]: **63** ('58) 305. – On the fine structure of solar prominences[83)]: **65** ('60) 54f. – Results from the occultation of Regulus by Venus, July 7, 1959[80)]: 351. – A relationship between flares and loop prominences: 494. – Study of infrared instrumentation for thermal photography of the moon[36)15)]: **66** ('61) 287. – A magneto-hydrostatic model of the solar corona: **73** ('68) S71f. – Multicolor photoelectric photometry of the brighter planets [,1][37)75)]: S19f.; ∼ 2: Observations from Le Houga Observatory[37)75)17)45)30)85)]: 251–64; ∼ **3**: Observations from Boyden Observatory[87)75)63)85)]: 807–28.

Astronomičeskij Ž. Chromosphäre und Korona: **17** ('40) Nr. 1, 62–65 [russ.].

Astrophysica norveg. Magnetohydrodynamic flow and force-free fields: **9** ('64) Nr. 24, 225–32.

Astrophysical J. The classification of stellar spectra[68)58)]: **81** ('35) 107–18. – Multiplet strengths for transitions involving equivalent electrons[29)]: **84** ('36) 1–10. – The theoretical interpretation of equivalent breadths of absorption lines: 462–73. – Note on relative f-values for lines of Fe I [29)]: **85** ('37) 40f. – Hydrogen emission in the chromosphere[18)]: 88–106. – Physical processes in gaseous nebulae, 1: Absorption and emission of radiation: 330–39; ∼ 2: Theory of the Balmer decrement[6)]: **86** ('37) 70–77; ∼ 3: The Balmer decrement[6)]: **88** ('38) 52–64; ∼ 4: The mechanistic and equilibrium treatment of nebular statistics[1)6)]: 313–18; ∼ 5: Electron temperatures[6)1)]: 422–28; ∼ 6: The equations of radiative transfer[1)6)]: **89** ('39) 587–93; ∼ 7: The transfer of radiation in the Lyman continuum[6)1)]: **90** ('39) 271–80; ∼ 8: The ultraviolet radiation field and electron temperature of an optically thick nebula[1)6)]: 601–10; ∼ 9: On the excitation of fractional multiplets by electron capture[74)]: **91** ('40) 307–19; ∼ 10: Collisional excitation of nebulium[33)]: **92** ('40) 408–23; ∼ 11: Strengths of forbidden lines in p^2, p^3 and p^4 as a function of coupling[74)1)6)]: **93** ('41) 178–94; ∼ 12: The electron densities of some bright planetary nebulae[1)]: 195–201; ∼ 13: The electron temperatures of some typical planetary nebulae[1)33)]: 230–35; ∼ 16: The abundance of OIII[1)]: **94** ('41) 30–36; ∼ 17: Fluorescence in high-excitation planetaries[1)]: 436–48; ∼18: The chemical composition of the planetary nebulae[1)]: **102** ('45) 239–63. – Equivalent widths and the temperature of the solar reversing layer[6)29)]: **87** ('38) 81–101. – An investigation of the Rowland intensity scale[29)19)]: **91** ('40) 320–33. – The wave lengths of new coronal lines[62)]: **96** ('42) 395–98. – Extended sum rules for transition arrays: **105** ('47) 126–30. – Transfer of radiation [,1][71)]: **110** ('49) 1–11; ∼ 2: Radiative transfer in absorption lines[71)]: **113** ('51) 482–89; ∼ 3: Reflection effect in eclipsing binaries[71)]: 490–95. – Emission-line profiles from expanding envelopes[7)]: **119** ('54) 508–18. – A model of the chromosphere from the helium and continuum emissions[3)]: **123** ('56) 285–98. – Filamentary structure in solar prominences[24)]: **141** ('65) 251–71.

Astrophysical J., Suppl. Ser. The thermodynamic state of the outer solar atmosphere, 5: A model of the chromosphere from the continuum emission[3)59)79)]: **1** ('55) 505–19. – Generalized tables for the calculation of dipole transition probabilities[73)]: **12** ('65) 187–214. – Oscillator strengths, f, for high-level transitions in hydrogen: **18** ('69) 221–46.

Astrophysical Letters Theory of the solar corona: **1** ('68) 195f.

Atlantic Monthly Other worlds than ours: **196** ('55) 25–. – Bounds of space and time: 52–. – The astronomer's stake in outer space: **202** ('58) 95–99.

Bull., Cranbrook Inst. Sci. Observatories in space: **38** ('59) 15–31.

Ciencia e Investigac. El sol y la radio-comunicación: **3** ('47) 144–.

Circular, Astron. Observat. Harvard College The physical state of the solar chromosphere[18]): **410** ('35) 40 S. – The structure of the atmosphere of ζ Aurigae: **417** ('36) 9 S. – Investigations of the spectra of novae, 1: Intensities of bright lines in the spectrum of Nova Pictoris[58]): **428** ('38) 13 S.

Colloques int., Centre nation. Rech. sci. The G layer of the ionosphere[5]): **9.1947** ('49) 163–66.

Dow Diamond Dow-metal in astronomy: **4** ('41) Nr. [?], 2–. – Drama of chemistry, 4: Era of empiricism[26]): **5** ('42) Nr. 4, 27–32.

Foothills Why take the sun for granted: **1947**, Herbst-Nr., 61–.

Graduate J., Boston Univ., Graduate School Life in the universe: **7** ('65) 195–219. – Meet the Martians: 221–33.

Harvard Announcement Card Tentative identification of three coronal lines[11]): **285** ('33).

Harvard Observat. Monogr. The solar corona and ultraviolet radiation[29]): Nr. **7** ('48) 279–. – Earth–sun relationships: 319–.

Harvard Reprint Panel discussion: The lunar surface: Nr. **762** ('67) 26 S. – – *Sehr viele in dieser Bibliographie zitierte Originalarbeiten sind auch als „Harvard Reprints" erschienen.*

Harvard Reprint, Ser. 2 The nature of the surface of the moon, illustrated in part by 3-D slides taken from Ranger photographs: Nr. **248** ('67) 10 S.

Harvard today The exploding universe: **1959**, Febr.-Nr.

J. Engng. Soc. Boston The sun – an engineering masterpiece: **4** ('33).

J. geophysic. Res. Astrophysics and generalized gas dynamics: **61** ('56) 357f.

J. Res. nation. Bur. Standards, D Some problems of ionospheric non-linearities: **69** ('65) 1–7. – Ionospheric cross modulation – a microscopic theory[44]): 59–68.

J. roy. astron. Soc. Canada Solar prominence activity, 1944–1954[39]): **56** ('62) 193–202. – Classification of solar prominences for sun-spot cycle no. 19 (1955–1964)[39]): **62** ('68) 124f.

Leaflet, Astron. Soc. Pacific The planetary nebulae: Nr. **46** ('32). – The world of atoms: Nr. **55** ('33). – What is light?: Nr. **67** ('34). – Some unsolved problems in astrophysics: Nr. **125** ('39). – Solar eclipses – old and new: Nr. **134** ('40) 8 S. – Artificial total eclipses of the sun: Nr. **139** ('40). – New developments with the coronagraph: Nr. **206** ('46). – Radar and astronomy: Nr. **217** ('47).

Life [Chicago] Mars: Earth's next-door neighbor pays us a call: **7** ('39) 38–.

Look The truth about flying saucers: **16** ('52). – Why flying saucers show up on radar: ibid.

Mémoires Soc. roy. Liège Theoretical intensity profiles of the solar spectrum near Lyman-α [24]): (5) **4** ('61) 295–98. – A new program of planetary photography: **7** ('62) 115. – Instrumentation for observations of planets in the far infrared[36]): 224–40. – The atmosphere of Mars: 411–14. – New developments of the ferroelectric bolometer for astronomical application[36])[40]): **9** ('64) 105–19. – The role of collisions in the production of forbidden emission transitions: **17** (69) 113–17.

Monthly Notices roy. astron. Soc. Absorption coefficients and hydrogen line intensities[60]): **96** ('35/36) 77–111, 268.

National geogr. Mag. The heavens above: **84** ('43) 97–128. – Exploring our neighbor world, the moon: **113** ('58) 277–96.

Nature [London] Kramers' absorption law in physical problems: **142** ('38) 433f. – Effect of collisions on the intensities of nebular lines: 644. – Audio-frequency radio waves from the sun[69]): **161** ('48) 91. – Point sources of radio noise[20]): **165** ('50) 443. – Origin of sunspots: **166** ('50) 31f. – Results of the occultation of Regulus by Venus, July 7, 1959 [80]): **188** ('60) 28–33. – Detection of hydrogen emission lines $n_{159} \rightarrow n_{158}$ and $n_{157} \rightarrow n_{156}$ in galactic H II regions[46])[61])[86]): **209** ('66) 468–70. – Oscillator strengths for high-level transitions in hydrogen: **218** ('68) 756f. – The outer corona at the eclipse of March 7, 1970 [57]): **226** ('70) 1143f.

Nordisk astron. Tidsskr. Radar und die Astronomie: **2** ('47) 63–69 [norweg.].

Nucleonics The origin of cosmic rays[69]): **2** ('48).

Observatory The solar reversing layer – a question of nomenclature: **58** ('35) 84f. – Weather conditions for the eclipse of February 25, 1952 [38])[8]): **71** ('51) 81–86. – Total solar eclipse 1955, June 25 [65]): **74** ('54) 138.

Philosophical Trans. roy. Soc. London, Ser. A Radio emission from high-level transitions in hydrogen: **264** ('69) 249f.

Philosophy Sci. The physical principles of the quantum theory[44]): **16** ('49) 303–24.

Photo Technique Solar coronagraph[67]): **3** ('41) 60–.

Physica The internal constitution of giant M stars: **12** ('46) 768–74.

Physical Rev. A new method for calculating relative multiplet strengths in transition array[29]): **47** ('35) 424.

Physics today Astrophysicists watch the sun[84]): **3** ('50) Nr. 3, 8–14.

Popular Astron. On the structure of Cepheid atmospheres: **46** ('38) 378f. – Theoretical problems of stellar absorption lines: **47** ('39) 6–22, 66–79, 124–40. – Artificial eclipses of the sun: **49** ('41) 191–98.

Popular Sci. Saucers on radar? . . . an expert's verdict: **162** ('53) Nr. 4, 168–71, 268, 296.

Proc. amer. philos. Soc. Problems of the solar atmosphere: **81** ('39) 107–24.

Proc. nation. Acad. Sci. USA A simple derivation of the dissociation formula: **19** ('33) 40–44. – Forbidden lines in astrophysical sources[11)58)]: 581–91. – On the interpretation of nova spectra[58)]: 641–48. – Neon absorption lines in stellar spectra[49)]: 879–81. – The terrestrial abundance of the permanent gases[68)]: 997–1001. – Solar activity and terrestrial disturbances: **40** ('54) 973–78.

Proc. roy. Soc. London, Ser. A Torsional oscillations and solar magnetic fields[44)42)]: **233** ('55) 302–10.

Publ., Amer. astron. Soc. Physics of solar prominences: **7** ('33) 179. – Additional identifications of forbidden nebular lines[11)58)]: 214. – The spectrum of the solar corona[11)51)]: **8** ('34/36) 6. – Spectrophotometry of Nova Aquilae 3 (1918)[58)]: 18. – The spectrum of Nova Herculis 1934[58)82)]: 112. – Absorption coefficients and hydrogen line intensities[60)]: 119. – The interpretation of chromospheric spectra[18)]: 139f. – The physical and chemical state of a planetary nebula: 146f. – The theoretical interpretation of equivalent widths of absorption lines: 218. – Statistical equilibrium of a planetary nebula: 259. – The solar corona in 1932 and 1936[11)]: 259. – Collision broadening of hydrogen lines: **9** ('37/39) 51. – Equivalent widths and the reversing-layer temperature[29)6)]: 51. – Polarization of the solar corona, June 8, 1937: 54. – Theoretical problems of nebular spectra: 160f. – Radiative transfer and Balmer decrement in the gaseous nebulae[1)6)]: 216. – Radiation pressure and prominence motions: 225f. – Electron densities and temperatures in planetary nebulae[1)]: **10** ('40/42) 22. – The Fremont Pass station of Harvard Observatory[67)]: 62. – Fluorescence in planetary nebulae[1)]: 141. – An interesting prominence[67)]: 170. – The chemical composition of the planetary nebulae[1)]: 245.

Publ. astron. Soc. Pacific The cosmic abundance of hydrogen isotope ^{2}H: **44** ('32) 41–46. – On the broadening of lines in stellar spectra: 260f. – Report on the jumping-film spectrographs: 356–. – Further identifications of nebular lines[11)58)]: **46** ('34) 213–15. – Theories of absorption lines: 216–18. – The Harvard-M.I.T. eclipse expedition: **48** ('36) 164–67. – B. Lyot, 1897–1952: **64** ('52) 149f. – Canadian weather conditions for 1954[65)]: **66** ('54) 37–. – The case for H_2O clouds on Venus[82)]: **67** ('55) 161–68. – A relationship between flares and loop prominences: **73** ('61) 194–97. – On the obliteration of strong Fraunhofer lines by electron scattering in the solar corona[57)]: **80** ('68) 458–61.

Publ., Modern Language Assoc. America Space – the new frontier: **77** ('62) Nr. 2, 10–17.

Res. Rev., Office naval Res., Washington New studies of the sun[22)]: **1949**, Okt.-Nr.

Reviews modern Physics Generalized radial integrals with hydrogenic functions: **36** ('64) 613–17.

Revista astron. Las nebulosas planetarias: **5** ('33) 93–96. – Para localizar los planetas. Posiciones de los planetas durante los próximos 10 años: **8** ('36) 240–46.

Science [USA] Theory of the auroral zone[87)43)]: **121** ('55) 624.

Science Digest Astrophysicists watch the sun[84)]: **27** ('50) Nr. 6, 52–. – Telescopes in space: The astronomer's stake in outer space: **45** ('59) Nr. 2, 61–.

Scientific Monthly Why take the sun for granted?: **41** ('35) 65–69. – A preface to solar research: **52** ('41) 320–36.

Scientific Rep., Solar Dep., Oberservat., Harvard Univ. Survey of problems for solar observations[8)]: Contract AF 19 (604)–146, Nr. **1** ('52). – Dynamics of ionized media[9)42)]: Nr. **3** ('52). – "Turbulence", kinetic temperature and electron temperature in stellar atmospheres[9)42)79)]: Nr. **8** ('53). – The behavior and classification of solar prominences[25)]: Nr. **9** ('53). – The variation in prominence distribution over the sunspot cycle[8)]: Nr. **10** ('53). – Variations of the E-layer[83)]: Nr. **19** ('54). – A dynamic spectrum analyzer for Sacramento Peak[87)43)]: Nr. **20** ('55). – Torsional oscillations and solar magnetic fields[44)42)]: Nr. **35** ('56). – A model of the chromosphere from the helium and continuum emission[3)]: Nr. **38** ('56). – The "E-layer of the ionosphere"[83)27)]: Nr. **39** ('56). – Classification of solar prominences[39)], 1: 1950: Nr. **42** ('56); ~ 2: 1951: Contract AF 19 (604)–1394, Nr. **3** ('57); ~ 3: 1952: Nr. **4** ('57); ~ 4: 1949: Nr. **5** ('57); ~ 5: 1953: Nr. **9** ('58); ~ 6: 1948: Nr. **11** ('58); ~ 7: 1954: Nr. **13** ('58); ~ 8: 1947: Contract AF 19 (604)–4962, Nr. **3** ('59); ~ 9: 1946: Nr. **5** ('60); ~ 10: 1955: Nr. **7** ('61); ~ 11: 1944: Nr. **9** ('61); ~ 12: Summary for 1944 to 1954: Nr. **12** ('61). – Variations in the thermodynamic state of the chromosphere over the sunspot cycle[3)56)]: Contract AF 19 (604)–146, Nr. **46** ('57). – Some advances in solar research: Nr. **48** ('57). – On the origin of solar radio noise[42)]: Contract AF 19 (604)–1394, Nr. **2** ('56). – Evaporography with special application to the moon[36)]: Contract AF 19 (604)–3074, Nr. **4** ('61). – The fine structure of solar prominences[83)]:

Contract AF 19 (604)-4962 [oder 4961 ?], Nr. 8 ('61). – Eclipse over the Mediterranean: Nr. **11** ('61). – Final report on the occultation of Regulus by Venus, July 7, 1959[80]): Contract AF 19 (604)-7461, Nr. **1** ('61). – Results of the occultation of Regulus by Venus, July 7, 1959[80]): Nr. **3** ('61).

Sigma Xi Quarterly The nature of solar energy: **28** ('40) Nr. 4, 157–65.

Sky Harvard coronagraph in Colorado: **4** ('40).

Sky and Telescope The telescope: **1** ('41/42). – News from abroad: ibid. – Sojourn in Mexico: ibid. – American astronomers report - earth's gaseous envelope and the sun: **6** ('46/47). – A new theory: ibid. – Some instruments for solar research: **10** ('50/51) 187–89. – B. Lyot, 1897–1952: **11** ('51/52) 186, 193. – Boyden Station research to continue[48])[14])[34])[47])[10]): **14** ('54/55) 359, 373. – Some advances in solar research: **16** ('56/57) 464–67, 476. – The fine structure of solar prominences, 1[83]): **20** ('60) 252–55; ~ 2[83]): 330–33. – Eclipse over the Mediterranean: **21** ('61) 192–96. – Further February eclipse observations: 263–68. – Soviet solar eclipse observations: 328f. – Eclipse over the Andes: **33** ('67) 11–15. – Solar eclipse follow-up[57])[13])[81]): **36** ('68) 380–82.

Smithsonian Contribut. Astrophysics Solar physics[29]): **1** ('56) Nr. 1, 103–12. – Variations in the thermodynamic state of the chromosphere over the sunspot cycle[3])[56]): **2** ('57) 35–50.

Space Sci. Rev. [Dordrecht] Report on lunear nomenclature by the Working Group of Commission 17 of the I.A.U.[90])[89])[88])[8]): **12** ('71) 136–86.

Suppl. Nuovo Cimento Solar activity and cosmic radiation: (10) **8** ('58) 214–17.

Tech Engng. News The sun - an engineering masterpiece: **13** ('33) 148–.

Technology Rev. Eclipse in Ak Bulak. The Harvard-M. I. T. expedition to Russian reports on its experiences and results[11]): **39** ('36) 3–8. – Sun and earth[67]): **49** ('46).

Telescope Why take the sun for granted ?: **2** ('35) 76–. – Aurora borealis: **5** ('38) 44–. – In honor of William Wallace Campbell: 57–62. – The relationship of chemistry and astronomy: **6** ('39) 130–32, 143. – The planetary nebulae[1]): **7** ('40) 65f., 70. – Rocky Mountain Observatory: 67. – A skyrocket prominence: **8** ('41) 39f. – What is the solar corona ?: 64–68.

Time [New York] Those flying saucers - an astronomer's explanation: **59** ('53).

Trans. amer. geophysic. Union Report of the special Committee on cosmic-terrestrial relationships for the year ending June 30, 1956[77])[31])[41])[52])[66])[78]): **37** ('56) 491–96.

Trans. int. astron. Union Report on gaseous nebulae: **7** ('50) 358–60. – The chemical composition of planetary nebulae: 468–71. – Report by president of Commission 13 on Solar Eclipses: **8** ('52) 170–87; **9** ('55) 86–101.

Universo [México] El sol y el universo: **48** ('50) Nr. 14, 103–12.

Vistas Astronautics Exploration of the atmosphere of Venus: **3** ('60) 162–68.

Yearb., Amer. philos. Soc. Henry Norris Russell, 1877–1957: **1958**, 139–43.

Zeiss Mag. [New York] Contaxing an eclipse: **3** ('37) 172–, 198–.

Ferner Tätigkeitsberichte des Harvard Astronomical Observatory für die Jahre 1953–1966, z. T. veröffentlicht in Astronomical Journal. – Weitere Beiträge in Kongreßberichten sowie in Enzyklopädien und anderen Sammelwerken. – Weitere Artikel in populärwissenschaftlichen Zeitschriften.

Mit: 1) L. H. Aller; 2) G. F. Anderson; 3) R. G. Athay; 4) R. d'E. Atkinson; 5) D. K. Bailey; 6) J. G. Baker; 7) M. K. V. Bappu; 8) B. Bell; 9) P. L. Bhatnagar; 10) P. Bourgeois; 11) J. C. Boyce; 12) W. R. Brode; 13) P. L. Brown; 14) H. A. Brück; 15) J. A. Burke; 16) –; 17) J. Charon; 18) G. G. Cillié; 19) E. M. Cook; 20) D. J. Crowley; 21) R. S. Damon; 22) A. J. Deutsch; 23) G. Z. Dimitroff; 24) L. R. Doherty; 25) J. W. Evans; 26) S. J. French; 27) H. Glazer; 28) T. Gold; 29) L. Goldberg; 30) P. Griboval; 31) R. Gunn; 32) M. L. Hazen; 33) M. H. Hebb; 34) O. Heckman; 35) H. Hemmendinger; 36) H. C. Ingrao; 37) W. M. Irvine; 38) E. M. Janssen; 39) F. S. Jones; 40) F. J. Kahn; 41) S. A. Korff; 42) M. Krook; 43) R. Lawrence; 44) D. Layzer; 45) G. Lecomte; 46) A. E. Lilley; 47) B. Lindblad; 48) E. M. Lindsay; 49) R. K. Marshall; 50) H. De Mastus; 51) A. McKellar; 52) R. A. McMath; 53) E. Menzel; 54) G. E. Moreton; 55) W. W. Morgan; 56) F. Q. Orrall; 57) J. M. Pasachoff; 58) C. H. Payne-Gaposchkin; 59) J. C. Pecker; 60) C. L. Pekeris; 61) H. Penfield; 62) W. Petrie; 63) C. Pikoos; 64) H. Ramsey; 65) R. O. Redman; 66) H. Riehl; 67) W. O. Roberts; 68) H. N. Russell; 69) W. W. Salisbury; 70) G. Schnable; 71) H. K. Sen; 72) –; 73) B. W. Shore; 74) G. H. Shortley; 75) T. Simon; 76) E. P. Smith; 77) H. T. Stetson; 78) W. H. Thom, jr.; 79) R. N. Thomas; 80) G. de Vaucouleurs; 81) M. Waldmeier; 82) F. L. Whipple; 83) J. G. Wolbach; 84) C. B. Wyatt; 85) A. T. Young; 86) B. Zuckerman; 87) J. W. Warwick; 88) A. Dollfus; 89) B. Levin; 90) M. G. J. Minnaert.

V, VI **MENZIES,** Alan Wilfrid Cranbrook. Chem. (physikal.). – 1914–45 Prof., '45 Prof. Emer., Princeton Univ., Princeton, N.J.

*1877, Juli 31, Edinburgh;

†1966, Sept. 8, Neshanic, Princeton, N.J.

Nekr. J. P. Kendall, Yearb. roy. Soc. Edinburgh **1967**, 22f. – J. Turkevich, H. Alyea, W. Kauzmann, Chemistry in Britain **3** ('67) 75.

J. amer. chem. Soc. Binding and interchange of water molecules in a salt hydrate[5]): **56** ('34) 1647f. – A method of solubility measurement. Solubilities in the system

$SrCl_2$-H_2O from 20 to 200°: **58** ('36) 934–37. — The vapor pressure of deuterium water from 20 to 230°[5]): 1067–69. — The solubilities of potassium chloride in deuterium water and ordinary water from 0 to 180°[7]): **59** ('37) 185f. — Vapor pressures of saturated aqueous solutions[8]): 1294–97. — Solubilities of cupric sulfate and strontium chloride in deuterium water[5]): 2392–95. — Efficiency at 90° of phosphorus pentoxide as a desiccant[3]): 2471. — Influence of intensive desiccation on the vapor pressure of benzene[3]): 2676–82. — Dissociation pressures of deuterates of cupric sulfate and strontium chloride[5]): **60** ('38) 87–90.

J. chem. Soc., London Leroy Wiley McCay (1857–1937): **1937**, 1752f.

J. physic. Chem. The melting point of benzene[3]): **36** ('32) 1967f. — Certain physical properties of divinyl ether[5]): **37** ('33) 425–30. — A comparative method for measuring aqueous vapor and dissociation pressures, with some of its applications[1]): **40** ('36) 379–97. — The solubilities of certain inorganic compounds in ordinary water and in deuterium water[2]): **44** ('40) 207–35. — Retroflex aqueous solubility curves, and the respective solubilities of the monohydrate and monodeuterate of manganese sulfate in ordinary and in deuterium water[2])[4]): **45** ('41) 908–15.

Nature [London] Equilibria in salt systems with deuterium water[5])[7]): **138** ('36) 121.

Proc. nation. Acad. Sci. USA Allotropy of liquid benzene[3]): **18** ('32) 144–47. — The vapor pressure of liquid water that has recently been frozen: 567f. — Influence of intensive desiccation on certain physical properties of benzene[3]): **19** ('33) 393–96.

Science [USA] The controversy concerning the physiological effect of trihydrol in liquid water: **80** ('34) 72f. — Histological sectioning of hard tissues by new technique[6]): **93** ('41) 189f.

Mit: [1]) E. M. Collins; [2]) R. D. Eddy; [3]) D. A. Lacoss; [4]) P. E. Machemer; [5]) F. T. Miles; [6]) A. Randall, IV; [7]) R. W. Shearman; [8]) W. A. Wert.

VI **MENZIES,** Robert Charles. Chem. — 1922–38 Lecturer org. Chem., Univ. of Bristol; '45–47 Hon. Research Fellow, Univ. of Manchester; '47–56 Hon. Research Fellow, Univ. of Edinburgh. — '34 Hon. D.Sc. (Univ. of St. Andrews).

*1887, März 5, Edinburgh;

†1972, Sept. 5, Radlett, Hertfordshire.

Nekr. E. L. Hirst, Yearb. roy. Soc. Edinburgh **1973**, 42–44.

Chemistry and Industry The problem of valency: **54** ('35) 200–02.

J. chem. Soc., London Applications of thallium compounds in organic chemistry, 7: Chelate rings[7]): **1932**, 2604–06; ~ 8: Molecular association of dialkylthallium chelate compounds[7]): 2734–39; ~9: Changes observed on replacing dialkylthallium by trimethylplatinum in chelate rings[7]): **1933**, 21f.; ~ 10: Influence of change of substituent on the properties of chelate rings[6]): **1936**, 1678–85; ~ 11: [Summary:] **1947**, 1378–84. — The action of ethylmagnesium bromide on thallous chloride and on thallous ethoxide[2]): **1932**, 2862–66. — Covalency, co-ordination, and chelation [,1][4]): **1933**, 1290–94; ~ 2: Complex-formation by the trimethylplatinic group[3]): **1949**, 1168–70; ~ 3[3]): **1950**, 617–21. — Dimethylthallium methoxide[6]): **1934**, 1131. — Even and odd co-ordination numbers: 1755–58. — Chelate derivatives of trimethylplatinum[1])[5])[8]): **1958**, 1706–08.

Nature [London] The trimethylplatinic group[3]): **162** ('48) 298f.

Mit: [1]) A. K. Chatterjee; [2]) I. S. Cope; [3]) W. J. Lile; [4]) H. Overton; [5]) J. R. Steel; [6]) A. R. P. Walker; [7]) E. R. Wiltshire; [8]) F. N. Youdale.

V, VI **MERCANTON,** Paul Louis. Meteorol., Physik. — 1904–20 Prof. extraord., '20–38 Prof. tit. Géophysique, Météorol. et Topographie d'Explorat., '26–28 Doyen de la Fac. des Sci., Univ. de Lausanne; '11– Dir., Service météorol. vaudois, Observat. du Champ-de-l'Air; '34–41 Dir., Station centrale de Météorol. de la Suisse, Zürich; '22 Co-fondateur de la Radiodiffusion suisse; Co-fondateur et premier Prés., Soc. romande de Radiophonie; '11, '19 Prés., Soc. vaudoise des Sci. natur.; '18–49 Prés., Commission des Glaciers, Soc. helvét. des Sci. natur.; Co-fondateur et premier Prés., Soc. suisse de Géophysique, Météorol. et Astron.; Co-fondateur et Prés., Secrétariat vaudois contre la Tuberculose; Vice-Prés., Assoc. internation. de Séismologie; Prés. ou Vice-Prés. de nombreuses autres commissions sci. nation. et internation. — '01 Prix Schläfli (Soc. helvét. des Sci. natur.); '10 Prix Agassiz (Soc. vaudoise des Sci. natur.); '17 Médaille Huber (Soc. de Géogr. Paris).

*1876, Mai 11, Lausanne;

†1963, Febr. 25, Lausanne.

Ehrungen Glacier Mercanton (Grönland). — Couloir Mercanton (Grönland). — Beerenberg Mercanton's Stoppen (Jan Mayen). — Mercanton's Fgellet (Spitzbergen). — Mercanton Nunatak (Kerguelen-Insel).

Nekr. R. Haefeli, Schweizerische Bauzeitung **81** ('63) 359f. – G. Lobsiger, Globe [Genève] **103** ('63) 29. – A. Renaud, Actes Soc. helvét. Sci. natur. **143** ('63) 230–41 (m. Schr.verz. 307 Nrn.); J. Glaciology **5** ('64) 123f.

Schriftenverzeichnis Répertoire des publications scientifiques de Paul-Louis Mercanton (Lausanne '41) 23 S. (m. Curriculum vitae S. 3–5); Supplément au Répertoire ~ ('55) 8 S.

S. Année polaire internationale, 1932–1933. Participation suisse (Zürich '41) Avant-propos: La mission dano-suisse de l'Année polaire 1932/33 au Snæfellsjøkull, Islande. – 8e Assemblée générale de l'Union géodésique et géophysique internationale, Oslo 1948. Procès-verbaux des Séances de l'Association de Météorologie (Uccle '50) 129–33: Les recherches de technique pluviométrique de la Station centrale suisse de Météorologie.

W. Résurgences de la Vaux (Suisse) (Lyon '60) 47 S.

Actes Soc. helvét. Sci. natur. La participation de la Suisse à l'Année polaire internationale: **114** ('33) 347. – De l'estimation de la durée d'insolation par l'héliographe de Campbell-Stokes à boule de verre: **116** ('35) 308–10. – Prévision des gelées nocturnes[2]): 310f. – Les sondages séismométriques de la Commission des Glaciers à l'Unteraar: **117** ('36) 271–73. – L'électrosonde MZA pour la mesure du contenu des totalisateurs de précipitations (Mougins)[4]): 273–75. – Ecrans protecteurs contre les gelées nocturnes; effet de protection et effet de serre[2]): **118** ('37) 113f. – Un pluviomètre aérodynamiquement neutre: **119** ('38) 136f. – Présentation d'un film de la crue du glacier supérieur de Grindelwald: 137. – Ce que l'avalanche peut enseigner au météorologiste: 137f. – Rapport de la Commission des Glaciers sur l'exercice 1938: **120** ('39) 149–51. – Recherches de technique pluviométrique: comparaison de totalisateurs sur le terrain: **124** ('44) 106. – Les marées du Léman: **129** ('49) 102f. – Applicabilité de la formule de Somigliana pour la prédétermination de l'épaisseur d'un glacier: 121f. – L' accroissement du grain du glacier: 122f. – Une tauromachie sumérienne?: 190. – Aires englaciées des Alpes suisses d'après la récente Carte Nationale: **133** ('53) 84–. – Variation d'altitude des fronts glaciers: **134** ('54) 112f. – Aires englaciées de Suisse: **135** ('55) 120–. – Un demi-siècle d'observations aux nivomètres de l'Eiger et des Diablerets: **137** ('57) 67f.

Alpes Les variations périodiques des glaciers des Alpes suisses, 52: Rapport 1931: **8** ('32) 219–39; ~ 53: ~ 1932: **9** ('33) 187–96; ~ 54: ~ 1933: **10** ('34) 187–96; ~ 55: ~ 1934: **11** ('35) 227–36; ~ 56: ~ 1935: **12** ('36) 187–97; ~ 57: ~ 1936: **13** ('37) 307–15; ~ 58: ~ 1937: **14** ('38) 195–204; ~ 59: ~ 1938: **15** ('39) 187–96; ~ 60: ~ 1939: **16** ('40) 227–38; ~ 61: ~ 1940: **17** ('41) 306–15, 320; ~ 62: ~ 1941: **18** ('42) 261–68; ~ 63: ~ 1942: **19** ('43) 161–68; ~ 64: ~ 1943: **20** ('44) 161–67, 220–24; ~ 65: ~ 1944: **21** ('45) 156–60, 168–72; ~ 66: ~ 1945: **22** ('46); ~ 67: ~ 1946: **23** ('47); ~ 68: ~ 1947: **24** ('48) 387–94; ~ 69: ~ 1948: **25** ('49); ~ 70: ~ 1949: **26** ('50); ~ 71: ~ 1950[5]): **27** ('51) 366–72; ~ 72: ~ 1951[5]): **28** ('52); ~ 73: ~ 1952[5]): **29** ('53) 244–48; ~ 74: ~ 1953[5]): **30** ('54) 190–95; ~ 75: ~ 1954[5]): **31** ('55) 180–84. – Gletscherbeobachtungen 1936 in der Schweiz: **13** ('37) 301f.; ~ 1937 ~: **14** ('38) 233f.; Schnee- und Gletscherbeobachtungen 1938 ~: **15** ('39) 185f.; ~ 1939 ~: **16** ('40) 224–26. – Unterwasser-Eiskristallbildung und Mittaglöcher: **15** ('39) 426, 466. – Beobachtung der Gletscher in den Schweizeralpen: **18** ('42) Beilage, 275–. – Stéréophotographie de l'alpiniste: **20** ('44) 85–89, 97–99.

Annalen der Hydrogr. u. maritimen Meteorol. Stereoskopie und Meeresströmungen: **67** ('39) 270f. – Bemerkung zu dem Aufsatz von K. Kalle: Strahlenkranz an der Meeresoberfläche: 271f.

Annalen schweizer. meteorol. Zentralanstalt Prévision locale des gelées nocturnes[2]): **71.** 1934 ('35) Nr. 6, 2 S. – De l'estimation de la durée d'insolation par l'héliographe de Campbell-Stokes à boule de verre: Nr. 7, 2 S. – L'insolation à la Station centrale suisse de Météorologie (MZA) à Zürich: **72.** 1935 ('36) Nr. 6, 3 S. – Indications pour l'emploi des totalisateurs de précipitations[1]): Nr. 7, 4 S. [französ. u. deutsch]. – L'électrosonde MZA pour la mesure du contenu des totalisateurs de précipitations (Mougins)[4]): Nr. 8, 2 S. – Ecrans défensifs contre les gelées nocturnes; leur effet protecteur et leur effet de serre[2]): **73.** 1936 ('37) nach Nr. 5, 2 S. – Un totalisateur de précipitations simple: **74.** 1937 ('38) Nr. 7, 1 S. – Recherches de technique pluviométrique, 1: Comportement aérodynamique de quelques pluviomètres: **75.** 1938 ('39) Nr. 8, 4 S.; ~ 2: Le pluviomètre aérodynamiquement neutre: deux réalisations: 3 S.; ~ 3: Essais comparatifs sur le toit de la Station météorologique centrale à Zurich: **76.** 1939 ('40) Nr. 9, 5 S.; ~ 4: La nouvelle sonde à pointeau centré MZA: **77.** 1940 ('41) [Nr. 7] 1f.; ~ 5: Le champ d'essais pluviométriques de la Station centrale suisse de Météorologie au Sentier, Vallée de Joux: 2–5; ~ 6: Nouvelles déterminations de la densité des solutions aqueuses de chlorure de calcium: 5–8; ~ 7: Comparaison de totalisateurs à la Grimsel: **81.** 1944 ('45) 2 S.; ~ 8: Comparaison de fonctionnement d'un pluviototalisateur et d'un pluviomètre normal: 1 S.; ~ 9: Essai à la MZA du pluviomètre à écran en forme de poulie: 1 S.; ~ 10: **91.** 1954 ('55). – La température de l'air en forêt d'Aletsch de 1936 à 1941: **77.** 1940 ('41) 3 S. – Die magnetische Anomalie im Jorat, Kanton Waadt[7]), 1: Die Verteilung der Vertikalintensität: **80.** 1943 ('44) 7 S.; ~ 2: Horizontalintensität und Deklination: **83.** 1946 ('47) 8 S.

Annales hydrogr. Observations diverses: atmosphériques, glaciologiques, magnétiques (in: J. B. Charcot, Rapport préliminaire sur la campagne du "Pourquoi-Pas?" de 1931): **1931/32**, ca. 25 S.

Archives Sci. physiques et natur. La mission dano-suisse de l'Année polaire au Snæfellsjøkull: (5) **16** ('34) 53–56. – De l'estimation de la durée d'insolation par l'héliographe de Campbell-Stokes à boule de verre: **18** ('36) 58f. – Prévision des gelées nocturnes[2]): 60f.

Asiatische Studien Suite à "Une figuration peu commune du Bouddha": **2** ('48) 145f. – Une tauromachie sumérienne?: **4** ('50) 60–63.

L'Astronomie (BSAF) Observation de rayon "bleu et violet": **47** ('33) 73f.

Bull. Assoc. int. Hydrol. sci. L'électrosonde MZA pour la mesure du contenu des totalisateurs de précipitations (Mougins)[4]): **23** II ('38) 409–14. – MZA indications pour l'emploi des totalisateurs de précipitations[1]): 755–59.

Bull. Soc. suisse Amis Extrême-Orient De quelques bronzes bouddhiques anciens de Ceylan: **4** ('42) 51–57. – Un chef-d'œuvre de l'art du vannier au Japon: **5** ('43) 63–65. – Une figuration plastique peu commune du Bouddha: **6** ('44) 63–67.

Bull. Soc. vaudoise Sci. natur. La trombe de l'Isle (4 juin 1932): **58** ('33/35) 33f. – Le régime pluvial de Cully à la Tour de Gourze (septembre 1924 - août 1931)[6]): 101–14. – La température de l'air à Lausanne, 1887 à 1936: **60** ('37) 69–82. – Données et indications pour le réglage des baromètres usuels, dans la région lausannoise: **62** ('42/45) 241–46. – L'anomalie magnétique du Jorat (Vaud)[7]), 1: La composante verticale: **63** ('45/48) 35–48; ~ 2: Composante horizontale; déclinaison; champ perturbateur; esquisse d'une interprétation: 443–52. – De quelques éclairs rares: 153f. – Un singulier dégât de foudre au Champ-de-l'Air (Lausanne): 155f. – Les trombes du 9 août 1945 sur les lacs Léman et de Neuchâtel: 207–14. – La météorite de Lausanne 1894 (Météorite Bovey): 315–20. – Le sisme du 25 janvier 1946: son effet sur les lacs suisses: 321–23. – Stabilité de l'aimantation rémanente des roches volcaniques: quelques faits nouveaux: **64** ('48/50) 69–71. – Marées du lac Léman: 73–75, 295f.; **66** ('54/57) 161–65. – Climatologie lausannoise: Fréquences et forces moyennes des vents à Champ-de-l'Air (Lausanne), de 1900 à 1945: **64** ('48/50) 149–56. – La température de l'air à Champ-de-l'Air (553 m) (Lausanne): 157–62. – Climatologie lausannoise: **65** ('51/53) 332–40. – Nouvelles observations de trombes sur le lac Léman: **66** ('54/57) 155–60. – Un demi-siècle d'observations nivométriques dans les Alpes suisses: **67** ('58/61) 1–10.

C.R. hebd. Séances Acad. Sci., Paris Inversion de l'inclinaison magnétique aux âges géologiques. Nouvelles constatations: **194** ('32) 1371f. – Le nouveau sismographe Kreis-Wanner du Service suisse de Sismologie: **207** ('38) 374f.

Formes et Couleurs "L'œil de Sagesse" en mythologie asiatique: **1944**, No. "Œil", 90–92.

Geofisica pura e appl. Sur le développement de la glaciologie suisse: **17** ('50) 204–09. – Examen de quelques formules pour la prédétermination de l'épaisseur du glacier, à l'occasion de sondages récents: **18** ('50) 170–74 [m. engl. Zusammenfassg.].

Globe [Genève] Le sondage des glaciers. Méthodes et résultats: **89** ('50) 9f.

Helvetica physica Acta Ecrans protecteurs contre les gelées nocturnes: effet de protection et effet de serre[2]): **10** ('37) 358–60. – Un pluviomètre aérodynamiquement neutre: **11** ('38) 553–56. – Commission des Glaciers: Présentation d'un film de la crue du Glacier Supérieur du Grindelwald: 556.

Jahrb. des bern. histor. Museums Bern Les cylindres-sceaux du Musée historique et ethnographique de Berne[8]): **24** ('45) 121–28.

Mémoires Soc. vaudoise Sci. natur. Etude de la circulation des eaux du lac Léman: **4** ('32) Nr. 4, 225–71.

Météorologie En mémoire de Pierre Idrac: **1936**, 229f. – La mesure des précipitations atmosphériques: **1937**, 135–39. – Les recherches de technique pluviométrique et la nouvelle carte des précipitations de la Station centrale suisse de Météorologie (MZA): **1949**, 173–78. – Dispositif assurant ombrage et ventilation au psychromètre crécelle: **1954**, 466–68.

Meteorologische Z. Beobachtung des „blau- en und violetten" Strahles: **49** ('32) 271. – Zur Frage der Messung der möglichen Sonnenscheindauer (Insolation) eines Ortes: **51** ('34) 62–64.

Publ. Assoc. int. Hydrol. sci. Rapport sur les variations de longueur des glaciers d'Europe en 1950–51, 1951–52, 1952–53: Nr. **39** ('55) 478–90. – Aires englaciées et altitudes des fronts des glaciers des Alpes suisses et leurs variations d'après l'Atlas Siegfried (1877) et la Carte nationale (1932): 491f. – Un demi-siècle d'observations à l'échelle nivométrique de l'Eiger, Alpes bernoises; station "Eismeer" du chemin de fer de la Jungfrau 3160 m:

Nr. **46** ('58) 22–24. – Rapport sur les variations de longueur des glaciers européens en 1953/54, 1954/55 et 1955/56: 358–71.

Publ. Bur. centr. séismol. int., Sér. A Les sondages sismométriques de la Commission helvétique des Glaciers à l'Unteraar, Suisse: No. **16** ('46) 52f. – Les sondages séismiques de la Commission helvétique des Glaciers[5]): No. **17** ('48) 7 S.

Revue histor. vaudoise Des vestiges égyptiens à Vidy?: **51** ('43) Nr. IV/VI.

Terre vaudoise Epoques annuelles de la dernière et de la première gelée à Lausanne (Champ-de-l'Air), de 1887 à 1941: **1942**, Juli-Nr.

Wasser- u. Energiewirtsch. [Zürich] La glaciation du Valais et ses variations dans les temps modernes: **47** ('55) 100–03. – Les variations de longueur du glacier de l'Unteraar avant et après l'ennoyage de son front par le lac d'accumulation de la Grimsel: 271–73. – Aires englacées et cotes frontales des glaciers suisses. Leurs changements de 1876 à 1934 d'après l'Atlas Siegfried et la Carte Nationale et quelques indications sur les variations de 1934 à 1957: **50** ('58) 347–51.

Wetter Bemerkungen zur Geschichte der Wetterfahne: **55** ('38) 171f.

Z. Gletscherkunde Le cryocinémètre de la Commission helvétique des Glaciers: **22** ('35) 163–71. – Tables de glacier sous l'eau: **26** ('39) 283f. – La vitesse d'écoulement frontale du glacier a-t-elle un rythme journalier?: **27** ('41) 276–80.

Z. Gletscherkunde u. Glazialgeol. A propos des changements saisonniers de la vitesse des glaciers: **1** ('49/50) Nr. 2. – Les variations des glaciers européens 1947–1950: **2** ('52/53) 122f. – Schweizer Gletschermessungen[5]): 326–30.

Ferner Redakteur der von der Commission glaciologique de l'Association internationale d'Hydrologie scientifique herausgegebenen „Rapports sur les variations des glaciers" (1914/1928, 1929/1931, 1931/1935, 1936/1938). – Monatliche meteorologische Berichte vom Observatorium Champ-de-l'Air (Lausanne) als „Publications du Service météorologique vaudois Lausanne" (1918–1955). – Berichte für den „Club alpin français" über die Erforschung des Gletschers in der Tiefe (Paris '50). – Weitere Aufsätze in verschiedenen Zeitschriften.

Mit: [1]) R. Billwiller; [2]) C. Golaz; [3]) –; [4]) J. Lugeon; [5]) A. Renaud; [6]) P. Stouky; [7]) E. Wanner; [8]) E. Borowski.

VI **MERLIN,** Emile Alphonse Louis. Astron., Geod., Mech. – 1919–38 Prof. ord. et Dir. de l'Observat. astron., Univ. de Gand; '35 Prés., Soc. math. de Belgique. – Commandeur de l'Ordre de la Couronne (Roi de Belgique).

*1875, Okt. 13, Mons;

†1938, Juli 27, Le Bourg d'Oisans, Isère [Unfall].

Zur Biogr. H. L. Vanderlinden, Liber memorialis 1913–1960, Rijksuniversiteit te Gent (T. Luykx) **4** (Gent '60) 110–12 (m. Bildn., Schr.verz.).

S. C.R. 2e Congrès national des sciences, Bruxelles 1935, **1** (Bruxelles '35) 259–66: La gravitation newtonienne suffit-elle à rendre compte de la nature de la rotation du soleil? – C.R. Congrès international des mathématiciens, Oslo 1936, **2** (Oslo '37): Sur certains mouvements des fluides (2 S.).

Annales sci. Ecole norm. sup. Etude du mouvement d'un fluide parfait dépourvu d'accélération: **54** ('37) 223–55.

Ciel et Terre Sur une formule usitée en astronomie: **54** ('38) 1–7.

C.R. hebd. Séances Acad. Sci., Paris Sur l'attraction entre un ellipsoïde et un point extérieur: **195** ('32) 107–09. – Sur le problème des deux corps à masse décroissante: **196** ('33) 1718–20. – Sur l'existence d'orbites osculatrices restant elliptiques dans le problème des deux corps à masse décroissante: **197** ('33) 1723–25; **198** ('34) 212. – Sur deux inégalités et sur l'aplatissement d'une figure d'équilibre d'un fluide homogène en rotation autour d'un axe fixe: **200** ('35) 638–40. – Sur la nature des trajectoires de certains fluides parfaits hétérogènes: **202** ('36) 2130–32. – Sur un cas particulier de trajectoires de certains fluides parfaits hétérogènes: **203** ('36) 297–99. – Un théorème sur le mouvement des fluides dépourvus d'accélération: **205** ('37) 1128–30.

VI **MERRILL,** Archibald Shepard. Math. – 1916–20 Assist. Prof., '20–23 Assoc. Prof., '24–56 Prof., '36–44 Chairman of Divis. of Physical Sci., '41, '54–56 Vice-Pres., '44–52 Chairman of Departm. of Math., '52–56 Dean, '56– Emer. Prof., Montana State Univ., Missoula, Mont.

*1887, Aug. 24, Merrill, N.Y.

W. Five place tables for trigonometry (m. N. J. Lennes). Revid. Aufl. (New York '39) 92 S. – Trigonometry. Revid. Aufl. (New York '39) 12+243 S.

American math. Monthly The cubic $x^2+y^2+z^2-2xyz=1$: **40** ('33) 224–26.

J. higher Educat. Measurements of teaching: **10** ('39) Nov.-Nr.

VI **MERRILL,** Henry Baldwin. Chem. — 1922–29 Research Chemist, '29–41 Chief Chemist, A.F. Gallun and Sons Co., Milwaukee, Wis.; '46–59 Labor. Dir., Eisendrath Tanning Co., Racine, Wis.; '38–40 Pres., Amer. Leather Chemists Assoc. — '53 Alsop Award (Amer. Leather Chemists Assoc.).

*1894, Juli 22, St. Paul, Minn.;
†1973, Apr. 4, Long Beach, Calif.

Nekr. R. J. Merrill, J. amer. Leather Chemists Assoc. **68** ('73) Nr. 6.

HZ. J. amer. Leather Chemists Assoc. **51** ('56) – **54** ('59).

S. The chemistry and technology of leather (F. O'Flaherty, W. T. Roddy, R. M. Lollar), **1**: Preparation for tannage (NewYork '56) (American Chemical Society, Monograph ser., 134) 257–96: Mechanism of unhairing; russ.: (Moskva '60).

Industrial and Engng. Chem., Analyt. Edit. Effect of temperature on the determination of water-soluble matter in leather[2]): **4** ('32) 66f.

J. amer. Leather Chemists Assoc. Fixed tannin and fixed water-soluble matter in hide powder tanned with oak bark extract[7]): **27** ('32) 196–201. — Distribution of fat in chrome leathers oiled with sulfonated oil, raw neat's-foot oil and mineral oil: 201–05. — Determination of enzyme activity of commercial bates: **28** ('33) 288–98. — Aging tests with leathers tanned in part with sulfite cellulose ("spruce") extracts: **31** ('36) 272–74. — Behavior of calf leather on stretching: **34** ('39) 5–27. — Use of cheap filter paper for analyzing tan liquors[11]): **35** ('40) 289f. — Stripping of vegetable tannins from leather by aqueous organic solvents [,1][3])[5])[6]): **42** ('47) 536–69; ~ 2[3])[5])[13]): **43** ('48) 481–90. — Equilibrium between collagen and vegetable tannin in aqueous organic solvents[3])[5])[13]): **44** ('49) 54–68. — Investigation of a colorimetric method for determining tannin in liquors[1]): 636–47. — Does chloroform extract tannin from vegetable leather?: **46** ('51) 609–12. — Report of the [A.L.C.A.] Subcommittee on Determination of Grease in Leather – 1950/51[10]): **47** ('52) 7–15. — Report of the [A.L.C.A.] Hide-substance Subcommittee[4])[10])[5])[9]): 15–40. — Note on the action of molds on fats in chrome-vegetable retanned leather[12])[8]): **49** ('54) 404–07.

J. Soc. Leather Trades' Chemists Recent trends in leather research in the United States: **43** ('59) 431–34.

Shoe and Leather Reporter Solubility of commercial p-nitrophenol in oils and greases: **263** ('51) Nr. 7, 22f.

Ferner Mitarbeit an einem Konferenzvortrag über die analytische Prüfung chemisch veränderter Kückenfedern.

Mit: [1]) R. S. Adams; [2]) C. Benrud; [3]) D. H. Cameron; [4]) S. Dahl; [5]) H. L. Ellison; [6]) C. P. Hall; [7]) R. G. Henrich; [8]) W. M. Higby; [9]) A. N. Kay; [10]) R. M. Lollar; [11]) G. C. Mueller; [12]) H. R. Wilson; [13]) C. H. Wrixton.

V, VI **MERRILL,** Paul Willard. Astrophysik. — 1919–52 Astronomer, Mount Wilson and Palomar Observatories, Pasadena, Calif. — '27 Pres., Astron. Soc. Pacific; '47 Vice-Pres., American Astron. Soc. — '46 Henry Draper Medal (Nation. Acad. Sci. USA); '46 Bruce Medal (Astron. Soc. Pacific).

*1887, Aug. 15, Minneapolis, Minn.;
†1961, Juli 19.

Zur Biogr. J. opt. Soc. America **43** ('53) 149.

Nekr. O. C. Wilson, Biographical Mem., Nation. Acad. Sci. USA **37** ('64) 237–66 (m. Bildn., Faks., Schr.verz.). — Physics today **14** ('61) 90.

MHZ. Astrophysical J. **93** ('41) – **116** ('52).

S. Symposium on emission line objects, in honour of P. W. Merrill, Victoria, B. C., 1952 (Victoria, B. C. [?] '52) (Contribution from the Dominion Astrophysical Observatory, 27) 335–44: Emission lines in the spectra of long-period variable stars. — L. Campbell, Studies of long-period variables (Cambridge, Mass. '55) IX–XI: Some questions concerning long-period variable stars. — Vistas in astronomy (A. Beer) **2** (London–NewYork '56) (J. atmospher. and terrestr. Physics, Spec. Suppl. 3) 1375–80: Stars with expanding atmospheres. — Stellar atmospheres (J. L. Greenstein) (Chicago, Ill. '60) (Stars and stellar systems, 6) 509–29: Spectra of long-period variables.

W. The nature of variable stars (New York–Toronto '38) 7+134 S. — Spectra of long-period variable stars (Chicago, Ill. '40, Cambridge, Mass. '40, London '41) 9+107 S. — Space chemistry (Ann Arbor, Mich. '63) 166 S.; poln.: Chemia kosmosu (Warszawa–Kraków '66) 153 S.

Astrophysical J. Spectrum of the iron star XX Ophiuchi: **75** ('32) 133–46. — The spectrum of BD +11°4673 during the years 1929–1931: 413–22. — Discovery and observations of stars of class Be, 2[7])[3]): **76** ('32) 156–83; ~ 3[3])[12]): **96** ('42) 15–19. — Four stars whose spectra have bright helium lines: **77** ('33) 44–50. — Bright sodium lines in a stellar spectrum: 51–55. — Variations in structure of the hydrogen lines in the spectrum of HD 31293[3]): 103–09. — [Mount Wilson] Catalogue and bibliography of stars of classes

B and A whose spectra have bright hydrogen lines[3]): **78** ('33) 87–140; ~, Supplement[3]): **98** ('43) 153–84; ~, Second supplement[3]): **110** ('49) 387–415. – Photography of the near infra-red region of stellar spectra: **79** ('34) 183–202. – HD 33232, a long period spectroscopic binary of class Be: 343–50. – Comparison of the Paschen and the Balmer series of hydrogen lines in stellar spectra[15]): **80** ('34) 19–50. – The spectrum of R Aquarii, 1919–1934: **81** ('35) 312–33. – Partial list of c stars of classes B and A: 351–55. – The spectrum of Nova Herculis λλ 5150–6550 Å: **82** ('35) 413–31. – Stationary lines in the spectrum of the binary star Boss 6142: **83** ('36) 126–28. – Notes on the spectra of several long-period variable stars at various phases of their light-curves: 272–78. – Spectroscopic observations of V Canum Venaticorum[8]): **85** ('37) 9–13. – Microphotometric measurements in the spectrum of Nova Herculis 1934: 62–72. – Comparison of the displacements of detached lines of calcium and sodium in stellar spectra[13]): 73–78. – Regional study of interstellar sodium: **86** ('37) 28–43. – Analysis of the intensities of the interstellar D lines[15]): 44–69. – Intensities of the infrared Ca II triplet in stellar spectra[15]): 162–65. – Intensities and displacements of interstellar lines[13])[15])[3]): 274–310. – Unidentified interstellar lines in the yellow and red[15]): **87** ('38) 9–23. – Studies based on the intensities and displacements of interstellar lines[13]): 118–32. – Radial velocities of some early-type stars[13]): 517–19. – Pressure shifts of lines of N I: **89** ('39) 321f. – Ultraviolet emission lines in the spectra of Me variables: **93** ('41) 40–46. – Displacements of lines in the spectra of long-period variables: 380–85. – The radial velocities of long-period variable stars, 2: **94** ('41) 171–214. – Mean absolute magnitudes and space motions of the long-period variable stars[16]): **95** ('42) 248–67. – The spectrum of BD +11°4673 during the years 1937–1941: 386–401. – Measurements of the spectrum of τ Scorpii[1]): **97** ('43) 98–104. – Spectroscopic observations of T Arietis[8]): **98** ('43) 331–33. – The spectrum of BF Cygni: 334–40. – Spectroscopic observations of AX Persei, RW Hydrae, CI Cygni, and Z Andromedae: **99** ('44) 15–24. – Spectroscopic observations of 48 Librae[13]): **100** ('44) 14–30. – Measurements in the spectra of U Orionis, R Serpentis, R Aquilae, and R Cassiopeiae: **102** ('45) 347–52. – Measurements in the spectrum of R Hydrae: **103** ('46) 6–12. – Atomic lines in the spectrum of R Leonis: 275–88. – The infrared spectrum of ν Sagittarii[6]): **104** ('46) 177–90. – The spectrum of Z Andromedae in August, 1946: **105** ('47) 120–25. – Atomic lines in the spectrum of R Andromedae: 360–75. – The postmaximum spectrum of χ Cygni: **106** ('47) 274–87. – Wave lengths of atomic absorption lines in the spectra of long-period variable stars: **107** ('48) 303–16. – The spectrum of Z Andromedae in 1946 and 1947: 317–26. – The Balmer series in the spectrum of HD 45910: **108** ('48) 481–89. – The spectrum of HD 187399: **110** ('49) 59–62. – Measurements in the spectrum of the shell star HD 218393: 420–23. – Measurements in the combination spectra of RW Hydrae, BF Cygni, and CI Cygni: **111** ('50) 484–99. – Additional stars whose spectra have a bright hydrogen α line[3]): **112** ('50) 72–89. – The spectrum of R Aquarii, 1936–1949: 514–19. – Displaced calcium lines in the spectrum of HD 190073: **113** ('51) 55–59. – The spectrum of BD +11°4673 during the years 1942–1950: 605–23. – Spectroscopic observations of Be stars[12]): 624f. – The spectrum of XX Ophiuchi in 1949 and 1950: **114** ('51) 37–46. – Displaced helium lines in the spectrum of BD +11°4673: 338–43. – Spectra of two stars with stable shells: **115** ('52) 42–46. – Three stars with helium shells: 47–52. – Pleione: the shell episode: 145–53. – Two F-type stars with expanding hydrogen atmospheres: 154–56. – The post-minimum spectrum of R Hydrae: **116** ('52) 18–20. – Spectroscopic observations of stars of class S: 21–26. – The preminimum spectrum of R Leonis: 337–43. – Measurements in the spectra of four long-period variable stars of class Me: 344–47. – The low-temperature spectrum of HD 45910: 498–500. – Measurements in the spectra of ten shell stars: 501–15. – Oscillations in the shell star HD 33232: 516–22. – Spectrograms of ten high-velocity Me variable stars: 523f. – Intensities of atomic absorption lines in the spectra of long-period variable stars[4]): 525–35. – The spectrum of 48 Librae from 1944 to 1952: **117** ('53) 7–11. – Intercomparison of shell spectra[10]): **118** ('53) 18–26. – The spectrum of χ Cygni near minimum light: 453–58. – Complex lines in the spectrum of RW Cephei[15]): **123** ('56) 392–98. – Mount Wilson spectrograms of P Cygni[1]): **125** ('57) 102–06. – Nebular lines in the spectrum of AG Pegasi: **129** ('59) 44–49. – Wave lengths of absorption lines in the spectrum of o Ceti: **130** ('59) 123–33. – Gross differences between the R Cygni spectra at two successive maxima[5]): 570–76. - Periods and light-ranges of long-period variable stars: **131** ('60) 385–89. – The spectrum of XX Ophiuchi in 1959 and 1960: **133** ('61) 503–08. – Unidentified lines in spectra of sun and stars: **134** ('61) 556–61. – Absorption spectra of M-type Mira variables[5])[9]): **136** ('62) 21–34.

Astrophysical J., Suppl. Ser. Revised list of absorption lines in the spectrum of R Andromedae[6]): **2** ('56) 225–40.

Griffith Observer Stars in action: **5** ('41) 38–41. – Robert Grant Aitken, 1864–1951: **16** ('52) 26–28. – The last adventure of a starbeam: 66–68.

Harvard Announcement Card Spectrum of BF Cygni: Nr. **535** ('40).

J. roy. astron. Soc. Canada Invisible starlight: **28** ('34) 193–206. – Emission lines in the spectra of long-period variable stars: **46** ('52) 181–90.

Leaflet, Astron. Soc. Pacific The spectroscope in astronomy: **42** ('32) 6 S. – Cosmic chemistry: **57** ('33) 4 S. – Celestial shadows: **133** ('40) 8 S. – Stars in action: **150** ('41) 8 S. – Stars with expanding atmospheres: **170** ('43) 8 S. – Great names in astronomy: **200** ('45) 8 S. – Iron in the stars: **233** ('48) 8 S. – Neon in the stars: **266** ('51) 8 S. – Great epochs in astronomy: **306** ('54) 8 S. – Hydrogen in the stars: **320** ('56) 7 S. – Carbon in the stars: **321** ('56) 8 S. – Oxygen in the stars and nebulae: **328** ('56) 8 S. – From atoms to galaxies: **349** ('58) 8 S.

Mémoires Soc. roy. Sci. Liège Symbiosis in astronomy: Introductory report: **20** ('58) 436–48.

Monthly astron. News-Letter Properties of red variable stars: **20** ('44) 2–4. – Variable stars with combination spectra: **21** ('44) 3f.

Monthly Notices roy. astron. Soc. W. W. Campbell (1862–1938): **99** ('39) 317–21. – Annie Jump Cannon (1863–1941): **102** ('42) 74–76. – Walter Sydney Adams (1876–1956): **117** ('57) 243f.

Nordisk astron. Tidsskr. Iron in the stars: **1949,** 3–8. – Neon in the stars: **1951,** 134–39. – Hydrogen and carbon in the stars: **1956,** 122–31. – – Alle Arbeiten dänisch.

Physical Rev. Unidentified interstellar lines: (2) **52** ('37) 761f.

Physikalische Bl. Über neuere Arbeiten auf dem Mt. Wilson und auf dem Mt. Palomar: **9** ('53) 129f.

Popular Astron. The motions of long-period variable stars, 5: **41** ('33) 188–98. – Physical characteristics of long-period variable stars: **42** ('34) 180–91. – Theories of long-period variable stars, 7: **43** ('35) 214–21. – Long-period variable stars and the stellar system: **44** ('36) 62–69.

Proc. amer. philos. Soc. Side lights on cosmic chemistry: **97** ('53) 356–58.

Publ., Amer. astron. Soc. Discovery of stars with atmospheres of glowing hydrogen[3]): **7** ('33) 180f.

Publ. astron. Soc. Pacific A bright line of ionized helium, λ 4686, in three stellar-spectra with titanium bands[7]): **44** ('32) 56f. – Objects intermediate between planetary nebulae and stars: 123. – The green auroral line in the spectra of novae: 238f. – The Paschen series of hydrogen lines in the infra-red spectrum of α Cygni: 269. – Intensities of bright lines in Be stars: **45** ('33) 49–51. – The distribution in spectral type and galactic position of stars with atmospheres of glowing hydrogen: 198–200. – Note on the spectra of stars of types cB and cA: 305f. – Additional stars of classes N and S [13])[3]): 306–08. – Invisible star-light: **46** ('34) 5–17. – Forbidden oxygen lines in the spectrum of 1 Puppis: 156. – Unidentified interstellar lines: 206f. – Forbidden lines in the spectrum of R Aquarii: 296. – Cyanogen absorption in the spectrum of Nova Herculis 1934[15]): **47** ('35) 53. – Note on the rotation of the galaxy: 54. – Tests of the lines λ 5780 and λ 6284 in stellar spectra: **48** ('36) 179f. – Distance of Nova Lacertae 1936 derived from the intensities of interstellar lines[15]): 230. – The excitation of certain emission lines in the spectra of long-period variable stars[14]): 331f. – Note on incomplete multiplets in the spectra of long-period variables[14]): **49** ('37) 120f. – Interstellar D lines photographed with the objective prism: **50** ('38) 55f. – Double interstellar sodium lines[13])[15]): 58. – A Wolf-Rayet star with high velocity: 350f. – Notes on bands in the visual region of the spectra of long-period variable stars: **51** ('39) 356f. – Recent changes in the spectrum of BD +11° 4673: **53** ('41) 124f. – Narrow lines in the spectrum of γ Cassiopeiae[15]): 125–27. – A distant planetary nebula: 245–47. – The spectrum of RU Lupi: 342f. – Two small planetary nebulae: **54** ('42) 107. – Additional stars of classes N and S. Second list[13])[3]): 107–09. – Five bright-line stars of class F: 155f. – A star with a rapidly expanding hydrogen atmosphere: **55** ('43) 40f. – Forbidden lines of ionized calcium in the spectrum of ν Sagittarii: 242–44. – Stars as citizens of the universe: **56** ('44) 5–14. – Stationary emission lines in the spectrum of ν Sagittarii: 42f. – Level of hydrogen emission in the atmospheres of Me variable stars: **57** ('45) 178f. – Interstellar lines in the spectrum of β Lyrae: 306f. – A voyage in space: the biography of a star beam: **58** ('46) 177–85. – Rapid outward motions in the atmosphere of the iron star XX Ophiuchi[3])[12]): 302–04. – Level of iron emission in the atmospheres of Me variable stars: 304f. – Distribution of interstellar gas: 354f. – The spectrum of Nova Sagittarii, May 1947[3])[12]): **59** ('47) 194–96. – The high-velocity star HD 161817: 256f. – The variable spectrum of HD 236031[3])[12]): **60** ('48) 68f. – Survey of recurrent changes in stellar spectra: 123f. – Displacements of certain helium lines in stellar spectra: 326f. – Measurements in the spectrum of DM −27°11944: 381f. – A rapidly rotating G-type star: 382f. – Stars having shell spectra: **61** ('49) 38–40. – The spectrum of RS Ophiuchi in May 1951[2]): **63** ('51) 255f. – Forbidden lines in the spectrum of MWC 300 [2]): 295f. – Shell stars: **65** ('53) 113–17. – The gallium line λ 4172 in spectra of long-period variable stars[10]): 221–23. –

Sodium lines in late-type spectra[10]): 280–82. — — Strontium lines in late-type spectra[10]): **66** ('54) 180–83. — A very red star in the Hyades[11]): 207. — Red stars (Henry Norris Russell Lecture of the American Astronomical Society): **67** ('55) 199–213. — Technetium in the N-type star 19 Piscium: **68** ('56) 70f. — Companions to long-period variable stars: 162–64. — Spectroscopic classification of red stars: 356–58. — A spectrogram of R Hydrae near minimum light: **69** ('57) 77f. — Double absorption lines in the spectrum of R Andromedae[6]): **70** ('58) 98–101. — Mount Wilson spectrograms of AB Aurigae[13]): 602–04. — Motions in stellar atmospheres: **71** ('59) 292–300. — William Hammond Wright (1871–1959): 305f. — Comparison of line displacements in the spectra of o Ceti and α Herculis: **72** ('60) 130f.

Publ., Carnegie Instn. Washington Lines of the chemical elements in astronomical spectra: **610** ('56) 7+167 S.

Revista astron. Invisible starlight: **7** ('35) 151– [span.].

Science [USA] Invisible starlight: **79** ('34) 19–24. — Oaths and affidavits: **112** ('50) 540. — Research at Mount Wilson and Palomar: **116** ('52) vor S. 3. — Walter S. Adams, observer of sun and stars: **124** ('56) 67. — Private spending for science: **130** ('59) 66.

Scientia Iron in the stars: **40** ('46) 6–10.

Scientific Monthly The principles of poor writing: **64** ('47) 72–74.

Sky and Telescope Adventures of a star beam: **7** ('48) 195–97. — The story of AG Pegasi: **18** ('59) 490–92.

Trans. int. astron. Union Emission lines in stellar spectra: **6** ('39) 439–43. — Emission lines in the spectra of long-period variable stars: **8** ('54) 822–24. — Technetium in S-type stars: 832f.

Yearb., Amer. philos. Soc. Walter Sydney Adams (1876–1956): **1956** ('57) 103–05. — Samuel Alfred Mitchell (1874–1960): **1960** ('61) 164–67.

Viele der zitierten Arbeiten auch erschienen als „Contributions from the Mount Wilson Observatory" (Nrn. 444, 450, 456, 460, 461, 462, 471, 486, 491, 494, 512, 513, 530, 536, 539, 559, 563, 564, 569, 570, 575, 576, 582, 585, 591, 642, 644, 649, 658, 659, 664, 672, 682, 686, 687, 688, 690, 713, 717, 720, 723, 728, 730, 735, 743, 744, 751), ab 1949 als „Reprints [of the] Mount Wilson and Palomar Observatories" (Nrn. 2, 7, 8, 22, 24, 27, 30, 36, 41, 44, 48, 56, 58, 61, 62, 65, 67, 68, 69, 72, 75, 76, 77, 78, 79, 81, 84, 94, 104, 111, 150).

Mit: [1]) W. S. Adams; [2]) I. S. Bowen; [3]) C. G. Burwell; [4]) W. Buscombe; [5]) A. J. Deutsch; [6]) J. L. Greenstein; [7]) M. L. Humason; [8]) A. H. Joy; [9]) P. C. Keenan; [10]) A. L. Lowen; [11]) W. J. Luyten; [12]) W. C. Miller; [13]) R. F. Sanford; [14]) A. D. Thackeray; [15]) O. C. Wilson; [16]) R. E. Wilson

VI **MERRIMAN,** Gaylord Maish. Math. — 1929–38 Assist. Prof., '38–46 Assoc. Prof., '46– Prof., '55–60 Head of Departm. of Math., Univ. of Cincinnati, O. (⊠)

*1901, Juli 24, Elmwood Place, O.

W. To discover mathematics (New York '42) 11+435 S. — Calculus; an introduction to analysis, and a tool for the sciences (New York '54, '55) 625 S.

Bull. amer. math. Soc. Concerning sets of polynomials orthogonal simultaneously on several circles: **44** ('38) 57–69.

Duke math. J. Note on the simultaneous orthogonality of harmonic polynomials on several curves[1]): **3** ('37) 279–88.

Mathematics Teacher Sets and some elementary problems: **53** ('60) 266–69.

Mit: [1]) J. Walsh.

IV, VI **MERRITT,** Ernest George. Physik. — 1889–91 Instructor, 1892–1903 Assist. Prof., '03–35 Prof., '09–14 Dean of the Graduate School, '19–34 Head of Departm. of Physics, '35 Prof. Emer., Cornell Univ., Ithaca, N.Y.; '14–15 Pres., Amer. Physical Soc.

*1865, Apr. 28, Indianapolis, Ind.; †1948, Juni 5, Ithaca, N.Y.

Zur Biogr. Science [USA] **81** ('35) 530.

Nekr. School and Soc. **67** ('48) 442.

Zum 100. Geb.tag E. S. Barr, American J. Physics **33** ('65) 87f.

MHZ. Physical Rev. 1893–1912.

Biographical Mem., Nation. Acad. Sci. USA E. L. Nichols, 1854–1937: **21** ('40) 343–66.

J. opt. Soc. America Frances Gertrude Wick †: **32** ('42) 431f.

Physical Rev. Edward Leamington Nichols: **53** ('38) 1f.

Proc. amer. Acad. Arts and Sci. E. L. Nichols (1854–1937): **72** ('38) 374–76.

Proc. Inst. Radio Engr. The optics of radio transmission: **20** ('32) 29–39.

Review sci. Instruments Early days of the Physical Society: (N.S.) **5** ('34) 143–48.

Science [USA] Clement Dexter Child: **78** ('33) 377. — Edward Leamington Nichols †: **86** ('37) 483–85.

V, VI **MERTON,** Sir Thomas Ralph. Physik. — Scientist and inventor in own laboratories; 1916–19 Lecturer Spectroscopy, King's College, London; '19–22

Reader, '23–35 Prof., '45–63 Fellow of Eaton College, Univ. of Oxford; '39–56 Treasurer, '41–56 Vice-Pres., Roy. Soc., London; '55–62 Trustee, Nation. Gallery. — '55 Hon. LL.D. (Univ. of Aberdeen); '60 Hon. D.Sc. (Univ. of London). — '51 Holweck Prize and Medal (Soc. franç. Physique and Physical Soc.); '58 Rumford Medal (Roy. Soc., London); '56 Knight Commander of the Order of British Empire.

*1888, Jan. 12, Wimbledon;

†1969, Okt. 10, Maidenhead Thicket, Berkshire.

Zur Biogr. C. Hinshelwood, Proc. roy. Soc. London, Ser. A **249** ('59) VIf.; Ser. B **150** ('59) VIf. — Nature [London] **167** ('51) 546; **182** ('58) 1631f.

Nekr. H. Hartley, D. Gabor, Biographical Mem. Fellows roy. Soc. **16** ('70) 421–40 (m. Bildn., Faks., Schr.verz. 46 Nrn.).

J. Physique et Radium Nouvelles méthodes de fabrication des réseaux: (8) **13** ('52) 49–53.

Nature [London] Use of diffraction gratings ruled on cylinders: **166** ('50) 866. — R. W. Wood †: **176** ('55) 488f.

New Scientist Science and invention: **25** ('65) 376–.

Proc. roy. Soc. London, Ser. A On a method of increasing contrast in microscopy: **189** ('47) 309–13. — On interference microscopy: **191** ('47) 1–6. — On the reproduction and ruling of diffraction gratings: **201** ('50) 187–91. — On a barrier against insect pests: **234** ('56) 218–20.

VI **MERWIN,** Herbert Eugene. Geol., Petrologie. — 1917–45 Petrologist, '40 Acting Dir., '46–54 Research Assoc., Geophysic. Labor., Carnegie Instn., Washington, D.C.; '30– Vice-Pres., Geol. Soc. America; '30 Pres., Mineral. Soc. America. — '50 Roebling Medal (Mineral. Soc. America).

*1878, Febr. 20, Newton, Kans.;

†1963, Jan. 28, Washington, D.C.

Zur Biogr. N. L. Bowen, American Mineralogist **35** ('50) 255–57 (m. Bildn.).

S. E. T. Allen, A. L. Day, Hot springs of the Yellowstone National Park (Washington, D.C. '35) (Publ. Carnegie Instn. Washington Nr. 466): Microscopic examinations. — Geology, 1888–1938. Geological Society of America, 50th anniversary volume (New York '41) 415–36: General geophysics.

American J. Sci. Radium in rocks, 4: Location and association of radium in igneous rocks[6]): **23** ('32) 49–56. — Notes on the volatile transport of silica[1])[8]): **25** ('33) 61–73. — Equilibrium relationships of Fe_3O_4, Fe_2O_3 and oxygen[1])[7])[9]): **30** ('35) 239–316. — The system water – boron oxide[2])[5]): **35A** ('38) 143–71. — Clays and other minerals from the deep sea, hot springs and weathered rocks[7]): 179–84. — The crystallography of potassium tetrathionate[10])[3]): 361–72.

American Mineralogist Bavenite: symmetry, unit cell[3]): **18** ('33) 341–44. — Separation planes in magnetite[1])[7]): **21** ('36) 504–10. — Sulfate incrustations in the Copper Queen Mine, Bisbee, Arizona[7]): **22** ('37) 567–71. — Potassium tetrathionate as an example of monoclinic hemihedral symmetry[10])[3]): **24** ('39) 193. — Improved technique in micropycnometric density determination[3]): 482–84. — Analysis of Hamley bornite from South Australia[11]): **40** ('55) 1001–03.

Economic Geol. The system Cu–Fe–S[4]): **32** ('37) 203–84.

J. amer. chem. Soc. Optical crystallography of 3-phenyl-2,4-thiazoledione: **55** ('33) 2406f. — Phase equilibrium relationships in the binary system, sodium oxide – boric oxide, with some measurements of the optical properties of the glasses[5]): **58** ('36) 2248–54.

J. opt. Soc. America The relation between the composition and the density and optical properties of glass, 1: The soda–lime–silica glasses[5]): **22** ('32) 632–62.

Proc. geol. Soc. America Memorial to Henry Stephens Washington: **1951**, 165–74.

Mit: [1]) J. W. Greig; [2]) F. C. Kracek; [3]) C. J. Ksanda; [4]) R. H. Lombard; [5]) G. W. Morey; [6]) C. S. Piggot; [7]) E. Posnjak; [8]) E. S. Shepherd; [9]) R. B. Sosman; [10]) G. Tunell; [11]) E. G. Zies.

IV–VI **MEŠČERSKIJ,** Ivan Vsevolodovič. Mech. — 1902– Prof. ord., Polytechn. Inst., Petersburg → Leningrad; '19–24 Prof., Univ. Leningrad; außerdem Prof. am Elektromechan. Inst., am Schiffsbau-Inst. u. am Physikal.-Mechan. Inst., Leningrad. (⊠)

*1859, Aug. 10 (Juli 29), Archangel'sk;

†1935, Jan. 7, Leningrad.

Nekr. E. L. Nikolaj, Prikladnaja Mat. i Mech. **3** ('36) Nr. 1, 3–5.

Zur Biogr. Ja. L. Geronimus, Očerki o rabotach korifeev russkoj mechaniki [Kurze Übersicht über die Arbeiten von Koryphäen der russischen Mechanik] (Moskva '52) 450–60 (m. Bildn.); deutsch: (Berlin '54). — A. A. Kosmodem'janskij in: Ljudi russkoj nauki [Russische Wissenschaftler] **1** (Moskva–Leningrad '48) 202–08 (m. Bildn.); Neuaufl.: **1**

(Moskva '61) 216–22. — A. A. Kosmodem'janskij, Ivan Vsevolodovič Meščerskij (Moskva '49) 12 S. (m. Bildn.). — E. L. Nikolaj, Trudy leningr. politechn. Inst. im. Kalinina **1949**, Nr. 1.

Zum 100. Geb.tag A. T. Grigor'jan, Vopr. Istorii Estestvoznanija i Techn. Nr. **7** ('59) 127–30 (m. Bildn.). — I. A. Tjulina, Trudy Inst. Istorii Estestvoznanija i Techn. **34** ('60) 264–72. — B. I. Turbin, G. Š. Ioffe, Trudy mosk. Inst. Mechanizacii i Ėlektrifikacii sel'sk. Chozjajstva **9** ('59) 3–9. — Izvest. Akad. Nauk SSSR, Otdel. techn. Nauk, Mech. i Mašinostroenie **1960**, Nr. 1, 191f. (m. Schr.verz.). — Vestn. vozdušn. Flota **1959**, Nr. 8, 72f. (m. Bildn.).

Teilsammlung Raboty po mechanike tel peremennoj massy [Arbeiten zur Mechanik von Körpern mit veränderlicher Masse] (Moskva–Leningrad '49) 276 S. (m. Bildn.) (Klassiki estestvoznanija. Matematika, mechanika, fizika, astronomija); darin S. 9–25 von A. A. Kosmodem'janskij: Die wissenschaftliche Tätigkeit von Ivan Vsevolodovič Meščerskij [russ.]; ²(Moskva '52) 280 S. (m. Schr.verz.).

W. Sbornik zadač po teoretičeskoe mechanike [Aufgabensammlung zur theoretischen Mechanik] ⁹(Leningrad–Moskva '35) 160 S., . . ., ¹⁴(Moskva–Leningrad '47) 328 S., ¹⁵('48), ¹⁶('50) 384 S., . . ., ³¹('68) 384 S.; in der Sowjetunion auch ukrain., grusin., aserbaidschan., usbek., armen. u. estn. erschienen; zahlreiche Auflagen in anderen Sprachen, u. a. deutsch: Aufgabensammlung zur Mechanik (Berlin '55) 391 S. (Hochschulbücher für Physik, 13); engl.: Problems in mechanics (New York '36) 155 S., ('39) 9+271 S., ('64), ('68).

VI **MES'KIN,** Veniamin Semenovič. Metallkunde. — 1925–48 Laborleiter u. Hauptmetallurg, Metall-Inst. ('34→Industrie-Inst., hier '34– Prof. f. therm. Metallbearbeitung), Leningrad; '32–38 Prof., Mechan. Inst., Leningrad; '38–41 Prof., Inst. f. Feinmech. u. Optik, Leningrad; '48–65 Prof. u. Leiter d. Lehrstuhls f. Materialkunde u. Chem., Inst. f. Luftfahrtapparatebau, Leningrad; '57–58, '60–65 wiss. Arbeitsleiter, Unionsforschungsinst. f. Metrol. „D. I. Mendeleev", Leningrad. — '42 Orden „Roter Stern", '43 Staatspreis, '45, '61 Rotbannerorden (UdSSR).

*1904, Apr. 25 (12), Rjasna, Gouv. Smolensk;

†1965, Juli 13, Leningrad.

Nekr. Metallovedenie i termičesk. Obrabotka Metallov **1965**, Nr. 10, S. 64 (m. Bildn.).

H. (Redakt.) Magnitnye splavy [Magnetische Legierungen] (Leningrad–Moskva '32). — (Redakt.) Vysokokačestvennye i special'nye čuguny. Sbornik statej [Hochwertige und Spezialgußeisensorten. Sammlung von Aufsätzen] (Leningrad–Moskva '32) (Dostiženija mašinostroenija i metallurgii v SSSR i za granicej, 4). — (Redakt.) Medistaja stal' i ee svojstva. Sbornik statej [Kupferstahl und seine Eigenschaften. Sammlung von Aufsätzen] (Leningrad–Moskva '33) (∼ 6). — (Hauptredakt.) Problemy konstrukcionnoj stali. Sbornik dokladov naučno-techničeskoj sessii po metallovedeniju i termičeskoj obrabotke [Probleme des Baustahls. Sammlung der Vorträge einer wissenschaftlich-technischen Konferenz über Metallkunde und thermische Bearbeitung) (Moskva–Leningrad '49).

S. Spravočnik po zameniteljam i surrogatam cvetnych metallov [Nachschlagewerk über Ersatz- und Austauschstoffe für Buntmetalle] (E. G. Derecej) **1** (Moskva–Leningrad '35): Kupferhaltige Stähle und Gußeisensorten [russ.]. — Problemy ėlektrotechničeskogo metalla [Probleme des elektrotechnischen Metalls] **1** (Moskva–Leningrad '38) (Akademija Nauk SSSR, Otdelenie techničeskoj nauk, Ser. IV, Nr. 8) 7–30: Der gegenwärtige Stand der Frage der Herstellung magnetisch weicher und spezieller magnetischer Legierungen [russ.].

W. Die ferromagnetischen Legierungen und ihre gewerbliche Verwendung (m. A. Kussmann) (Berlin '32) 8+418 S. — Promyšlennye magnitnye splavy [Technische magnetische Legierungen] (Moskva–Leningrad '32) 271 S. — Proizvodstvo transformatornoj stali. Rukovodstvo dlja kvalificirovannych rabočych, brigadirov i masterov [Herstellung von Transformatorenstahl. Lehrbuch für Facharbeiter, Brigadiere und Meister] (Moskva–Leningrad '32) 79 S. — Ėlektrotechničeskie čuguny [Elektrotechnische Gußeisenarten] (m. B. E. Somin) (Leningrad–Moskva '35) 136 S. — Ferromagnitnye splavy [Ferromagnetische Legierungen] (Leningrad-Moskva '37) 791 S. — Osnovy legirovanija stali [Grundlagen der Stahllegierung] (Moskva '59) 688 S.; ²('64) 684 S.

Archiv Eisenhüttenwesen Die Wärmebehandlung von Chrom-Magnetstahl[26]): **6** ('32/33) 75–78. — Einfluß von Wasserstoff auf Transformatorenstahl[13]): 399–405. — Eigenschaften von Nickel-Aluminium-Magnetstahl[23]): **8** ('34/35) 315–18.

Fizika Metallov i Metallovedenie Über den Einfluß des Hochtemperaturglühens und des wiederholten Erhitzens auf die magnetischen Eigenschaften von elektrotechnischen Stählen[12]): **1** ('55) 158–66. — Über die Gründe der

Instabilität von Legierungen für Präzisionswiderstände und die Wege zu ihrer Verringerung[2]): **10** ('60) 90–100. – Untersuchung des Ultraschalleinflusses auf das Ergebnis der thermischen Behandlung von Legierungen[2]): **11** ('61) 533–44. – Änderung der Härte in technischen Platin-Wolfram- und Palladium-Wolfram-Legierungen[14])[20]): **12** ('61) 140–44. – Anomalie des elektrischen Widerstandes und Bildung des K-Zustands in den Systemen Palladium – Wolfram und Palladium – Molybdän[19])[17]): **13** ('62) 126–31. – Einfluß des Wasserstoffs auf die Eigenschaften von Transformatorenstahl: 945. – – Alle Arbeiten russ.

Izvest. Akad. Nauk SSSR, Metallurgija i gornoe Delo Über die von A.S. Savjalov entwickelte Theorie der Austenitumwandlung[5])[9])[11])[15])[22])[25]): **1963**, Nr. 6, 174–83 [russ.].

Izvest. Akad. Nauk SSSR, Ser. fizič. Über den Einfluß der Hochtemperaturtemperung auf die magnetischen Eigenschaften von magnetisch weichen Legierungen[12]): **23** ('59) 280–84 [russ.].

Izvest. vysšich učebnych Zavedenij, Černaja Metallurgija Die Ermittlung korrosionsbeständiger und verschleißfester Legierungen für genaue Widerstände[19])[17])[4]): **4** ('61) Nr. 11, 159–64 [russ.]. – Korrosionsbeständige, magnetisch weiche Legierungen des Systems Eisen–Aluminium[24])[18]): **5** ('62) Nr. 3, 153–58 [russ.].

Kačestvennaja Stal' Einfluß von Wasserstoff auf Transformatorenstahl: **1** ('33) Nr. [?], 48–54. – Herstellung und Eigenschaften von Nickel–Aluminium-Stahl für Dauermagnete: **3** ('35) Nr. 2, 20–28. – Der Einfluß der Ausscheidungshärtung in Legierungen auf die magnetische Stabilität und Gleichmäßigkeit der Permeabilität[13]): Nr. 4, 22–27. – Bearbeitbarer austenitischer Manganstahl[23]): Nr. 7, 15–22. – Nickelfreie Legierungen mit hoher magnetischer Stabilität[13]): **4** ('36) Nr. 8/9, 23–30. – Einfluß einer Kaltverformung und nachfolgender Rekristallisation auf magnetische Eigenschaften von Transformatorenblechen[13]): **5** ('37) Nr. 5/6, 18–23. – Einfluß der Abkühlungsgeschwindigkeit auf die magnetischen Eigenschaften von Transformatorenblechen[13]): Nr. 7, 57. – Einfluß sehr kleiner Zusätze auf die Eigenschaften von Transformatorenstahl[13]): Nr. 8, 22–25. – Entwicklung der ferromagnetischen Legierungen in der Sowjetunion im Laufe von 20 Jahren: Nr. 11, 32–40. – Einfluß von Phosphor und Arsen auf Dynamo- und Transformatorenstahl[13]): **6** ('38) Nr. 3, 23–30. – Über die Zusammensetzung und Bearbeitung von martensitischem Stahl für Dauermagnete: **6** ('38) Nr. [?], 8 S. – – Alle Arbeiten russ.

Metallovedenie i Obrabotka Metallov Über die Natur der reversiblen und nichtreversiblen Anlaßsprödigkeit von Baustahl: **1956**, Nr. 7, 24–35 [russ.].

Metallovedenie i termičesk. Obrabotka Metallov Kinetik der Ausscheidungshärtung von geglühtem technischem Eisen[14])[1])[3]): **1960**, Nr. 2, 2–6. – Auswahl von Legierungen für Präzisionswiderstände im System Kupfer–Mangan–Zinn[17]): **1961**, Nr. 4, 20–24. – Einige Verfahren zur Stabilisierung von Legierungen für Präzisionswiderstände[2]): Nr. 8, 43–46. – Eine Verfestigung durch Verformung von gehärtetem Stahl[7]): **1963**, Nr. 4, 20–25. – Neue Widerstandslegierungen: **1965**, Nr. 7, 46–50. – Magnetische Eigenschaften kaltgewalzten elektrotechnischen Stahls beim Überziehen mit einer Oxidschicht durch Erhitzen an der Luft[14])[6])[10]): **1967**, Nr. 2, 72–75. – – Alle Arbeiten russ.

Metals and Alloys Effect of very small additions to transformer steel[13]): **10** ('39) 26–31.

Naučnye Dokl. vysšej Školy, Metallurgija Über die Rolle der Korngrenzen beim Bruch von Metallen bei hohen und niedrigen Temperaturen: **1958**, Nr. 1, 233–38 [russ.]; Nr. 3, 220–25 [russ.].

Priborostroenie Wege zur Verringerung der Instabilität hochempfindlicher elektromagnetischer Geräte[21]): **1957**, Nr. 5, 8–11 [russ.].

Proizvodstvenno-techničeskij informac. Bjul. glavn. Upravlenija metizn. Promyšl. Die aktuellsten Fragen der Qualität von Transformatorenstahl: **1939**, Nr. 1, 54f. [russ.].

Soobšč. central'n. Inst. Metallov Einfluß von Wasserstoff auf Transformatorenstahl: Nr. **13** ('33) 42–81. – Unmagnetisches Gußeisen[23]): Nr. **14** ('33) 13–36. – Untersuchung an Austenitstählen[23])[13]): Nr. **15** ('33) 97–133. – Untersuchungen an Nickel–Aluminium-Magnetstahl MK[23])[13]): Nr. **16** ('34) 60–76. – – Alle Arbeiten russ.

Stal' [Char'kov] Zusammensetzung und Verarbeitung von Martensitstählen zu permanenten Magneten[23]): **8** ('38) Nr. 6, 32–38 [russ.].

Stal' [Moskva] Verarbeitung und Eigenschaften von Eisen–Silicium–Aluminium-Legierungen mit hoher Anfangspermeabilität[13]): **1** ('41) Nr. 2/3, 61–66. – Der Einfluß von geringen Zusätzen auf Gefüge und physikalische Eigenschaften einiger Sonderlegierungen[13]): Nr. 5, 47–53. – Quantitativer Einfluß von Elementzuschlägen auf die Härtbarkeit von Stahl[8]): **6** ('46) 574–83. – Vorgänge in Stählen für permanente Magnete: **7** ('47) 429–35. – Präzisionslegierungen in der Sowjetunion: 1012–20. – Über den Vorgang der Flockenbildung im Stahl: **16** ('56) 727–34. – – Alle Arbeiten russ.

Trudy, Leningr. Inst. aviac. Priborostroenija Erforschung der Wege zur Verringerung der

Instabilität elektromagnetischer Meßgeräte von hoher Präzision mit Magneten aus martensitgehärtetem Stahl[21]): Nr. **20** ('58) 3–14 [russ.]. — Erforschung der Wege zur Verringerung der Instabilität elektromagnetischer Meßgeräte von hoher Präzision mit Magneten aus Eisen-Nickel-Aluminium-Legierungen[21]): 15–23 [russ.]. — Legierungen für Feldgehäuse sehr großer Resonanzkreisstabilisatoren für Wechselspannungen[24]): Nr. **36** ('62) 23–31 [russ.].

Z. Physik Experimentelle Nachprüfung der Akulovschen Theorie der Koerzitivkraft[23]): **98** ('36) 610–23. — Über die magnetische Stabilität von ferromagnetischen Eisenlegierungen, 1[13]): **101** ('36) 456–77.

Ž. techn. Fiziki Die Magnetostriktion von Legierungen[23])[16]): **11** ('41) 918–35 [russ.].

Mit: [1]) A. A. Alalykina; [2]) Ė. A. Al'ftan; [3]) Ju. I. Beljaeva; [4]) R. R. Frejdel; [5]) B. B. Guljaev; [6]) A. G. Gauptman; [7]) L. A. Kirmalov; [8]) L. P. Kopp; [9]) M. I. Korjukov; [10]) N. V. Korolev; [11]) A. D. Kramarov; [12]) N. I. Lapkin; [13]) Ju. M. Margolin; [14]) R. I. Miškevič; [15]) L. S. Moros; [16]) A. S. Nechamkin; [17]) L. A. Popova; [18]) Ju. G. Sergeev; [19]) R. I. Sergienko; [20]) N. Š. Serova; [21]) I. S. Simchovič; [22]) A. V. Smirnov; [23]) B. E. Somin; [24]) Ė. A. Sukazov; [25]) S. S. Šurakov; [26]) E. S. Towpenjez.

VI **MESNAGER,** Augustin Charles Marie. Mech., Ingenieurwes. — Prof., Ecole des Ponts et Chaussées, Paris; 1913–33 Prof., Conservatoire des Arts et Métiers, Paris; Prés., Soc. d'Encouragem. pour l'Industrie nation.

*1862, Juni 11, Paris;

†1933, Febr. 6, Paris.

Nekr. L. Lecornu, Notices et Discours, Acad. Sci., Paris 1.1924–1936 ('37) 438–41. — C. Richet, C. R. hebd. Séances Acad. Sci., Paris **196** ('33) 377f. — Revue Opt. théor. et instrument. **12** ('33) 237.

VI **MESNY,** René Marie. Physik, Elektrotechn. (Funktechn.). — 1931– Prof., Ecole Supér. d'Electricité, Paris. — '33 Prix Pierre Lafitte, '42 Prix Général Ferrié (Acad. Sci. Paris). (☒)

*1874, Juli 19, Brest, Finistère;

†.

Zur Biogr. C. R. hebd. Séances Acad. Sci., Paris **197** ('33) 1538.

W. Télévision et phototélégraphie (Paris '33) 210 S. — Télévision et transmission des images (Paris '33) 216 S. (Collection Armand Colin, Section de physique, No. 162), [2]('39) 220 S. — Radio-électricité générale **1**: Etude des circuits et de la propagation (Paris '35) 11+375 S.; **2**: Fonctionnement des lampes, émission, réception ('36) 207+5 S., ('53) 442+17 S.

Bull. Soc. franç. Electriciens Au sujet du procédé élémentaire de calcul des régimes transitoires: (5) **8** ('38) 568–70.

Communications et Mém., Acad. Marine Eloge du général Ferrié: **13** ('34) 17–28.

Onde électr. A propos des radiogoniomètres: **14** ('35) 417–20. — Emissions dirigées par réseaux d'antennes[1])[2]): **16** ('37) 19 S.

Mit: [1]) P. David; [2]) A. Dufour.

VI **MESSKIN,** Wenjamin Semenowitsch → VI **MES'KIN,** Venjamin Semenovič

IV-VI **MESTSCHERSKY,** Iwan Wsewolodowitsch → IV-VI **MEŠČERSKIJ,** Ivan Vsevolodovič

IV-VI **METZLER,** William Henry. Math. — 1923–33 Dean, New York State College for Teachers, Albany, N.Y.; Pres., Assoc. of Teachers of Math. for Middlestates and Maryland. (☒)

*1863, Sept. 18, Odessa, Ont., Can.;

†1943, Apr. 19.

Todesanzeigen Nature [London] **152** ('43) 323. — Science [USA] **97** ('43) 394.

H. (Bearb.) T. Muir, A treatise on the theory of determinants (New York '33, '60) 766 S.

American math. Monthly New theorem concerning the rank of a matrix: **41** ('34) 607f.; **42** ('35) 603.

VI **ter MEULEN,** Henri. Chem. (analyt.). — 1905–36 Prof., Techn. Hochsch. Delft. — '30 Goldene Hoogewerff-Medaille (Hoogewerff-Fonds).

*1871, Nov. 30, Amsterdam;

†1942, Juni 24, 's-Gravenhage.

Zum 65. Geb.tag J. Böeseken, Chemisch Weekbl. **33** ('36) 393–95 (m. Bildn., Schr.-verz.).

Zum 70. Geb.tag J. Böeseken, Chemisch Weekbl. **38** ('41) 678f. (m. Bildn.). — H. J. Ravenswaay, ibid. 679.

Nekr. J. Böeseken, Chemisch Weekbl. **39** ('42) 442. — Annales Chim. analyt. **24** ('42) 163f. (m. Bildn.).

W. Nouvelles méthodes d'analyse chimique organique (m. J. Heslinga) [2](Paris '32) 8+59 S.

Bull., Soc. chim. Belgique Le dosage de l'azote par hydrogénation dans les composés organiques: **49** ('40) 103–22.

Bull. Soc. chim. France Note sur les méthodes d'analyse chimique par hydrogénation: (5) **2** ('35) 1692–94.

Chemisch Weekbl. Determination of nitrogen in compounds containing halogen, by the hydrogenation method[2]): **33** ('36) 248f. [].

Handelingen nederl. natuur- en geneeskund. Congr. Der Gehalt gesunder und kariöser Zähne an Molybdän: **25** ('35) 228f. [niederländ.].

J. Inst. Brewing The determination of nitrogen in yeast by the hydrogenation method[1]): **38** ('32) 330f.

Jaarb. techn. Hogeschool Delft Die Elemente des lebenden Organismus: **1932** [niederländ.].

Nature [London] Distribution of molybdenum: **130** ('32) 966.

Proc., Koninkl. Akad. Wet. Amsterdam The molybdenum content in leaves[2]): **38** ('35) 7–10.

Recueil Trav. chim. Pays-Bas Sur l'accumulation du molybdène chez quelques plantes aquatiques: **51** ('32) 549f. — Notes sur les méthodes d'analyse chimique organique par hydrogénation et sur quelques méthodes d'analyse par oxydation: **53** ('34) 118–25. — Sur le dosage de l'azote par hydrogénation dans la bétaïne, le pyramidon et l'acide sulfanilique[2]): **56** ('37) 1022f. — L'analyse de l'azoture de chrome: **57** ('38) 591–93.

Mit: [1]) K. Peeren; [2]) H. J. Ravenswaay.

V, VI **MEUNIER,** Louis Marius. Chem. (industr.). — 1893–1905 Chef de Travaux, '05–12 Chargé de Cours, '12–22 Maître de Conférences, '22–40 Prof., '40–55 Prof. hon., Fac. des Sci., Univ. de Lyon; 1893–1918 Chef de Labor., '18–21 Sous-Dir., '21–36 Dir.-Adjoint, '36–46 Dir., '46–55 Dir. hon., Ecole de Chim. industr., Univ. de Lyon; 1899–1921 Prof. et Sous-Dir., '21–46 Dir., '46–55 Dir. hon., Ecole Française de Tannerie, Univ. de Lyon; Prés., Assoc. Int. des Chimistes de l'Industrie du Cuir. — Prix Léonard Danel (Soc. Industrielle du Nord de la France); Prix Nicolas Leblanc (Soc. Chim. de France); Prix Seymour-Jones et Grande Médaille d'Or (Assoc. Int. des Chimistes de l'Industrie du Cuir); Prix (Soc. Nation. d'Encouragem. au Progrès); Grande Médaille (Chambre de Commerce de Lyon); '30 Officier de la Légion d'Honneur.

*1870, Sept. 25, Cluny, Saône-et-Loire; †1955, Apr. 28, Lyon.

Zur Biogr. Annales Chim. analyt. **25** ('43) 147 (m. Bildn.).

Zur Bibliogr. Notice sur les titres et travaux scientifiques de M. Louis Meunier (Lyon '38) 40 S.

S. Proc. 1st World petroleum congress, London 1933, **2** (London '34) 654–59: Note sur l'établissement d'une méthode standard d'essai des émulsions pour routes. — 14e Congrès de chimie industrielle, Paris 1934, Communications présentées, **2** (Paris '35) [6 S.]: Sur le point de fusion de la gélatine[19]); [8 S.]: Sur le collagène désaminé[13]). — Festschrift zum 65. Geburtstag von Edmund Stiasny (K. H. Gustavson) (Darmstadt '37) 259–65: Le "secrétage" des poils de lapin[11]). — Traité de chimie organique (V. Grignard, G. Dupont, R. Locquin) **22** (Paris '53) 475–513: Tanins et tannage.

W. La tannerie. Etude, préparation et essai des matières premières, théorie et pratique des différentes méthodes actuelles de tannage, examen des produits fabriqués (m. C. Vaney, P. Chambard, A. Jamet, C. Gastellu, R. Loos) **1** 2(Paris '36), 3('52) 908 S.; **2** 2('37) 543 S., 3('52) 584 S.

Bull. Soc. chim. France Etude sur les hydrates et les sulfures stanniques[14]): (4) **51** ('32) 939–46. — Sur la polymérisation comparée de l'acétate de vinyle et des esters méthacryliques[3])[15]): (5) **7** ('40) 657f.

Chimie et Industrie Etude du gonflement de la soie d'acéto-cellulose par quelques solutions aqueuses[12]): **27** ('32) 251–62. — Evolution et floculation des solutions du chlorure stannique et du chlorure titanique[14])[7]): 1017–22. — Oxydation verdünnter Natriumsulfidlösungen durch Luft[9]): **27** ('32) No. spéc. 3bis, 718–28 [französ.]. — Bericht der sogenannten Fragezeichen-Kommission[4])[5])[10])[6]): **43** ('39) No. spéc. 8bis, 165–72 [~]. — Gelatinierung von Kollagen[2])[16]): **45** ('41) No. spéc. 3bis, 58–60 [~]. — Sur la polymérisation comparée de l'acétate de vinyle et des esters méthacryliques[3])[15]): 213–15.

Collegium [Darmstadt] Oxydation von verdünnten Schwefelnatriumlösungen durch Luft[9]): **1932**, 201–. — Benzylzellulose-Lösungen und -Lacke[8]): **1934**, 304–. — Wirkung von Ossein[1]): **1936**, 622–. — Wirkung der salpetrigen Säure auf Kollagen. Eigenschaften des Desaminokollagens[13]): **1937**, 57–.

Conceria Behandlung von Chromleder mit Fettschmiere: **43** ('35) Nr. 1591, 35f. [].

C.R. hebd. Séances Acad. Sci., Paris Sur l'analyse et quelques propriétés des benzylcelluloses[8]): **194** ('32) 1839–42. — Sur la polymérisation de l'acétate de vinyl[18]): **206** ('38) 677–79.

Cuir techn. La recherche par fluorescence de l'extrait de cellulose sulfitique dans les extraits tanniques: **21** ('32) 38. — Zapone und Lacke auf Basis von Benzylzellulose[8]): **22** ('33) 290–93 [französ.]. — Einwirkung von salpetriger Säure auf Kollagen. Eigenschaften desaminierten Kollagens[13]): **24** ('35) 214–17, 231–36 [~]. – Synthetische und Austauschgerbstoffe: **30** ('41) 302f. [~]. – Kolloide in der Gerberei: **31** ('42) 28–35 [~].

Halle Cuirs, Suppl. techn. mens. Die Kollodiumlacke auf Benzylzellulosebasis[8]): **1935**, 197–206 [französ.].

J. int. Soc. Leather Trades Chemists Air oxidation of dilute solutions of sodium sulfide[9]): **16** ('32) 127–49. – The first bath in two-bath chrome tannage[2]): **19** ('35) 116–18. – Action of nitrous acid on collagen. Properties of deaminized collagen[13]): 350–64. – The liming of ossein[1]): 408–16.

Moniteur Prod. chim. Die Emulsionen von Fettkörpern und Kohlenwasserstoffen und ihre industriellen Anwendungen: **16** ('35) Nr. 188, 3–13 [französ.]; **17** ('35) Nr. 189, 3–15 [~].

Nitrocellulose Quellung der Acetylzellulose in wäßrigen Lösungen[12]): **3** ('32) 124–.

Revue gén. Matières colorantes, Blanchiment, Teinture, Imress. et Apprêts Le secrétage des poils[17])[11]): **41** ('37) 441–43.

Revue gén. Matières plast. Sur l'analyse et quelques propriétés des benzyl-celluloses[8]): 8 ('32) 427–35, 467–73. – Neue Methode zur Bestimmung von Benzyl in Benzylzellulose[8]): 591 [französ.].

Revue suisse Route La physicochimie des émulsions aqueuses de bitume pour la route[20]): **19** ('33) 216, 227–32, 235–38, 245–49.

Revue techn. Industries Cuir Verwendung und Bedeutung von Fetten bei der Lederherstellung: **36** ('43) 80–85 [französ.].

Mit: [1]) P. Audry; [2]) P. Chambard; [3]) J. Colonge; [4]) R. Dubrisay; [5]) C. Dufraisse; [6]) A. Fuchs; [7]) F. Génin; [8]) M. Gonfard; [9]) M. Kapp; [10]) J. Mathieu; [11]) S. Pierret; [12]) G. Révillon; [13]) E. Schweikert; [14]) P. Sisley; [15]) G. Sklovsky; [16]) M. Soubiran; [17]) H. Tatu; [18]) G. Vaissière; [19]) R. Grignard; [20]) G. Mathieu.

VI **MEURICE,** Albert. Chem. — 1892–1939[?] Dir., Inst. Meurice-Chimie, Charleroi → 1897- Bruxelles, 1934 reconnu comme école spéc. d'ingénieurs techniciens; '19 Fondateur, La S.A. des Produits Chimiques et Pharmaceutiques Meurice → '28 Division Produits Pharmaceutiques Meurice de l'Union Chimique Belge. — 1895 Prés., Section de Chimie industrielle de l'Association Belge des Chimistes; Prés., Union des Aciéries et des Forges et Boulonneries Vormans.

*1869, Okt. 31, Gand;

†1939, Febr. 19, Bruxelles.

Nekr. Bull., Soc. chim. Belgique **48** ('39) XLVIIf.

W. Cours d'analyse quantitative des produits des industries chimiques [2](Paris '33) 805 S. (Professé à l'Institut Meurice-Chimie, Bruxelles); 3. Aufl. u. d. T.: Cours d'analyse des produits des industries chimiques, **1**: Les industries minérales (m. C. Meurice) [3]('49) 452 S.; **2**: Peintures, savons, détergents (m. C. Meurice) [3]('52) 360 S. – Cours d'analyse quantitative des matières minérales [3](Paris '40, Bruxelles '41) 956 S. (Professé à l'Institut Meurice-Chimie, Bruxelles); 4. Aufl. u. d. T.: Analyse des matières minérales (m. C. Meurice) [4](Paris-Liège '54) 6+981 S.

VI **van MEURS,** Gerard Johan. Chem. — 1911–21 Lehrer an Höheren Schulen; '21–52 Dir., Amt für Warenprüfung f. d. Gebiet Dordrecht; '31–36 Sekretär, '31–46 Schatzmeister, Niederländ. Chem. Vereinigung.

*1887, Juni 8, Rotterdam;

†1965, Aug. 26.

W. Beknopt overzicht der scheikunde (m. H. P. Baudet) [2](Rotterdam '32) 8+173 S.; [3]('34); [4]('37); [5]('40); [6]('43); [7](Rotterdam-'s-Gravenhage '46); [8]('48); [9]('s-Gravenhage '52); ab 10. Aufl. u. d. T.: Beknopte scheikunde [10]('s-Gravenhage '57) 3+190 S.; [11]('62) 194 S. – Scheikundige vraagstukken (m. H. P. Baudet) [5](Rotterdam '32) 80 S.; [6]('37); [7]('40); . . .; [11]('44) 8+81 S.; ab 12. Aufl. u. d. T.: Scheikundige vraagstukken en vragen [12]('s-Gravenhage '47) 104 S.; . . ; [15]('49); [16]('51); [17]('53); [18]('55); [19]('57); [20]('58); [21]('61); [22]('62) 122 S.; (ab 23. Aufl. m. H. P. Baudet, C. Boeree) [23]('64) 126 S.; . . .; [25]('69); [26]('70) 4+140 S. – Beginselen der scheikunde **1**: Algemene en anorganische scheikunde (m. H. P. Baudet) [5](Rotterdam '32) 324 S., [6]('37), . . ., [9]('40), [10]('42), [11]('43), [12]('46), . . ., [15]('49), [16]('51), [17]('54), [18]('s-Gravenhage '56) 2+372 S., [19]('59), ab 20. Aufl. m. d. Untertitel: Anorganische scheikunde [20]('62), (21. Aufl. m. H. P. Baudet, C. Boeree) [21]('66) 6+344 S.; Beginselen der scheikunde **2**: Organische scheikunde (m. H. P. Baudet) [4](Rotterdam '33) 7+155 S., [5]('37), . . ., [7]('40), [8]('42), [9]('43), [10]('46), . . ., [13]('50), [14]('51), [15]('54), [16]('s-Gravenhage '56) 2+152 S., [17]('58), [18]('61) 156 S., (ab 19. Aufl. m. H. P. Baudet, C. Boeree) [19]('65), [20]('69) 2+162 S. – Repetitorium der elementaire scheikunde (m. H. P. Baudet) (Rotterdam '35) 110 S.; [2]('40); [3]('42); [4]('s-Gravenhage '46); . . .; [6]('49); [7]('51); [8]('53); [9]('58); [10]('60); (11. Aufl. m. H. P. Baudet, C. Boeree) [11]('63) 140 S. – Inleiding tot de scheikunde (m. H. P. Baudet) (Rotterdam '37) 3+111 S.; [2]('40); [3]('41); . . . ; [5]('44); [6]('s-Gravenhage '46); . . .; [9]('50); [10]('52); [11]('53);

[12]('55); [13]('57); [14]('59); [15]('61); (ab 16. Aufl. m. H. P. Baudet, C. Boeree) [16]('63); [17]('66); [18]('68) 4+110 S. – Scheikunde **A**: Anorganische en organische scheikunde voor de hoogste klassen van de hogere burgerschool A en de α-afdeling van het gymnasium (m. H. P. Baudet) (Rotterdam '39) 8+181 S., [2](s-Gravenhage '47), [3]('50), ab 4. Aufl. u. d. T.: Scheikunde **A**: Leerboek voor de hoogste klassen van de h. b. s. A [4]('53) 230 S., . . ., [6]('62), (7. Aufl. m. H. P. Baudet, C. Boeree) [7]('65) 5+236 S.; Scheikunde **B**: Algemene en anorganische scheikunde voor de hoogste klassen van de h. b. s. B en de β-afdeling van het gymnasium (m. H. P. Baudet) (Rotterdam '39) 7+248 S., [2]('41), [3]('43), [4]('s-Gravenhage '46), . . ., [6]('49), [7]('51), [8]('54), [9]('55), [10]('57), [11]('60), ab 12. Aufl. m. d. Untertitel: Anorganische scheikunde voor de hoogste klassen van de h. b. s. B en B-afdeling van het gymnasium (m. H. P. Baudet, C. Boeree) [12]('63), [13]('66) 6+245 S. – Scheikunde van alledag (m. H. P. Baudet) [1.2]('s-Gravenhage '53) 146 S.; [3]('58); [4]('60); [5]('63); (6. Aufl. m. H. P. Baudet, C. Boeree) [6]('68) 6+151 S.

Voeding Benjamin Thompson, Graf Rumford (1753–1814): **15** ('54) 143f. – Max von Pettenkofer (1818–1901): 321–24. – – Beide Arbeiten niederländ.

V, VI **MEYER,** André. Chem. – 1928–50 Prof. tit. Chim. appl., Fac. des Sci., '28–50 Prof. Chim. et Toxicol., Ecole Méd. et Pharm., Univ. de Dijon. – '28 Officier des Palmes Académiques, '33 Officier de l'Instruct. publ. (Ministre de l'Educat. nation.).

*1883, Febr. 24, Troyes, Aube;

†1950, Mai 23.

S. Trabajos IX Congreso internacional de química pura y aplicada, Madrid 1934, 4 (Madrid '35) 393–98: Untersuchungen über die Indogenide, Beziehungen zwischen ihrer Farbe und ihrer Konstitution, Beitrag zum Studium ihrer Anwendung in der analytischen Chemie [französ.].

W. Les gaz de combat. Leur fabrication. Propriétés physiques, chimiques et toxicologiques. Détection et analyse (Paris '36) 8+58 S.; [2]('38) 11+68 S.; [3]('39) 8+100 S.

Annales Chim. Dérivés de l'homophtalimide· Contribution à l'étude des relations entre la constitution, la coloration et la réactivité des composés hétérocycliques[8]): (10) **17** ('32) 271–411.

Annales Hyg. publ., industr. et sociale Sur l'emploi des sels du dinitrophénol et du dinitrocrésol comme anticryptogamiques et parasiticides: (N. S.) **12** ('34) 440–42.

Bull. Soc. Chim. biol. Sur la recherche du dinitrophénol et de ses produits d'élimination dans l'urine[2]): **17** ('35) 1455–61.

Bull. Soc. chim. France, Mém. Sur les produits de condensation de l'orthohomophtalimide avec les aldéhydes aromatiques: (4) **51** ('32) 953–63. – Remarques sur les recherches physico-chimiques et physiologiques relatives aux matières colorantes organiques: 1202–05. – Recherches sur le 4-hydroxycarbostyrile[3]): (5) **5** ('38) 228f. – Recherches sur les 4-hydroxyquinaldine, 6- et 8-méthyl-4-hydroxyquinaldines[4])[2]): 229f. – Sur les matières colorantes azoïques (dérivées) de la 4-hydroxyquinaldine (2-méthyl-4-hydroxyquinoléine)[6]): **11** ('44) 124; **15** ('48) 590–93. – Notice sur la vie et l'œuvre de Marcel Godchot (1879–1939): **14** ('47) 933–44.

Chimie et Industrie Recherches sur la composition des huiles neutres extraites du goudron primaire des mines domaniales françaises de la Sarre[7]): **27** ('32) No. spéc. 3bis, 299–305. – Emploi des colorants et de diverses substances organiques dans la lutte contre les maladies cryptogamiques: **28** ('32) 263–66. – L'organisation de la protection contre les attaques aériennes spécialement, au point de vue chimique et industriel: **31** ('34) No. spéc. 4bis, 1043–52.

C.R. hebd. Séances Acad. Agric. France Über die Verwendung von benetzenden Stoffen beim Kampf gegen die Pflanzenschädlinge: **20** ('34) 39–42 [französ.]. – Sur l'emploi des sels du dinitrophénol et du dinitrocrésol comme anticryptogamiques et parasiticides: 43–46.

C.R. hebd. Séances Acad. Sci., Paris Sur la préparation de l'acide homophtalique par oxydation de l'indène[8]): **194** ('32) 1250–52. – Sur la déshydratation de quelques alcools tertiaires par le sulfate de cuivre anhydre[7]): **196** ('33) 1231–33; **197** ('33) 624. – Sur quelques propriétés réactionnelles de la 4-hydroxyquinaldine[4]): **200** ('35) 931–33. – Produits d'halogénation et d'oxydation de la 2,4-dihydroxyquinoléine[3]): **203** ('36) 264–66, 392. – Sur le dérivé nitrosé du 4-hydroxy-carbostyrile[3]): 335–37. – Nouvelle méthode de synthèse des dérivés de la 2,4-dihydroxyquinoléine (4-hydroxy-carbostyrile) à partir des éthers maloniques et des amines aromatiques[3]): **204** ('37) 1204–07, 1283. – Sels et complexes dérivés des 6-méthyl- et 8-méthyl-4-hydroxyquinaldines[2]): 1824–26. – Les 2,6- et 2,8-diméthyl-4-chloroquinoléines. Propriétés générales. Réactions avec les amines[2]): **205** ('37) 148–51, 344. – Sur la condensation des 2,6-diméthyl- et 2,8-diméthyl-4-hydroxyquinoléines et de leurs dérivés avec les aldéhydes aromatiques[2]): 462–64. – Sur la formation des colorants du groupe des isocyaninés par condensation intermoléculaire des

4-chloroquinaldines[2]): **207** ('38) 923–25. – Sur quelques dérivés 4-aminés de la quinaldine[1]): **225** ('47) 63–65. – Sur les produits de condensation de la 4-chloroquinaldine avec quelques composés à groupement méthylénique actif[1]): **227** ('48) 345–47. – Sur les produits de condensation de l'acétylacétanilide et de ses dérivés avec les aldéhydes aromatiques[5]): **228** ('49) 576–78. – Sur les produits de condensation colorés de la 4-chloroquinaldine et de la phtalone-imine avec des molécules hétérocycliques à groupement méthylénique actif[1]): **229** ('49) 372–74.

Revue gén. Teinture, Impress., Blanchiment, Apprêt et Chim. textile et tinctoriale Bemerkungen über physiko-chemische und physiologische Untersuchungen an organischen Farbstoffen: **10** ('32) 665–67 [französ.].

Revue Viticulture Sur l'emploi des colorants et de diverses substances organiques dans la lutte contre les maladies cryptogamiques, en particulier le mildiou de la vigne: **76** ('32) 197–202. – Untersuchungen über die Verwendung von Farbstoffen und 8-Oxychinolin im Kampf gegen Pilzkrankheiten der Rebe: **77** ('32) 117–20 [französ.].

Mit: [1]) G. Bouchet; [2]) H. Drutel; [3]) P. Heimann; [4]) M. Maurin; [5]) P. Pastour; [6]) L. Silberstein; [7]) M. Tuot; [8]) R. Vittenet.

IV–VI **MEYER,** geb. Bjerrum, Kirstine. Physik, Geschichte d. Naturwiss. – 1882–1930 Lehrerin an höheren Schulen und Lehrerbildungsanstalten, København; '09–40 Mitglied u. Leiterin v. Prüfungskommissionen f. Lehrer. – 1889 Goldmedaille (Naturwiss. Ges. in Dänemark); 1920 Verdienstmedaille in Gold (König v. Dänemark). (☒)

*1861, Okt. 12, Skærbæk, Sønderjylland;

†1941, Sept. 28, Hellerup.

Ehrung Kirstine-Meyer-Gedenkstiftung (Dänische Ges. z. Verbreitung d. Naturkunde) [vgl. Fysisk Tidsskr. **40** ('42) 173–75].

Nekr. J. K. Eriksen, Gymnasieskolen **24** ('41) 279–81. – M. H. H[ansen], Fysisk Tidsskr. **39** ('41) 113 (m. Bildn. u. Faks.), 119. – N. Bohr, ibid. 113–15. – Ibid. 115–17. – L. Christiansen, ibid. 117–19. – M. Pihl, ibid. **40** ('42) 175–91. – Bog og Naal **49** ('42) 2.

HZ. (Mitbegründerin u. Redakt.) Fysisk Tidsskr. **1** ('02) – **9** ('10).

MHZ. Fysisk Tidsskr. **10** ('11) – **11** ('12).

W. Erasmus Bartholin. Et Tidsbillede (København '33) 53 S. (Dansk Medicinsk-historisk Selskab til dets Medlemmer, 1934, 1).

Fysisk Tidsskr. Fahrenheits Termometer – Ole Rømers Termometer: **34** ('36) 125–28. – Ein Lærerkandidatuddannelse paa Efterslægtselkabets Realskole i 1825: 131–34.

Nature [London] Ole Rømer's and Fahrenheit's thermometers: **139** ('37) 585 f.

Naturwissenschaften Fahrenheits Thermometer – Ole Roemers Thermometer: **25** ('37) 237 f.

Ferner biographische Artikel in: Dansk biografisk Leksikon (København '33 ff.).

IV–VI **MEYER,** Max Friedrich. Psychol. – 1900–30 Prof., '30–32 Research Prof., Univ. of Missouri, Columbia, Mo.; '32–40 Visiting Prof., Univ. of Miami, Fla.

*1873, Juni 15, Danzig;

†1967.

W. How we hear; how tones make music (Boston, Mass. '50, '52) 117 S.

American Annals Deaf What retards speech teaching to the young deaf child?: **83** ('38) 153–68.

American J. Psychol. Meyer's theory of the mechanics of the inner ear: **62** ('49) 114–19.

Annals Otol., Rhinol. and Laryngol. Phase difference of pressure between windows the essence of sound stimulation: **41** ('32) 323–31.

Archives Ophthalmol. Mechanism of accomodation studied experimentally: 8 ('32) 53–65.

J. abnormal social Psychol. A plea for the distinction between preoccupation and true learning: **29** ('34) 56–65.

J. acoust. Soc. America Sound analysis without resonance: **23** ('51) 232.

Psychological Rev. Frequency, duration and recency vs. double stimulation: **41** ('34) 177–83.

Science [USA] The delusiveness of filtering compound sounds: **76** ('32) 54 f. – "The" south and "the" north: **80** ('34) 428 f. – Space perception by radio: **89** ('39) 389.

University Missouri Studies Fitting into a silent world; the first six years of life: **9** ('34) Nr. 2, 106 S.

VI **MEYERSON,** Emile (Asriel) M. Naturphilos. – 1882–88 Industriechemiker, Paris; 1888–98 Redakt., "Agence Havas", Paris; 1898–1900 Mitarbeiter, '00–23 Dir., Jewish Colonization Assoc., Rußland u. Paris. (☒)

*1859, Febr. 12, Lublin, Polen;

†1933, Dez. 4 [3 ?], Paris.

Nekr. H. Delacroix, J. Psychol. norm. et pathol. **31** ('34) 175 f. – T. Greenwood, Nature [London] **132** ('33) 995. – Y. Mayor,

Nature [Paris] **62** ('34) I, 41–. – A. Reymond, Archeion [Roma] **16** ('34) 107f.

Zur Biogr. G. De Ruggiero, Filosofi del Novecento (Bari '34), [2]('42) (Biblioteca di cultura moderna, 250): Emilio Meyerson.

Zum philos. Werk Mehrere Monographien und zahlreiche Zeitschriftenartikel, darunter: M. A. Denti, Scienza e filosofia in Meyerson (Firenze '40) 28+374 S. (m. Bibliogr. S. 374 f.). – T.R. Kelly, Explanation and reality in the philosophy of Emile Meyerson (Princeton, N. J. '37) 11+133 S. (m. Schr.verz. S. 124–33).

W. Réel et déterminisme dans la physique quantique (Paris '33) 49 S. (Actualités scientifiques et industrielles, 68. Exposés de philosophie des sciences, 1). – Essais (Paris '36) 16+273 S. – Correspondance entre Harald Høffding et Emile Meyerson (F. Brandt, Hans Høffding, J. Adigard des Gautries) (København '39) 216 S. – Identité et réalité [5](Paris '51) 20+571 S. (Bibliothèque d'histoire de la philosophie); engl.: Identity and reality; Neudrucke (NewYork '62, London '64) 495 S.

J. Psychol. norm. et pathol. Le savoir et l'univers de la perception immédiate: **31** ('34) 177–89.

Recherches philos. La notion de l'identique: **3** ('33/34).

Revue Métaphysique et Morale Philosophie de la nature et philosophie de l'intellect: **41** ('34) 147–81.

Revue philos. France et Etranger Les mathématiques et le divers: **117** ('34) 321–34. – De l'analyse des produits de la pensée: **118** ('34) 135–70.

VI **MEZZADROLI,** Giuseppe. Chem. (industr., biol.). – 1921–35 Prof. e Dir. dell'Ist. di Technol. dello Zucchero, Amido e delle Fermentaz. industr., Regia Scuola Super. di Chim. industr., Bologna → '35–58 Prof., '35–41 Pres. della Fac. Chim. Industr., '58–61 Prof. Emer., Univ. di Bologna; Vice Pres., Assoc. dello Zucchero e dell'Alcool.

*1880, Apr. 27, San Lazzaro Parmense, Parma;

†1961, Dez. 26, Traversetolo, Parma.

Autobiogr. Curriculum vitae (Bologna '32) 76 S. (m. Schr.verz.).

HZ. (Begründer) Zymologica, Chimica dei Colloidi e degli Zuccheri **1** ('24) – **7** ('30) → Giorn. Biol. appl. Industria chim. ed aliment. **1** ('31) – **4** ('34) → Giorn. Biol. industr., agraria ed aliment. **5** ('35) – **7** ('37) → Zymologica e Chim. Colloidi **15** ('38) – **16** ('39) → Boll. sci. Fac. Chim. industr. Bologna **1940**–.

S. Rapport sur les questions. 4e Congrès international technique et chimique des industries agricoles, Bruxelles 1935, **3** (Bruxelles '35) 227–42: Bestimmung der Charakteristika einiger Backhefen[1])[5]) []. – Atti II Convegno nazionale per il metano, Bologna 1939 (Bologna '40): La produzione del metano per fermentazione. – Atti III ~ 1940 (Bologna '41): Progressi raggiunti nella tecnica della fermentazione biologica. – Atti IV ~ 1941, **1** (Bologna '41): Osservazioni sulla fermentazione metanica.

Annali Chim. appl. L'estrazione della pectina dalle fettucce di barbabietola[1]): **24** ('34) 392f.

Archivio Sci. biol. Azione di alcuni alcaloidi sull'incremento e la moltiplicazione dei saccaromiceti e in particolare dell'aerolievito di melasso[1]): **18** ('33) 253f. – Azione di alcuni alcaloidi sullo sviluppo dell'Aspergillus niger[1]): 254–56.

Atti reale Accad. nazion. Lincei, Rend. Azione di alcuni alcaloidi sullo sviluppo dell'Aspergillus niger[1]): (6) **16** ('32) 366–69. – Azione di alcuni alcaloidi sul metabolismo dei glucidi da parte dell'Aspergillus niger[1]): **18** ('33) 161–65. – Azione di alcuni alcaloidi sull'invertasi[1]): 226–31. – Azione di alcuni alcaloidi sulla saccarasi prodotta dall'Aspergillus niger[1]): **21** ('35) 46–50. – Azione di alcuni alcaloidi sul "Bac. Radicicola" in cultura pura[7]): 105–10. – Azione delle microonde sul ciclo vegetativo di alcuni vegetali: **28** ('38/39) 408–11.

Atti Soc. ital. Progr. Sci. La genetica primo fattore della valorizzazione della trasformazione agricola del Mezzogiorno: **45.** 1954, I ('56) 417–21.

Boll. sci. Fac. Chim. industr. Bologna Studi sopra l'azione dei chimioterapici sulfonamidici sulla riproduzione cellulare e sul metabolismo dei saccaromiceti[2])[6]): **1940,** Nr. 4, 134f.

Bull. Assoc. Chimistes Einfluß einiger Verbindungen, die die Sulfhydrylgruppe enthalten (Cystein, Cystin und Glutathion), auf die Zellvermehrung von Saccharomyces cerevisiae[8]): **54** ('37) 929–35 [italien.]. – Untersuchungen über die Wirkung von Mikroben in Hinsicht auf eventuelle durch diese hervorgerufene Zuckerverluste[1]): **55** ('38) 31–48 [~].

Giorn. Biol. appl. Industria chim. ed aliment. Einwirkung einiger Phosphorverbindungen auf die Entwicklung von aerob auf Melassemost kultivierter Hefe[1]): **2** ('32) 1–20 [italien.]. – Depilazione delle pelli, con autolizzati di lievito[1])[3]): 157. – Prove di vinificazione di uva rossa con fermenti di uva bianca: di vinificazione di uve freschissime in confronto con quelle invecchiate di 8 giorni[1]): 166. – Wirkung einiger Alkaloide auf Bodenmikroorganismen. Stickstoffixierende, 1: Wirkung auf Bacillus radicicola[7]): **4** ('34) 162–74 [italien.]; ~2: Wirkung auf Stickstoffbakterien[7]: 5 ('35) 81–87 [~]. – Einwirkung von Aktivkohlen auf Aminosäuren und die Möglichkeit der Anwendung bei der Untersuchung von Zuckersäften[4]): 123–28 [~].

Giorn. Chim. industr. ed appl. Su alcune costanti fisiche e fisico-chimiche del vino[1]): 14 ('32) 368.

Industria ital. Conserve aliment. L'estrazione della pectina dalle fettucce de barbabietola[1]): 10 ('35) 51f.

Industira saccarifera ital. Azione di alcuni alcaloidi sull'incremento e la moltiplicazione dei saccaromiceti, in particolare dell'aerolievito di melasso[1]): 25 ('32) 392–94. – Influenza della razza del lievito su alcune caratteristiche della fermentazione panaria[1]): 394f. – L'estrazione della pectina dalle fettucce di barbabietola[1]): 27 ('34) 547f. – Ricerche sulle perdite di polarizzazione dovute all'azione della calce sui sughi di diffusione[7]): 29 ('36) 251–61. – Ricerche sulle perdite indeterminate di diffusione: sul contenuto in sostanze azotate a funzione amminica nel sugo greggio[7]): 369–71. – Sul numero di microorganismi in diffusione; Importanza della temperatura [1][7]): 372–75; Sulla variazione delle specie microbiche nella batteria di diffusione in rapporto alla temperatura [2][7]): 376f.; Ricerche sulle alterazioni biochimiche causate sulla composizione dei sughi greggi dai microorganismi, 3[7]): 427–31; Reazioni biochimiche determinate nei sughi greggi dai germi presenti nelle schiume nelle casse di misura, 4[7]): 431–34; Sulla formazione di zucchero invertito nei sughi greggi, 5[7]): 434f.; Su alcune prove di diffusione con fettucce fresche e su possibili azioni enzimatiche, 6[7]): 435–37.

Industries agric. et aliment. Les acides aminés des mélasses, source de méthane. Possibilités industrielles: 67 ('50) 51.

International Sugar J. Action of activated carbons on amino-acids in connexion with sugar-juice analysis[4]): 38 ('36) 471.

Metano [Roma] Eine neue industrielle Quelle für biologisches Methan: 4 ('42) 21–24 [italien.].

Revista brasil. Chim. Einwirkung von Aktivkohlen auf Aminosäuren im Zusammenhang mit der Analyse von Zuckersäften[4]): 1 ('36) 146–49 [].

Mit: [1]) A. Amati; [2]) A. Mangini; [3]) V. Micci; [4]) E. Minetti; [5]) E. Pansini-Messina; [6]) M. Pedinelli; [7]) L. Sgarzi; [8]) V. Vicentini.

III–VI **MICHAEL,** Arthur. Chem. (org.). – 1912–36 Prof., '36 Prof. Emer., Harvard Univ., Cambridge, Mass.
*1853, Aug. 7, Buffalo, N.Y.;
†1942, Febr. 8, Orlando, Fla.

Nekr. Chemical and Engng. News 20 ('42) 288.

J. amer. chem. Soc. The partition principle as applied to the structure of enolic sodium derivatives of 1,3-diketones and β-keto esters, 2[3]): 54 ('32) 387–97. – The addition of sodium enol alkylmalonic ester to benzalacetophenone[3]): 407–09. – The course of addition of the sodium enolates of malonic and methylmalonic esters to benzalacetophenone and to crotonic ester[3]): 55 ('33) 1632–46. – Carbon syntheses with malonic and related acids, 1[3]): 3684–95; Carbon syntheses with malonic acid and related compounds, 2: Aromatic aldehydes[6]): 58 ('36) 680–84. – The formation of enolates from α-lactonic esters[6]): 56 ('34) 2012f. – On the mechanism of reactions of acetoacetic ester, the enolates and structurally related compounds, 1: C- and O-Alkylation[1]): 57 ('35) 159–64; The mechanism of the reactions of metal enol acetoacetic ester and related compounds, 2: Sodium enolates toward acyl chlorides[1]): 165–74; ~ 3: Copper enolates[1]): 58 ('36) 353–64. – On the mechanism of the nitration process[1]): 57 ('35) 1268–76. – The mechanism of the sulfonation process[6]): 58 ('36) 194–99. – The formation of enolates from lactonic esters[6]): 999–1004. – On 1,2- and 1,4-addition, 1: The 1,4-addition of potassium isocyanide[6]): 59 ('37) 744–53; ~ 2: Nitrogen tetroxide and trimethylethylene[1]): 843–49. – Normal addition of hydrogen bromide to 3-butenoic, 4-pentenoic and 5-hexenoic acids in hexane[2]): 65 ('43) 683–86.

J. org. Chemistry Course of the addition of malonic enolates to α,β-unsaturated esters: 2 ('37) 303–07. – The partition principle as applied to the structures of enolic sodium derivatives of β-diketones and β-ketoesters, 3[6]): 3 ('38) 372–84. – Influence of solvents on the stereochemical course of the addition of hydrogen bromide to monobasic acetylenic acids and the relation of solvent effect to chemical structure[5]): 4 ('39) 128–38. – On 1,2- and 1,4-addition, 3: Nitrogen trioxide and trimethylethylene[1]): 169–97; ~ 4: Nitrogen tetroxide and isobutylene[1]): 5 ('40) 1–13; ~ 5: Nitrogen tetroxide and tetramethylethylene: 14–23. – Relations of "oxygen and peroxide effect" and of hypochlorous acid addition to the structures of unsaturated organic compounds: 4 ('39) 519–30. – Solvent and peroxide effect in the addition of hydrogen bromide to unsaturated compounds, 3: Trimethylethylene[6]): 531–41; ~ 4: Isopropylethylene[6]): 5 ('40) 389–400. – Addition of triphenylmethylsodium and phenyllithium to cinnamic ester and benzalacetophenone[4]): 8 ('43) 60–63. – Determination of composition of mixtures of α-bromo-α-methyl- and α-bromo-β-methyl-succinic acid[2]): 9 ('44) 393–95.

Mit: [1]) G. H. Carlson; [2]) H. S. Mason; [3]) J. Ross; [4]) C. M. Saffer, jr.; [5]) G. H. Shadinger; [6]) N. Weiner.

V, VI **MICHAELIS,** Leonor. Chem. (physikal., physiol.). — 1929–41 Member, '41 Member Emer., Rockefeller Inst. for Medical Research, NewYork.

*1875, Jan. 16, Berlin;

†1949, Okt. 8, New York.

Nekr. Gedenkschrift: Modern trends in physiology and biochemistry. Woods Hole Lectures dedicated to the memory of Leonor Michaelis (E. S. G. Barron) (NewYork '52) 22+538 S. (m. Biogr. v. E. S. G. Barron S. XVII–XXII, Bildn., Faks.). — W. M. Clark, Science [USA] **111** ('50) 55. — S. Granick, Nature [London] **165** ('50) 299f. — D. A. Macinnes, S. Granick, Biographical Mem., National Acad. Sci. USA **31** ('58) 282–321 (m. Bildn., Faks., Schr.verz.). — K. Sugawara, Science [Tokyo] **20** ('50) 426f. (m. Bildn.). — Chemical and Engng. News **27** ('49) 3432.

S. Handbuch der biologischen Arbeitsmethoden (E. Abderhalden) Abteilg. V, Teil 10, H. 4 (= Lieferg. 441) (Berlin–Wien '35) 685–716: Methoden zur Bestimmung des Oxydations–Reduktions-Potentials. — Report of Proc. 3rd International congress of microbiology, NewYork 1939 (M. H. Dawson) (New York '40) 235–38: Mechanism of action of oxidative enzymes. — Currents in biochemical research (D. E. Green) (NewYork '46) 207–27: Fundamentals of oxidation and reduction. — Physical methods of organic chemistry (A. Weissberger) 2 (New York '46) 1051–114: Potentiometry; 1213–47: Determination of magnetic susceptibility; 2. Aufl. u. d. T.: Catalytic reactions, and other papers [2]('50) 1713–84: Potentiometry; 1885–926: Determination of magnetic susceptibility. — Trans. 3rd Conference on biological antioxidants, 1948 (C. G. Mackenzie) (New York '48) 11–23: The mechanism of autoxidations and the action of an antioxidant. — The enzymes. Chemistry and mechanism of action (J. B. Sumner, K. Myrbäck) 2, 1 (New York '51) 1–54: Theory of oxidation–reduction.

W. Die Wasserstoffionen-Konzentration, ihre Bedeutung für die Biologie und die Methoden ihrer Messung, **2**: Oxydations–Reduktions-Potentiale mit besonderer Berücksichtigung ihrer physiologischen Bedeutung [2](Berlin '33) 11+259 S. (Monographien aus dem Gesamtgebiet der Physiologie der Pflanzen und der Tiere, 17). — Iniciación en las matemáticas para químicos y biólogos (Buenos Aires '47) 16+400 S.

Advances Enzymol. and related Subj. Biochem. Some aspects of reversible step reactions: **9** ('49) 1–23.

Advances Protein Chem. Ferritin and apoferritin: **3** ('47) 53–66.

American Scientist Fundamentals of oxidation and respiration: **34** ('46) 573–96.

Annals New York Acad. Sci. Occurrence and significance of semiquinone radicals: **40** ('40) 39–76.

Annual Rev. Biochem. Biological oxidations and reductions[20]): **7** ('38) 1–36; **16** ('47) 1–34.

Archives Biochem. The magnetic properties of the cobalt–histidine complex before and after oxygenation: **14** ('47) 17–21. — Another case of reversible oxygenation: **17** ('48) 201–03.

Archivio Sci. biol. Die chemischen, physicochemischen und biologischen Eigenschaften des Farbstoffs des Bacillus pyocyaneus: **18** ('33) 256f.

Biochemische Z. Ein Reduktionsindikator im Potentialbereich der Wasserstoffüberspannung: **250** ('32) 564–67. — Die reversible zweistufige Reduktion von Pyocyanin und α-Oxyphenazin[11])[18]): **255** ('32) 66–81.

Biochimica et biophysica Acta Free radicals derived from tocopherol and related substances[22]): **4** ('50) 156–59.

Biological Bull. Fundamental principles in oxidation–reduction: **96** ('49) 293–95.

Chemical Reviews Semiquinones, the intermediate steps of reversible organic oxidation–reduction: **16** ('35) 243–86. — The theory of reversible two-step oxidation involving free radicals[18]): **22** ('38) 437–70.

Cold Spring Harbor Sympos. quantitat. Biol. Reversible two-step oxidation: **1** ('33) 224–29. — Free radicals as intermediate steps of oxidation–reduction: **7** ('39) 33–49. — The nature of the interaction of nucleic acids and nuclei with basic dyestuffs: **12** ('47) 131–42.

Collecting Net Oxidation and reduction in organic chemistry: **15** ('40) 25–30.

C.R. Trav. Labor. Carlsberg, Sér. chim. The pentacyano-aquo complexes of iron[20]): **22** ('38) 347–56.

Deutsche med. Wschr. Modellversuche zum Problem der spezifischen Permeabilität der Zellwand: **58** ('32) 1926f.

Enzymologia Action of various dyestuffs on fermentation and phosphate synthesis in yeast extract[14])[20]): **3** ('37) 242–51.

Federat. Proc., Amer. Soc. exper. Biol. Molecular oxygen as a ligand in metal porphyrins and other metal-complex compounds: **7** ('48) 509–14.

Industrial and Engng. Chem. Chemistry of alcohol fermentation: **27** ('35) 1037–42.

J. amer. chem. Soc. Potentiometric studies on semiquinones[11]): **55** ('33) 1481–99. — The oxidizing faculty of nitrogen oxide[2]): **57** ('35) 1378f. — Potentiometric study of β-naphthoquinone sulfonate. A further contribution to the semiquinone problem: **58** ('36) 873–78. – Semiquinones of neutral red and safranines: 1816f. – Two-step oxidation of benzoin to benzil[7]): **59** ('37) 1246–49. – The equilibrium of the semiquinone of phenanthrene-3-sulfonate with its dimeric compound[7]): 2460–67. – The paramagnetism of the semiquinone of phenanthrenequinone-3-sulfonate[3])[16]): **60** ('38) 202–04. – Supplement to a recent paper on the paramagnetism of semiquinones[16])[13]): 214f. – Semiquinone radicals in the indamine and indophenol groups[19]): 1667–78. – Potentiometric and magnetometric study of the duroquinone system[18])[16])[13])[9]): 1678–83. – The free radicals of the type of Wurster's salts[18])[9]): **61** ('39) 1981–92. – Semiquinone radicals of the thiazines[18])[9]): **62** ('40) 204–11. – Semiquinones of oxazines, thiazines and selenazines[9])[18]): 1802–10. – Radical of tri-p-tolylamine[9]): 2241f. – Another type of free radical in the group of thiazines and some other related heterocyclic rings[9])[18]): **63** ('41) 351–55. – Oxidation-reduction equilibrium, over the whole pH range, of oxonine and some related dyestuffs[9]): 1636–43. – Magnetic measurements on semiquinone radicals in the dissolved state: 2446–51. – Extension of the acidity scale[9]): **64** ('42) 1861–65. – The magnetic susceptibility of the brown ferric-phenanthroline complex[9]): **65** ('43) 481f. – The polymerization of the free radicals of the Wurster dye type: the dimeric resonance bond[9]): 1747–55. – Molecular compounds of the quinhydrone type in solution[9]): **66** ('44) 1023–30. – Metachromasy of basic dyestuffs[9]): **67** ('45) 1212–19. – Thionol and its semiquinone radical[9]): **69** ('47) 2983–86. – Some properties of phenanthrene semiquinone[9]): **70** ('48) 624–27.

J. amer. Leather Chemists Assoc. A study of keratin: **30** ('35) 557–68.

J. biol. Chemistry The correlation between rate of oxidation and potential in iron systems[20]): **94** ('31/32) 329–40. – Theory of the reversible two-step oxidation: **96** ('32) 703–15. – The reaction of iodoacetic acid on mercaptans and amines[18]): **106** ('34) 331–41. – A study on keratin[8]): 605–14. – Derivatives of keratin[8]): **112** ('35/36) 361–71. – Influence of certain dyestuffs on fermentation and respiration of yeast extract[20]): **113** ('36) 717–34. – Dimethylglycine buffer[18]): **115** ('36) 221f. – Potentiometric study of the flavins[18])[20]): **116** ('36) 587–607. – Some problems in two-step oxidation treated for the case of phenanthrenequinonesulfonate[18]): **119** ('37) 133–40. – The intermediate forms of oxidation-reduction of the flavins[19]): **123** ('38) 527–42. – Ferritin, 2: Apoferritin of horse spleen[9]): **147** ('43) 91–97; ∼ 3: The magnetic properties of ferritin and some other colloidal ferric compounds[4])[9]): **148** ('43) 463–80; ∼ 6: Conversion of inorganic and hemoglobin iron into ferritin iron in the animal body; storage function of ferritin iron as shown by radioactive and magnetic measurements[10])[9])[1]): **150** ('43) 407–12. – The aconite alkaloids, 15: Nature of the ring system and character of the nitrogen atom[5])[9])[12]): **154** ('44) 293–304.

J. chem. Educat. Demonstration of the existence of a free radical: **23** ('46) 317; **24** ('47) 149.

J. gen. Physiol. The viologen indicators[11]): **16** ('32/33) 859–73. – Correlation of oxidation and phosphorylation in hemolyzed blood in presence of methylene blue and pyocyanine[17]): **18** ('34/35) 717–27. – The magnetic behavior of catalase[9]): **25** ('41/42) 325–30.

J. physic. and Colloid Chem. Reversible polymerization and molecular aggregation: **54** ('50) 1–17.

Kolloid-Z. Die getrocknete Kollodiummembran: **62** ('33) 2–10.

Proc. Soc. exper. Biol. and Med. Inactivation and regeneration of the glycolytic enzyme system of muscle extract[17]): **32** ('34/35) 343–49. – The influence of sodium thioglycolate on the glycolytic enzyme system of muscle extract[20]): 825–27. – Influence of certain dyestuffs on fermentation and respiration of yeast extract[20]): **33** ('35/36) 127–29. – The presence of ferritin in the duodenal mucosa and liver in haemochromatosis[9]): **66** ('47) 296–98.

Science [USA] The effect of iron on the establishment of the oxidation-reduction potential of alloxantin[11]): **78** ('33) 485f. – Coupling of respiration and synthesis of phosphate esters in hemolyzed blood[17]): **80** ('34) 167. – Glass electrode with galvanometer reading: **83** ('36) 213f. – The semiquinone of the flavine dyes, including vitamin B_2 [18])[20]): **84** ('36) 138f. – The semiquinone radicals of methylene blue and related dyestuffs[9])[18]): **90** ('39) 422f. – Biological oxidation[15])[21]): **91** ('40) 294. – The magnetic properties of catalase[9]): **94** ('41) 285. – Ferritin and apoferritin[9]): **95** ('42) 439f. – The semiquinone radical of tocopherol[22]): **109** ('49) 313f.

Science in Progr. Fundamentals of oxidation and respiration: **5** ('47) 119–48, 341f.

Scientific Monthly Wilhelm Ostwald: **34** ('32) 566–70.

Trans. electrochem. Soc. Review of the semiquinone problem: **71** ('37) 185–201.

Mit: 1) W. F. Bale; 2) J. Bjerrum; 3) G. F. Boeker; 4) C. D. Coryell; 5) L. C. Craig; 6) –; 7) E. S. Fetcher, jr.; 8) D. R. Goddard; 9) S. Granick; 10) P. F. Hahn; 11) E. S. Hill; 12) W. A. Jacobs; 13) J. A. Kuck; 14) V. Moragues-Gonzalez; 15) C. Oppenheimer; 16) R. K. Reber; 17) J. Runnstrøm; 18) M. P. Schubert; 19) G. Schwarzenbach; 20) C. V. Smythe; 21) K. G. Stern; 22) S. H. Wollman.

V, VI **MICHAJLENKO,** Jakov Ivanovič. Chem. — 1902-14 Außerord. Prof., '14-24 ord. Prof. org. Chem., Technol. Inst. Tomsk; '24-30 Prof. u. Leiter d. Lehrstuhls f. physikal. Chem., II. Staatsuniv. Moskva; '24-30 Prof. u. Leiter d. Lehrstuhls f. allg. u. anorg. Chem., Staatl. (Industrie-)Pädagog. Inst. „K. Liebknecht", Moskva; '24- ord. Prof. u. Leiter d. Lehrstuhls f. anorg. u. analyt. Chem., Chem.-Technol. Inst. „D. I. Mendeleev", Moskva; '35 Dr. d. chem. Wiss. — '40 Rotbannerorden (UdSSR); '40 Ehrentitel „Verdienter Wissenschaftler u. Techniker d. RSFSR".

*1864, Okt. 30 (18), Kiev;
†1943, Apr. 13, Moskva.

Nekr. V. I. Semišin, Usp. Chim. **12** ('43) 480-88 (m. Bildn. u. Schr.verz. 80 Nrn.).

Zur Biogr. A. F. Kapustinskij, A. A. Kudrjavcev, N. M. Pokrovskij, Trudy mosk. chim.-technol. Inst. im. Mendeleeva Nr. **9** ('47) 7f. — A. P. Kreškov, V. I. Semišin, E. P. Voločneva, ibid. Nr. **18** ('54) 15-21 (m. Bildn.).

Zum wiss. Werk N. I. Lomov, Meinungen Ja. I. Michajlenkos über die Natur der Lösungen: Uč. Zap., Tomsk. gos. Univ. im. Kujbyševa Nr. **26** ('55) 181-86 [russ.] (m. Schr.verz.-Auszug 14 Nrn.).

W. Tablica okislitel'no-vosstanovitel'nych potencialov i vyvody iz nee [Tabellen der Oxydations-Reduktions-Potentiale und Folgerungen daraus] (Leningrad '32) 80 S. — Vvedenie v chimičeskij analiz [Einführung in die chemische Analyse] (Moskva-Leningrad '33) 179 S. — Kurs obščej i neorganičeskoj chimii [Lehrgang der allgemeinen und anorganischen Chemie] **1** (Moskva '34) 221 S.; Neuaufl. (S. V. Kaftanov, A. P. Kreškov, V. I. Semišin) ('66) 664 S. (m. Bildn.). — Ėvoljucija našich predstavlenij o chimičeskich ėlementach, atomach i molekulach za poslednee vremja [Die Entwicklung unserer Vorstellungen über chemische Elemente, Atome und Moleküle in der letzten Zeit] **1** (Char'kov-Kiev '35) 304 S. — Periodičeskaja sistema chimičeskich ėlementov Mendeleeva kak klassifikacija atomov po stroeniju ich ėlektronnych oboloček [Mendeleevs Periodensystem der chemischen Elemente als Klassifikation der Atome nach dem Aufbau ihrer Elektronenhüllen] (Moskva '40) 38 S. (Moskovskij chimiko-technologičeskij institut im. Mendeleeva).

Chimija v Škole Ivan Alekseevič Kablukov: **1937**, Nr. 6, 53-57 [russ.].

Trudy mosk. chim-technol. Inst. im. Mendeleeva Über die Struktur von Nitro- und Sulfoverbindungen: Nr. **1** ('32) 1-25 [russ.]. — Die Entdeckung der letzten beiden noch fehlenden Elemente: Nr. **2** ('33) 48-52 [~]. — Das Problem des Ammoniums, des Sulfons und des Oxoniums: Nr. **3** ('34) [~]. — Gärungsprozesse als intramolekulare Redoxreaktionen: Nr. **8** ('40) 17-21 [~].

Vysšaja Škola Eine nützliche Arbeit (Zur Methodik des Unterrichts in anorganischer Chemie): **1935**, Nr. 2, 112-16. — Zur Frage der Zweckmäßigkeit der Gruppenarbeit: Nr. 10, 87-90. — Versuch einer neuen Organisierung der Laboratoriumsarbeit: Nr. 11, 63-67. — Die Organisation des Unterrichts in allgemeiner und anorganischer Chemie: **1937**, Nr. 3, 51-55. — Das Ehrenmitglied der Akademie I. A. Kablukov: Nr. 10, 58-63. — Ist eine Vereinigung der Lehrstühle für allgemeine, anorganische und analytische Chemie notwendig?: **1938**, Nr. 2, 73-76. — — Alle Arbeiten russ.

Ž. chim. Promyšl. Untersuchung von Ferrophosphor, der bei der Phosphorsäuregewinnung nach dem Hochofenverfahren erhalten wird[1]): **14** ('37) 346-53 [russ.].

Ž. obščej Chim. Über die Oxydationseigenschaften von Pyrit[1]): **7** ('37) 1959-68 [russ.]. — Die Chemie des Phosphors[2]): **14** ('44) 1025-29 [~].

Mit: [1]) A. P. Kreškov; [2]) V. I. Semišin.

VI **MICHAJLOV,** Aleksandr Aleksandrovič. Astron., Geophysik, Geod. — 1935 Dr. d. physik.-math. Wiss. (Akad. Wiss. UdSSR); '18-48 Prof., Univ. Moskva; '19-47 Prof., Staatl. Wissenschaftl. Forschungsinst. f. Geodäsie, Kartogr. u. Luftaufnahmen, Moskva; Prof., Kommunist. Unions-Univ. „Ja. M. Sverdlov", Moskva; '47- Dir., Astron. Hauptobservat. d. Akad. Wiss. UdSSR, Pulkovo; '34- Vorsitzender d. Zentralrats, Unionsges. f. Astron. u. Geod.; Präs., Moskauer Ges. d. Amateur-Astronomen; '39-63 Vorsitzender d. Astron. Rates d. Akad. Wiss. UdSSR; '46-48 Vize-Präs., Int. Astron. Union. — '46 Dr. h.c. (Univ. København). — '59 Hervorragender Wissenschaftler der RSFSR; Leninorden (2mal) (UdSSR).

*1888, Apr. 26 (14), Moršansk, Gouv. Tambov.

Zum 60. Geb.tag Festschrift: Sborn. naučno-techn. i proizvodstv. Statej Geodez., Kartogr., Topogr., Aėros-emke i Gravimetrii **17** ('48) 132 S.; darin S. 15-18: M. S. Zverev, A. A.

Michajlov und seine Arbeiten auf dem Gebiet der Astronomie [russ.]; S. 65–70: M. S. Molodenskij, Die Arbeiten A. A. Michajlovs auf dem Gebiet der Schweremessung und der Theorie der Gestalt der Erde [~]. – Himmelswelt **55** ('48) 210.

Zum 80. Geb.tag N. A. Dejč, Zemlja i Vselennaja **1968**, Nr. 3, 62–67 (m. Bildn.). – V. G. Selichanovič, G. A. Loginova, Izvest. vysšich učebnych Zavedenij, Moskva, Geodez. i Aėrofotos-emka **1968**, Nr. 4, 3–9 (m. Bildn.). – Geodezija i Kartografija **1968**, Nr. 5, 69–72 (m. Bildn.).

H. (Redakt.) Die Astronomie in der Kriegswissenschaft [russ.] (Moskva '34). – (Hauptredakt.) Polnoe solnečnoe zatmenie 19 ijunja 1936 g. i ego nabljudenie [Die totale Sonnenfinsternis am 19. Juni 1936 und ihre Beobachtung] (Moskva–Leningrad '36); darin eig. Beitr. – (Redakt.) Nikolaj Kopernik. Sbornik statej k četyrechsotletiju so dnja smerti [Nikolaus Kopernikus. Sammlung von Aufsätzen zum 400. Todestag](Moskva–Leningrad '47). – Die Sonnenfinsternis am 25. Februar 1952 und ihre Beobachtung [russ.] (Moskva–Leningrad '51). – (Hauptredakt.) Kurs astrofiziki i zvezdnoj astronomii [Lehrgang der Astrophysik und der Stellarastronomie] **1** (Moskva–Leningrad '51); **2** ('62); **3** ('64). – (Hauptredakt.) Glavnaja astronomičeskaja observatorija Akademii Nauk SSSR v Pulkove [Das Astronomische Hauptobservatorium der Akademie der Wissenschaften der UdSSR in Pulkovo] 1839–1953(Moskva–Leningrad'53).– (Redakt.) V. Ja. Struve, Ėtjudi zvezdnoj astronomii [F. G. W. Struve, Etudes d'astronomie stellaire] (Moskva '53) (Akademija Nauk SSSR. Klassiki nauki, 40). – (Redakt.) Solnečnye zatmenija i ich nabljudenie. K solnečnomu zatmeniju 30 ijunja 1954 g. [Die Sonnenfinsternisse und ihre Beobachtung. Zur Sonnenfinsternis am 30. Juni 1954] (Moskva '54); Neuaufl. [ohne Untertitel] ('60). – (Redakt.) Otkrytie vosstanovlennoj Pulkovskoj observatorii. Sbornik dokladov, vystuplenij i privetstvij (na sessii Otdelenija fiziko-matematičeskich nauk Akademii Nauk SSSR 20–23 maja 1954 g [Die Eröffnung des wiederaufgebauten Observatoriums Pulkovo. Sammlung der Vorträge, Reden und Begrüßungsansprachen (bei der Sitzung der Physikalisch-Mathematischen Sektion der Akademie der Wissenschaften der UdSSR, 20.–23. Mai 1954)] (Moskva–Leningrad '55). – (Hauptredakt.) Tablicy refrakcii Pulkovskoj observatorii [Refraktionstafeln des Observatoriums Pulkovo] ⁴(Moskva–Leningrad '56) [russ. u. engl.]. – (Hauptredakt.) Astronomija v SSSR za sorok let. Sbornik statej [40 Jahre Astronomie in der UdSSR. Sammlung von Aufsätzen] 1917–1957 (Moskva '60); darin eig. Beitr. 9–18: 40 Jahre sowjetische Astronomie [russ.]. – (Hauptredakt.) Stat'i o sile tjažesti i figure zemli [Aufsätze über die Schwerkraft und über die Gestalt der Erde] (Moskva '61); darin eig. Beitr.: Vorwort [russ.]. – (Hauptredakt.) Novoe o lune. Doklady i soobščenija na Meždunarodnom simpoziume po issledovaniju luny [Neues über den Mond. Vorträge und Mitteilungen beim Internationalen Symposium über die Erforschung des Mondes], Pulkovo 1960 (Moskva–Leningrad '63); darin eigene Beiträge S. 3f.: Eröffnungsansprache [russ.]; 5–8: Die Rückseite des Mondes [~]. – (Redakt.) Vasilij Jakovlevič Struve. Sbornik statej i materialov k 100-letiju so dnja smerti (Sammlung von Aufsätzen und Materialien zum 100. Todestag von Friedrich Georg Wilhelm Struve] (Moskva '64); darin eig. Beitr. S. 5–8: Vorwort [russ.]. – (Hauptredakt.) N. Kopernik, O vraščenijach nebesnych sfer. Malyj kommentarij. Poslanie protiv Vernera. Upsal'skaja zapis' [N. Copernicus, De revolutionibus orbium coelestium. Commentariolus. Brief gegen Werner. Notizen aus Originalen der Universitätsbibliothek Upsala] ([Moskva] '64) (Klassiki nauki); darin eig. Beitr. S. 471–87: Nikolaus Kopernikus, biographische Skizze [russ.]. – (Redakt.) Pulkovskoj observatorii 125 let [125 Jahre Sternwarte Pulkovo] (Moskva–Leningrad '66). – (Hauptredakt.) Razvitie astronomii v SSSR. Sovetskaja nauka i technika za 50 let [Die Entwicklung der Astronomie in der UdSSR. 50 Jahre sowjetische Wissenschaft und Technik] 1917–1967 (Moskva '67); darin eig. Beitr. S. 9–20: Einführung [russ.] (m. Bildn. S. 61).

MH. (Mitredakt.) Katalog gravimetričeskich punktov, opredelennych v SSSR do 1933 g. [Katalog der in der UdSSR bis 1933 festgelegten gravimetrischen Punkte] (Moskva–Leningrad–Novosibirsk '34). – (Mitredakt.) Atlas obratnoj storony luny [Atlas der Rückseite des Mondes] (Moskva '60); engl.: An atlas of the moon's far side (Cambridge, Mass.–NewYork '61), Atlas of the other side of the moon (Oxford–London–New York–Paris '61); poln.: (Warszawa '61).

HZ. Izvest. vses. Tresta osnovn. geod. i gravimetr. Rabot **1** ('36). – (Hauptredakt.) Trudy glavn. astron. Observat. v Pulkove (2) **69** ('52).

Ue. P. Picetti, Osnovy mechaničeskoj teorii figury planet [P. Pizzetti, Principi della teoria meccanica della figura dei pianeti] (Moskva–Leningrad '33) 170 S.

S. Astronomija [Astronomie] (A.A.Kančeev) (Moskva–Leningrad '32) (Nauka v SSSR za 15 let, 1917–1932) 191–206: Fortschritte der Schweremessung [russ.]. – Verhandlungen der Baltischen Geodätischen Kommission, 7. Tagung, Leningrad und Moskau 1934 2 (Helsinki '35) 232–39: Ein statischer Schweremesser. – ~ 8. Tagung, Tallinn und Tartu 1935

(Helsinki '36) 207–31: Über die Anwendung der Formel von Stokes und die dabei zu gebrauchende Reduktion der Schwerkraft; russ. in: Doklady sovetskich delegacij VIII i IX konferencijam Baltijskoj geodezičeskoj komissii (Moskva '37) 23–40. – Polnoe solnečnoe zatmenie, 21 sentjabr 1941 g. [Die totale Sonnenfinsternis am 21. September 1941] (Leningrad '39) 5–8: Total solar eclipse of September 21, 1941: Astronomical conditions of observation [russ. m. engl. Zusammenfassg.]. – Solnečnoe zatmenie 21 sentjabrja 1941 g. v SSSR [Die Sonnenfinsternis am 21. September 1941 in der UdSSR] (V. G. Fesenkov) (Moskva–Leningrad '40) 3–20: Astronomical conditions of the eclipse for the USSR [russ. u. engl.]; 21–29: The corpuscular and ionospheric eclipses [~]. – Očerki po istorii Akademii Nauk: Fiziko-matematičeskie nauki [Skizzen zur Geschichte der Akademie der Wissenschaften: Physikalisch-mathematische Wissenschaften] (A. F. Ioffe) (Moskva–Leningrad '45) (Akademija Nauk SSSR, 220 let, 1725–1945) 61–77: Skizze zur Geschichte der astronomischen Wissenschaften [russ.]. – Astronomija v SSSR za tridcat' let [30 Jahre Astronomie in der UdSSR] 1917–1947 (Moskva–Leningrad '48) 9–14: 30 Jahre sowjetische Astronomie [russ.]. – Obščee sobranie Akademii Nauk SSSR, posvjaščennoe tridcatiletiju Velikoj Oktjabr'skoj socialističeskoj revoljucii, Doklady [Hauptversammlung der Akademie der Wissenschaften der UdSSR zum 30. Jahrestag der Großen Sozialistischen Oktoberrevolution, Vorträge] (Moskva–Leningrad '48) 422–31: Entwicklung der sowjetischen Astronomie [russ.]; 505–16: Vorläufige Ergebnisse der Expedition der Akademie der Wissenschaften der UdSSR nach Brasilien zur Beobachtung der Sonnenfinsternis vom 20. Mai 1947[2]) [~]. – Besedy na estestvennonaučnye temy [Gespräche über naturwissenschaftliche Themen] (Rostov na Donu '49) 87–115: Sonnen- und Mondfinsternisse [russ.]. – Voprosy istorii otečestvennoj nauki. Obščee sobranie Akademii Nauk SSSR [Fragen zur Geschichte der vaterländischen Wissenschaft. Hauptversammlung der Akademie der Wissenschaften der UdSSR] 1949 (Moskva–Leningrad '49) 86–99: Die Bedeutung des Observatoriums Pulkovo für die Entwicklung der Astronomie [russ.]. – Trudy ėkspedicij po nabljudeniju polnogo solnečnogo zatmenija 21 sentjabrja 1941 g. [Arbeiten der Expeditionen zur Beobachtung der totalen Sonnenfinsternis am 21. September 1941] (Moskva–Leningrad '49) 337–51: Die Beobachtung des Einstein-Effektes während der Sonnenfinsternis am 19. Juni 1936 [russ.]. – I. V. Stalinu – Akademii Nauk SSSR [I. V. Stalin gewidmet von der Akademie der Wissenschaften der UdSSR] (Moskva '49) 384–400: Erfolge der sowjetischen Astronomie [russ.]. – Bol'šaja sovetskaja ėnciklopedija [Große Sowjetenzyklopädie] 9 [2](Moskva '52) 272–75: Die Zeit (in der Astronomie) [russ.]. – Nikolaj Kopernik. Sbornik statej i materialov. K 410-letiju so dnja smerti [Nikolaus Kopernikus. Sammlung von Aufsätzen und Materialien. Zum 410. Todestag] 1543–1953 (B. V. Kukarkin) (Moskva '55) 7–32: Nikolaus Kopernikus, sein Leben und Schaffen [russ.]. – Trudy 11-j Astrometričeskoj konferencii SSSR [Arbeiten der 11. Astrometrischen Konferenz der UdSSR], Pulkovo 1954 (M. S. Zverev) (Leningrad '55) 12–14: Eröffnungsansprache [russ.]; 175–77: Das Polarrohr des Observatoriums Pulkovo [russ. m. engl. Zusammenfassg.]. – Trudy 12-j Astrometričeskoj konferencii SSSR, Pulkovo 1955 (M. S. Zverev) (Leningrad '57) 338–42: Die Bestimmung der säkularen Aberration aus zweijährigen Beobachtungen (1953–1954) mit dem Polarrohr des Observatoriums Pulkovo[6]) [russ.]; 414f.: Photographische Beobachtungen des Mondes in Pulkovo[6]) [russ.]. – Trudy 14-j Astrometričeskoj konferencii SSSR, Kiev 1958 (M. S. Zverev) (Moskva–Leningrad '60): Ansprache [russ.]. – Radioastronomija. Trudy Pjatogo soveščanija po voprosam kosmogonii [Radioastronomie. Arbeiten der 5. Tagung über Kosmogonie] (V. L. Ginzburg) 1955 (Moskva '56) 7f.: Einleitende Worte [russ.]. – Ėjnštejn i sovremennaja fizika. Sbornik pamjati A. Ėjnštejna [Einstein und die moderne Physik. Sammelband zum Gedenken an A. Einstein] (Moskva '56) 140–59: Beobachtung des Einstein-Effektes während einer Sonnenfinsternis [russ.]. – Proc. 10th International astronautical congress, Stockholm 1960, **1**: Main sessions (C. W. P. Reutersward) (Wien '61) 615–20: On the reverse side of the moon. – The Moon. Symposium No. 14 of the International Astronomical Union, Pulkovo 1960 (Z. Kopal, Z. K. Michajlov) (London–New York '62) 3–6: The reverse side of the moon. – Space age astronomy; an international symposium, Pasadena, Calif., 1961 (A. J. Deutsch, W. B. Klemperer) (New York–London '62) 462–75: Exploration of the moon in the USSR.

W. Kurs gravimetrii i teorii figury zemli [Lehrgang der Schweremessung und der Theorie der Gestalt der Erde] (Moskva '33) 394 S.; [2]('39) 432 S. – Korpuskuljarnoe zatmenie ijunja 1936 g. [Die korpuskulare Finsternis im Juni 1936] (Moskva–Leningrad '35) 10 S. (Akademija Nauk SSSR). – Polnoe solnečnoe zatmenie 19 ijunja 1936 g. v SSSR [Die totale Sonnenfinsternis am 19. Juni 1936 in der UdSSR] (Moskva–Leningrad '35) 35 S. (Gosudarstvennyj astronomičeskij institut im. P. K. Šternberga). – Polnoe solnečnoe zatmenie 21 sentjabrja 1941 g. Total solar eclipse of Sept. 21, 1941 (m. T. V. Pokrovskaja) (Leningrad '39) 8 S. [m. engl. Zusammenfassg.]

(Akademija Nauk SSSR, Komissija po issledovaniju solnca). – Solnečnoe zatmenie 9 ijulja 1945 g. v SSSR [Die Sonnenfinsternis am 9. Juli 1945 in der UdSSR] (Moskva–Leningrad '45) 19 S. (Akademija Nauk SSSR). – Gibt es Leben auf den Planeten? [baschkirisch] (Ufa '45) 14 S.; auch tatarisch 18 S. – Solnečnye zatmenija [Sonnenfinsternisse] (Saratov '45) 16 S. (Naučno-populjarnaja bibliotečka. V pomošč' propagandistu i agitatoru). – Teorija zatmenij [Theorie der Finsternisse] (Moskva–Leningrad '45) 199 S.; ²('54) 272 S. – Solnečnye i lunnye zatmenija [Sonnen- und Mondfinsternisse] (Moskva–Leningrad '46, '47, '50, '51) 40 S. (Naučno-populjarnaja biblioteka); (Moskva '47) 56 S.; lettisch: (Riga '48) 40 S.; tadshikisch: (Stalinabad' 48) 48 S.; usbek.: (Nukus '49) 44 S.; slowak.: (Bratislava '49) 39 S.; armen.: (Erevan '50) 48 S.; deutsch: Sonnen- und Mondfinsternisse (Berlin '52) 39 S. (Neue Wissenschaft; Kleine populärwissenschaftliche Bibliothek; Grüne Reihe: Naturwissenschaft); kasachisch: (Alma-Ata '53) 44 S., ('56) 72 S.; tatarisch: (Kazan '54) 48 S.; turkmen.: (Aščabad '54) 51 S.; udmurtisch: (Iževsk '56) 43 S.; auch litauisch, moldauisch, aserbaidshanisch, ukrain. u. estn. – Formuly i tablicy dlja obrabotki gravimetričeskich nabljudenij [Formeln und Tabellen für die Bearbeitung gravimetrischer Beobachtungen] (m. Ju. D. Bulanže, N. N. Parijskij) (Moskva '49) 227 S. – Astronomičeskaja stolica mira [Die astronomische Hauptstadt der Welt] (Leningrad '51) 20 S. (Vsesojuznoe obščestvo po rasprostraneniju političeskich i naučnych znanij, Leningradskoe otdelenie). – Zvezdnyj atlas, soderžaščij dlja oboich polušarij vse zvezdy do 8.25 veličiny, s oboznačeniem peremennych i dvojnych zvezd, zvezdnych skoplenij i tumannostej [Sternatlas, enthält für beide Halbkugeln alle Sterne bis zur Größe 8.25 mit Bezeichnung der veränderlichen Sterne und Doppelsterne, Sternhaufen und Sternnebel] (Moskva '52) 59 S., dazu 20 Tafeln; ²('57). – Solnečnoe zatmenie 30 ijunja 1954 g. v SSSR [Die Sonnenfinsternis am 30. Juni 1954 in der UdSSR] (Moskva–Leningrad '53) 12 S. (Glavnaja astronomičeskaja observatorija). – Pulkovskaja observatorija [Das Observatorium Pulkovo] (Moskva '55) 24 S. (Vsesojuznoe obščestvo po rasprostraneniju političeskich i naučnych znanij, Ser. 3, Nr. 41). – Zvezdnyj atlas. Četyre karty zvezdnogo neba do 50° južnogo sklonenija, soderžaščie vse zvezdy do $5^1/_2$ veličiny [Sternatlas. Vier Karten des Sternhimmels bis 50° südlicher Deklination mit allen Sternen bis zur Größe $5^1/_2$] ³(Moskva–Leningrad '58), ⁴('65) 13 S. + 4 Karten. – Tablicy dlja približennogo rešenija obratnoj geodezičeskoj zadači [Tafeln zur genäherten Lösung des umgekehrten geodätischen Problems] (Leningrad '58) 100 S. – Polnoe solnečnoe zatmenie 15 fevralja 1961 g. [Die totale Sonnenfinsternis am 15. Februar 1961] (Moskva '60) 47 S. – Der Doppelplanet [usbek.] (Taškent '60) 20 S.

Acta astron. sinica Über die Beobachtung des Einstein-Effekts: **5** ('57) 167–81 [chines.].

Astronomičeskij Cirk. International Astronomical Union: Bericht über die Tagung in Kopenhagen, 1946: Nr. **49** ('46) 7–9 [russ.]; ~ Zürich, 1948: Nr. **82** ('49) 8–11 [russ.].

Astronomičeskij Kalendar' Die Sonnenfinsternis am 19. Juni 1936: **1934**, 167–72 [russ.]. – Die Sonnenfinsternis am 9. Juli 1945: **1944**, 93–103 [russ.].

Astronomičeskij Ž. Untersuchung einiger kurzbrennweitiger Objektive: **11** ('34) 152–64 [m. russ. Zusammenfassg.]. – Grundbezeichnungen, Benennungen und Bestimmungen [1][3]: **12** ('35) 505–16 [russ.]. – 20 Jahre sowjetische Schweremessung: **14** ('37) 408–12 [~]. – Remark on the preceding paper by N. Migal about the determination of the equatorial constant in the normal formula for gravity: **16** ('39) Nr. 2, 47f. [russ. m. engl. Zusammenfassg.]. – On the application of Stokes' formula for the determination of the figure of the geoid: **17** ('40) Nr. 1, 43–52 [m. russ. Zusammenfassg.]. – Beobachtungen des Einstein-Effektes während der Sonnenfinsternis am 19. Juni 1936: **19** ('42) Nr. 6, 1–17 [russ.]. – Der Entwurf eines Gerätes für schnelle Ortsbestimmung des Beobachters aus astronomischen Beobachtungen: **21** ('44) Nr. 1/2, 18f. [~]. – Die Entwicklung der sowjetischen Astronomie: **25** ('48) 81–88 [~]. – Über die Bestimmung der Aberrations-, Nutations- und Präzessionskonstanten mittels Polaraufnahmen: **26** ('49) 38–43 [~]. – Die Sonnenfinsternis am 12. September 1950: 162–64 [~]. – An die Astronomen aller Länder und Völker: **27** ('50) 201 [~]. – Die Sonnenfinsternis am 25. Februar 1952 in der UdSSR: **28** ('51) 403–11 [~]. – Bezeichnung der Sternbilder und ihre Abkürzungen: **31** ('54) 97f. [~]. – Über die Beobachtung des Einstein-Effektes: **33** ('56) 912–27 [~]. – Über die Beobachtung des künstlichen Satelliten: **34** ('57) 313 [~]. – Kritische Bemerkung zu: V. F. D'jakonov, The influence of diurnal aberration on the accuracy of determinations from observations of Polaris [**34** ('57) 484–86]: 952f. [russ. m. engl. Zusammenfassg.]. – The solar eclipse of February 15, 1961: **37** ('60) 67–74 [~]. – Some considerations on the computation of refraction: **38** ('61) 754–57 [~]. – On a problem of the theory of solar eclipses: 1074–79 [~]. – The astronomical unit of length: **39** ('62) 569–82 [~]. – On the constant of aberration and solar parallax: **40** ('63) 961–64 [~]. – The force of gravity and the figure of the moon: **42** ('65) 1062–66 [~]. – The path of totality of the solar eclipse of September 22, 1968: **43**

('66) 705-07 [~]. – The reduction of the geocentric latitude to sea level: 1313–16 [~]. – On the secular variations of geographical coordinates: **45** ('68) 473–77 [~]. – On the reduction of astronomical determinations of latitude, longitude and azimuth to a common epoch: **47** ('70) 613–18 [~]. – On the influence of an error in the constant of the precession on the determination of the secular movement of the earth's poles: **48** ('71) 215–17 [~].

Bjul. Komiss. Issled. Solnca Über die totale Sonnenfinsternis am 19. Juni 1936: Nr. 1 ('32) 13f. [russ.]; ~: Karte der Finsternis: Nr. **3** ('32). – The corpuscular eclipse of 1936, June 19: Nr. **14** ('35) 3–10. – Die Umstände der totalen Sonnenfinsternisse 1950, 1952 und 1954: [N.S.] Nr. **5/6** ('50) 86 [russ.].

Bjul. taškentsk. astron. Observat. Über das Ausgleichen von Zeitkorrekturen: **2** ('41) 271-84 [russ.].

Bjul. vses. astronomo-geod. Obšč. Die Astronomisch-Geodätische Gesellschaft der UdSSR im Jahre 1938: Nr. **2** ('39) 48f. – Astronomische Konferenz in Kiev: Nr. **5** ('40) 63. – Stalinpreisträger auf dem Gebiet der Astronomie und Geodäsie [S. V. Orlov, V. A. Ambarcumjan, D. D. Maskutov, M. S. Molodenskij][5]): [N.S.]! Nr. **1** ('47) 20–22. – Rechenschaftsbericht über die Tätigkeit der Astronomisch-Geodätischen Gesellschaft der UdSSR im Jahre 1945: 30–33. – Die Internationale Astronomische Konferenz in Kopenhagen: 35f. – – Alle Arbeiten russ.

C.R. (Dokl.) Acad. Sci. URSS Measurements of the deflection of light by the sun's gravitational field during the eclipse of June 19, 1936: **29** ('40) 189f.

Front Nauki i Techn. Fortschritte der Schweremessung: **1937**, Nr. 7, 47–58 [russ.].

Geodezija i Kartografija Was kann die Geodäsie zur Beobachtung des Mondes beitragen?: **1957**, Nr. 9, 8–20 [russ.]; Nr. 11, 53–63 [~].

Geodezist Die Themen, an denen ich arbeite: **1940**, Nr. 5, 64–66 [russ.].

Izvest. glavn. astron. Observat. v Pulkove Über die allergünstigsten Projektionen für Sternkarten: **19** ('52/55) Nr. 3 (150), 1-11 [russ.].

J. brit. astron. Assoc. The Pulkovo Observatory: **55** ('45) 39–41.

Leningradskij Al'manach Das neuerbaute Pulkovo: **6** ('53) 330–37 [russ.].

Mecniereba da Techn. 110 Jahre Observatorium Pulkovo: **1949**, Nr. 8, 1–5 [grusin.].

Mirovedenie Das sowjetische Komitee der Internationalen Astronomischen Union: **25** ('36) Nr. 5, S. 69 [russ.].

Monthly Notices roy. astron. Soc. The deflection of light by the gravitational field of the sun: **119** ('59) 593–608.

Nauka i Techn. [Riga] Die erste Karte von der Rückseite des Mondes: **1961**, Nr. 5, 30f. [russ.].

Nauka i Žizn' Ein äußerst lichtstarkes Objektiv: **1937**, Nr. 1, S. 42. – Sind die Planeten bewohnt?: Nr. 4, 20–26. – Die Rolle der Astronomie bei der Untersuchung der Polargebiete: Nr. 8/9, 38-43. – William Pickering: **1938**, Nr. 5, 66f. – George Ellery Hale: Nr. 7, 60–62. – Ein 5-Meter-Reflektor: **1939**, Nr. 4, 34–36. – Nikolaus Kopernikus, 1473–1543: **1943**, Nr. 3, 14–16. – Newton – der Begründer der Himmelsmechanik: Nr. 4/5, 12–17. – Das Observatorium in Pulkovo: **1945**, Nr. 1, 5–10. – Die Astronomie in der Akademie der Wissenschaften: Nr. 5/6, 8–12. – Die astronomischen Observatorien der Sowjetunion: **1949**, Nr. 4, 16–18. – Der Stolz unserer Astronomie [Zum 110jährigen Bestehen des Observatoriums Pulkovo]: Nr. 9, 28–30. – Auf der Schwelle zu großen Entdeckungen: Weite Perspektiven [Zum Start des ersten Sputniks]: **24** ('57) Nr. 11, S. 31. – Pulkovo heute: Geschichte und Gegenwart: **25** ('58) Nr. 6, 11f. (m. Bildn.). – Moderne Probleme der Astronomie: Nr. 11, 55-60. – Zeit und Erde: **26** ('59) Nr. 4, 27–32. – Eine Schöpfung des menschlichen Genius: Die Astronomie: Nr. 11, S. 5 (m. Bildn.). – Der Doppelplanet: **27** ('60) Nr. 1, 11–16, 58. – Von der Erde zur Sonne: **30** ('63) Nr. 2, 38–41. – – Alle Arbeiten russ.

Observatory The Pulkovo Observatory: **75** ('55) 28–32.

Ogonek Das Observatorium Pulkovo: **1939**, Nr. 22, S. 20 [russ.].

Priroda [SSSR] Der Wiederaufbau des Observatoriums in Pulkovo: **42** ('53) Nr. 1, 64–69. – Ein hervorragender englischer Astronom und Geophysiker. Zum 300. Geburtstag von E. Halley: **45** ('56) Nr. 11, 69–73. – Die Fortschritte der sowjetischen Astronomie: **46** ('57) Nr. 11, 79–88. – Ein hervorragender amerikanischer Astrophysiker [J. Young]: **49** ('60) Nr. 5, S. 107. – Ein unermüdlicher Erforscher des Weltalls [Zum 125. Geburtstag von Simon Newcomb]: **Nr. 11**, 42–45. – Wichtige Probleme der Erforschung des Mondes: **51** ('62) Nr. 10, zwischen S. 3 und 13. – Der hervorragende amerikanische Astronom W. W. Campbell: Nr. 11, 96–98. – Versuche Lomonosovs auf dem Gebiet der Schweremessung: **54** ('65) Nr. 10, 104–07. – – Alle Arbeiten russ.

Říše Hvězd Die Erfolge der sowjetischen Astronomie: **32** ('51) 171–74, 200–04 [tschech.].

Na Rubeže Der Einbruch in den Kosmos wird fortgesetzt [Interview]: **1959**, Nr. 2, 110–13 [russ.].

Sborn. naučno-techn. i proizvodstv. Statej Geodez., Kartogr., Topogr., Aëros-emke i Gravimetrii Gravimetrische Arbeiten in der UdSSR: **5** ('44) 49–59 [russ.].

Sterne Die Erforschung des Mondes: **44** ('68) 177–89.

Uč. Zap. mosk. gos. Univ. Fortschritte der Schweremessung: Nr. **58** ('40)191–206 [russ.]. – Tabellen zur Reduktion der Schwerkraft durch die Kondensationsmethode: Nr. **101** ('45) 72 S. [russ.].

Usp. fizič. Nauk Die Beobachtung des Einstein-Effekts bei Sonnenfinsternissen: **59** ('56) 51–66 [russ.].

Vestn. Akad. Nauk SSSR Die Bedeutung des Observatoriums Pulkovo bei der Entwicklung der Astronomie: **1949**, Nr. 2, 76–79. – Nikolaus Kopernikus - zum 410. Todestag: **1953**, Nr. 6, 32–41. – Wichtige Arbeiten zur Astrometrie. Aus dem Programm des Internationalen Geophysikalischen Jahres: **1956**, Nr. 12, 44–47. – Die erste Karte der Mondrückseite: **1961**, Nr. 1, 39–42. – Auf dem 11. Internationalen Astronomischen Kongreß in Berkeley, Calif.: Nr. 12, 94–97. – Begegnung sowjetischer und deutscher Astronomen: **1962**, Nr. 10, S. 84. – Symposium der Astronomen in Paris[4]): **1963**, Nr. 10, 73f. – Jubiläumssitzung zum 400. Geburtstag von Galileo Galilei: **1964**, Nr. 6, S. 91. – 12. Kongreß der Internationalen Astronomischen Union: Nr. 12, S. 63. – – Alle Arbeiten russ.

Vopr. Filos. Nikolaus Kopernikus - ein Revolutionär in der Wissenschaft: **1953**, Nr. 4, 89–98 [russ.].

Vopr. Istorii Estestvoznanija i Techn. Kants Ideen über die Natur der Gezeitenreibung: **2** ('56) 110–13 [russ.].

Weltraumfahrt Die Rückseite des Mondes: **11** ('60) 107–09.

Zemlja i Vselennaja Theodor Oppolzer: **2** ('66) Nr. 6, 44–47. – Die Länge der astronomischen Einheit: **3** ('67) Nr. 2, 39–43; Nr. 3, 24–29. – F. A. Vening Meinesz, 1887–1966: Nr. 2, 72–74. – Die Erforschung des Mondes: **4** ('68) Nr. 2, 2–13. – Die Kursker magnetische Anomalie. Erinnerungen eines Teilnehmers der ersten geologischen Expeditionen 1921–25: **6** ('70) Nr. 2, 35–39. – Die Bewegung der Erdpole: Nr. 6, 4–7. – – Alle Arbeiten russ.

Pod Znamenem Marksizma Nikolaus Kopernikus: **1943**, Nr. 9/10, 84–92 [russ.].

Znanie - Sila Was die Geodäsie zur Beobachtung des Sputniks beiträgt: **1958**, Nr. 3, S. 35 [russ.].

Zvezda [Moskva–Leningrad] Der große Sieg der sowjetischen Wissenschaft [Interview mit Michajlov zum Start des Sputniks]: **1957**, Nr. 11, 201–03 [russ.].

Ferner ab 1949 Redakteur der astronomischen Artikel in „Bol'šaja Sovetskaja Ėnciklopedija" (2. Auflage).

Mit: [1]) S. N. Blažko; [2]) S. Ė. Chajkin; [3]) S. A. Kasakov; [4]) A. A. Nemiro; [5]) P. I. Popov; [6]) C. I. Potter.

VI **MICHAL,** Aristotle Demetrius. Math. – 1929–38 Assoc. Prof., '38–53 Prof., California Inst. of Technol., Pasadena, Calif.

*1899, Mai 1, Smyrna, Kleinasien; †1953, Juni 14, Pasadena, Calif.

Nekr. D. H. Hyers, Mathematics Mag. **27** ('54) 237–44 (m. Schr.verz.).

MH. Mathematics Mag. **21** ('47/48) – **26** ('52/53).

W. Matrix and tensor calculus; with applications to mechanics, elasticity, and aeronautics (New York–London '47) 13+132 S. (Galcit aeronautical ser.). – Le calcul différentiel dans les espaces de Banach, **1**: Fonctions analytiques, équations intégrales (Paris '58) 14+151 S.; **2**: Equations différentielles dans les espaces abstraits et applications à l'analyse, la géométrie et la mécanique (Paris '64) 2+123 S.

Acta math. Completely integrable differential equations in abstract spaces[4]): **68** ('37) 71–107. – Abstract flat projective differential geometry[9]): **72** ('40) 259–81. – On a non-linear total differential equation in normed linear spaces: **80** ('48) 1–21. – Solution of differential equations as analytic functionals of the coefficient functions[6]): **91** ('54) 75–86.

Actas, Acad. nacion. Ci. exactas, físicas y natur. Lima The vibrations of elastic strings as studies in geodesics: **9** ('46) 3–27.

American J. Math. Second order differential equations with two point boundary conditions in general analysis[6]): **58** ('36) 646–60. – Differential properties of abstract transformation groups with abstract parameters[4]): **59** ('37) 129–43. – Abstract covariant vector fields in a general absolute calculus: 306–14.

Annali Mat. pura ed appl. Geometries involving affine connections and general linear connections. An extension of the recent Einstein-Mayer geometry[1]): **12** ('33/34) 13–32. – Postulates for linear connections in abstract vector spaces: **15** ('36) 197–219.

Annali R. Scuola norm. sup., Pisa Abstract Euclidean spaces with independently postulated analytical and geometrical metrics[5])[11]): (2) **6** ('37) 117–48. – Theory and applications of abstract normal coordinates in a general differential geometry[6]): **7** ('38) 157–75. – Polygenic functions in general analysis[3])[12]): **9** ('40) 97–107.

Annals Math. Characterization of complex couple spaces[12]): **42** ('41) 247–50.

Bull. amer. math. Soc. Maps of abstract topological spaces in Banach spaces[10]): **42** ('36) 529–34; **43** ('37) 888. — General tensor analysis: 394–401. — General differential geometries and related topics: **45** ('39) 529–63. — Topological Abelian groups with ordered norms[7])[12]): **53** ('47) 770–74.

Bull. Soc. math. Grèce Global groups of motions of some infinitely dimensional Riemannian spaces: **23** ('48) 143–51.

Compositio math. General projective differential geometry of paths[9]): **8** ('50) 157–68.

C.R. hebd. Séances Acad. Sci., Paris Fonctions analytiques implicites dans des espaces vectoriels abstraits[2]): **197** ('33) 735–37. — La différentielle dans les espaces linéaires abstraits avec une topologie[10]): **202** ('36) 1741–43. — Géométrie conforme générale: **205** ('37) 552-54. — Géométrie différentielle projective générale des géodésiques généralisées[9]): **209** ('39) 392–94.

Duke math. J. The Fréchet differentials of regular power series in normed linear spaces: **13** ('46) 57–59.

J. Math. pures et appl. Some expansions in vector space[8]): (9) **13** ('34) 69–91.

Mathematics Mag. Functional analysis in topological group spaces: **21** ('47/48) 80–90. — Solutions of systems of linear differential equations as entire analytic functionals of the coefficient functions: **22** ('48/49) 57–66. — Integral equations and functionals: **24** ('50/51) 83–95. — What mathematics means to me: 223. — On bounds of polynomials in hyperspheres and Fréchet-Michal derivatives in real and complex normed linear spaces: **27** ('54) 119–26.

Mathematische Ann. Differential invariants in a general differential geometry[6]): **116** ('39) 310–33.

Proc. nation. Acad. Sci. USA An extension of the new Einstein geometry[1]): **18** ('32) 554–58. — Simultaneous differential invariants of an affine connection and a general linear connection[1]): 558–62. — "Riemannian" differential geometry in abstract spaces: **21** ('35) 526–29. — Completely integrable differential equations in abstract spaces[4]): 534–36. — General projective differential geometry: **23** ('37) 546–48. — Differential invariants in a general differential geometry[6]): 590–93. — Differential calculus in linear topological spaces: **24** ('38) 340–42. — Abstract flat projective geometry[9]): **25** ('39) 440–43. — Differentials of functions with arguments and values in topological Abelian groups: **26** ('40) 356–59. — Studies on geodesics in vibrations of elastic beams: **31** ('45) 38–43. — Differential equations in Fréchet differentials occurring in integral equations: 252–58. — The total differential equation for the exponential function in non-commutative normed linear rings: 315–17. — Infinite dimensional differential metrics with constant curvature: **34** ('48) 17–21. — Differential invariants and invariant partial differential equations under continuous transformation groups in normed linear spaces: **37** ('51) 623–27. — Invariant differential forms in several group variables as solutions of partial differential equations in Fréchet differentials: 766–71. — Completely integrable partial differential equations in normed linear spaces: **39** ('53) 1089–94.

Revista Ci. [Lima] Higher order differentials of functions with arguments and values in topological Abelian groups: **43** ('41) 155–76. — First order differentials of functions with arguments and values in topological Abelian groups: **47** ('45) 389–422. — Differentiable infinite continuous groups in abstract spaces: **50** ('48) 131–40.

Science [USA] Recent general trends in mathematics: **92** ('40) 563–66.

Sprawozd. Posiedzeń Towarz. nauk. warszawsk., Wyd. III The differential in abstract linear spaces with a topology[10]): **29** ('36) 106–21 [m. poln. Zusammenfassg.].

Tôhoku math. J. General differential geometries with coordinate interspace inner product[6]): **46** ('40) 309–18.

Ferner die Beiträge „Tensor analysis" und „Differential forms" in: Encyclopædia Britannica (1948ff.) sowie Mitarbeit an: Mathematics dictionary (G. James, R. C. James) (New York '49).

Mit: [1]) J. L. Botsford; [2]) A. H. Clifford; [3]) R. Davis; [4]) V. Elconin; [5]) I. E. Highberg; [6]) D. H. Hyers; [7]) R. C. James; [8]) R. S. Martin; [9]) A. B. Mewborn; [10]) E. W. Paxson; [11]) A. E. Taylor; [12]) M. Wyman.

IV–VI **MICHEL,** Charles. Math. — 1908–34 Prof., Lycée St. Louis, Paris. (⊠)
*1873, Okt. 21, Paris;
†1934, Apr. 15, près de Nice.

W. Compléments de géométrie moderne (Paris '32) 320 S.; Compléments de géométrie moderne, à l'usage des élèves de mathématiques spéciales et des candidats à la licence et à l'agrégation [3](Paris '49) 319 S.

IV,VI **MICHELL,** John Henry. Math. — 1923–28 Prof., Univ. of Melbourne; '28 retired as Hon. Research Prof.
*1863, Okt. 26, Maldon, Australien;
†1940, Febr. 3, Melbourne.

Nekr. W. Bragg, Proc. roy. Soc. London, Ser. A **177** ('40/41) 6. — H. S. W. Massey, Nature [London] **145** ('40) 616.

Gesammelte Werke The collected mathematical works of J. H. and A. G. M. Michell (F. W. Niedenfuhr, J. R. M. Radock) (Groningen '64) 338 S., (NewYork '65) 338 S.

W. Elements of mathematical analysis (m. M.H. Belz) **1.2** (New York '37) 24+516 S., 12+S. 517–1087; ²('52) 24+516 S., 12+569 S.

VI **MICHELS,** Antonius Mathias Johannes Friedrich. Molekularphysik. — 1913–14 u. '18–28 Lehrer, Gymnasium u. Höhere Bürgerschule, Amsterdam; '29–39 Lektor, gleichzeitig Dir. d. Van-der-Waals-Labor., '39–60 außerord. Prof., Univ. Amsterdam.

*1889, Dez. 31, Amsterdam;

†1969, Aug. 2, Amsterdam.

Nekr. N. J. Trappeniers, Nederlands Tijdschr. Natuurkunde **35** ('69) 355–57.

S. Leerboek der natuurkunde (R. Kronig) **1** (Amsterdam '46) 51–121: Atomistische Wärmelehre; **2** ('47) 170–242: Thermodynamik. [Beide Beiträge niederländ.]. — Changements de phases. C.R. 2e Réunion annuelle, Société de chimie physique, Paris 1952 (Paris '52) 87–90: Chaleur spécifique à volume constant au voisinage du point critique[70]; 315f.: Influence de la pression sur les phénomènes ferroélectriques dans des céramiques au bariumtitanate de strontium[42]. — Proc. International symposium on transport processes in statistical mechanics, Bruxelles 1956 (NewYork–London '58) 365–75: Viscosity and heat conduction of gases (and liquids) in the neighborhood of the condensation region. — Propriétés optiques et acoustiques des fluides comprimés et actions intermoléculaires (Paris '59) 221–34: Influence de l'argon et du néon sur la raie 2536.52 Å du mercure[30][7]; 267–80: Recherches sur la décharge en arc dans He et H_2 sous haute pression[71][30][61]. — Progress in international research on thermodynamic and transport properties. 2nd Symposium on thermophysical properties (Princeton, N.J. '62) 434–40: The thermal conductivity of carbon dioxide in the critical region [62].

W. De wesselwerking der moleculen ('s-Gravenhage '39) 16 S. [Antrittsvorlesung]. — Het Nederlandse onderwijs: kritiek en opbouw (m. C. A. M. Michels-Veraart) (Utrecht ['56]) 40 S.

Annalen Physik Isothermenmessungen von Wasserstoff zwischen 0 und 100°C bis 1000 Atmosphären[48][17]: (5) **12** ('32) 562–68. — Eine Neubearbeitung der Kohnstamm-Walstraschen Isothermenmessungen[17]: **16** ('33) 745–50.

Applied sci. Res., Sect. A Thermodynamic properties of ethylene as function of pressure and temperature between 0 and 2500 atmospheres and 25 and 150 °C [21][16]: **1** ('47/49) 55–63. — Thermodynamic properties of carbon dioxide as function of density and temperature[21]: 94–102. — Thermodynamic properties of carbon dioxide as function of pressure and temperature[21]: 103–06. — On the shape of backed-off milling cutters[21][61]: 219–24. — Isotherms of a nitrogen–hydrogen mixture between 0 and 150 °C up to 340 atmospheres[76]: 258–62. — Thermodynamic functions of a nitrogen–hydrogen mixture between 0 and 300 °C up to 1000 atmospheres [21][38]: 378–86. — An instrument for the calibration of dynamometers, 1[75]: **2** ('50/51) 245–69. — Thermodynamic properties of argon as functions of pressure and temperature between 0 and 2000 atmospheres and 0 and 150 °C [38][80]: 345–50. — Isotherms and thermodynamic functions of three hydrogen–nitrogen–ammonia mixtures between 0 and 150 °C and pressures up to 300 atmospheres[76][80][20][37]: **3** ('51/52) 1–10. — Thermodynamic properties of nitrogen as functions of pressure and temperature between 0 and 6000 atmospheres and −125 and +150 °C [38][80]: 197–210. — Thermodynamic properties of carbon monoxide at temperatures between 0 and 150 °C and at pressures up to 3000 atmospheres[38][80]: 253–60. — Thermodynamic functions of propene at temperatures between 25 and 150 °C and at pressures up to 2500 atmospheres[76][37][38][80]: **4** ('53/54) 34–38. — Isotherms of air between 0 and 75 °C and at pressures up to 2200 atmospheres[76][63]: 52–56. — Gas–liquid phase equilibrium in the system methanol–hydrogen[20][68]: 105–08. — Isotherms and thermodynamic functions of two mixtures containing ammonia between 75 and 150 °C and at pressures up to 300 atmospheres[76][80][63][72]: 180–88. — Compressibility isotherms of air at temperatures between −25 and −155 °C and at densities up to 560 Amagats (pressures up to 1000 atmospheres)[76][36][20]: 381–92. — Thermodynamic properties of air for temperatures between +75 and −170 °C and pressures up to 1200 atmospheres[76][80]: **5** ('54/55) 121–36. — Thermodynamic properties of hydrogen and deuterium at temperatures between −175 and +150 °C and at pressures up to 2500 atmospheres[20][80]: **12** ('63) 9–32. — Non-equilibrium thermodynamics of separation effects through membrane processes[21][41]: **15** ('65) 261–71.

Applied sci. Res., Sect. B The influence of mutual and self inductivities on the accurate determination of capacities[61]: **2** ('51) 73–76. — Method for improving sensitivity and stability of an on-off temperature control[54]: **6** ('56) 137–43.

Bull. Soc. chim. belges The volume change on mixing two gases at constant pressure[5]: **62** ('53) 119–24.

Industrial and Engng. Chem., Analyt. Edit. A method for measuring the dew point of natural gases[46]): **6** ('34) 165f.

J. appl. Physics [USA] Contribution to the study of transport phenomena in gases at high densities[9])[6])[15]): **26** ('55) 843–45.

J. chem. and engng. Data P-V-T data and thermodynamical properties of Freon-12 (CCl_2F_2) and Freon-13 ($CClF_3$) fluorocarbons between 0 and 150 °C and at pressures up to 400 atmospheres[76])[80])[52])[31]): **11** ('66) 449–52.

J. Franklin Inst. States of matter[27]): **261** ('56) 39–45.

J. Inst. Fuel Measurement of temperature in high pressure containers[3]): **12** ('39) 49–54.

J. sci. Instruments An electrical manometer for pressures up to 3000 atmospheres[35]): **11** ('34) 345–47.

Nature [London] Indication of a decrease in the polarizability of non-polar molecule by pressure[45])[2]): **138** ('36) 509f. – Effect of an excitation energy on the specific heat of liquid helium II and its relation to the exchange effect in a non-ideal Bose-Einstein gas[2])[4]): **144** ('39) 594f.

Nederlands(ch) Tijdschr. Natuurkunde Einführung zur Besichtigung des Van-der-Waals-Laboratoriums: **4** ('37) 53–55. – Die Wechselwirkung der Moleküle: **6** ('39) 99–110. – J. D. van der Waals jr. zum 70. Geburtstag: **10** ('43) 237. – Anzeichen von Moleküldeformation in stark komprimierten Gasen[21]): **12** ('46) 77–84. – Verdichtete Systeme, insbesondere in der Umgebung des kritischen Punktes: **19** ('53) 251–57. – – Alle Arbeiten niederländ.

Philosophical Mag. The dielectric constant of nitrogen up to 150 atmospheres at 25, 75 and 125 °C[44]): (7) **13** ('32) 1192–96.

Philosophical Trans. roy. Soc. London, Ser. A The influence of pressure on the dielectric constant of carbon dioxide up to 1000 atmospheres between 25 and 150 °C[44]): **231** ('33) 409–34.

Physica Isotherms of nitrogen between 0 and 150 °C and at pressures from 20 to 80 atmospheres[81])[4]): **1** ('34) 587–94. – Dielectric constant of nitrogen up to 1000 atmospheres between 25 and 150 °C[28])[56]): 627–33. – The influence of pressure on the electrical resistance of hard drawn gold wire in different stages of annealing, and of soft gold wire[35]): **2** ('35) 591–96. – The dielectric constant of hydrogen at pressures up to 1425 atmospheres, and at temperatures of 25 and 100 °C[56])[59]): 753–56. – Isotherms of methane between 0 and 150 °C and densities between 19 and 53 Amagat (pressures between 20 and 80 atmospheres)[46]): 1000–02. – Contribution to the theory of the influence of pressure on the electrical resistance of metals[35]): 1091–107. – Isotherms of ethylene between 0 and 150 °C and at pressures from 20 to 270 atmospheres[22])[47]): **3** ('36) 346–51. – Isotherms of methane between 0 and 150 °C for densities up to 225 Amagat. Calculated specific heat, energy and entropy in the same region[46]): 569–77. – Isotherms of nitrogen between 200 and 3000 atmospheres and 0 and 150 °C[81])[4]): 585–89. – Calculation of thermodynamic properties of nitrogen up to 3000 atmospheres between 0 and 150 °C[81])[4]): 597–604. – The influence of pressure on the solubility of gases[18])[2]): 797–808. – A method for the measurement of the viscosity of saturated methane–oil solutions under pressure[73])[18]): 1093–98. – Remarks concerning molecular interactions and their influence on the polarizability[4])[2]): **4** ('37) 981–94. – The effect of pressure on the refractive index of CO_2. The Lorentz-Lorenz formula[24]): 995–1006. – Influence of pressure on the Curie point of a 70–30% Ni–Cu alloy[28])[4])[70]): 1007–16. – A suggested explanation for some properties of liquid He II[2])[4]): **5** ('38) 121–24. – The ferromagnetic Curie point as a phase transition of the second kind[4]): 775f. – Contribution to the quantum-mechanical theory of the equation of state and the law of corresponding states. Determination of the law of force of helium[4]): 945–57. – The influence of the interaction of more than two molecules in the molecular distribution-function in compressed gases[4]): **6** ('39) 97–114. – Quantum-mechanical calculation of the second virial-coefficient of helium at low temperatures[4]): 409–20. – Measurements on the dielectric constant of CO_2 at 25, 50 and 100 °C up to 1700 atmospheres[29]): 586–90. – Isotherms of methane-ethane mixtures at 0, 25 and 50 °C up to 60 atmospheres[46]): 656–62. – Average values of a group of mechanical quantities in quantum statistics of monatomic gases[4]): **7** ('40) 369–80. – The effect of pressure on the Curie point of a Monel alloy[70]): **8** ('41) 53–57. – Compressibilities of hydrogen between 0 and 150 °C up to 3000 atmospheres[19]): 347–52. – Compressibilities of deuterium between 0 and 150 °C up to 3000 atmospheres[19]): 353–60. – Thermodynamic properties of hydrogen and deuterium up to 700 Amagat between 0 and 150 °C[19]): 387–97. – Properties of liquid helium II[2])[4]): 655–75. – Isotherms of helium between 0 and 150 °C up to 200 Amagat[81]): 923–32. – The melting point of mercury and the triple point of carbon dioxide as auxiliary fixed points for the temperature scale[3])[32]): **9** ('42) 356–62. – The melting line of carbon dioxide up to 2800 atmospheres[5])[25]): 565–73. – The melting line of mercury up to 3000 atmospheres[76])[3]): 574–76. – Influence of pressure on the resistance of three ferromagnetic iron-nickel alloys[57]): 737–40. – Isotherms of ethylene up to 3000 atmospheres between 0 and 150 °C[16]): 967–73. – The vapour pressure of water in the neighbourhood of 100 °C[3,61,81]: **10** ('43) 613–20. – Thermodynamic properties of ethylene under pressures up to 3000 atmospheres and temperatures between 0 and 150 °C, tabulated as functions of density[16,21]: **12** ('46) 105–17. – Refractive index and Lorentz-Lorenz function of nitrogen up to 2000 atmospheres at 25 °C[33,34,21]: **13** ('47) 337–42. – Refractive index and Lorentz-Lorenz function of ethylene, up to 2300 atmospheres at 25 and 100 °C[6,21]: 343–48. – Influence of pressure on the resistance of gold-silver alloys[76]: **14** ('48) 61f. – Vapour pressure of methyl fluoride[76]: 104–10. – The Joule-Thomson effect and the specific heat at constant pressure of carbon dioxide[21]: 218–22. – Isotherms of argon between 0 and 150 °C and pressures up to 2900 atmospheres[78,77]: **15** ('49) 627–33. – Thermodynamic properties of argon as function of density and temperature between 0 and 150 °C and densities to 640 Amagat[38,80]: 689–95; **16** ('50) 224. – Refractive index and Lorentz-Lorenz function of argon up to 2300 atmospheres at 25 °C[6]: **15** ('49) 769–73. – Molecular physics and the virial theorem[21]: **16** ('50) 183f. – The vapour pressure of ethylene[76]: 221–24. – The influence of pressure on the Curie point[21]: 249–52. – Vapour pressure of liquid xenon[76]: 253–56. – The vapour pressure of liquid carbon dioxide[76,82,67]: 501–04. – The specific heat at constant volume of carbon dioxide in the neighbourhood of the critical point[70]: 813f. – Gas–liquid phase equilibrium in the system ammonia–hydrogen–nitrogen[64,13]: 831–38. – Déplacement de la fréquence piézoélectrique du quartz sous haute pression[51]: **17** ('51) 563f. – The dielectric constant of argon at 25 and 125 °C for pressures up to 2700 atmospheres[61,50]: 781–87. – Thermodynamic properties of nitrogen as functions of density and temperature between –125 and +150 °C and densities up to 760 Amagat[38,80]: 801–16. – The vapour pressure of argon[8,11,55,76,82]: 876–84. – The vapour pressure of liquid krypton[76,82]: **18** ('52) 63–66. – The experimental determination of the equation of state data of gases at temperatures between 0 and –180 °C[76,82]: 67–74. – Isotherms and thermodynamic functions of methyl fluoride at temperatures between 0 and 150 °C and at pressures up to 150 atmospheres[74,38,80]: 114–20. – Isotherms of carbon monoxide between 0 and 150 °C and at pressures up to 3000 atmospheres[39,76,20]: 121–27. – Thermodynamic properties of carbon monoxide at temperatures between 0 and 150 °C and at densities up to 600 Amagat[38,80]: 128–34. – The vapour pressure of carbon monoxide[76,82]: 160–62. – A method for the determination of the thermal conductivity of gases at high pressures[6]: 605–12. – The specific heat at constant volume of compressed carbon dioxide[70]: 613–28. – Vapour pressure of liquid nitrogen[76,20,52]: **19** ('53) 26–28. – Isotherms and thermodynamic functions of propene at temperatures between 25 and 150 °C and at densities up to 340 Amagat (pressures up to 2800 atmospheres)[76,37,38,80]: 287–97. – A method for the measurement of the thermal expansion of solids between 0 and –180 °C[76,82]: 371–73. – The thermal conductivity of nitrogen at pressures up to 2500 atmospheres[6]: 585–98. – The viscosity of hydrogen and deuterium at pressures up to 2000 atmospheres[59,53]: 1011–28. – Isotherms and thermodynamic functions of ethane at temperatures between 0 and 150 °C and pressures up to 200 atmospheres[69,10]: **20** ('54) 17–23. – Isotherms of xenon at temperatures between 0 and 150 °C and at densities up to 515 Amagat (pressures up to 2800 atmospheres)[76,37]: 99–106. – The rapid expansion of compressed gases behind a piston, the effect of molecular interaction, 1: Theory of the experiment[65,26]: 210–22; ∼ 2: An apparatus for studying transient expansions[26,65]: 223–36; ∼ 3: The expansion of nitrogen[26,65]: 1157–68. – The viscosity of argon at pressures up to 2000 atmospheres[6,60]: 1141–48. – Compressibility isotherms of oxygen at 0, 25 and 50 °C and at pressures up to 135 atmospheres[58,20]: 1209–14. – Contribution to the analysis of molecular interactions in compressed nitrogen and carbon monoxide, 1: The molecular field in the high density gas state[27,39]: 1215–34; ∼ 2: Quadrupole moments and properties of the solid states[27,39]: 1235–43; ∼ 3: Quadrupole orientation and induction effects at high temperatures[27,39]: 1244–49. – Thermodynamic properties of xenon as a function of density up to 520 Amagat and as a function of pressure up to 2800 atmospheres, at temperatures between 0 and 150 °C[76,80,10]: **22** ('56) 17–28. – The thermal conductivity of argon between 0 and 75 °C at pressures up to 2500 atmospheres[6,15,62]: 121–28. – The influence of helium on the 2536.52 Å line of mercury[30]: 919–31. – The triple points of carbon dioxide and of argon as fixed points for the calibration of thermometers[76,66,20]: **23** ('57) 89–94. – The viscosity of carbon dioxide between 0 and 75 °C and at pressures up to 2000 atmospheres[6,60]: 95–102. – Some investigations on arc discharges in helium and hydrogen at high pressures[71,30,61]: 1115–25. – The influences of argon and neon on the 2536.52 Å line of mercury[30,7]: 1131–42. – The effects on the vapour pressure of mercury and the oscillator strength of the 2536.52 Å ($^1S_0$-$^3P_1$) resonance line by the pressure of argon at high density[30,43]: **24** ('58) 543f. – Compressibility isotherms of argon at temperatures between –25 and –155 °C and at densities up to 640 Amagat (pressures up to 1050 atmospheres)[36,20]: 659–71. – Thermodynamic properties of argon at temperatures between 0 and −140 °C and at densities up to 640 Amagat (pressures up to 1050 atmospheres)[36])[80]): 769–94. — Compressibility isotherms of hydrogen and deuterium at temperatures between −175 and +150 °C (at densities up to 960 Amagat)[20])[76])[36])[37]): **25** ('59) 25–42. — The influence of krypton on the 2536.52 Å line of mercury[30])[43]): 163–70. — Gas-liquid phase equilibrium below 0 °C in the system NH_3-N_2-H_2 and in the system NH_3-Kr[13])[12]): 840–48. — Thermodynamic properties of hydrogen and deuterium at temperatures between −175 and +150 °C and at densities up to 840 Amagat[20])[80]): 1097–124. — The formation of weakly bound molecules mercury – inert gas and their contribution to the satellite bands of the mercury 2537 Å ($^1S_0$-$^3P_1$) resonance line perturbed by inert gases at low densities[30])[61]): 1321–57. — Polynomial representation of experimental data; application to virial coefficients of gases[1])[61])[20]): **26** ('60) 381–92. — Virial coefficients of hydrogen and deuterium at temperatures between −175 and +150 °C. Conclusions from the second virial coefficient with regards to the intermolecular potential[20])[61]): 393–408. — Isotherms of neon at temperatures between 0 and 150 °C and at densities up to 1100 Amagat (pressures up to 2900 atmospheres)[76])[37]): 539–43. — Gas-liquid phase equilibrium in the system NH_3-A[13])[12]): **27** ('61) 886-92. — The melting lines of argon, krypton and xenon up to 1500 atmospheres; representation of the results by a law of corresponding states[52]): **28** ('62) 101–16. — The thermal conductivity of carbon dioxide in the critical region, 1: The thermal conductivity apparatus[62])[23]): 1201–15; ∼ 2: Measurements and conclusions[62])[23]): 1216–37; ∼ 3: Verification of the absence of convection[62]): 1238–64. — The thermal conductivity of argon at elevated densities[62])[31]): **29** ('63) 149–60. — Thermodynamic properties of neon at temperatures between 0 and 150 °C and at densities up to 960 Amagat[76])[80]): **31** ('65) 237–50.

Physics and Chemistry Solids Pressure dependence of the resistivity of germanium[14])[40])[61]): **10** ('59) 12–18.

Physikalische Z. Über Isothermen des Stickstoffes zwischen 0 und 150 °C bei Drucken bis zu 400 Atmosphären[49])[81]): **35** ('34) 97–100.

Polytechnisch Weekbl. Einige Schmierprobleme unter extremen Bedingungen: **36** ('42) 234 f. [].

Proc., Koninkl. Akad. Wet. Amsterdam The calibration of a pressure balance in absolute units: **35** ('32) 994–1003.

Proc. roy. Soc. London, Ser. A Isotherms of CO_2 between 0 and 150 °C and pressures from 16 to 250 atmospheres (Amagat densities 18-206)[44]): **153** ('35/36) 201–14. — Isotherms of CO_2 between 70 and 3000 atmospheres (Amagat densities between 200 and 600)[44])[81]): 214–24. — Series evaluation of the isotherm data of CO_2 between 0 and 150 °C and up to 3000 atmospheres[44]): **160** ('37) 348–57. — The isotherms of CO_2 in the neighbourhood of the critical point and round the coexistence line [3])[44]): 358–75. — Thermodynamic properties of CO_2 up to 3000 atmospheres between 25 and 150 °C [2])[44]): 376–84.

Recueil Trav. chim. Pays-Bas La réaction de l'ammoniac sur le mercure en présence de traces d'eau[13])[18]): **76** ('57) 5–12. — Adsorption of nitrogen on alumina at high pressure[83])[61]): **80** ('61) 483–501.

Research [London] High pressure research: **9** ('56) 99–103.

Suppl. Nuovo Cimento Some remarks on experiments in the dense state: (10) **9** ('58) 152–62. — An experiment on the interaction of dissimilar molecules: 358–64.

Versl. gewone Vergad. Afd. Natuurkunde, Koninkl. nederl. Akad. Wet. Messung der optischen Absorption und Emission unter hohem Druck als Quelle der Information über die molekulare Wechselwirkung: **66** ('57) 116–22 [niederländ.].

Mit: 1) J. C. Abels; 2) A. Bijl; 3) B. Blaisse; 4) J. de Boer; 5) A. J. H. Boerboom; 6) A. Botzen; 7) B. Castle; 8) A. M. Clark; 9) J. A. M. Cox; 10) J. Dawson; 11) F. Din; 12) J. J. T. van Dijk; 13) E. M. L. Dumoulin; 14) J. van Eck; 15) A. S. Friedman; 16) M. Geldermans; 17) A. J. J. Gerver; 18) J. H. Gerver; 19) M. Goudeket; 20) W. de Graaff; 21) S. R. de Groot; 22) J. de Gruyter; 23) P. S. van der Gulik; 24) J. Hamers; 25) J. Hoogschagen; 26) S. J. Jacobs; 27) L. Jansen; 28) A. Jaspers; 29) L. Kleerekoper; 30) H. de Kluiver; 31) L. J. M. van de Klundert; 32) G. Koens; 33) H. Lebesque; 34) L. Lebesque; 35) M. H. Lenssen; 36) J. M. Levelt; 37) P. Louwerse; 38) R. J. Lunbeck; 39) J. M. Lupton; 40) S. Machlup; 41) P. Mazur; 42) P. van Meurs; 43) D. Middelkoop; 44) C. Michels; 45) C. Michels-Veraart; 46) G. W. Nederbragt; 47) F. Niesen; 48) G. P. Nijhoff; 49) J. Otto; 50) S. D. J. Overdijk; 51) J. P. Pérez; 52) C. Prins; 53) W. H. Rintoul; 54) D. Ritzke; 55) J. Robb; 56) P. Sanders; 57) J. W. van Sante; 58) H. W. Schamp; 59) A. C. J. Schipper; 60) W. Schuurman; 61) C. A. ten Seldam; 62) J. V. Sengers; 63) W. van Seventer; 64) G. F. Skelton; 65) Z. I. Slawsky; 66) T. Sluyters; 67) P. Smits; 68) J. van der Somme; 69) W. van Straaten; 70) J. C. Strijland; 71) H. Tjin a Djie; 72) A. J. Venteville; 73) J. Versluys; 74) A. Visser; 75) J. Ph. Wassenaar; 76) T. Wassenaar; 77) Hk. Wijker; 78) Hub. Wijker; 79) –; 80) G. J. Wolkers; 81) H. M. Wouters; 82) T. N. Zwietering; 83) P. G. Menon.

VI **MICHLIN,** David Michajlovič. Biochem. — Stud. physikal.-math. u. med. Fak., Univ. Moskva; Dr. d. biol. Wiss.; Prof. u. Leiter d. Lehrstuhls f. Biochem., Staatl. Med. Inst. Ivanovo; später Prof. u. Leiter d. Lehrstuhls f. Biochem., Pharm. Inst. Moskva; Leiter d. Labor. f. biol. Oxydation, Inst. f. Biochem. „A. N.

Bach" d. Akad. Wiss. UdSSR, Moskva. (⊠)

*1887, Juni 7 (Mai 26), Gory, Rayon Gorki, Gouv. Mogilev; †1960, Juni 30.

Nekr. P. A. Kolesnikov, Biochimija **25** ('60) 383.

S. Ivanovskij gosudarstvennyj medicinskij institut. Trudy. Jubilejnyj sbornik [Staatliches Medizinisches Institut Ivanovo. Arbeiten. Jubiläumsband] 1930–1935 (F. A. Plonskij) (Ivanovo '35): Über die Gleichgewichtsverschiebung bei der fermentativen Synthese von Milchzucker[6]) [russ.]. – Dostiženija sovetskoj mediciny v gody Otečestvennoj vojny [Erfolge der sowjetischen Medizin in den Jahren des Vaterländischen Krieges] 2 (Moskva '44) 82–: Natürliche antihämorrhagische Vitamine [russ.]. – Trudy Soveščanija, posvjaščennogo 50-letiju perekisnoj teorii medlennogo okislenija i roli A. N. Bacha v razvitii otečestvennoj biochimii [Arbeiten der Konferenz „50 Jahre Peroxid-Theorie der langsamen Oxydation und die Rolle A. N. Bachs bei der Entwicklung der vaterländischen Biochemie"] (L. A. Orbeli) (Moskva–Leningrad '46) 22–37: Die Peroxid-Theorie A. N. Bachs und der gegenwärtige Stand der Frage der biologischen Oxydation [russ.].

W. Peroksidy i peroksidazy. Chimizm medlennogo okislenija [Peroxide und Peroxydasen. Chemismus der langsamen Oxydation] (Moskva–Leningrad '48) 220 S. – Biologičeskoe okislenie [Die biologische Oxydation] (Moskva '56) 443 S. – Razvitie učenija o biologičeskom okislenii [Entwicklung der Lehre von der biologischen Oxydation] (Moskva '56) 31 S. (Institut biochimii im. Bacha. Bachovskie čtenija, 11). – Biochimija kletočnogo dychanija [Biochemie der Zellatmung] (Moskva '60) 416 S.

Biochemische Z. Über die Wirkung von Monojodessigsäure auf die Proteasen von Geweben, isolierten malignen Geschwulstzellen und zellfreien Extrakten[13]): **260** ('33) 121–28. – Über die Synthese von Lactose in der Milchdrüse[9]): **271** ('34) 448–54. – Über nicht fermentative Uricolyse in tierischem Gewebe: **273** ('34) 354–58. – Über die Wirkung der Elektrolyten auf die Synthese der Lactose[6]): **282** ('35) 26–31.

Biochimija Umkehrung der Wirkung der Lactase[3]): **1** ('36) 147–56. – Über die Rolle der Ascorbinsäure (Vitamin C) bei der Reduktion der Nitrate in Pflanzengeweben: 617–27 [m. deutscher Zusammenfassg.]. – Über die enzymatische Natur der Nitratreduktion in den grünen Zellen[8]): **2** ('37) 402–12 [m. engl. Zusammenfassg.]. – Zur Frage der Milchzuckersynthese[3]): 745–51 [mit deutscher Zusammenfassg.]. – Besonderheiten des antihämorrhagischen Faktors von Vitamin K_3: **8** ('43) 158–67. – Die Rolle der Hydratisierung des Kohlendioxids während der Photosynthese[4]): **10** ('45) 326–35. – Lipoxidase[11]): **11** ('46) 437–46. – Über Atmungssysteme der Pflanzen[8]): **12** ('47) 452–64. – Zum Wirkungsmechanismus des peroxydierenden Ferments (Lipoxydase)[11]): **13** ('48) 76–78. – Die Oxydation der Aminosäuren mittels des Lipoxydasesystems[11]): **14** ('49) 141–44. – Jodometrisches Verfahren zur Bestimmung der Polyphenoloxydase und Peroxydase[4]): 379–81. – Oxydierende Fermente und die Anreicherung von Kautschuk in den Wurzeln von Kok-Saghyz[11]): **16** ('51) 5–11. – Polyphenolverbindungen des Kok-Saghyz[11]): **18** ('53) 24–28. – Die Fructosane der Wurzeln des Kok-Saghyz[1]): **21** ('56) 186–90 [m. engl. Zusammenfassg.]. – Die Verteilung von Eisenporphyrinfermenten in den verschiedenen Teilen der Pflanze (Gerste)[10]): 137–47. – V. I. Palladin und die moderne Theorie der biologischen Oxydation: **24** ('59) 766f. – – Alle Arbeiten russ.

Bjul. vses. chim. Obšč. im. Mendeleeva Fermentative Oxydation von Aldehyden: **1940**, Nr. 8, S. 10– [russ.].

C. R. (Dokl.) Acad. Sci. URSS Synthese des Fetts in der Milchdrüse[15]): **1934** II, 573–76 [russ. m. deutscher Zusammenfassg.]. – Über den Einfluß von Kolloiden und von Elektrolyten auf den Gleichgewichtszustand bei Maltasewirkung[8]): **15** ('37) 199–201. – Hydroxylamine formed in plants in the course of nitrate and nitrite assimilation: **20** ('38) 149–52. – Influence of ascorbic acid and of other readily oxidized substances on the lipase of the pancreas[3]): **31** ('41) 921–23. – Vitamin K_3, an antihemorrhagic agent: **37** ('42) 191f.

Dokl. Akad. Nauk SSSR Über den Zusammenhang zwischen der Cytochrom-c-Peroxydase und anderen Oxydationssystemen[4]): **60** ('48) 1547–49. – Über den Einfluß von Nitrat- und anderen Anionen auf die Aktivität der Peroxydase[4]): **65** ('49) 329–31. – Oxydierende Fermente und der Grad der Polymerisation des Pflanzenkautschuks[4]): **71** ('50) 1089–91. – Über den Einfluß von Nitrat- und Ammoniumernährung auf den Gehalt an Kautschuk und auf die Aktivität oxydierender Fermente bei Kok-Saghyz[2])[4])[11]): **77** ('51) 661–64. – Über die vermutlich beschleunigende Wirkung der Latexkatalase auf die Polymerisation des Isoprens[4]): **82** ('52) 113f. – Über eine Methode der Vakuuminfiltration bei der Untersuchung von Wurzelkautschukträgern[11]): **85** ('52) 653–55. – Die Dehydrogenasen des Kok-Saghyz[4]): **89** ('53) 893–96. – Über den Gehalt an Kupfer und Eisen in Pflanzen[11]): **90** ('53) 433–35. – Über die gegenseitige Einwirkung von Oxydasesystemen[11]): **101** ('55) 313–16. – Photohämatin und Pflanzenatmung[10]): **118** ('58) 778–81. — Nichtmitochondriale Oxydation von reduziertem Diphosphopyridinnucleotid in den Pflanzenwurzeln[10]): **125** ('59) 925–27. — — Alle Arbeiten russ.

Enzymologia Über das Schardingerenzym und die Xanthinoxydase der Milch[5])[12]): **1** ('36/37) 151–55. — Pflanzliche Aldehyd-Mutase[3]): **9** ('40/41) 28–33.

Fermentforschung Über die Purinstoffwechselfermente der Milchdrüse und der Milch[14]): **14** ('34) 389–94.

Izvest. Akad. Nauk SSSR, Ser. biol. Fermentative syntheses: **1936**, 639–46 [m. engl. Zusammenfassg.]. — Principal results of the research work of the Institute of Biochemistry of the Academy of Sciences of the USSR during 1935–1937: **1937**, 1453–89 [~]. — On the biochemical synthesis of citric acid: **1938**, 991–93 [~]. — Biochemische Synthese und Zerfall der Zitronensäure: **1941**, 179–204. — — Alle Arbeiten russ.

Izvest. Akad. Nauk SSSR, Ser. chim. Aleksej Nikolaevič Bach - Begründer der modernen Biochemie: **1937**, 517–28 [russ.].

Izvest. central'n. naučno-issled. Inst. koževenn. Promyšl. Einfluß der Tannase auf die Gerbstoffbrühe: **1** ('32) [russ.].

Nature [London] Aldehyde mutase: **139** ('37) 926f.

Planta [Berlin] Über die Herkunft der Harnsäure in Pflanzen[7]): **25** ('36) 59–63.

Sovetskaja Med. Die Regulierung der Blutkoagulierung und Vitamin K_3: **7** ('43) Nr. 5/6, 6f. [russ.].

Trudy ivanovsk. gos. med. Inst. Das Gleichgewicht bei der Synthese des Milchfetts: [1] ('35) [russ.].

Usp. biol. Chim. Enzyme im Endstadium der biologischen Oxydation: **1** ('50) 356–71 [russ.].

Usp. Chim. Innermolekulare Umwandlungen von Zuckern und ihre biologische Bedeutung: **5** ('36) 1485–501 [russ.].

Usp. sovremennoj Biol. Biochemische Grundlagen der Pflanzenatmung: **33** ('52) 1–13 [russ.].

Vračebnoe Delo Die physiologische Wirkung des aus Korn gewonnenen Vitamins K[16]): **26** ('46) 108–12 [russ.].

Mit: [1]) B. O. Achunbaeva; [2]) P. S. Belikov; [3]) O. Ja. Borodina; [4]) Z. S. Bronovickaja; [5]) A. Emeljanov; [6]) T. V. Fetisova; [7]) N. Ivanov; [8]) P. A. Kolesnikov; [9]) M. M. Levitov; [10]) A. A. Mutuskin; [11]) K. V. Pšenova; [12]) M. Soloveva; [13]) V. Rubel'; [14]) A. Ryžova; [15]) Z. N. Zaprudskaja; [16]) P. M. Al'perin.

VI **MIDDLETON,** Geoffrey. Chem. (analyt.). — 1920–60 Analyst and Research Chemist, Brit. Drug Houses, Ltd., London. *1896, Febr. 7, Poole, Dorset.

Ue. J. Timmermans, Physico-chemical constants of pure organic compounds (New York–London '50) 8+693 S. — A. Svensson, O. Wendel, Crime detection. Modern methods of criminal investigation (London–Amsterdam–New York '55) 16+376 S.

Analyst The chemical assay of thyroid gland: **57** ('32) 603–09. — The determination of the purity of propylene glycol[2]): **75** ('50) 406–10. — The preparation of biological material for the determination of trace metals, 1: A critical review of existing procedures[2]): **78** ('53) 532–42; ~ 2: A method for the destruction of organic matter in biological material[2]): **79** ('54) 138–42, 147–49.

Chemistry and Industry A new automatic pipette: **18** ('40) 607f.

Clinica chim. Acta [Amsterdam] The absorptiometric determination of traces of cobalt with 1-nitroso-2-naphthol[2]): **1/2** ('56) 135–42.

Industrial Chemist and chem. Manufacturer Viscosity, plasticity, thixotropy, 2: Technical viscosimetry: **12** ('36) 131–33, 137.

J. Pharm. and Pharmacol. The standardisation of the digestion process in the Kjeldahl determination of nitrogen[2]): **3** ('51) 829–42.

Perfumery and essent. Oil Rec. Improved method for estimation of essential oil content of drugs[1]): **26** ('35) 207–10.

Pharmaceutical J. and Pharmacist Determination of essential oils in drugs and spices[1]): **129** ('32) 253–55.

Pharmaceutical J. Chemical standardisation of thyroid: **137** ('36) 593.

Pharmaceuticals and Cosmetics Gummiarten in der Pharmazie: **1935**, 10f., 20, 23 [engl.]. — The saponines, 1: 37f.; ~ 2: 103f. — Viscosity, plasticity, thixotropy, 1: The physical bases of consistency: **1936**, 11f.

Quarterly J. Pharm. and Pharmacol. The estimation of essential oils in drugs and spices[1]): **5** ('32) 521–28. — Improved method for the estimation of the essential oil content of drugs[1]): **8** ('35) 435–42. — The anomalous viscosity of mucilage of tragacanth: **9** ('36) 493–505. — The standardisation of tragacanth: 506–09.

Mit: [1]) T. T. Cocking; [2]) R. E. Stuckey.

VI **MIDGLEY,** Thomas, jr. Chem. — 1919– Member of Research Staff, General Motors Research Corp., Dayton, O.; '24– Vice-Pres., Ethyl (Gasoline) Corp.; '29– Chairman, Midgley Foundat.; '30–44 Member of the Board of Directors, '34–44 Chairman of the Board, '44 Pres., American Chem. Soc.; '31– Vice-Pres., Kinet. Chem. Corp.; Dir. u. Vice-Pres. of the Ohio State Univ. Research Foundation, Columbus, O.; Dir., Ethyl-Dow Chem. Comp. — '36 Hon. D.Sc. (College of Wooster, O.); '44 Hon. D.Sc. (Ohio State Univ., Columbus, O.). — '22 William H. Nichols Medal (Amer. Chem. Soc., New York Sect.); '25 Longstreth Medal (Franklin Inst., Philadelphia, Pa.); '37 Perkin Medal (Soc. Chem. Industry, Amer. Sect.); '41 Priestley Medal (Amer. Chem. Soc.); '42 Willard Gibbs Medal (Amer. Chem. Soc., Chicago Sect.).

*1889, Mai 18, Beaver Falls, Pa.;

†1944, Nov. 2.

Zur Biogr. T. A. Boyd, Chemical Bull. **29** ('42) 107–09, 128. — W. Haynes, in: Great chemists (E. Farber) (NewYork '62) 1589–97. — R. E. Wilson, Early recollection of Tom and Ethyl: Ethyl News, Anniversary Issue **1948**, 11–14; Industrial and Engng. Chem. **29** ('37) 239–41. — Chemistry and Industry **15** ('37) 48. — Nature [London] **139** ('37) 317f.

Nekr. T. A. Boyd, J. amer. chem. Soc. **75** ('53) 2791–95 (m. Bildn., Schr.verz. 57 Nrn.). — C. F. Kettering, Biographical Mem., Nation. Acad. Sci. USA **24** ('46/48) 361–80 (m. Bildn., Faks., Schr.verz. 57 Nrn.); Science [USA] **100** ('44) 562–64. — Chemical and Engng. News **22** ('44) 1896f.

Chemical and Engng. News Employer–employee legal relationships: **17** ('39) 273–76. — Remarks in acceptance of the Priestley Medal: **19** ('41) 1021. — Presidential address: Accent on youth: **22** ('44) 1646–50 (m. Bildn.). — The future of industrial research: The chemist's view: 1756.

Chemistry and Industry From the periodic table to production: **15** ('37) 133–36.

Industrial and Engng. Chem. Decomposition of dichlorodifluoromethane by flames[1]): **24** ('32) 641–45. — Chemistry in the next century: **27** ('35) 494–. — Synthetic weather: 1005–09. — From the periodic table to production: **29** ('37) 241–44. — Man-made molecules: **30** ('38) 120–22. — Problem+research+capital=progress: **31** ('39) 504–06. — Critical examination of some concepts in rubber chemistry: **34**('42) 891–. — A message from our president (editorial): **36** ('44) 1–.

Industrial and Engng. Chem., Analyt. Edit. Determination of carbon and hydrogen content by combustion[3])[1]): **9** ('37) 566f.

J. amer. chem. Soc. Natural and synthetic rubber, 8: Products of the destructive distillation of sodium rubber[1])[4]): **54** ('32) 381–86; ~ 9: The products of destructive distillation of ebonite[1])[4]): 2953–60; ~ 10: Constituents of the rubber hydrocarbon[1])[3]): 3343–48; ~ 11: Constituents of the milled rubber hydrocarbon[1])[3]): 3381–83; ~ 12: Reversible vulcanization by organo-metallic derivatives[1])[4]): **56** ('34) 1156f.; ~ 13: The molecular weight of sol rubber[1])[4])[3]): 1325f.; ~ 14: A structural formula of ebonite[1])[4]): 1326–28; ~ 15: Oxygen in rubber[1])[4])[3]): **57** ('35) 2318–21; ~ 16: The structure of polystyrene[1])[2]): **58** ('36) 1961–63; ~ 17: The separation of sol rubber and gel rubber[1]): **59** ('37) 706f.; ~ 18: The protein from natural rubber and its amino acid constituents[1])[3]): 2501f. — The preparation of thiophene and its homologs from 1,3-diolefins and sulfur[4])[1]): **56** ('34) 1355f. — Reactivity and influence of fluorine in aliphatic compounds[1]): **58** ('36) 882–84. — Mercuric fluoride, a new fluorinating agent[1]): 884–87.

J. physic. Chem. The separation and identification of sol rubber hydrocarbons[1]): **36** ('32) 2880–84.

Mit: 1) A. L. Henne; 2) H. M. Leicester; 3) M. W. Renoll; 4) A. F. Shepard.

VI **MIELI,** Aldo. Chem., Gesch. d. Naturwiss. — 1928–37 Dir., Sect. d'Hist. des Sci., Centre internation. d'Hist. de Synthèse, Paris; '28 Organisateur, '29–51 Secrétaire perpétuel, Acad. internation. d'Hist. des Sci., Paris; '40–43 Prof. Hist. Sci., Univ. nacion. del Litoral, Santa Fé; '47–50 Dir., Union internation. Hist. Sci. (⊠)

* 1879, Dez. 4, Livorno;

† 1950, Febr. 16, Florida, Buenos Aires.

Nekr. P. Sergescu, Archives int. Hist. Sci. **29** ('50) 519–35 (m. Bildn., Faks.). — P. Brunet, ibid. 657. — C. Pla, Aldo Mieli en la Argentina: ibid. 907–12. — H. Sarton, ibid. **30** ('51) 340–44. — Isis **41** ('50) 57 (m. Bildn. vor S. 15).

Autobiogr. Digressions autobiographiques sous forme de préface à un Panorama général d'histoire des sciences: Archives int. Hist. Sci. **27** ('48) 494–505.

H. Panorama general de historia de la ciencia **1** (Buenos Aires '45) - **5** ('52); davon eig. Beiträge: **1**: El mundo antiguo: griegos y romanos (Buenos Aires '45) 24+295 S.; **2**: La época medieval; el mundo islámico y el occidente medieval cristiano (Madrid '46) 18+354 S.; **3**: La eclosión del Renacimiento (Madrid '51) 22+400 S.; **5**: La ciencia del Renacimiento: matemática y ciencias naturales (Buenos Aires '52) 8+246 S.

HZ. Archivio Storia Sci. → Archeion [Roma, Santa Fé] → Archives int. Hist. Sci. **3** ('21) - **29** ('50).

W. Histoire des sciences: antiquité (m. P. Brunet) (Paris '35) 1224 S. — La science arabe et son rôle dans l'évolution scientifique mondiale (m. H. P. J. Renaud, M. Meyerhof, J. Ruska) (Leiden '38) 19+388 S.; Neudrucke: (Dubuque, Ia. '64); (Leiden '66) 19+467 S. — Sumario de un curso de historia de la ciencia en ciento veinte numeros (Santa Fé '43) 8+251 S. — Volta y el desarrollo de la electricidad (Buenos Aires '44) 153 S. (Colección austral). — Lavoisier y la formación de la teoría química moderna (Buenos Aires '44) 154 S. (∼). — La teoría atómica química moderna (Buenos Aires '47) 13+243 S.

Archeion [Roma, Santa Fé] Le rôle de Lavoisier dans l'histoire des sciences: **14** ('32) 51–56. — Aristote savant: 169–82. — Sur l'enseignement de l'histoire des sciences: 261–66. — La création du Comité international d'Histoire des Sciences et son activité actuelle: 357f. — La transcription en lettres latines des mots arabes: 436–38. — En attendant mon départ (du Comité international d'Histoire des Sciences): **15** ('33) 426f. — Rapport à la réunion de Warszawa sur la vie du Comité international d'Histoire des Sciences: 428–32. — Rapport sur l'enseignement de l'histoire des sciences et sur les tables chronologiques du XVIe siècle: 433–35. — L'enseignement donné par le philosophe Comarios à la sage Cléopâtre[1]): **16** ('34) 18–23 [französ. Übers. m. Kommentaren]. — Rapport à la Commission du Corpus Medicorum Arabicorum: 360–64. — Emanuele Paternò e Guglielmo Bilancioni: 466–68. — Erik Nordenskiöld, 1872–1933: **17** ('35) 77. — Le tricentenaire du Muséum d'Histoire naturelle: 348f. — L'Institut d'Histoire des Sciences et des Techniques de l'Université de Paris: 349f. — Historiens de la médecine et historiens de la science: 405–09. — Observations sur la transcription des mots arabes: 412f. — Histoire des sciences et préhistoire[1]): **18** ('36) 80f. — Lettere inedite di Stanislao Cannizzaro e di Emanuele Paternò ad Adolf Lieben: 188f. — Un viaggio in România: 191–203. — VIIIe Réunion de l'Académie internationale d'Histoire des Sciences, Cluj-București, 10–16 avril 1936. Séance du 11 avril. Allocution: 208–10. — Souvenirs sur Duhem et une lettre inédite de lui: **19** ('37) 139–42. — La transcription des noms écrits dans des langues qui n'usent pas de l'alphabet latin et l'unification de l'orthographe de l'alphabet latin: 242–45. — Les "Discorsi e dimostrazioni matematiche" de Galileo Galilei et la formation de la dynamique moderne: **21** ('38/39) 193–297. — Vermutlich weitere Arbeiten in den folgenden Jahrgängen.

Archives int. Hist. Sci. Préface: **27** ('48) 5–8. — Le questioni di priorità e dei precursori: 9–17. — Académie internationale d'Histoire des Sciences. Adresse envoyée par le secrétaire perpétuel pour être lue à l'ouverture du Congrès de Lausanne: 312–14. — Académie internationale d'Histoire des Sciences 1928–1948: 553–56. — Tables chronologiques d'histoire des sciences: **28** ('49) 728f. — Lettre circulaire du secrétaire perpétuel: **29** ('50) 657f.

Petrus Nonius [Lisboa] O papel mundial da ciência árabe. Duas conferências proferidas no Curse de Férias de Cascais de 1936: **1** ('37) 27 S., 28 S.

Mit: [1]) P. Brunet.

IV–VI **MIERS,** Sir Henry Alexander. Mineral., Kristallogr. — 1915–26 Vice-Chancellor and Hon. Prof., Victoria Univ. of Manchester; '26–39 Trustee of British Museum, London. — Pres.: '01–13 Council of the Roy. Soc., '04–09 Mineral. Soc., '05 Geol. Sect. and '10 Educat. Sect., Brit. Assoc. Advancem. Sci., '28–33 Museums Assoc., '32 Library Assoc., '32–37 Gemmol. Assoc.; Vice-Pres.: '01–04 Chem. Soc., '02–04 Geol. Soc., London, '13 Roy. Soc. of Arts. — '34 Wollaston Medal (Geol. Soc. London).

*1858, Mai 25, Rio de Janeiro;
†1942, Dez. 10, West Hampstead, London.

Nekr. H. Dale, Proc. roy. Soc. London, Ser. A **182** ('43/44) 217f. — H. Hartley, J. chem. Soc., London **1950**, 430–34. — H. Hedström, Geologiska Fören. Stockholm Förh. **65** ('43) 220. — T. H. Holland, Obituary Notices Fellows roy. Soc. London 4 ('42/44) 369–80 (m. Bildn., Faks., Schr.verz.). — G. F. H. Smith, Nature [London] **151** ('43) 47. — T. L. Humberstone, ibid. 111. — H. Steinmetz, Jahrb. bayer. Akad. Wiss. **1949**, 140f. — Chemistry and Industry **1943**, 14f.

W. A report on the museums and art galleries of British Africa (m. S. F. Markham) [der Band enthält zugleich: A. C. Squire, D. W. Herdman, Report on the museums of Malta, Cyprus and Gibraltar] (Edinburgh '32) [insgesamt] 9+90 S. — A report on the museums of Canada (m. S. F. Markham) (Edinburgh '32) 63 S. [+ Directory of the museums and art galleries of Canada, Newfoundland, Bermuda, the British Westindies, British Guiana and the Falkland Islands].

J. Adult Educat. Museums and art galleries in adult education: **6** ('34) 330–404.

Library Assoc. Rec. Size of institutions. Address: (3) **1933**, 13–15. — Reflection on the annual report of council. Presidential address: 308–15.

Listener What museums might be. Introductory note: **7** ('32) 8 S. zwischen S. 204 u. 250.

Museums J. Presidential address, Museums Association, Birmingham conference: **32** ('32) 129–44. — Presidential address, Museums Association, Norwich conference: **33** ('33) 149–63. — F. A. Bather (1863–1934): **34** ('34) 44f. — Sir William H. Bragg (1862–1942): **42** ('42) 36f.

VI **MIGNONAC,** Georges. Chem. (org.). — 1906–10 Stud., Univ. de Toulouse; '18–21 Assist., Collège de France, Paris; '21–25 Prof., Ecole de Chim. du Mulhouse; '25–31 Prof., Univ. de Strasbourg; '33 Dr. ès sci., Sorbonne, Paris; '33–60 Prof., Univ. de Toulouse. — '39 Prix Charles-Adam Girard, '39 Médaille Berthelot (Acad. Sci. Paris).

*1889, März 13, Tournay, Hautes-Pyrénées.

Annales Chim. Contribution à l'étude des imines: (11) **2** ('34) 225–86.

Bull. Soc. chim. France Sur l'hydrogénation catalytique en milieu liquide. Etude de l'influence des solvants[12]): (4) **53** ('33) 139. — Sur les cétimines[13]): 207. — Sur les cétimines acétyléniques[8]): 364f. — Méthode de préparation d'amines du type $\frac{Ar}{Ar}{>}CH-NH_2$ et $\frac{Ar}{Ar}{>}CH-NH-CH{<}\frac{Ar}{Ar}$[5]):(5) **3** ('36) 948. — Sur les cétimines aliphatiques et alicycliques[7])[14]): 948f. — Sur la décomposition catalytique de l'acétaldéhyde[11]): 2184f. — Polymérisation thermique de l'éthylène[2]): **4** ('37) 981. — Sur l'hydratation de l'acétylène par l'eau sous l'influence de l'effluve électrique[1]): **1954**, 688–90. — Décomposition de la vapeur d'acétone sous basse pression au moyen de l'étincelle électrique haute-fréquence[10]): **1956**, 1727–36. — Etude spectrophotométrique de l'ion cyanomalonique. Application au dosage spectrophotométrique de l'ion Fe^{3+}[10])[3]): **1958**, 1323–30. — Etude de l'action de l'effluve haute fréquence sur l'éthylène, 1: Etude analytique; influence des conditions expérimentales[10])[9]): **1966**, 2161–68; ~ 2: Etude spectrographique; aperçus cinétiques de la réaction[10])[9]): 2168–71.

C.R. hebd. Séances Acad. Sci., Paris Sur la polymérisation de l'acétylène sous l'influence de la chaleur. Sur un hydrocarbure gazeux jaune: le chlorène[6]): **199** ('34) 367–69. — Sur les pyridylcétimines[4]): **242** ('56) 1624–27.

Mit: [1]) P. Bieber; [2]) R. Bobrovas; [3]) C. Bonnemaison; [4]) P. Bourbon; [5]) R. Cantarel; [6]) E. Ditz; [7]) L. Fauque; [8]) M. Jirou; [9]) H. Lecouls; [10]) R. Miquel; [11]) B. Salazar; [12]) L. Schwartz; [13]) R. Virion; [14]) H. Weinreich.

VI **MIGNOSI,** Gaspare Baldassare Melchiorre. Math. — 1932–51 Prof. Analisi algebr., Univ. di Palermo.

*1875, Jan. 5, Palermo;

†1951, Juni 17, Palermo.

Nekr. C. Mineo, Matematiche **7** ('52) III–XII (m. Schr.verz.).

S. Scritti matematici, offerti a Luigi Berzolari (Pavia '36) 249–60: Eliminazione nei sistemi di equazioni algebriche in un corpo finito.

W. Geometria elementare per i ginnasi superiori e i licei, **1**: Per il ginnasio superiore (m. M. Cipolla) (Torino '38) 150 S.; **2**: Per i licei (m. M. Cipolla) ('40) 115 S., ('41) 223 S.

Annali Mat. pura ed appl. Michele Cipolla†: (4) **26** ('47) 217–20.

Atti R. Accad. Sci., Lettere ed Arti Palermo I sottogruppi fondamentali e il rango del gruppo modulare in un corpo finito: (4) **1** ('41) Nr. 1, 40 S. — Contributo italiano al problema di Hurwitz sulle equazioni algebriche a coefficien ti reali e radici di ascissa negativa: **2** ('42) Nr. 1, 32 S.

Boll. Accad. Sci., Lettere ed Arti Palermo Michele Cipolla †: **1949**, 109–40.

Boll. Unione mat. ital. Michele Cipolla †: (3) **3** ('48) 94f.

Esercitazioni mat. Grandezze e misure: (2) **7** ('34) 10–18. — Proporzioni e proporzionalità: 41–47. — Aree e volumi indipendentemente dall'equivalenza geometrica: 157–64. — Le formule di Betti relative all'analisi indeterminata di primo grado: **8** ('35) 77–83. — Dimostrazione elementare del principio di Cavalieri per le aree e i volumi: 205–14. — Estrazione di radice dei polinomi: **9** ('36) 96–106.

Filomate Astrazione logica: **1** ('48) 233–43. — In memoria di M. Cipolla: 306f.

Giorn. Sci. natur. ed econ. Palermo Equazioni algebriche a radici reali corrispondenti a forme quadratiche hermitiane definite: **38** ('35) 1–7.

Rend. Circolo mat. Palermo I campi d'integrità finiti di prima specie contenenti un corpo: **56** ('32) 161–208. — Sui campi d'integrità di specie qualunque e su quelli di seconda specie contenenti un corpo: **57** ('33) 357–401.

Rend. Semin. Fac. Sci. Univ. Cagliari Il teorema di Fermat-Euler per i campi d'integrità finiti di prima specie: **2** ('32) 1–3. — L'altezza di un campo d'integrità incompleto di seconda specie, relativa ad un corpo: 68–72.

Einige weitere Algebra-Schullehrbücher.

VI **MIHOLIĆ,** Stanko Stankov. Chem. (anorg., med., pharm.), Geochem., Balneol.

– 1930–36 Wiss. Arbeitsleiter, Hygien. Zentralinst., Beograd; '36–39 Doz., Med. Fak., Univ. Beograd; '39–46 Dir., Inst. f. Brennstoffe, Erze u. Metallurgie, Zagreb; '46–50 Chef, Montan-metallurg. Abteilung, Inst. f. Industrieforschung; zugleich Vice-Chef, Chem. Labor., Geol.-Montanist. Inst. → Inst. f. Geol. Forschung d. Kroat. Volksrepubl., Zagreb; '50–53 Wiss. Mitarbeiter, Balneol. Inst. d. Rates f. Volksgesundheit u. Sozialpolitik, Zagreb; '53–57 Chef, Balneol. u. Klimatol. Inst., Jugoslaw. Akad. der Wiss. u. Künste, Zagreb; außerdem '24–26, '40–41, '47–60 Hon.-Prof., Univ. Zagreb.

*1891, Sept. 11, Žalec kod Celja;
†1960, Aug. 12, Bodö, Norwegen.

Zum 60. Geb.tag B. Težak, K. Balenović, Arhiv Kem. **23** ('51) 1f. (m. Bildn. u. Faks.).

Nekr. M. Tajder, Geološki Vjesn. **14**.1960 ('61) 423–31 (m. Bildn., Faks., Schr.verz. 89 Nrn.). – E. Cerkovnikov, Farmaceutski Glasn. **16** ('60) 464–66 (m. Bildn., Faks., Schr.verz. 87 Nrn.).

HZ. (Redakt.) Arhiv Kem. **18** ('46) – **24** ('52).

MUe. C. Darwin, Putovanje jednog prirodoslovca oko svijeta [Journal of researches into the natural history and geology of the countries visited during the voyage of H. M. S. "Beagle" round the world 1832–1836] (Zagreb–Beograd '49) 582 S.; u. d. T.: Putovanje jednog prirodnjaka oko sveta (Beograd '51) 575 S.; gekürzt u. d. T.: Putovanje prirodoslovca oko svijeta (Zagreb '64, '66) 208 S. – M. Twain, Život na Mississippiju [Life on the Mississippi] (Zagreb–Beograd '49) 398 S. – M. Twain, Lob na dvoličnu puru [Hunting the deceitful turkey] (Zagreb '64) 128 S. [Biblioteka svjetskog humora i satire, 1).

S. Almanah 3. kongresa slovenskih apotekara, Beograd–Zagreb–Split 1934 (Zagreb '35) 205–12: Jodwässer [serbokroat.]. – Banje, morska i klimatska mesta u Jugoslaviji (Beograd '36) 17–24: Über die Bestandteile von Mineralwässern [serbokroat.]. – Rapports. 15e Congrès international d'hydrologie, de climatologie et de géologie médicales, Belgrade 1936 (Beograd '36) 589–600: The occurrence of heavy metals in mineral waters. – Rep. 18th Session, International geological congress, London 1948, **2** (London '50) 86f.: A geochemical method of prospecting for ore deposits. – C. R. 19e Session, Congrès géologique international, Alger 1952, **12** (Alger '54) 273–77: Mineral waters along the eastern Adriatic coast. – Iz hrvatske medicinske prošlosti. Spomen knjiga Zbora liječnika Hrvatske (M. D. Grmek, S. Dujmušić) (Zagreb '54) 107–14: Die Geschichte der Mineralwässer in Kroatien [serbokroat.]. – Congrès international d'hydroclimatisme et de thalassothérapie, Opatija 1954, **2** (Beograd '56) 149–55: Mineral waters along the eastern Adriatic coast. – II Kongres geologa Jugoslavije, Sarajevo 1957. Referati, predavanja, diskusije (Sarajevo '57) 599–601: Bosnische Säuerlinge [serbokroat. m. engl. Zusammenfassg.]. – III Kongres ~, Budva 1959, ~ **2** (Beograd '62) 239–47: Die Entstehung der mediterranen Bauxite [serbokroat. m. deutscher Zusammenfassg.]. – Zbornik Zagrebačke klasične gimnazije (Zagreb '57) 797–805: Die Mineralwässer der kroatischen Vorgebirge [serbokroat.]. – Rep. 21st Session, International geological congress, Copenhagen 1960, **15** (København '60) 73–77: Secondary enrichment of uranium in sediments.

W. Harnanalyse für Apotheker [serbokroat.] (Zagreb '36) 120 S. (Biblioteka Apotekarskog Vjesnika, 2).

Apotekarski Vjesn. Bestimmung der Schwermetalle in Mineralwässern: **19** ('37) 589–, 629– [serbokroat.].

Archiv Hyg. u. Bakteriol. Zur Pharmakologie und Chemie des Kaffeegetränks[2]): **113** ('34) 108–11.

Arhiv za Hemiju i Farmaciju Chemische Analyse des radioaktiven Wassers bei Celje: **10** ('36) 85–89 [serbokroat. m. deutscher Zusammenfassg.].

Arhiv Kem. i Tehnol. Chemische Analyse des Thermalwassers in Ilidža: **12** ('38) 83–92 [serbokroat. m. deutscher Zusammenfassg.]. – Chemische Untersuchung des Wassers der Vretenicaquelle auf der Insel Krk (Jugoslawien): **14** ('40) 24–26 [serbokroat. m. engl. Zusammenfassg.]. – Chemische Analyse des Wassers einer Quelle bei Slatina Radenci: 121–25 [~]. – Neue Meinungen über die Chemie der Mineralwässer: 142 [serbokroat.].

Croatica chem. Acta Acidulated water of Kiseljak in Bosnia: **28** ('56) 113–18. – Die Thermalquelle von Sutinsko. Eine geochemische Studie[4]): 163–66 [serbokroat. m. engl. Zusammenfassg.]. – The thermal waters of Višegrad in Bosnia: **29** ('57) 39–44. – Beitrag zur Kenntnis der Säuerlinge in Bosnien[4]): 445–56 [serbokroat. m. engl. Zusammenfassg.]. – The "Eye Water" of Srebrenica in Bosnia: **30** ('58) 29–33. – Der Badeort Vrućica in Bosnien. Eine geochemische Studie[4]): 35–38 [serbokroat. m. engl. Zusammenfassg.]. – The radioactive springs of Istarske Toplice: **31** ('59) 33–40. – Die Thermalquelle in Laško (Slowenien). Eine geochemische Studie[5]): 149–51 [serbokroat. m. engl. Zusammenfassg.]

Ber. dtsch. chem. Ges. Nachruf auf M. T. Lecco: **65A** ('32) 151.

Berg- u. hüttenmänn. Monatsh. montanist. Hochschule Leoben Die Entstehung der Bauxite auf Kalk: **101** ('56) 38–40.

Bull. int. Acad. yougosl. Sci. et Beaux-Arts Chemische Analyse der Thermalquellen im nordwestlichen Kroatien: **33** ('40) 49–55. – Determination of sodium as magnesium sodium uranyl acetate: (N. S.) **2** ('49) 17–19. – Determination of geologic age of igneous rocks by radioactive methods: **13** ('53) 17–27.

Bull. sci., Conseil Acad. RPF Yougoslavie The development of chemistry in Croatia: **3** ('56/57) 33–35. – Genesis of radioactive waters: 77f. – Investigation of mineral waters in Yugoslavia: **4** ('59) 97–100. – The genesis of the Mediterranean bauxites: **5** ('60) 46.

Chemie Erde Das Vorkommen von Schwermetallen in Mineralwässern [1]: **8** ('33) 440–44.

Deutsche Apotheker-Ztg. Die neue Jugoslawische Pharmakopöe: **50** ('35) 584–86.

Economic Geol. Ore deposits and geologic age: **42** ('47) 713–20. – Radioactivity of waters issuing from sedimentary rocks: **47** ('52) 543–47. – Genesis of the Witwatersrand gold-uranium deposits: **49** ('54) 537–40.

Farmaceutski Vjesn. Die Pektine und ihre Bedeutung in der Medizin und Pharmazie: **26** ('36) 735– [serbokroat.]. – Mineralwässer: **27** ('37) 1001–[~].

Geochimica et cosmochim. Acta [London] Radioactive waters from sediments: **14** ('58) 223–33.

Geološki Glasn. Eine Schwefelquelle bei Jelovac: eine geochemische Studie: **4** ('58) [290–96 serbokroat.].

Geološki Vjesn. Mineralwässer aus dem Pohorje-Gebiet (Bacher-Region): **1** ('47) 111–24 [serbokroat.]. – A geochemical method for prospecting for ores: **2/4.1948/50** ('52) 87–98 [serbokroat. m. engl. Zusammenfassg.]. – Aus Afrika: Algerische Mineralwässer; Uran in Afrika: **5/7.1951/53** ('54) 376f. [serbokroat.]. – Chemical analysis of the thermal water in Fojnica, Bosnia: **8/9.1954/55** ('56) 225–36 [serbokroat. m. engl. Zusammenfassg.]. – Nuclear geology: **11.1957** ('58) 229–59 [~]. – Radioactive waters from sediments: **13.1959** ('60) 163–69 [~].

Glasn. Druš. Hemičara [i Tehnologa) NR Bosne i Hercegovine Chemical analysis of the mineral water from the Veliki Guber well at Srebrenica in Bosnia: **3** ('54) 5–22 [serbokroat. m. engl. Zusammenfassg.]. – Die Thermalquelle bei Laktaši (Bosnien)[4]: **6** ('57) 5–9 [serbokroat.]. – Chemische Analyse des Säuerlings von Kiseljak bei Sarajevo: **8** ('59) 19–23 [~].

Glasn. hemiskog Druš. [Beograd] Chemische Analyse der Königsquelle in Boračova bei Slatina Radenci: **3** ('32) 43–56 [m. deutscher Zusammenfassg.]. – Chemische Analyse der Thermalquellen des Samoborer Gebirges: 91–103 [~]. – Marko T. Lecco: 127–40. – Chemische Analyse der Heilquelle in Slatina Radenci: 165–70. – Chemische Analyse der Gisela-Quelle in Boračova bei Slatina Radenci: 217–20 [m. deutscher Zusammenfassg.]. – Occurrence of heavy metals in mineral waters: **4** ('33) 107–20 [m. engl. Zusammenfassg.]; ~ 2: **6** ('35) 217–34 [~]. – Frau Prof. Bubanović zum 50. Geburtstag: **4** ('33) 127f. – Das Wasserstoffisotop und seine Eigenschaften: 227–35. – Pharmacology and chemistry of coffee drinks: **5** ('34) 41–47 [m. engl. Zusammenfassg.]. – Chemische Analyse des Mineralwassers in Očeslavci (Sulzdorf): 63–71 [m. deutscher Zusammenfassg.]. – Chemical investigation of iodine mineral waters in Yugoslavia: 155–77 [m. engl. Zusammenfassg.]. – Chemische Analyse des Thermalwassers in Velika: **6** ('35) 51–60. – Chemische Analyse des Thermalwassers in Daruvar: 121–29 [m. deutscher Zusammenfassg.]. – Chemische Analyse des Thermalwassers in Lipik: 169–77 [~]. – Chemische Analyse des Thermalwassers in Vrdnik: **7** ('36) 21–29 [~]. – Chemische Analyse der Wilmaquelle in Slatina Radenci: 31–34 [~]. – Biochemistry of iodine: 133–40 [m. engl. Zusammenfassg.]. – Chemische Analyse des Thermalwassers in Bukovička Banja: **8** ('37) 83–96 [m. deutscher Zusammenfassg.]. – Chemische Analyse der Königsquelle in Kostrivnica: 183–92 [~]. – Chemische Analyse der Marienquelle in Gabernik: **9** ('38) 201–04 [~]. – Chemische Analyse des Thermalwassers in Vrnjačka Banja: **10** ('39) 163–96 [~]. – Chemische Analyse eines Mineralwassers in der Belgrader Unterstadt: **11** ('40/46) 108–11. – Tin in some samples of crystalline rocks: **14** ('49) 121–27 [m. engl. Zusammenfassg.]. – Heavy metals in mineral waters: **1951**, Jubiläums-Nr., 163–68 [~]. – – Alle Arbeiten serbokroat.

Glasn. hrvatsk. prirodoslovn. Druš. Chemische Untersuchungen von Kieselsinter von der Insel Vis in Dalmatien: **49/50** ('38) 49–56 [serbokroat. m. deutscher Zusammenfassg.].

Godišnjak, Balneološko-klimatol. Inst. NR Hrvatske Chemische Zusammensetzung und Eigenschaften von Mineralwässern: **1** ('52) 7–18 [serbokroat.]. – Mineralwässer in Kroatien[6]): 59–133 [~].

J. chem. Soc. London Determination of the age of igneous rocks: **1950,** 3402–05.

Liječnički Vijesn. Das Jodheilbad Sisak[6])[1]): **77** ('55) 533–40 [serbokroat. m. deutscher Zusammenfassg.].

Ljetopis jugoslav. Akad. Znanosti i Umjetnosti Untersuchungen der Thermalquellen in der kroatischen Landschaft Zagorje: **63** ('59) 326–28 [serbokroat.].

Mikrochemie verein. Mikrochimica Acta Beitrag zur Bestimmung von Spurenelementen in Gesteinen: **36/37** ('51) 393–97.

Priroda [Zagreb] Mineralwässer in Jugoslawien: **22** ('32) 171–80 [serbokroat.]. – Schwermetalle in Mineralwässern: **26** ('36) 161–68 [~]. – Das Alter der Erde und ihres Gesteins: **28** ('38) 1– [~].

Rad hrvatske Akad. Znanosti i Umjetnosti Chemische Analyse der Thermalquelle in Stubičke Toplice: **278** ('45) 195–211 [serbokroat.].

Rad jugoslav. Akad. Znanosti i Umjetnosti, Razreda mat.-prirod. Chemische Analyse der Thermalquellen in der kroatischen Landschaft Zagorje: **267** ('40) 195–215 [serbokroat.]. – Die Bestimmung von Natrium als Natriummagnesiumuranylacetat: **271** ('48) 41–44 [~]. – Bestimmung des geologischen Alters des Gesteins mit der Radioaktivitätsmethode: **292** ('53) 33–55 [~].

Reumatizam Radioaktive Wässer in Jugoslawien: **2** ('55) 62f. [serbokroat.].

Vikram [India] Determination of geologic age of igneous rocks by the "lead" method[3]: **1** ('57) 1–.

Vjesn. hrvatsk. državn. geol. Zavoda i hrvatsk. državn. geol. Mus. Chemische Analyse der Thermalquelle in Bad Lešće: **1** ('42) 46–52 [serbokroat. m. deutscher Zusammenfassg.].

Z. angew. Bäder- u. Klimaheilkunde Die CO_2-Quellen Jugoslawiens[6]: **5** ('58) 77–81.

Ferner drei Aufsätze über Mineralwasseranalyse (insbesondere Bestimmung von Jod, Brom, Kalium und Natrium) in einer jugoslawischen Zeitschrift für Wasser-, Gas- und Sanitärtechnik (1936).

Mit: 1) D. Grmek; 2) A. Holste; 3) P. K. Karmalkarom; 4) K. Mirnik; 5) B. Stančić; 6) L. Trauner.

VI **MIHUL,** Constantin. Physik. – 1921–32 Assist., '32–41 Maître de Conférences, '41–68 Prof., '64 Prof. émér., '68– Prof. consultant, Univ. din Iași. – '60 Ordre de Travail 3e Classe (Conseil d'Etat de la Républ. Socialiste Roumanie).

*1897, Dez. 30 (18), Cioc-Meidan, Moldova.

S. Emissionsspektroskopie (R. Ritschl, G. Holdt) (Berlin '64) 93–96: Eine neue Variante des metallischen Modells von doppelkonjugierten Molekülen[17][25][29]. – Proc. 14th Colloquium spectroscopicum internationale, Debrecen 1967, **3** (London '68) 1335–42: Kohlenwasserstoffe in den Benzinen der rumänischen Rohöle[4][2][11][23][27][30][14].

W. Curs de fizică generală: Optică **1** (Iași '56) 455 S., **2** ('56) 814 S.

Analele ști. Univ. „Al. I. Cuza" Iași, Sect. I Oscillations de la tension entre les électrodes d'une décharge en courant continu dans l'oxygène[7][6][22]: (N.S.) **1** ('55) 243–54 [rumän. m. russ. u. französ. Zusammenfassg.]. – Oscillations de la tension entre les électrodes d'une décharge en courant continu dans l'azote[7][6][22]: **2** ('56) 187–94 [~]. – Les spectres de fluorescence de pétroles lampanțs[21][17]: 199–210 [~]. – La fluorescence des huiles pour Diesel tirées du pétrole roumain[21][17][24][19]: **3** ('57) 243–56 [russ. m. rumän. u. französ. Zusammenfassg.]. – Oscillations spontanées de la tension entre les électrodes de la décharge luminescente en courant continu[6][7][22]: **4** ('58) 91–106 [~]. – L'inductance et la résistance électrique des gaz ionisés: **9** ('63) 165–76 [~]. – Contributions à l'interprétation des oscillations électriques spontanées qu'on obtient dans la décharge luminescente en courant continu: 473–85 [~].

Analele ști. Univ. „Al. I. Cuza" Iași, Sect. Ib Die Intensitätsverteilung in Fluoreszenzspektren von rumänischen Mineralölen[17][8][10]: **10** ('64) 81–86 [rumän. m. russ. u. deutscher Zusammenfassg.]. – Untersuchungen über die Absorptionsspektren des Benzins[15][5][25]: 87–90 [~]. – Untersuchungen über die Absorptionsspektren des Petroleums[15][5][25]: 91–94 [~]. – Untersuchungen über die Absorptionsspektren der Gasöle[26][25]: 95–98 [~]. – Ramanspektroskopische Bestimmung des Kohlenwasserstoffinhalts von engen Destillationsfraktionen im Temperaturbereich 50–150 °C der Erdöle von Bucșani und Moreni[2][3][11][23][27][28][4]: **11** ('65) 127-34 [m. rumän. u. russ. Zusammenfassg.]. – Kohlenwasserstoffe in den Benzinen der rumänischen Rohöle, **3**: Über das Benzin der aus Bogați Pitești herstammenden Rohöle[4][3][20][23][27][28][30]: **12** ('66) 105–10 [~]; ~ 5: Über das Benzin der aus Moreni, geologische Formation Dazische Stufe, stammenden Rohöle[11][14][23][4]: **14** ('68) 101–06 [m. rumän. Zusammenfassg.]; ~ 6: Über das Benzin der aus Zemeș und Geamăna herstammenden Rohöle[2][27][30][4]: 107–11 [~]; ~ 7: Über das Benzin der aus Boldești stammenden Rohöle[2][23][4]: 113–17 [~]; ~ 8: Über die der dazischen, mäotischen und sarmatischen Stufen angehörigen Benzine der Erdöllagerstätte von Țintea[11][23][27][30][4]: **15** ('69) 23–28 [~]; ~ 9: Über das Benzin der Erdöllagerstätte von Leordeni[4][20][27]: 29–34 [~]; ~ 10: Über das Benzin der Erdöllagerstätte von Moinești-Stadt[2][4][30]: 35–39 [~]; ~ 11: Über das der geologischen Stufe Meoțian angehörige Benzin der Erdöllagerstätte von Bogați[20][4][31][23]: **16** ('70) 163–68 [~]. – L'influence du solvant sur le spectre électronique du 9-bromeanthracène[17][27]: 149–53 [~]. – Déplacement de la transition électronique du 9,10-dibromeanthracène en fonction de la constante diélectrique de la solution[17][10]: 155-61 [~]. – Déplacements des transitions électroniques de l'anthracène et de 1,8-diphényle-1,3,5,7-octotétraène en fonction de la constante diélectrique de la solution[17][27]: **17** ('71) 25–30 [~]. — The dependence of the shift of the total symmetrical vibration line of the pyridine in acid solutions on the acidity of the solvents[26][31]: 175–79 [~]. — Modification de la fréquence $\Delta\nu_{00}$ des transitions électroniques de 2-méthyleanthracène, 9,10-diphényleanthracène et 9,10-dichloreanthracène en fonction des constantes diélectriques des solutions[17][27]: **19** ('73) 71–76 [~]. — Specific interactions in the I. R. absorption spectra of the pyridine derivatives in solutions[31][32]: 77–81 [~].

Analele şti. Univ. „Al. I. Cuza" Iaşi, Sect. Ic Kohlenwasserstoffe in den Benzinen der rumänischen Rohöle, 1: Über das Benzin der Rohöle aus mäotischer Formation von Moreni und Bucşani[4][2][11][23][28][3][27]: **13** ('67) 191–99 [m. rumän. Zusammenfassg.]; ~ 2: Über das Benzin der aus Gherceşti-Oltenia herrührenden Rohöle[4][23][16][3][27][30]: 201–08 [~].

Annales sci. Univ. Jassy Sur la constante diélectrique et la conductibilité des gaz ionisés[9]: **17** ('33) 78–110.

Buletin şti., Acad. Republ. popul. române, A Fluorescence des essences des huiles roumaines[21][1]: **6** ('54) 667–77 [rumän.].

Buletinul Inst. Petrol, Gaze şi Geol. Kohlenwasserstoffe in den Benzinen der rumänischen Rohöle, 4: Über das Benzin aus dem Rohöl von Lucaceşti[2][27][23][4][30]: **15** ('67) 123–29 [rumän.].

Bull. Soc. roumaine Physique Distribution des vitesses des électrons dans un champ magnétique[9]: **37** ('36) Nr. 66, 3–6 [m. engl. u. deutscher Zusammenfassg.].

C. R. hebd. Séances Acad. Sci., Paris Les gaz ionisés dans le champ magnétique: Preuve de l'existence de l'électron tournant[9]: **194** ('32) 70–72, 404. — Les électrons libres des gaz ionisés dans le champ magnétique[9]: 1330–32. — Les gaz ionisés dans le champ magnétique: Pressions plus petites que 10^{-3} mm Hg [9]: **195** ('32) 765–67; ~: Pressions plus grandes que 10^{-3} mm Hg [9]: 1008–10. — Sur la structure de la couche ionisée de l'atmosphère (ionosphère)[9]: **199** ('34) 1301–03, 1693. — Sur la propagation des ondes électriques; explication des échos[9]: 1389–91. — Propagation des ondes électriques dans le champ magnétique terrestre[9]: **200** ('35) 1301–03. — Répartition des vitesses des électrons dans le champ magnétique[9]: **202** ('36) 1160–62. — Propagation des signaux radioélectriques entre deux points éloignés l'un de l'autre[13]: **204** ('37) 340–43. — Sur l'ionisation de la partie supérieure de l'ionosphère[13]: 1171–73. — Sur l'ionisation de la partie inférieure de l'ionosphère[13]: **205** ('37) 363–65. — Réflexion dans l'atmosphère des ondes de radiodiffusion[13]: 904–06. — Sur la réflexion mixte dans des milieux d'indices optiques variables; application à l'ionosphère[13]: **207** ('38) 220–22.

Disquisitiones math. et physicae [Bucureşti] Réflexion des ondes électromagnétiques par des milieux aux constantes optiques variables d'une façon continue: **1** ('40) 253–305.

Izvest. Akad. Nauk SSSR, Ser. fizič. Spectres de fluorescence des essences à moteur[21][17][24][19]: **23** ('59) 122–25 [russ.].

J. Physique et Radium Sur la constante diélectrique et la conductibilité des gaz ionisés[9]: (7) **6** ('35) 35–48. — La structure de l'ionosphère et la propagation des ondes électriques courtes[9]: 388–96.

Petrol şi Gaze Etudes sur la nature chimique des pétroles des gisements roumaines[4]: **21** ('70) 474–85 [rumän.].

Revista Univ. „Al. I. Cuza" şi Inst. politehn. Iaşi Contributions à l'étude des oscillations électriques dans la colonne positive d'une décharge en courant continu dans des gaz[13][12]: **2** ('55) 131–43 [rumän.]. — Notion de densité, employée en optique géométrique[6]: 325–28 [~].

Spectrochimica Acta Les spectres de fluorescence des pétroles lampants[21][17]: **1957**, Suppl., 562–64.

Studii şi Cercetări şti., Acad. Republ. popul. romîne, Filială Iaşi, Fizică şi Şti. tehn. Spectres de fluorescence des lubrifiants minéraux[21][17][28][19]: **10** ('59) 151–57 [rumän.]. — Déplacement des spectres de fluorescence des solutions d'anthracène et de 9,10-dibromeanthracène en fonction de dissolvant[17][8]: **11** ('60) 175–81 [~]. — Fluorescence des lubrifiants minéraux[21][17][28][18]: **12** ('61) 7–14 [~]. — Une variante nouvelle du modèle métallique des molécules à liaisons doubles conjuguées[17][25][29]: 183–90 [~].

Mit: 1) B. Arventiev; 2) V. Caraiani; 3) R. Chişleag; 4) C. Creangă; 5) M. Delibaş; 6) D. Grosu; 7) X. Grosu; 8) M. Haba; 9) T. V. Ionescu; 10) M. Jeverdan; 11) C. Lerescu; 12) A. Mihul; 13) I. Mihul; 14) N. Moşescu; 15) I. Nicolaescu; 16) L. Petrovici; 17) V. Pop; 18) C. Rădulescu; 19) G. A. Rădulescu; 20) S. Rădulescu; 21) C. Ruscior; 22) M. Sandulovici; 23) R. Sanduloviciu; 24) F. R. Schwartz; 25) G. Singurelu; 26) L. Singurelu; 27) M. Strat; 28) M. Suciu; 29) L. Vasiluţa; 30) A. Vlahovici; 31) D. Dorohoi; 32) V. Lupu.

VI **MIKA,** József. Chem. (analyt.). — Bis ca. 1955 Laborleiter, Fak. f. Bergbau, Metallurgie u. Forstwirtsch. d. József-Univ. f. Techn. u. Ökon., Sopron; dann Prof., Techn. Univ. f. Schwerindustrie, Miskolc. — — Genauere Daten nicht bekannt. (☒)

*1897, Juli 1, Budapest.

S. Alumínium-kézikönyv (G. Sandor) (Budapest '49): Analyse des Aluminiums und seiner Legierungen [ungar.]. — 1. Magyar emissziós színképelemző vándorgyűlés előadásai, Sopron 1958 (Sopron '66): Besondere Lichtquellen für die Spektralanalyse [ungar.][7])[6]).

W. Die exakten Methoden der Mikromaßanalyse (Stuttgart '39) 12+180 S. (Die chemische Analyse, 42), (Ann Arbor, Mich. '44) 180 S.; 2. Aufl. u. d. T.: Die Methoden der Mikromaßanalyse ²(Stuttgart '58) 15+375 S. — Kémiai emissziós színképelemzes műszaki és egyéb alkalmazása (Budapest '54) 319 S. — Kohászati elemzések (Budapest '59) 680 S.; deutsch: Metallurgische Analysen; chemische Untersuchung von technisch wichtigen Metallen und Erzen (Leipzig '64, Budapest '64) 843 S. — Mikrokémia (Budapest '65) 101 S. — Emissziós színképelemzés (Budapest '68) 555 S.

Acta techn. Acad. Sci. hungar. Ein maßanalytisches Halbmikroverfahren zur Bestimmung des Magnesiums in Gußeisen[4]): **2** ('51) 115–22 [m. russ. Zusammenfassg.]. — Über die Genauigkeit der lichtelektrischen Extinktionsbestimmung mittels der Ausschlagmethoden: 189–96 [~].

Analytica chim. Acta Die Niederspannungsfunken als Lichtquelle der quantitativen Spektralanalyse[5])[10]): **3** ('49) 228–51.

Archiv Eisenhüttenwesen Maßanalytisches Mikroverfahren zur Bestimmung des Siliciums in unlegierten oder nur siliciumhaltigen Stählen: **18** ('44) 7–12.

Bánya- és kohómérnöki Osztály Közleményei, Sopron Mikro-alkalimetrische Studien, 1: **6** ('34) 227–37 [m. engl. Zusammenfassg.]; ~ 3: Zur Mikrobestimmung des Ammoniums: **7** ('35) 92–110 [~]. — Über die erreichbare Genauigkeit der Leitfähigkeitstitrationen: **8** ('36) 259–84 [~]. — Zur Potentialmessung mittels Röhrenvoltmesser: **16** ('44/47) 38–44. — Ein Mikroverfahren zur betriebsmäßigen Bestimmung des Phosphors in unlegierten und niedriglegierten Stählen: **17** ('48/49) 56–66 [m. engl. Zusammenfassg.].

Bányászati és kohászati Lapok Die technische Spektralanalyse der Metalle: **75** ('42) 199–203, 219–24 [ungar. m. deutscher Zusammenfassg.]. — Probleme der Anlagenkontrolle durch chemische Methoden: **80** ('47) 336–38 [ungar.].

Kohászati Lapok Einige Bemerkungen über die Isolierung und chemische Analyse der oxidischen Einschlüsse von Stählen: **93** ('60) 250–55, 310–14 [ungar.].

Magyar kém. Folyóirat Ein auf Grund der Substitutions-Nullmethode konstruiertes neues lichtelektrisches Photometer[10]): **58** ('52) 291–95. — Bemerkungen über die mechanisch gesteuerte Mittelspannungserregung[7]): **65** ('59) 486–89. — Das „Multiplikationsverfahren" bei kolorimetrischen Ultramikrotitrationen mit lichtelektrischer Endpunktbestimmung[9]): **67** ('61) 129–37. — Über die β-Strahlenreflexion einiger organischer Lösungsmittel[1])[2]): **73** ('67) 269–73. — Der Einfluß der Jodidionen auf die Wasserstoffüberspannung und auf die Differentialkapazität an hochreinen Galliumelektroden[12])[13]): **76** ('70) 528–31. — Der Einfluß der Kupferverunreinigung auf die Wasserstoffüberspannung an der Galliumelektrode[12])[11]): 563–66. — Die Wirkung des pH auf die Wasserstoffüberspannung an der Elektrode aus hochreinem Gallium[12])[11]): **77** ('71) 525–30. — — Alle Arbeiten ungar.

Mikrochemie Mikroacidimetrische Studien, 2: **10** ('32) 384–96. — Zur Mikrotitration der sehr schwachen Basen: **1936**, Festschr. Hans Molisch, 319–37. — Eine mit Luftdruck betätigte Mikro-Nachfüllbürette: **23** ('38) 304–07.

Mikrochemie verein. Mikrochimica Acta Über die zu elektrometrischen Mikrotitrationen geeigneten Büretten, 1: **25** ('38) 109–23. — Zur Mikrotitration der Kieselsäure: **29** ('41) 219–34. — Eine mit leicht auswechselbaren Vorratsgefäßen versehene volumetrische Mikrobürette: **30** ('41/43) 111–22.

Mikrochimica Acta [Wien] Über das „Vergrößerungsverfahren" bei kolorimetrischen Ultramikrotitrationen mit lichtelektrischer Endpunktbestimmung[9]): **1960**, 729–49 [m. engl. u. französ. Zusammenfassg.].

Nehézipari műszaki Egyetem Közleményei Die mikrochemische Anwendung der kolorimetrischen Titrationen: **1** ('57) 85–92 [ungar.].

Öntöde Stark dämpfbarer und mechanisch gesteuerter Mittelspannungs-Funkenerreger[7]): **9** ('58) Nr. 2/3, 53–57 [ungar.].

Z. analyt. Chem. Bemerkungen über die Verwendung des Gebrauchstiters: **96** ('34) 401–12. — Rechnerische Auswertung der Leitfähigkeitstitrationen: **98** ('34) 3–12. — Mikroalkalimetrische Studien, 2: Die Mikrobestimmung der Alkalicarbonate: **101** ('35) 270–78. — Eine Methode zur Berechnung des mittleren Fehlers bei konduktometrischen Titrationen: **106** ('36) 248–61. — Über die Anwendung der photometrischen Indikation in der Maßanalyse: **128** ('48) 159–64.

Z. wiss. Photogr., Photophysik u. Photochem. Bemerkungen zur Technik des Abreißbogens nach Pfeilsticker bei hoher Nachweisempfindlichkeit. Untersuchung von reinstem Silber auf Spuren[8])[3]): **42** ('43) 12–22.

Mit: 1) I. Beck; 2) E. Gerber-Inzelt; 3) S. Hartwig; 4) S. Komjáthy; 5) F. Macher; 6) L. Paksy; 7) L. Péter; 8) A. Schöntag; 9) B. Szopory; 10) B. Vorsatz; 11) L. Mihályi; 12) K. Szabó; 13) M. Vas.

V, VI **MIKAMI,** Yoshio. Geschichte d. Math. — 1933–44 Lecturer, Tokyo Physics School (→ Tokyo College of Sci.); '41–50 Counsellor, History of Sci. Soc., Japan; '45–50 retired in a Buddhist monastery, Kotachi. — '49 Hon. D.Sc. (Tôhoku Univ., Sendai).

*1875, Febr. 13, Kotachi, Hiroshima Pref.;

†1950, Dez. 31.

Nekr. Isis **42** ('51) 49, 144.

S. Die Wissenschaft der Edozeit [japan.] (Naturwissenschaftliches Museum Tokyo) (Tokyo '34) 25–49: Die japanische Mathematik in der Edozeit [japan.].

W. Study of land surveying in Japan [japan.] (Tokyo '47) 218 S. — The development of mathematics in China and Japan (NewYork '61) 347 S.

Archives int. Hist. Sci. Mamoru Mimori, a Japanese master of mathematics: **28** ('49) 1140–43.

Scripta math. [USA] Mamoru Mimori. A master teacher of mathematics in Japan: **1** ('33) 254f.

Tôhoku math. J. On Narikiyo Kuroda and surveying: **49** ('43) 223–42 [japan.].

VI **MIKAN,** Milan Maria Antonín Vladimír. Math. — 1922–33 Assist., dann Oberassist., '33–45 Privatdoz., Tschech. Hochsch. f. Maschinenwesen u. Elektrotechn., Praha; '33–45 Privatdoz., Karlova Univ., Praha; '39–45 Oberschullehrer, Praha; '45–51 ord. Prof., Techn. Hochsch. f. Bergbau, Ostrava; '51–63 ord. Prof., '56–61 Dekan, Hochsch. f. Landwirtsch., Praha.

*1892, Juli 16, Čáslav, Böhmen;

†1968, Mai 27, Praha.

Zum 65. Geb.tag K. Havlíček, Čas. Pěst. Mat. **82** ('57) 497–99 (m. Schr.verz. 19 Nrn.).

Zum 70. Geb.tag K. Havlíček, Čas. Pěst. Mat. **87** ('62) 386f.

Zum 75. Geb.tag A. Urban, Čas. Pěst. Mat. **92** ('67) 241f. (m. Bildn.).

S. Průvodce světem techniky. The world engineering directory. Encyklopedie. (B. Mansfeld) **1** (Praha '38) 395–402: Mathematik in der technischen Praxis [tschech. m. französ. u. engl. Zusammenfassg.]; Bildn. in **2** ('39).

W. Repetitorium matematiky a deskriptivní geometrie se zřetelem ke studiu věd přírodních a technických (m. V. Štěpánský) (Ostrava '49) 504 S. — Jak se vyvinula matematika a geometrie (Praha '54) 136 S.

Bull. int., Acad. tchèque Sci. Sur une représentation plane des figures à cinq dimensions: **33** ('32) 61f. — Exemple d'une correspondance de Cremona dans l'espace à cinq dimensions: 63f. — Die Räume von R. König, die den eingebetteten Mannigfaltigkeiten zugeordnet sind: **40.** 1939 ('40) 218–21. — La géométrie réglée non-euclidienne: **46.** 1945 ('46) 71f. — Non-euclidean geometry: **50.** 1949 ('51) 59f.

Čas. Pěst. Mat. a Fysiky La géométrie des cercles dans l'espace à trois dimensions et la géométrie réglee dans celui à quatre dimensions: **64** ('35) 195f. [tschech.]. — La géométrie de Cartan sur la sphère: **66** ('37) 103–21 [tschech. m. französ. Zusammenfassg.].

Rozpr. české Akad. Věd. (a Umění) Sur une représentation plane des figures à cinq dimensions: **42.** 1932 ('33) Nr. 11, 17 S. — Exemple d'une correspondance de Cremona dans l'espace à cinq dimensions: Nr. 12, 9 S. — Königsche Räume, die zu eingebetteten Mannigfaltigkeiten gehören: **49.** 1939 ('40) Nr. 33, 13 S. — La géométrie réglée non-euclidienne: **55.** 1945 ('46) Nr. 6, 45 S. — Géométrie non-euclidienne: **59.** 1949 ('50) Nr. 3, 60 S. — Géométrie de Möbius et géométrie non-euclidienne des ensembles à un paramètre: **73** ('63) Nr. 18, 90 S. [m. russ. u. französ. Zusammenfassg.]. — — Alle Arbeiten tschech.

Spisy vydávané přírod. Fak. Karlovy Univ. La géométrie réglée dans l'espace à quatre dimensions: Nr. **131** ('34) 12 S. [tschech. m. französ. Zusammenfassg.].

VI **MIKESKA,** Louis Alois. Chem. (org.). — 1910–14 Stud., '17 M.A., Univ. of Texas, Austin, Tex.; '18 Ph.D., Yale Univ., New Haven, Conn.; '18 Assist. Prof., Tulane Univ., New Orleans, La.; '19–20 Assist. Chemist, Bur. of Chem., U.S. Governm.; '20–23 Assist. Chemist, '23–28 Assoc. Chemist, '28–30 Assoc. Member, Rockefeller Inst. for Med. Research, New York; '30–47 Research Chemist, '47–54 Senior Research Associate, Esso Research and Engng. Co., Standard Oil Developm. Co. of New Jersey.

*1889, Sept. 29, Caldwell, Tex.

Chemical Reviews The olefin-aldehyde condensation. The Prins reaction[1]): **51** ('52) 505–55.

Industrial and Engng. Chem. Chemical structure of lubricating oils: **28** ('36) 970–84.

J. amer. chem. Soc. Preparation of platinum oxide catalyst from spent material[2]): **57** ('35) 977f.

J. org. Chemistry High molecular weight hydrocarbons and hydrocarbon intermediates[5])[4]): **2** ('38) 499–505; ~ 2[3]): **6** ('41) 787–94.

Usp. Chim. Kondensation von Olefinen mit Aldehyden[1]): **23** ('54) 223–63 [russ.].

Mit: [1]) E. Arundale; [2]) E. L. Baldeschwieler; [3]) C. A. Cohen; [4]) E. Lieber; [5]) C. F. Smith.

VI **MIKÓ**, Gyula (Julius). Pharm. — 1921–24 Assist., '24–48 Leiter d. Univ.-Apotheke, '27–38 Doz. Pharm. u. Rezeptol., '38–48 außerord. Prof., Univ. Debrecen. — — Weitere Daten nicht bekannt.

*1889, März 21, Abrudbánya, Transylvanien.

Bildn. Gyógyszerészi Szemle **1938**, Weihnachts-Nr.

Archiv Pharm. u. Ber. dtsch. pharm. Ges. Die titrimetrische und gravimetrische Bestimmung von Theobrominonatrium salicylicum: **270** ('32) 163–67.

Freie Apothekerstimmen Bemerkungen zu dem Artikel: „Welche Anforderungen sind an ein Arzneibuch zu stellen?": **5** ('33).

Gyógyászat Experiments with embryonal cardiac hormone[1]): **75** ('35) 551–53 [ungar.].

Gyógyszerész Über die Fermente im allgemeinen: **3** ('48) 444f., 475–77 [ungar.].

Gyógyszerészi Szemle Über die Arzneien, die der Pharmacopoea Hungarica IV nicht entsprechen: **3** ('38) 364–67, 391–93 [ungar.].

Magyar gyógyszerésztudományi Társaság Értesítője Über die Bestimmung des Coffeins, Amidopyrins und Phenacetins nebeneinander: **8** ('32) 30–33. — Eine maßanalytische und eine neue gravimetrische Gehaltsbestimmung von Theobrominonatrium salicylicum: 34–44. — Über die Modifizierung der jodometrischen Coffeinbestimmung nach Wallrabe: 291–94. — Die Apotheke der István-Tisza-Universität in Debrecen: 334. — Bericht über den in Debrecen abgehaltenen pharmazeutischen Fortbildungskursus: **14** ('38) 169f., 706. — — Alle Arbeiten ungar.

Pharmaceutica Acta Helvetiae Der Nachweis von Natrium salicylicum, Natrium bicarbonicum, Ipecacuanha, Zucker, Atropin, Hyoscyamin und Morphium nebeneinander: **7** ('32) 91–95. — Die Wertbestimmung der Pentamethylentetrazolpräparate (Cardiazol, Tetracor): **14** ('39) 31–34.

Pharmazeutische Mh. Prüfung und Wertbestimmung der Pilulae laxantes Pharmacopoea Austriaca VIII: **13** ('32) 10–12. — Die argentometrische Wertbestimmung des Theobrominonatrium salicylicum: **14** ('33) 279–81.

Pharmazeutische Post Einfache acidimetrische Wertbestimmung des Hydrargyrum bichloratum corrosivum bzw. der Sublimat-Pastillen: **66** ('33) 112f.

Pharmazeutische Zentralhalle Deutschland Über die Bestimmung von Coffein, Amidopyrin und Phenacetin nebeneinander: **73** ('32) 179–81. — Über den Coffeingehalt der Tinctura Kolae: **74** ('33) 301f. — Wie lange kann eine Insulinlösung ihren Wirkungswert behalten?: 561–63. — Über die argentometrische Wertbestimmung des Hexamethylentetramins: 642f. — Besprechung der IV. Ausgabe des ungarischen Arzneibuches: **75** ('34) 389–93, 453–56. — Über die Wertbestimmung der p-Aminobenzolsulfonamidtabletten und -suppositorien: **80** ('39) 198–200. — Wertbestimmung des Demalgonil „Chinoin": 257–59.

Ferner Kommentar zum IV. Ungarischen Arzneibuch [ungar.] in 2 Bänden (Debrecen '36), erweiterte Aufl. ('40) 670 S. — Einige weitere Artikel in ungarischen pharmazeutischen Fachzeitschriften.

Mit: [1]) I. Törö.

V, VI **MILANKOVIĆ** (Milankovitch), Milutin. Math. (angew.), Geophysik, Astron., Mech. d. Himmelskörper. — 1909–55 Prof. u. Leiter d. Inst. f. Himmelsmech. u. Astron., Univ. Beograd; '48– Vizepräs., Serb. Akad. Wiss.

*1879, Mai 28, Dalj, Slavonien;
†1958, Dez. 12, Beograd.

Zur Biogr. S. Mohorovičić, Das Werk von Milanković auf den Gebieten der Astronomie und Klimatologie: Nauka i Techn. [Beograd] **3** ('47) Nr. 4.

Nekr. T. P. Angelitch (Andjelić), Archives int. Hist. Sci. **12** ('59) 176–78; Vesn. Druš. Matematičara i Fizičara Narodne Republ. Srbije **10** ('58) 7–10 [deutsch]. — T. Pejović, ibid. 3–6 [serbokroat.]. — V. V. Mišković, Publ. Inst. math., Acad. serbe Sci. **12** ('58) VII–XII (m. Bildn.). — L. Richter, Österreichische Ing.-Z. **2** ('59) 158f.

Schr.verz. Godišnjak, Srpska Akad. Nauka **52** ('45) (53 Nrn. bis 1945); **63** ('56) 250f. (17 Nrn. seit 1946).

S. Handbuch der Geophysik (B. Gutenberg) **1**: Die Erde als Planet, Lieferg. 2 (Berlin '33) 371–437: Drehbewegungen der Erde; 438–500: Säkulare Polverlagerungen; **9**: Physik der Atmosphäre II, Lieferg. 3 ('38) 593–698: Astronomische Mittel zur Erforschung der erdgeschichtlichen Klimate. — Actes du Congrès interbalkanique de mathématiciens, Athènes 1934, **1** (Athēnai '35) 147–51: Über das Problem der Polverlagerungen. — Actes du IV Congrès international du quaternaire, Rome 1953 (Association internationale pour l'étude du quaternaire) (Roma '56) 858–62: La part des sciences exactes dans les recherches des âges géologiques.

W. Kroz vasionu i vekove; pisma jednog astronoma (Beograd '26) 212 S., ²('28), ³('43), ⁴('52) 288 S. (Nauka i tehnika, 1); deutsch: Durch ferne Welten und Zeiten; Briefe eines Weltallbummlers (Leipzig '36) 389 S., ²('41) 389 S. — Nebeska mehanika (Predavnja na beogradskom universitetu) (Beograd '35) 4+333 S.; gekürzt u. d. T.: Osnovi nebeske mehanike (Beograd '47) 97 S., ²('55) 100 S. — Matematičeskaja klimatologija i astronomičeskaja teorija kolebanij klimata [Mathematische Klimalehre und astronomische Theorie der Klimaschwankungen] (Moskva–Leningrad '39) 208 S. — Kanon der Erdbestrahlung und seine Anwendung auf das Eiszeitenproblem (Beograd '41) 20+633 S. (Académie R. serbe. Editions spéciales, 133). — Mika Alas. Beleške o životu velikog matematičara Mihaila Petrovića (m. J. Mihailović) (Beograd '46) 110 S. — Isak Njutn [Isaac Newton] i njutnova "Principija" (m. S. Bokšan) (Beograd '46) 96 S. (Biblioteka "Nikola Tesla", 3). — Osnivači prirodnih nauka: Pitagora, Demokritos, Aristoteles, Arhimedes (Beograd '47) 88 S. (∼ 6). — Kroz carstvo nauka. Slike iz života velikih naučnika (Beograd '50) 286 S. (∼ 8). — Astronomska teorija klimatskih promena i njena primena u geofizici (Beograd '48) 5+159 S. — Istorija astronomske nauke od njenih prvih početaka do 1727 (Beograd '48) 168 S., ²('54) 143 S.; slovenisch: Zgodovina astronomije od njenih prvih začetkov do leta 1727 (Ljubljana '51) 174 S. (Poljudno znanstvena knižnica, 27). — Uspomene, doživljaji i saznanja iz godina 1909 do 1944. Erinnerungen, Erlebnisse und Erkenntnisse aus den Jahren 1909–1944 (Beograd '52) 6+322 S. [serbokroat. m. deutscher Inhaltsangabe] (Srpska akademija nauka, Posebna izdanja 195. Odelenje prirodno-matematičkih nauka, 6). — Uspomene, doživljaji i saznanja posle 1944 godine. Erinnerungen, Erlebnisse und Erkenntnisse nach 1944 (Beograd '57) 193 S. [serbokroat. m. deutscher Inhaltsangabe] (∼ 285. ≈ 16). — Astronomische Theorie der Klimaschwankungen. Ihr Werdegang und Widerhall (Beograd '57) 58 S. (Serbische Akademie der Wissenschaften. Monographien, 280. Mathematisches Institut, 3). — Dvadeset dva veka chemije (Kragujevac '53) 100 S. (Biblioteka "Svetlost", 1,1). — Nauka i tehnika tokom vekova (Sarajevo '55) 124 S. ("Universum", osnovi savremenih znanja, 9). — Tehnika u toku davnih vekova (Beograd '55) 140 S. (Biblioteka "Svet", 1).

Archaeologia austriaca Erforschung der Chronologie der Eiszeit: **19/20** ('56) 1–14.

Bull. Acad. Sci. math. et natur., Acad. roy. serbe, Sér. A Säkulare Verlagerungen der Rotationspole der Erde: **1** ('33) 13–16. — Numerische Ausrechnung der säkularen Bahnkurve der Rotationspole der Erde: 75–83. — Neue Ergebnisse der astronomischen Theorie der Klimaschwankungen: **4** ('38) 1–41. — Über die Verwendung vektorieller Bahnelemente in der Störungsrechnung: **6** ('39) 1–70.

Experientia Ausbau und gegenwärtiger Stand der astronomischen Theorie der erdgeschichtlichen Klimate: **4** ('48) 413–18 [m. engl. Zusammenfassg.].

Gerlands Beitr. Geophysik Der Mechanismus der Polverlagerungen und die daraus sich ergebenden Polbahnkurven: **42** ('34) 70–97. — Sind große Polverschiebungen möglich? Antwort auf die Bemerkungen von Herrn Schwinner: **43** ('35) 309f. — Zur Berechnung der Polfluchtkraft. Antwort auf die Bemerkungen von Herrn Grabowski: 325f.

Glas srpske kraljevske Akad. Die säkularen Schwankungen der Rotationspole der Erde: **152** ('32) 37–74. — Numerische Ausrechnung der säkularen Bahnkurve der Rotationspole der Erde: **154** ('33) 1–38. — Neue Ergebnisse der astronomischen Theorie der Klimaschwankungen: **175** ('37) 1–41. — Über die Verwendung der Vektorelemente in der Berechnung von Planetenstörungen: **181** ('39) 1–72. — — Alle Arbeiten serbokroat.

Glas srpske Akad. Nauka Der babylonische Turm der modernen Technik: **220** ('56) 137–50 [serbokroat.].

Godišnjak našeg Neba Über die Bewegung der Erdpole (Erinnerung an Alfred Wegener): **1934** ('33) [serbokroat.].

Publ. Inst. math., Acad. serbe Sci. Discours prononcé aux obsèques de B. Gavrilovitch: **2** ('48) 7–10. — Über den Anteil der exakten Wissenschaften an der Erforschung der geologischen Vorzeit: **6** ('54) 1–11. — Aristarchos und Apollonios. Das heliozentrische und das geozentrische Weltsystem des klassischen Altertums: **9** ('56) 79–92.

Publ. math. Univ. Belgrade Bahnkurve der säkularen Polverlagerung: **1** ('32) 129–33. — Das Problem der Verlagerungen der Drehpole der Erde in den exakten und den beschreibenden Naturwissenschaften. Erinnerungen an Alfred Wegener: **2** ('33) 166–88. — Ein neues Kapitel der exakten Wissenschaften und dessen Anwendung in den beschreibenden Naturwissenschaften: **6/7** ('37/38, Neudruck '63) 13–31.

Revue math. Union interbalkan. Un chapitre de l'histoire de la terre dans la lumière des sciences mathématiques: **2** ('38) 53–64.

Zbornik Radova, Srpska Akad. Nauka, Mat. Inst. Über die Ausrechnung des Claudius Ptolemäus der Zahl π: **35** ('53) Nr. 3, 11–14 [serbokroat. m. deutscher Zusammenfassg.].

VI **MILAS,** Nicholas Athanasios. Chem. (org.). — 1928–35 Research Assoc., '35–41 Assist. Prof., '41–62 Assoc. Prof.,

'62- Emer. Assoc. Prof. and Lecturer, Massachusetts Inst. of Technol., Cambridge, Mass. – '57 Hon. D.Sc., Coe College, Cedar Rapids, Ia.

*1897, Jan. 1, Kandia, Kreta, Griechenland;

†.

S. Encyclopedia of chemical technology (R. E. Kirk, D. F. Othmer) **7** (New York '51) 727–: Hydrogen peroxide; **10** ('53) 58–88: Organic peroxides and peroxy compounds. – The vitamins. Chemistry, physiology, pathology (W. H. Sebrell, jr., R. S. Harris) **1** (New York '54) 4–58: Chemistry and industrial preparation of vitamins A and carotenes. – The chemistry of petroleum hydrocarbons (B. T. Brooks, C. E. Boord, S. S. Kurtz, L. Schmerling) **2** (NewYork '55) 399–436: Special oxidation reactions of unsaturated hydrocarbons.

Advances Chem. Ser. Some abnormal ozonization reactions[42]: Nr. **21** ('59) 136–39.

Anales Quím. Syntheses of antirachitic vitamins, 9: Stereospecific synthesis of the intermediate, trans-4-phenoxy-7α-methyl-hexahydro-1-indanone[10]: **64** ('68) 415–22 [ ].

Chemical and Engng. News Shock-sensitive peroxides[37]: **37** ('59) Nr. 37, S. 66.

Chemical Reviews Studies in auto-oxidation reactions, 6: Auto-oxidation – a review: **10** ('32) 295–364.

Chemistry and Industry Ozonization of potassium t-butoxide and potassium t-perbutoxide[15]: **1962**, 405–07. – Solvolysis with t-alkyl hydroperoxides of t-alkyl and aryl chlorides and polychloro-compounds activated by aromatic rings[31][43]: **1964**, 423f. – Di-t-butyl trioxide[4]: **1966**, 66–68.

C.R. hebd. Séances Acad. Sci., Paris Contribution à l'étude des vitamines antirachitiques. Synthèse de la (diméthyl-1,5 hexyl)-1 benzyloxy-5 méthyl-9 trans-décaline[62][54][17][47][19]: **248** ('59) 3455–57.

Industrial and Engng. Chem. Chemical nature of germicidal vapors emanating from irradiated oils[24][8]: **24** ('32) 1181–83.

Industrial and Engng. Chem., Analyt. Edit. A simple photoelectric thermoregulator[68]: **7** ('35) 122f. – A spectroscopic method for the quantitative estimation of vitamin D[26][57]: **13** ('41) 227–31.

J. amer. chem. Soc. Studies in organic peroxides, 1: Peroxides in the camphoric acid series[35]: **55** ('33) 349–52; ~ 2: The use of camphoric acid peracid for the estimation of unsaturation[12]: 352–55; ~ 3: Peroxides in the furan series[35]: **56** ('34) 1219–21; ~ 4: The spontaneous decomposition of furoperacid[35]: 1221–25; ~ 5: t-Butyl hydroperoxide[25]: **60** ('38) 2434–36; ~ 6: Cyclane peroxides[25][45]: **61** ('39) 2430–32; ~ 7: Dinicotinyl peroxide[45]: **62** ('40) 1878; ~ 8: t-Butyl hydroperoxide and di-t-butyl peroxide[64]: **68** ('46) 205–08; ~ 9: t-Butyl peresters[64]: 642f.; ~ 10: t-Amyl hydroperoxide and di-t-amyl peroxide[64]: 643f.; ~ 11: Synthesis and thermal decomposition of ditriethylmethyl, t-butyl penta-methylethyl, and t-butyl 1-methylcyclohexyl-1 peroxides[49]: 1938–40; ~12: Molecular refractivity and the structure of organic peroxides[64][49]: 1617–19; ~ 16: Acetylene peroxides and hydroperoxides – a new class of organic peroxides[37]: **74** ('52) 1471–73; ~ 18: Diacetylenic dihydroperoxides[37]: **75** ('53) 5970f.; ~ 19: α-Hydroperoxyethers and related peroxides[46][37]: **76** ('54) 2322–25; ~ 20: Peroxides from the ozonization of olefins in the presence of carbonium ions[13][42]: **77** ('55) 2536–41; ~ 21: A study of the decomposition of 2,5-dimethyl-3-hexyn-2,5-dihydroperoxide[42]: **80** ('58) 5826–30; ~ 22: The thermal decomposition of t-butylperoxy isobutyrate[21]: 5994–97; ~ 23: The use of paper chromatography for the detection and separation of organic peroxides[5]: **81** ('59) 3358–61; ~ 24: Preparation, separation and identification of peroxides derived from diethyl ketone and hydrogen peroxide[21]: 3361–64; ~ 25: Preparation, separation and identification of peroxides derived from methyl ethyl ketone and hydrogen peroxide[21]: 5824–26; ~ 26: Organic peroxides derived from acetone and hydrogen peroxide[21]: 6461f.; ~ 29: The structure of peroxides derived from 2,4-pentanedione and hydrogen peroxide[37][21][3][27]: **85** ('63) 222–26. – Auto-oxidation and ionization potentials of molecules: **56** ('34) 486f. – Synthetic studies with the ionones, 1: Synthesis of an alcohol related to vitamin A[35]: **57** ('35) 580–83. – Catalytic oxidations, 1: Oxidations in the furan series[68]: 1389–93; ~ 2: Oxidations in the cycloparaffin series[68]: **61** ('39) 633–35. – The hydroxylation of the double bond[65]: **58** ('36) 1302–04. – The photochemical addition of hydrogen peroxide to the double bond[32][2]: **59** ('37) 543f. – The hydroxylation of unsaturated substances, 3: The use of vanadium pentoxide and chromium trioxide as catalysts of hydroxylation: 2342–44; ~ 4: The catalytic hydroxylation of unsaturated hydrocarbons[65]: 2345–47; ~ 5: The catalytic hydroxylation of certain unsaturated substances with functional groups[65][38]: **61** ('39) 1844–47; ~ 6: The catalytic hydroxylation of cyclopentadiene[39]: **62** ('40) 1841–43. – The production of an antirachitic provitamin from cholesterol[26]: **60** ('38) 981f. – Evidence for the presence of vitamin A and carotenoids in the olfactory area of the steer[55][26]: **61** ('39) 1929f. – Studies in the synthesis of the antirachitic vitamins, 1: The synthesis of 3-(2′-methylene-cyclohexylidene-1′)-propene-1

[1]: 2534–37; ~ 2: Δ^5-Androsten-3-ol and its partial dehydrogenation with benzoquinone[40]: **68** ('46) 738–40; ~ 3: The synthesis of 1-cyclohexylidene-2-(5′-methoxy-2′-methylene-cyclohexylidene-1′)-ethane[11][56][28][50]: **77** ('55) 4180f.; ~ 4: The synthesis of a biologically active vitamin D homolog[56]: **79** ('57) 3610f.; ~ 5: The synthesis of 1-cyclohexylidene-2-(5′-methoxy-2′-methylene-1′-cyclohexylidene)-ethane[56]: 6295–99; ~ 6: The synthesis of 2-cholestanylidene-ethan-1-al[56]: **80** ('58) 2189–94; ~ 7: The synthesis of 2,1′-cis and 2,1′-trans isomers of 1-cholestanylidene-2-(5′-methoxy-2′-methylene-1′-cyclohexylidene)-ethane[56]: **81** ('59) 397–401. – The synthesis of certain unsaturated substances from β-ionone and substituted vinylacetylenes[66][59]: **63** ('41) 752–54. – Some hydroxyperoxides[45]: **68** ('46) 533f. – Diperoxalic acid[45]: 534. – A new synthesis of 1-(2′,6′,6′-trimethyl-1-cyclohexen-1-yl)-3-methylocta-1,3,5-trien-7-one (C_{18} ketone)[23]: **69** ('47) 2247f. – The synthesis of 1-(cyclohexen-1-yl)-3-methyl-1,3,5-octatrien-7-one (C_{15} ketone)[22][48][30]: **70** ('48) 1292. – Synthesis of products related to vitamin A, 4: The application of the Darzens reaction to β-ionone[33][60][71][36][22][72]: 1584–91; ~ 5: The synthesis of [1-(2′, 6′, 6′-trimethylcyclohexen-1′-yl)-3,7-dimethyl]-10-alkoxy-deca-1,3,5,7-tetraene[33][61][16][52][22][69][9]: 1591–96; ~ 6: The synthesis of biologically active vitamin A ethers[60][52][58][20][22][69][9][72]: 1597–607; ~ 8: The synthesis of 1-(cyclohexen-1′-yl)-3-methyl-3-epoxybutyne-1 and related products [36][6]: 1829–34. – The synthesis of diethynyl glycols and their condensation with ketones[7][51]: 2862f. – Reaction of hydrogen bromide with di-t-butyl peroxide[70]: **71** ('49) 748. – Reactions of free hydroxyl radicals with organic compounds[63][14]: 1448–50. – Synthesis of β-carotene [13][5][18]: **72** ('50) 4844. – Some salts of the phosphoric ester of vitamin D_3 [13][11]: **77** ('55) 1640–43. – Synthesis of muconyldimalonates[18]: **78** ('56) 5903–06. – A study of hydroxylation of olefins and the reaction of osmium tetroxide with 1,2-glycols[67][42][29]: **81** ('59) 4730–33. – Organic osmiamates[29]: 6089. – Ozonization of solid potassium t-butoxide and potassium t-perbutoxide[15]: **84** ('62) 3098–101. – Formation of di-t-butyl polyoxides in the reaction of t-butyl hydroperoxide with iodosobenzene and iodosobenzene diacetate in methylene chloride and in diethyl ether at −80 to +5° [53]: **90** ('68) 4450–53.

J. Bacteriol. The germicidal activity of vapors from irradiated oils[24][8]: **23** ('32) 429–35.

J. org. Chem. Ozonization of cyclo-octatetraene[42][44]: **23** ('58) 624f. – Organic peroxides, 28: Addition of t-butyl hydroperoxide and hydrogen peroxide bicyclo[2,2,1]hepta-2,5-diene[44]: **25** ('60) 2225f.; ~ 30: Organic peroxides derived from 2,5-hexanedione and hydrogen peroxide[21]: **27** ('62) 4319–23; ~ 35: The solvolysis of acid chlorides with t-alkyl hydroperoxides[43][31]: **29** ('64) 3099f. – Synthesis and thermal decomposition of 3,3-bis(t-butylperoxy)phthalide[31]: **33** ('68) 848–55.

J. physic. Chem. Studies in auto-oxidation reactions, 7: The dative or co-ordination peroxide theory of auto-oxidation: **38** ('34) 411–18.

Nucleus [USA] Recent developments in the chemistry of fat-soluble vitamins: **14** ('37) 184–.

Proc. amer. Acad. Arts and Sci. Julius Oscar Stieglitz, 1867–1937: **72** ('38) 387–91.

Radiation Res., Suppl. Detection, separation, and identification of organic peroxides[24][21]: **3** ('63) 71–92.

Science [USA] The synthesis of biologically active vitamin A substances: **103** ('46) 581–83.

Tech Engng. News Vitamins – a brief review of the research developments on the chemistry of vitamins at M. I. T.: **17** ('36) 111–.

Vestn. slovensk. kem. Druš. A study of the structure of peroxides and ozonides formed by the ozonization of tertiary olefins[5]: **10** ('63) Nr. 3/4, 37–48.

Vitamins and Hormones The synthesis of vitamin A and related products: **5** ('47) 1–38.

Mit: [1] W. L. Alderson, jr.; [2] W. P. Anslow, jr.; [3] R. W. Arndt; [4] G. G. Arzoumanidis; [5] I. Belič; [6] D. M. Black; [7] R. J. Brown; [8] J. W. M. Bunker;) M. A. Campbell; [10] F. Camps; [11] Li-Chin Chiang; [12] I. S. Cliff; [13] P. Davis; [14] B. B. Dayton; [15] S. M. Djokić; [16] R. O. Edgerton; [17] Y. L. M. Fellion; [18] D. A. Fleš; [19] E. Ghera; [20] J. K. Gladding; [21] A. Golubović; [22] F. X. Grossi; [23] T. M. Harrington; [24] R. S. Harris; [25] S. A. Harris; [26] R. Heggie; [27] J. C. J. Ho; [28] A. A. Hyatt; [29] M. I. Iliopulos; [30] S. Kahn; [31] R. J. Klein; [32] P. F. Kurz; [33] S. W. Lee; [34] H. Lopez; [35] A. McAlevy; [36] N. S. MacDonald; [37] O. L. Mageli; [38] H. S. Mason; [39] L. S. Maloney; [40] C. R. Milone; [41] J. M. Navia; [42] J. T. Nolan, jr.; [43] D. G. Orphanos; [44] P. P. H. L. Otto; [45] P. C. Panagiotakos; [46] R. L. Peeler, jr.; [47] H. K. Pendse; [48] S. E. Penner; [49] L. H. Perry; [50] J. Peters; [51] O. Phillips; [52] J. T. Plati; [53] B. Plesnicar; [54] L. E. Pohmer; [55] W. M. Postman; [60] C. P. Priesing; [57] J. A. Raynolds; [58] J. T. Rivers; [59] I. Rovno; [60] E. Sakal; [61] C. Schuerch, jr.; [62] F. S. Serratosa; [63] L. E. Stahl; [64] D. M. Surgenor; [65] S. Sussman; [66] A. F. Thompson; [67] J. H. Trepagnier; [68] W. L. Walsh; [69] Z. Weiss; [70] C. N. Winnik; [71] H. C. Wohlers; [72] H. F. Wright.

V, VI **MILBAUER,** Jaroslav. Chem. Technol., Photogr. — 1909–49 Privatdoz., Karls-Univ., Praha; '19–51 ord. Prof., '20–21, '26, '35–36 Dekan, '33–34 Rektor, Chem.-Technol. Hochsch. → Tschech. Techn. Hochsch., Praha; '35–38 Pres., Masaryk-Akad. der Arbeit, Praha. —

Voigtländer-Medaille; Chevalier de la Légion d' Honneur, Officier de l'Instruction Publique (Frankreich).

*1880, Febr. 1, Hrádek u Ústi n. Orlicí;

†1959, Jan. 19, Praha.

Zum 60. Geb.tag J. Chloupek, Collection Trav. chim. Tchécoslovaquie 11 ('39) 649–66. – J. Šebor, V. Hovorka, J. Chloupek, V. Škola, O. Quadrat, E. Švagr, Chemické Listy Vědu a Průmysl **34** ('40) 25–47 (m. Schr.verz.).

Zum 70. Geb.tag Chemické Listy Vědu a Průmysl **44** ('50) 25-27 (m. Schr.verz. 1940–49). – Chemical and Engng. News **29** ('51) 2144.

Zum 75. Geb.tag Chemické Listy **49** ('55) 276.

Nekr. A. Regner, Chemický Průmysl **9** ('59) 139. – E. Švagr, Chemické Listy **53** ('59) 456.

H. (Redakt. u. Mitautor) Technická fotografie a její užití (Praha '39) (Chemická technologie 5,4). – (Hauptredakt.) České vysoké učení technické v Praze, 1938–45 (Praha '48); darin eig. Beitr. S. 64–80: Die Chemisch-Technologische Hochschule [tschech.].

MH. (Mitredakt.) Předpisy pro dodávku a zkoušeni bílych barev (Praha '35) (Československé normy, ČSN 1186).

S. 9e Congrès international de photographie scientifique et appliquée, Paris 1935. Procès-verbaux, rapports et mémoires (Paris '36) 294–96: Sur l'influence des désensibilisateurs sur la décomposition de l'activine par la lumière.

W. Technologie anorganických lučebnin (Praha '32) 1+980 S. – Chyby fotografa amatéra 2(Praha '33) 36 S. (Praktická knihovna českeho fotografa amatéra, 33). – Cvičení v anorganické chemii 4(Praha '40) 7+190 S. – Laboratorní příprava anorganických preparátů (Praha '47) 311 S. – Cyrill Krauz † (Praha '48) 35 S. (Česká Akademie Věd a Umění). – Rozbory v anorganickém průmyslu (Praha '48) 110 S. – Chemie ve fotografii (Praha '48) 48 S. (Cesta k věděni, 40). – Technologie anorganických látek (Praha '48) 259 S. – Nástin technické fotografie (Praha '48). – Chemické prvky (Praha '57) 231 S.

Arhiv Kem. i Tehnol. Acetylen und Schwefelsäure: **12** ('38) 73–83 [serbokroat. m. französ. Zusammenfassg.].

Bull. int., Acad. tchèque Sci. Etude sur la fabrication du charbon activé: **33** ('32) 29. – Sur la kjeldahlisation du sulfure de carbone: **36** ('35) 7. – Sur la solubilité de l'anhydride sulfureux dans l'acide sulfurique: 45–47. – Sur un certain cas de la photocatalyse négative: 48. – Ein Wort zu den gekuppelten Beschleunigern: **37** ('36) 19–24. – Notes sur les catalyseurs de l'oxydation par l'acide sulfurique: 49–52. – Etude sur le sulfure de carbonyle: 53f. – Sur les quantités minimales de catalyseurs de l'activité maximale au milieu de l'acide sulfurique: 112–14. – Sur la détermination quantitative des ions AsO_3^{3-}, AsO_4^{3-}, SeO_3^{2-} et SeO_4^{2-} à l'état de mélange[11]): **38** ('37) 1f. – Sur le carbone colloïdal et pur: 46. – Note sur l'influence de MnO_4^- à SeO_3^{2-}: 155f. – Sur la minière de comportement de l'azotate de l'urée en solution aqueuse: **39.** 1938 ('39) 17. – Acetylen und Schwefelsäure in derKälte: 21–33 [m. französ.Zusammenfassg.]. – Note sur la mannite, retardateur de quelques oxydations au milieu de l'acide sulfurique: 34–40. – Sur l'application du photomètre de Bunsen à l'agrandissement en photographie pratique: 87f. – Les catalyseurs de la réaction entre l'acétylène et l'acide sulfurique: 89–94. – Sur les anomalies dans le système H_2, H_2SO_4, Se et SeO_2: 95–97. – Sur les deux cas de l'évaluation d'un équilibre catalytique: 98–101. – La solution de quelques fonctions trouvées dans le travail sur l'action de l'acétylène à l'acide sulfurique concentré[9]): 102. – L'extraction de la dolomite chauffée à la haute température[10]): **51.**1950 ('53) 1. – Remarques sur le contrôle de la synthèse de l'anhydride sulfurique[1]): 17.

Bull. Soc. chim. France Influence de la constitution des substances oxydées sur l'activité des catalyseurs d'oxydation par l'acide sulfurique concentré et action de la température sur ses catalyseurs: (5) **3** ('36) 218–21. – Sur la solubilité de l'anhydride sulfureux dans l'acide sulfurique: 221–24.

Chemické Listy Vědu a Průmysl Untersuchung über photoelektrische Sensitometrie[4]): **28** ('34) 129–32. – Über die Darstellung des Calciumchromats auf nassem Wege[2]): **29** ('35) 113–16. – Ein Fall negativer Photokatalyse: 267f. [m. französ. Zusammenfassg.]. – Über ein Sedimentometer neuer Konstruktion: **30** ('36) 35–38. – Titanweiß: 114–16. – Über die Reinigung des Moldauwassers: 283–88. – Über die Trennung der Ionen AsO_3^{3-}, AsO_4^{3-}, SeO_3^{2-} und SeO_4^{2-} [11]): **31** ('37) 177–79. – Über Reaktionen in konzentrierter Schwefelsäure: **32** ('38) 165–67. – Über die Herstellung eines neuen kombinierten Düngemittels[9]): 209–11. – Bilder aus der Geschichte einer verschwindenden Chemikergeneration: **33** ('39) 111–13, 165–70, 217–19, 236–39, 261–64, 284–87. – Über die Karamelisierung der Saccharose mit Schwefelsäure: 132f. – Über die thermische Reduktion von Cyanat durch Wasserstoff und die Oxydation des Kaliumcyanids mit Sauerstoff[3]): **34** ('40) 206f. – Über Wolframbronzen: **35** ('41) 289–91. – Einige Notizen: 334f. – Bemerkungen zur Bestimmung der verschiedenen Formen des Selens in konzentrierter Schwefelsäure: **36** ('42) 41–43. – Verwertung der Ablaugen der Sulfitzellulosefabrikation: 252–55. – Kolorimetrie von Kationen: **38** ('44) 81–85, 109–12. – Wissenschaftliche und technische Notizen: **40** ('46) 54–56, 79, 97–101. – Analysen von Eisenlegierungen: 78. – Einige Bemerkungen zur tschechischen chemischen Nomenklatur: **41** ('47) 8f. – Ein Wort zur Beschaffenheit des Moldauwassers in Prag: 114f. – – Alle Arbeiten tschech.

Chemický Obzor Über Imprägnierungskohlen vom „Carboraffin"-Typus: **7** ('32) 189f. – Über die spezifische Entfärbung der Weine mittels Imprägnierungskohlen: 190–92. – Versuche mit Ersatzstoffen von Bleiweiß, 1: **8** ('33) 105; Technologische Versuche mit Weißfarben, 2: Über elektrolytische kommutierte Erzeugung von Bleiweiß: **12** ('37) 177–80. – Reaktionen im konzentrierten Schwefelsäuremedium, 1: Schwefelkohlenstoff[2]): **10** ('35) 65–69; ~ 2: Einfluß von Treibgasen: 201–04; ~ 3: Kombinationen von zwei und drei Katalysatoren bei der Kohlenoxidverbrennung: **11** ('36) 1–6; ~ 4: Das Kohlenstoffoxysulfid[12]): 65–68; ~ 5: Einfluß der Temperatur auf die Katalysatorreihe: 132f.; ~ 6: Einfluß des verbrannten Stoffes auf die Reihenfolge der Katalysatoren: 183–85; ~ 7: Bemerkung über Kjeldahl-Katalysatoren: 208–11; ~ 8: Gleichgewichtszustände bei Katalysatoren: 233–40; ~ 9: Über die Kjeldahlisierung im Gasstrom: **12** ('37) 17–19; ~ 10: Über äquimolekulare Verbrennungsgeschwindigkeiten: 57–62; ~ 11: Über Modifikationen der Kjeldahlmethode: **13** ('38) 25–28; ~ 12: Über die Acetylendestruktion auf kaltem Wege: 89–91, 118–20, 147–49, 163–65; ~ 13: Mannit als negativer Katalysator[6]): 225–28; ~ 14: Eine weitere Studie über die Acetylenspaltung bei hohen Temperaturen[3]): **14** ('39) 1–5, 25–30; ~ 15: Untersuchung von einigen Faktoren, die die Reaktion mit Acetylen beeinflussen[9]): 69–73: ~ 16: Das Verhalten von Selen und Tellur als Katalysatoren[7])[3]): 105–11; ~ 17: Bemerkung zur chemischen Wirkung des Acetylens: 149f.; ~ 18: Die Oxydation künstlicher Sulfide[6])[8]): 193–95; ~ 19: Bemerkung über das Äthylen: 213–15; ~ 20: Verbrennung von einigen Sulfid-Mineralien: 215–19; ~ 21: Bedingungen des Gleichgewichts des Selenkatalysators bei der Oxydation von CO: 233–36; ~ 22: Das System $x\mathrm{CO}+y\mathrm{H}_2+(100-x-y)\mathrm{O}_2$ [7]): **15** ('40) 2–9; ~ 23: Die Okersche Methode für die Herstellung von $CuSO_4$: 22–28; ~ 24: Die Aktivität des in konzentrierter Schwefelsäure gelösten Sauerstoffs: 33; ~ 25: Die Oxydation von Arsen, Zinn, Quecksilber und Selen bei 304 °C[8]): 65–67; ~ 26: Über die Auflösung von Selen[8]): 84–88; ~ 27: Über Chlorpalladiumsulfonchlorid: 105; ~ 28: Photokolorimetrische Bestimmung von Selen: 145f.; ~ 29: Studie über die Verarbeitung von Kaolin, besonders unter Druck[5]): 193–95; ~ 30: Noch ein Wort über den Selenkatalysator: **16** ('41) 1–3; ~ 31: Das Schwarzwerden der Zuckerlösungen: 33f.; ~32: Versuche über eine universelle Methode zur Stickstoffbestimmung durch Mineralisation mit dieser Säure: 97f. – Über die Wahrscheinlichkeit der Bestimmung richtiger photographischer Exposition: **12** ('37) 241–43. – Bemerkungen zu unserer Obst- und Weinproduktion sowie zur Industrie der Insektizide und Fungizide: **14** ('39) 55–57. – Berliner Blau und Ultramarin: **16** ('41) 155–58. – Über Luminophore: **17** ('42) 32–36. – Kurzweilige Begebenheiten mit tschechischen Chemikern: 44–49, 63–67. – Antonín Bělohoubek: **20** ('45) 99–101. – Fluor, der Sonderling unter den Elementen: **23** ('48) 66–70. – – Alle Arbeiten tschech., viele m. engl. Zusammenfassg. – – Zahlreiche weitere feuilletonistische Beiträge in dieser Zeitschrift.

Chemiker-Ztg. Über Imprägnierungskohlen mit besonderen selektiven Adsorptionseigenschaften für Weine, 1: **57** ('33) 581f.; ~ 2: 602–04.

Chimie et Industrie Sur la kjeldahlisation du sulfure de carbone[2]): **29** ('33) No. spéc. 6bis, 782f. – Sur la préparation du chromate de calcium par voie humide[2]): 784–86. – Sur les nitrates cupri-ammoniacaux[2]): 787.

Collection Trav. chim. Tchécoslovaquie Sur les phénomènes catalytiques conjugués: **8** ('36) 1–12. – The minimum amount of catalysts, which give a maximum effect in concentrated sulphuric acid: 543–54. – Some rates of combustion in concentrated sulphuric acid: **9** ('37) 393–406.

J. Chim. physique Sur le carbone pur colloïdal: **34** ('37) 691.

Listy cukrovarnické Erinnerungen an einen Freund: **59** ('41) 50–52 [tschech.].

Naše Věda V. Staňka †: **20** ('41) 254–56 [tschech.].

Photographische Korrespondenz Beitrag zur objektiven Sensitometrie[4]): **70** ('34) 7–10. – Über einen Fall der negativen Photokatalyse: **71** ('35) 94f. – Über die Wahrscheinlichkeit der richtigen Expositionsbestimmungen: **73** ('37) 125–27. – Über einen Fehler, der bei Nachtaufnahmen vorkommen kann: 175f.

Rozpr. české Akad. Věd. a Umění Studie über vegetabilische Kohle. Über Imprägnierungskohlen vom „Carboraffin"-Typ: **42** ('32) Nr. 6, 12 S. – Über die Kjeldahlreaktion des Schwefelkohlenstoffs: **45** ('35) Nr. 2, 14 S. – Über einen Fall der negativen Photokatalyse: Nr. 10, 7 S. – Die Löslichkeit des Schwefeldioxids in Schwefelsäure: Nr. 16, 3 S. – Über Erscheinungen an Mischkatalysatoren: **46**

('36) Nr. 2, 10 S. — Studie über Carbonylsulfid: Nr. 14, 8 S. — Bemerkungen zu meinen Arbeiten über Reaktionsbeschleuniger: Nr. 15, 9 S. — Über die kleinsten Mengen eines Katalysators mit maximaler Wirksamkeit: Nr. 21, 13 S. — Über die Trennung von Arsen und Selen: **47** ('37) Nr. 1, 9 S. — Über reinen kolloidalen Kohlenstoff: Nr. 10, 3 S. — Bemerkung zur Wirkung des MnO_4^- auf SeO_3^{2-}: Nr. 23, 4 S. — Über die Spaltung von Harnstoffnitrat in wäßriger Lösung: **48** ('38) Nr. 3, 4 S. — Über die langzeitige Einwirkung von konzentrierter Schwefelsäure auf Acetylen in der Kälte: Nr. 6, 3 S. — Neue Erkenntnisse über Mannit als negativer Katalysator: Nr. 7, 5 S. — Über die Anwendung der Bunsenphotometrie bei Vergrößerungen: Nr. 15, 3 S. — Über die Katalysatoren der Reaktion von Acetylen mit konzentrierter Schwefelsäure: Nr. 16, 7 S. — Anomalien im System C_2H_2, H_2SO_4, Se und SeO_2: Nr. 17, 3 S. — Zwei Fälle der Ermittlung des katalytischen Gleichgewichts Selen und selenige Säure: Nr. 18, 4 S. — Die Ermittlung einiger Abhängigkeiten bei der Einwirkung von Acetylen auf Schwefelsäure[9]): Nr. 19, 5 S. — Über die Bestimmung von freiem Bleioxid in Mennige[13]): **49** ('39) Nr. 6, 13 S. — Über das Verhalten des Pyrits und des Markasits gegenüber Schwefelsäure: Nr. 20, 3 S. — Über die thermische Reduktion von Cyanat durch Wasserstoff und Oxydation des Kaliumcyanids mit Sauerstoff[3]): Nr. 23, 4 S. — Über die Aktivität des in Schwefelsäure gelösten Sauerstoffs: Nr. 31, 5 S. — Über eine neue Methode zur Darstellung von Mennige nach der Naß-Methode: **50** ('40) Nr. 10, 2 S. — Über eine neue Verbindung des Palladiums: Nr. 12, 3 S. — Über die Löslichkeit von Selen in Schwefelsäure in der Kälte[8]): Nr. 17, 8 S. — Einfluß der Gelatine auf die Geschwindigkeit der Entwicklung einer photographischen Emulsion: Nr. 18, 3 S. — Zwei Belichtungshilfsmittel: **57**.1947 ('48) Nr. 6, 6 S. [m. französ. Zusammenfassg.]. — Die Extraktion gebrannten Dolomits[10]): **60**.1950 ('51) Nr. 2, 15 S. [~]. — Beitrag zur Kontrolle der Synthese des Schwefeltrioxids[1]): Nr. 5, 4 S. [~]. — — Alle Arbeiten tschech.

Sborn. Masarykovy Akad. Práce Genie, Beharrlichkeit und die technischen Wissenschaften: **7** ('33) Nr. 2. — Über photoelektrische Sensitometrie[4]): 26–34. — Über die Darstellung von Calciumchromat auf nassem Wege: **8** ('34) 42–59. — Über ein Sedimentometer neuer Bauart: **9** ('35) 1–35. — Gegenwärtige Probleme der Technologie anorganischer Chemikalien: 55–89. — Über die Reinigung des Moldauwassers: **10** ('36) 233–67. — Ergänzungen zu den Untersuchungen über Sedimentometrie: **11** ('37) 62–85. — Quadrat, Štolba und Preis: **12** ('38) 42 S. — Herstellung von Mennige durch die Naß-Methode: **13** ('39) 281–87. — Notizen zu Bildern der verschwindenden Chemikergeneration: **22** ('48) 319–52. — — Alle Arbeiten tschech.

Věstn. české Akad. zemědělské Die industrielle Düngemittelproduktion im letzten Jahrzehnt: **20** ('46) 379–84 [tschech.].

Vom Wasser Über den Einfluß von Sulfitzelluloseablaugen auf das Klären des Flußwassers: **12** ('36) 214–19.

Z. analyt. Chem. Über ein Sedimentometer neuer Konstruktion: **103** ('35) 419–22. — Über die Bestimmung der Anionen der Arsen- und Selensäuren nebeneinander: **109** ('37) 171–77. — Über die Modifikationen der Kjeldahl-Methode: **111** ('38) 397–407. — Über die Bestimmung von freiem Bleioxid in der Mennige: **116** ('39) 427–30.

Z. Elektrochem. u. angew. physik. Chem. Über die Oxydation des Schwefelkohlenstoffs nach Kjeldahl: **41** ('35) 149–51. — Zur Frage der schnellsten Oxydation der organischen Substanzen mit Schwefelsäure: 594f. — Über das Kohlenoxysulfid: **42** ('36) 226f.

Ferner eine gekürzte Ausgabe von Vorträgen über Praktische Photographie ('33) [tschech.].

Mit: [1]) J. Beneš; [2]) J. Doškař; [3]) L. Fritsch; [4]) B. Kröhn; [5]) J. Krypšpín; [6]) J. Kurká; [7]) V. Majer; [8]) J. Mikolášek; [9]) Z. Milbauer; [10]) J. Vlasák; [11]) J. Vodrážka; [12]) J. Myla; [13]) K. Hrabě.

VI **MILES,** Egbert J. Math. — 1910–11 Instructor, Cornell Univ., Ithaca, N.Y.; '11–16 Instructor, '16–25 Assist. Prof., '25–54 Assoc. Prof., '54 Assoc. Prof. Emer., Yale Univ., New Haven, Conn.
*1886, Jan. 9, Bethlehem, Ind.;
†1964, Nov. 3, New Haven, Conn.

VI **MILES,** Frank Douglas. Chem. (physikal.). — Head of Sect. of Physic. Chem., 1945–47 Assist. Research Manager, Nobel Division of Imperial Chem. Industries, Ltd., Stevenston, Ayrshire, Scotland.
*1885, Juni 18, Edinburgh;
†1968, Apr. 13.

W. Cellulose nitrate; the physical chemistry of nitrocellulose, its formation and use (NewYork–London–Edinburgh '55) 13+422 S. — Nitric acid; manufacture and uses (Imperial Chemical Industries, Ltd.) (London–NewYork '61) 9+75 S.

J. chem. Soc., London Solubility of sulphur dioxide in fuming sulphuric acid[1]): **1946,** 786–90.

J. Soc. chem. Industry The auto-siphon meter[5]): **68** ('49) 133–35.

J. Soc. chem. Industry, Trans. Methods and results of the x-ray investigation of sub-crystalline materials: **51** ('32) 247–55. — The tensile strength of nitrocellulose films[2]): **52** ('33) 251–64.

Nature [London] Structures and formulæ of the Prussian blues and related compounds[3]): **137** ('36) 577f.

Philosophical Trans. roy. Soc. London, Ser. A The solvation of nitrocellulose in acetone–water mixtures[6]): **233** ('34) 247–77. — The formation and constitution of crystals of lead salts containing water-soluble colloid: **235** ('35) 125–64.

Trans. Faraday Soc. The molecular aggregation of nitrocellulose: **29** ('33) 122–32. — A pressure regulator for gas-filled x-ray tubes: 788f. — The relation between density of blackening and x-ray intensity for characteristic copper radiation and Agfa-Laue film: **31** ('35) 1452–60. — Vapour pressure of oleum[4])[6]): **36** ('40) 345–56. — Partial pressures of nitric acid – water mixtures from 0° to 20°[6]): 356–63. — Nitration of cellulose, 1: Nitration in the vapour of nitric acid[6]): **40** ('44) 150–63. — The heat of formation of oleum[4])[5]): 281–95.

Mit: [1]) T. Carson; [2]) G. G. Jones; [3]) J. F. Keggin; [4]) H. Niblock; [5]) D. Smith; [6]) G. L. Wilson.

IV, VI **MILL,** Hugh Robert. Geogr., Meteorol. — 1918–21 Member of Board of Trade Committee on Water Power of British Isles, London; 1893 Cofounder, 1931–33 Pres., Geogr. Assoc., Sheffield; '26 Cofounder, '26–40 Member of Board of Dir., Scott Polar Research Inst., Cambridge; '27–31 Vice Pres., Roy. Geogr. Soc., London. — 1894 Makdougal-Brisbane Medal (Roy. Soc. Edinburgh); 1915 Victoria Research Medal (Roy. Geogr. Soc.); '18 Symons Medal (Roy. Meteorol. Soc.); '23 Gold Medal (Roy. Scottish Geogr. Soc.); '30 Cullum Medal (American Geogr. Soc.).

*1861, Mai 28, Thurso, Scotland;

†1950, Apr. 5, East Grinstead, Sussex.

Ehrung Hugh Robert Mill Medal (Roy. Meteorol. Soc.).

Nekr. R. N. R. Brown, Geography **35** ('50) 124–26. — H. J. Fleure, ibid. 127. — R. N. R. B[rown] u. a., Scottish geogr. Mag. **66** ('50) 1f. (m. Bildn.). — G. R. C[rone], Geographical J. **115** ('50) 266f. — J. Glasspoole, Nature [London] **165** ('50) 791. — W. R. Rickmers, Petermanns geogr. Mitt. **95** ('51) 39. — G. M. Wrigley, Geographical Rev. **40** ('50) 657–60. — Isis **41** ('50) 302. — Quarterly J. roy. meteorol. Soc. **76** ('50) 356–58. — Yearb. roy. Soc. Edinburgh **1951**, **45**.

Autobiogr. Hugh Robert Mill (London-New York–Toronto '51) 12+224 S. (m. Bildn.).

S. J. R. Rymill, Southern lights. The official account of the British Graham Land Expedition, 1934–1937 (London '38) 1–22: Historical introduction.

W. The life of Sir Ernest Shackleton (London '33) 328 S.

Alpine J. J. Story Masterman, 1894–1931: **44** ('32) 115.

Geographical J. Speech at the unveiling of the Shackleton Memorial: **79** ('32) 161–64. — J. Story Masterman: 253. — First London professor of geography: **81** ('33) 536–38. — The return of the "Lively" in 1831: **83** ('34) 231–33. — Carsten Egeberg Borchgrevink †: **83** ('34) 534f. — W. M. Davis †: **84** ('34) 93–95.

Geography An approach to geography: **18** ('33) 1–16. — Flashlights on geography. Featuring Scotland: **19** ('34) 171–86. — Romance of the antarctic seas: **21** ('35) 185–201.

Nature [London] Douglas W. Freshfield †: **133** ('34) 351. — J. B. Charcot †: **138** ('36) 608f. — W. H. Neale †: **144** ('39) 184f. — Jules Schokalsky †: **145** ('40) 734f. — E. E. M. Joyce †: 885. — R. C. Mossman †: **146** ('40) 359.

Scottish geogr. Mag. Flashlights on geography. Featuring Scotland: **50** ('34) 193–209. — Recollections of the Society's early years: 269–80.

VI **MILLAR,** Russell Ward. Chem. — 1922–25 Instructor, Univ. of California, Berkeley, Calif.; '25–28 Chemist, U.S. Bur. of Mines; '28–53 Chemist, then Head of the Physical Chem. Departm. and of the Chem. Engng. Departm., Shell Development Co., Emeryville, Calif. — '31 Chairman, Amer. Chem. Soc., California Sect.

*1895, März 15, Mattoon, Ill.;

†1953, Febr. 24, Berkeley, Calif.

Nekr. Chemical and Engng. News **31** ('53) 1228.

Engineering Exper. Stat. News, Ohio State Univ. Application of low-temperature thermodynamics to development of petroleum byproducts: **18** ('46) Nr. 3, 25f.

J. amer. chem. Soc. Addition compounds of urea and organic substances[6])[4])[2]): **72** ('50) 4153–60. — Addition compounds of thiourea[6])[4])[1]): 4161f.

Trans. amer. Inst. chem. Engr. Toluene recovery by extractive distillation[3][5][7][8]: **41** ('45) 631–44.

Mit: [1]) L. R. Beason; [2]) A. K. Dunlop; [3]) C. L. Dunn; [4]) C. M. Gable; [5]) G. J. Pierotti; [6]) O. Redlich; [7]) R. N. Shiras; [8]) M. Souders.

VI **MILLER,** Christina Cruickshank. Chem. (anorg., analyt.). — 1929–54 Lecturer, '54–61 Senior Lecturer, Univ. of Edinburgh. — '31 Keith Prize (Roy. Soc. Edinburgh).

*1899, Aug. 29, Coatbridge, Scotland.

S. Sedimentary petrography (H. B. Milner) **1** [4](London '62) 367–98: Microchemical methods of mineral analysis.

Analyst Toluene-3,4-dithiol as a selective reagent for tungsten; the detection of tungsten, especially in molybdenum and rhenium compounds, and in iron alloys: **69** ('44) 109–12. — The volumetric determination of tin on a small scale and its application to non-ferrous alloys[2]): **73** ('48) 377–80. — The micro-gravimetric determination of lead in white metals, fusible alloys, and tin-free copper-base alloys[2]): **75** ('50) 467–70. — The micro-gravimetric determination of lead in bronzes[2]): 471–73. — [Micro-analysis of silicate rocks, 1:] A critical investigation of the use of the silver reductor in the micro-volumetric determination of iron, especially in silicate rocks[1]): **77** ('52) 2–7; ~ 2: The precipitation of silica as 2,4-dimethylquinoline silicomolybdate and its gravimetric determination as silicomolybdic anhydride[1]): **78** ('53) 24–32; ~ 4: The determination of alumina[1]): 686–94. — Anhydrous calcium oxalate as a weighing form for calcium: 186. — A study of the separation of zinc from certain other elements by means of anion exchange[4]): **79** ('54) 483–92. — The separation of zinc from some other elements by means of anion exchange and solvent extraction, and its titrimetric determination with disodium ethylenediaminetetra-acetate[4]): **81** ('56) 79–93. — The determination of tungsten as tris(tri-n-butylammonium) 12-tungstophosphate[9]): **84** ('59) 440–46.

Chemistry in Britain Mowbray Ritchie, 1905–1966: **3** ('67) 170.

Chemistry and Industry Quantitative inorganic microanalysis for university students: **1946**, 26–28. — The detection of metallic elements: **1951**, 831–34.

J. chem. Soc., London The determination of sodium and potassium in insoluble silicates[10]): **1936**, 1390–94. — A new method for the quantitative separation of lithium, with reference to its determination in insoluble silicates[10]): 1395–99. — Useful micro-immersion filter: **1939**, 1962. — Volumetric determination of small quantities of barium and sulphate with barium rhodizonate as an indicator; determination of sulphur in iron pyrites: **1940**, 401–06. — 8-Hydroxyquinoline as a reagent for the determination of magnesium, especially in carbonate and silicate rocks[6]): 656–59. — Qualitative semimicro-analysis with reference to Noyes and Bray's system: Tantalum and tungsten group[5]): 1258–63; ~: Gold group[5]): 1263–66; ~: Thallium group: **1941**, 72–75; ~: Copper and tellurium group: 786–92; ~: Aluminium group: **1943**, 72–74; ~: Partial analysis of the combined nickel, zirconium and rare earth groups: **1947**, 1347–50; ~: Analysis of the combined alkaline-earth and alkali groups[7]): **1951**, 3188–90. — Behaviour of rhenium and of the complex thiocyanates of rhenium and molybdenum with toluene-3,4-dithiol: **1941**, 792. — Separations by partition chromatography on paper[7]): **1951**, 3183–87.

Metallurgia [Manchester] Systematic detection of metals on the small scale: **31** ('44) 39–42.

Mineralogical Mag. and J. mineral. Soc. The determination of rock constituents by semi-micro methods[3]): **23** ('33) 405–15.

Proc. roy. Soc., London, Ser. A The rate of transformation in aqueous solution of methylammonium cyanate into methylurea: **145** ('34) 288–306. — The rate of transformation to methylurea of methylammonium cyanate dissolved in ethyl alcohol: **151** ('35) 188–201. — The rates of transformation in ethyl alcohol of ammonium and ethylammonium cyanates to the corresponding ureas[8]): **168** ('38) 206–18.

Talanta Interference of iron in the determination of 12-tungstophosphoric acid with tributylamine[9]): **5** ('60) 128–30. — Determination of tungsten in association with iron and some other elements as tris(tributylammonium)12-tungstophosphate[9]): **8** ('61) 43–51.

Yearb. roy. Soc. Edinburgh Thomas Robert Bolam: **1970**, 21–23.

Mit: [1]) R. A. Chalmers; [2]) L. R. Currie; [3]) W. C. A. Guthrie; [4]) J. A. Hunter; [5]) A. J. Lowe; [6]) I. C. McLennan; [7]) R. J. Magee; [8]) J. R. Nicholson; [9]) D. H. Thow; [10]) F. Traves.

VI **MILLER,** Dayton Clarence. Physik. — 1890–93 Instructor, 1893–95 Assist. Prof., 1895–1936 Prof., '04 Co-founder of Rockefeller Labor. of Physics, Case School of Applied Sci., Cleveland, O.; '06 Pres., Cleveland Engng. Soc.; '18–22 Secretary, '23–24 Vice Pres., '25–26 Pres., '26–41 Member of Council, Amer. Physic. Soc.; '27–30 Chairman of the Divis. of Physic. Sci., Nation. Research Council; '31–33 Pres., Acoustic. Soc. of

America. — '24 Hon. D.Sc. (Miami Univ., Oxford, O.); '27 Hon.D.Sc. (Dartmouth College, Hanover, N.H.); '27 Hon. LL.D. (Western Reserve Univ., Cleveland, O.); '33 LL.D. (Baldwin-Wallace College, Berea, O.); '36 Hon.D.Engng. (Case School of Applied Science, Cleveland, O.). — '17 Longstreth Medal, '27 Elliott Cresson Medal (Franklin Inst., Philadelphia, Pa.); '25 Prize (American Assoc. for the Advancement of Sci.); '28 Award (Cleveland Chamber of Commerce).

*1866, März 13, Strongville, O.;

†1941, Febr. 22, Cleveland, O.

Zur Biogr. J. J. Nassau, A friend to Case, to science, to mankind. A tribute to Dr. Dayton C. Miller: Case Alumnus **1936**, [Nr. ?] 41–48. — R. S. Shankland, Dayton Clarence Miller – physics across fifty years: [nicht ermittelt; etwa 1941 erschienen].

Nekr. H. Fletcher, Biographical Mem., Nation. Acad. Sci. USA **23** ('45) 61–74 (m. Schr.verz.). — W. E. Wickenden, Scientific Monthly **52** ('41) 377f. (m. Bildn.). — H. R. Young, J. opt. Soc. America **31** ('41) 465.

Ue. Th. Boehm, The flute and flute-playing in acoustical, technical, and artistic aspects ²(New York '60) 3+197 S.

S. Pioneering on social frontiers, 1896–1936 (Cleveland, O. '37) 13–25: Spirit and service of science.

W. Laboratory physics; a student's manual for colleges and scientific schools. Neuaufl. (Boston, Mass. '32) 18+438 S. — Anecdotal history of the science of sound to the beginning of the 20th century (New York '35) 12+114 S. — The Dayton C. Miller Collections relating to the flute, **2**: Catalogue of books and literary material relating to the flute and other musical instruments; with annotations (New York '35) 120 S. — Sound waves: their shape and speed; a description of the Phonodeik and its applications and a report on a series of investigations made at Sandy Hook proving ground (New York '37) 11+164 S. — Sparks, lightning, cosmic rays; an anecdotal history of electricity (New York '39) 17+192 S. (Franklin Institute John Mapes Dodge Lecture Foundation. Christmas week lectures for young people, 1937).

American Architect Sound will be controlled: **141** ('32) 70f., 116.

Baldwin-Wallace College News Letter Spirit of science in the world of today: **5** ('39) Nr. 7, 13 S.

Bull., Polish med. and dent. Assoc. America Scientific work of Marie Skłodowska Curie (1867–1934): **6** ('34) 213–17.

Case Alumnus Sounds from large guns: **1934**, Febr.-Nr., 18f., 46. — Carrying the academic torch: **1935**, Apr.-Nr., 22f. — To Eckstein case: **1937**, Mai/Juni-Nr., 23f., 95f.

J. roy. astron. Soc. Canada Science and philosophy: **30** ('36) 345–48.

Laryngoscope Concussion sound waves from large guns in action: **48** ('38) 720–.

Nature [London] Ether-drift experiment and the determination of the absolute motion of the earth: **133** ('34) 162–64.

Physical Rev. Comments on Dr. Georg Joos's criticism of the ether-drift experiment: (2) **45** ('34) 114.

Reviews modern Physics The ether-drift experiment and the determination of the absolute motion of the earth: **5** ('33) 202–42.

Science [USA] The spirit and service of science: **84** ('36) 297–304.

Scientific Monthly The pipes of Pan, old and new: **34** ('32) 73–75.

Vol. Proc., Music Teachers' nation. Assoc. Visible sound: **32**. 1937 ('38) 7 S. — Modern alto, tenor and bass flutes: **33**. 1938 ('39) 281–89.

VI **MILLER,** Elroy John. Chem. (Kolloidchem.). — 1915–19 Assist. Chem., '20–23 Research Assist., '24–30 Research Assoc., '31–57 Chemist and Head of the Departm. of Agricultural Chem., '57–60 Prof., '60 Prof. Emer., Experimental Station of Michigan State College ('55 → Univ.) of Agriculture and Appl. Sci., East Lansing, Mich. — '50 Senior Award for Meritorious Research (Michigan State College of Agriculture and Appl. Sci., East Lansing, Mich.).

*1891, Juli 27, West Toledo, O.

Bildn. Michigan State University Reporter **4** ('60) Nr. 7.

S. Inorganic colloid chemistry (H. B. Weiser) (New York '33) 289–362: Colloidal carbon; Colloidal iodine. — Laboratory manual of colloid and surface chemistry (F. E. Bartell) (Ann Arbor, Mich. '36): [Mitarbeit]. — Colloid chemistry (H. B. Weiser) (New York '39) 78–85: Adsorption.

Arborist's News A case of chlorine gas injury to shrubs, vines, grass and weeds[32]): **5** ('40) 73f.

Industrial and Engng. Chem. Isolation of carotene from green plant tissue[24])[21]): **32** ('40) 1407–12. — Isolation of unsaponifiable constituents from green plant tissue. Improvements in processing dehydrated alfalfa-leaf meal[21])[24]): **33** ('41) 1298–302. — Lipides isolated from alfalfa-leaf meal[24][21]): 1428–32. – Fortification of oil, fat and flour[21][6]): **35** ('43) 794–97. – Colloid chemistry[20][35]): **43** ('51) 1049–52.

Industrial and Engng. Chem., Analyt. Edit. Determination of lead. A modification of the Fischer-Leopoldi method[36][28][17]): **7** ('35) 265–71. – Determination of small amounts of zinc in plant materials[8]): **13** ('41) 145–49. – Determination of permeability of agricultural spray coatings to water vapor[7]): **15** ('43) 737–40. – Adaptation of a Waring blendor for continuous emulsification[7][27][4]): **16** ('44) 717–19.

Analytical Chem. Cadmium in biological materials and foods[31][4]): **21** ('49) 300–03.

J. agric. Res. Influence of oil–wax emulsion sprays on size of Montmorency cherries[22][3][11][25]): **77** ('48) 261–69.

J. amer. Oil Chemists' Soc. The identification of the fatty acids of the fat from a North American black bear[30][33]): **25** ('48) 416f.

J. Assoc. offic. agric. Chemists Orrin Bowman Winter, 1878–1937: **21** ('38) Nr. 1, II–IV. – Report on [the analysis of] plants: **22** ('39) 471; **24** ('41) 517f.; **25** ('42) 551; **27** ('44) 516f.; **28** ('45) 791f.; **30** ('47) 253f.; **31** ('48) 283f.; **32** ('49) 275; **33** ('50) 803–05; **34** ('51) 691f.; **35** ('52) 395–97; **36** ('53) 391f.; **37** ('54) 713; **38** ('55) 385–87; **39** ('56) 411f.; **40** ('57) 369; **41** ('58) 303f.; **42** ('59) 363. – A comparison of the Petering-Wolman-Hibbard procedure for determining carotene, and two modifications there of with the Peterson-Hughes-Freeman technique[4][37][13]): **23** ('40) 709–16. – A study of methods for the determination of sugar in crop plants[34][1][4]): **31** ('48) 708–14. – Report on [the determination of] zinc in plants[31][4]): **32** ('49) 276–80. – Report on AOAC methods for constituents of plants: **43** ('60) 509–11.

J. chem. Educat. Symposium on the teaching of colloid chemistry: **26** ('49) 18.

J. Nutrition [USA] Results of feeding various levels of soil containing beryllium to chickens, dogs, and rats[10]): **11** ('36) 371–82.

J. physic. Chem. The adsorption of electrolytes by ash-free charcoal, 7: A brief survey of the present status of the subject, and evidence that negative adsorption of inorganic bases decreases with length of time of contact of charcoal with solution: **36** ('32) 2967–80.

Oil and Soap Composition of fat from a North American black bear[26][21]): **20** ('43) 159–61.

Proc. amer. Soc. horticult. Sci. Nutrient-element analysis of fruit tree leaf samples by several laboratories[16][19]): **67** ('56) 16–21.

Quarterly Bull., Michigan State College Agric. and appl. Sci., Agric. Exper. Stat. Progress report upon the investigation of off-flavored turkeys[29][12][9]): **20** ('38) 127–32. – The nutritive value of chicory tops for dairy cattle[14][5]): **23** ('41) 172–74. – Emulsions for horticultural sprays[22][11]): **27** ('45) 338–51. – Removal of DDT spray residues from apples[18][15][4]): **29** ('46/47) 15–22. – Economic value of oil–wax emulsion sprays in cherry orchard practices and the effectiveness of the emulsions[22][11][25]): 220–25.

Special Bull., Michigan State College Agric. and appl. Sci., Agric. Exper. Stat. Wax emulsions for spraying nursery stock and other plant materials[23][2]): **282** ('37) 39 S.

Technical Bull., Michigan State College Agric. and appl. Sci., Agric. Exper. Stat. Studies on the development, preparation, properties, and applications of wax emulsions for coating nursery stock and other plant materials[11][24][7][22]): **218** ('50) 78 S.

Mit: [1]) C. D. Ball; [2]) S. L. Bandemer; [3]) C. G. Barr; [4]) E. J. Benne; [5]) L. Butler; [6]) L. W. Byers; [7]) C. L. Comar; [8]) H. Cowling; [9]) J. A. Davidson; [10]) C. W. Duncan; [11]) V. R. Gardner; [12]) R. Griswold; [13]) R. P. Hibbard; [14]) C. F. Huffman; [15]) R. Hutson; [16]) A. L. Kenworthy; [17]) F. W. Lamb; [18]) G. D. Manalo; [19]) W. T. Mathis; [20]) W. O. Milligan; [21]) P. W. Morgal; [22]) A. L. Neal; [23]) J. A. Neilson; [24]) H. G. Petering; [25]) E. J. Rasmussen; [26]) R. A. Rasmussen; [27]) M. N. Richard; [28]) H. M. Robinson; [29]) P. J. Schaible; [30]) H. M. Sell; [31]) R. L. Shirley; [32]) F. C. Strong; [33]) B. M. Taylor; [34]) D. R. Waldron; [35]) J. W. Williams; [36]) O. B. Winter; [37]) W. Wolman.

VI **MILLER,** Emerson Romeo. Pharm., Chem. — Prof., Alabama Polytechn. Inst., Auburn, Ala.

*1862, Juni 2, Bascom, Seneca County, O.;

†1929, Okt. 31, Rochester, Minn.

Nekr. J. amer. pharm. Assoc. **18** ('29) 1280.

IV–VI **MILLER,** George Abram. Math. — 1907–30 Prof. Math., '31 Prof. Emer., Univ. of Illinois, Urbana, Ill.; '08 Vice-Pres., Amer. Math. Soc.; '16 Vice-Pres., '21 Pres., Math. Assoc. of America. — '36 Hon. LL.D. (Muhlenberg College, Allentown, Pa.). — 1900 International Math. Prize (Akad. Umiejętności w Krakówie).

*1863, Juli 31, Lynville, Pa.;

†1951, Febr. 10, Urbana, Ill.

Nekr. H. R. Brahana, Biographical Mem., Nation. Acad. Sci. USA **30** ('57) 257–312 (m. Bildn., Faks., Schr.verz.); Bull. amer. math. Soc. **57** ('51) 377–82, **58** ('52) 699; American math. Monthly **58** ('51) 447–49. – G. W. Dunnington, Jahresber. dtsch. Mathematiker-Vereinig. **55** ('52) 52f.

Gesammelte Werke The collected works of George Abram Miller **1** (Urbana, Ill. '35) 11+475 S. (m. Bildn.); **2** ('38) 12+537 S. (m. Bildn.); **3** ('46) 11+499 S.; **4** ('55) 11+

458 S.; **5** ('59) 12+474 S.; darin erstmalig veröffentlicht: **1**, 1–9: Historical note on determination of all the permutation groups of low degree; 91–98: Historical note on the determination of abstract groups of a given order; 427–67: History of the theory of groups to 1900; **2**, 1–18: Note on the history of group theory during the period covered by this volume; 493–528: Primary facts in the history of mathematics; **3**, 1–15: On the history of group theory during the period covered by this volume.

S. Monographs on topics of modern mathematics. Relevant to the elementary field (J. W. A. Young) Neuaufl. (New York '55) 209–60: Algebraic equation.

W. Theory and applications of finite groups (m. H. F. Blichfeldt, L. E. Dickson) Neuauflagen (London '37), (New York '38) 17+390 S.; (New York '61) 17+390 S.

American J. Math. Complete sets of conjugates under a group: **54** ('32) 110–16. – Groups whose orders involve a small number of unity congruences: **55** ('33) 22–28. – Groups involving only operators whose orders divide 4 and whose operators of order 4 have a common square: 417–20. – Groups involving four operators which are squares: **56** ('34) 47–52. – Groups containing five and only five squares: **57** ('35) 615–22. – Groups of order 64 whose squares generate the four group: **59** ('37) 57–66. – Groups whose commutator subgroups are of order two: **60** ('38) 101–06.

American math. Monthly Historical note on negative numbers: **40** ('33) 4f.

Annals Math. A few desirable modifications in the literature of group theory: (2) **33** ('32) 319–23.

Enseignement math. Motifs pour l'introduction des nombres négatifs: **33** ('35) 221–26.

J. indian math. Soc. Group theory and the history of logarithms: **19** ('32) 169–72. – Groups of a given order: 205–10. – Recent discoveries in the history of mathematics: 225–31. – Groups generated by an operator of order 2 and an operator of order 3 whose commutator is of order 2: **20** ('34) 145–47.

Mathematical Gaz. Group theory definitions in Webster's "New International Dictionary": **20** ('36) 143f. – Mathematical terminology [Kleinsche Vierergruppe]: **22** ('38) 486.

Mathematics Student Historical notes on Felix Klein's "Elementary Mathematics": **1** ('33) 49–51. – Vague historical views relating to negative numbers: **2** ('34) 1–6. – Expository remarks on the theory of groups: 41–48. – The backwardness of early American mathematics: **3** ('35/36) 8–11. – Fundamental ideas in the history of mathematics: 121–26. – Progress in the history of mathematics during the last forty years: **6** ('38/39) 71–73. – Approximations in mathematics regarded as correct: 137–42. – Enumeration of finite groups: **8** ('40) 109–11. – Babylonian logarithms: **15** ('47) 1–3.

Mathematics Teacher Primary facts in the history of mathematics: **32** ('39) 209–11.

National Math. Mag. Mathematical myths: **12** ('38) 388–92. – Eleven lessons in the history of mathematics: **13** ('39) 272–77; **14** ('39/40) 144–52; **15** ('40/41) 234–44; **17** ('42/43) 13–20, 212–20, 341–50; **18** ('43/44) 67–76, 261–70; **19** ('44/45) 64–72, 286–93; **21** ('47) 48–55. – Letter to the editor: **17** ('42/43) 72.

Proc. nation. Acad. Sci. USA Sets of distinct group operators involving all the products but not all the squares: **18** ('32) 100–02. – Orders for which a given number of groups exist: 472–75. – Orders for which there exist exactly four or five groups: 511–14. – Nongroup operations: 597–600. – The commutator subgroup of a group generated by two operators: 665–68. – Groups generated by two operators of order 3 whose commutator is of order 2: **19** ('33) 199–202. – Groups in which either all the operators or all the subgroups of the same order are conjugate: 322–35. – Sylow subgroups and the number of operators whose orders are powers of the same prime: 555–58. – Number or operators of prime power orders contained in a group: 780–83. – Groups whose operators have no more than three distinct squares: 848–51. – Groups involving a small number of squares: 1054–57. – Minimum number of squares in a group when not all of them are relatively commutative: **20** ('34) 127–30. – Groups whose squares constitute cyclic subgroups: 203–06. – Groups involving three and only three squares: 243–46. – Confusions in the use of the mathematical term group: 288–91. – Groups of order 2^n whose squared elements constitute a cyclic subgroup: 372–75. – Distinct groups whose subgroups are simply isomorphic: 430–33. – Groups involving a set of as many conjugates as commutators: **21** ('35) 41–44. – Sets of group elements involving only products of more than n: 45–47. – Groups which are the products of two permutable proper subgroups: 469–72. – Largest groups determined by the squares of their operators: 479–81. – Groups in which the squares generate a subgroup of index less than seven: 523–25. – Groups of order 2^m determined by subgroups generated by their squares: 621–25. – Formulas giving the number of the groups determined by squares: 671–74. – General theorems applying to all the groups of order 32: **22** ('36) 112–15. – Groups in which the squares of the operators generate a cyclic group: 288–91. – Regular subgroups of a transitive substitution group: 375–77. – Groups containing a relatively large number of operators of the same order: 541–43. – Number of the Abelian groups of a given order: 654f. – Enumeration of the Abelian groups whose orders do not exceed a given number: 700–03. – Groups whose prime powers generate a cyclic subgroup: 703–06. – Groups which contain an Abelian subgroup of prime index: **23** ('37) 13–16. – The groups of order p^m which have $m-1$ independent generators: 234–36. – Groups of order less than 2^m having $m-1$ or $m-2$ independent generators: 280–85. – Groups having a maximum number of independent generators: 333–37. – Groups in which every set of independent generators is a maximum set: 446–48. – Sets of independent generators of a finite group: 494–96. – Groups in which every subgroup of composite order is invariant: 549–52. – Groups which contain a Hamiltonian subgroup of odd prime index: 587–89. – Groups having a maximum number set of independent generators: **24** ('38) 17–20. – Groups having a maximum set of independent generators of the same order: 91–94. – Groups having a maximum number set of conjugate independent generators: 94–97. – Relative numbers of operators and subgroups of a finite group: 199–201. – Minimum degree of substitutions of highest degree in a group: 202–04. – Largest degree of a substitution in the groups of a given degree: 293–96. – Groups of degree n involving only substitutions of lower degrees: 333–36. – The relative numbers of the subgroups and operators of certain groups: 473–76. – Groups of order p^m containing $m-\alpha$ independent generators: 561–65. – Groups of degree n in which the largest degree of a substitution is a minimum: **25** ('39) 43–46. – Number of the subgroups of any given Abelian group: 258–62. – Independent generators of the subgroups of an Abelian group: 364–67. – Groups having a small number of subgroups: 367–71. – Groups containing a prime number of non-invariant subgroups: 431–34. – Groups which contain less than ten proper subgroups: 482–85. – Groups which contain ten or eleven proper subgroups: 540–43. – Prime power groups determined by the number of their subgroups: 583–86. – Groups having a small number of sets of conjugate subgroups: 640–43. – Groups which contain less than fourteen proper subgroups: **26** ('40) 129–32. – The groups which contain exactly fourteen subgroups: 283–86. – Abelian groups which contain no more than 25 proper subgroups: 350–54. – Subgroups of the groups whose orders are below thirty: 500–02. – Minimal cross-cut subgroups relative to the product of their orders: 621–25. – Every two equal order subgroups having only identity in common: 652–55. – Maximal subgroups of a given group: **27** ('41) 68–71. – Maximal subgroups of a finite group: 212–16. – Groups containing maximal subgroups of prime order: 342–45. – Maximal subgroups whose orders are divisible by two or three: 399–402. – Groups containing a maximal proper subgroup of order 4: 445–48. – Maximal invariant proper subgroups of a finite group: 587–90. – Maximal Sylow subgroups of a given group: **28** ('42) 80–83. – Certain direct products of the groups of self-isometries: 141–44. – Some deductions from Frobenius' theorem: 251–54. – Automorphisms of the dihedral groups: 368–71. – The permutation groups of a general degree: 407–10. – Determination of the subgroups of small index: **29** ('43) 25–28. – Possible groups of automorphisms: 49–52. – Groups containing a prime number of conjugate subgroups: 104–07. – Groups containing four and only four non-invariant subgroups: 213–15. – Groups of transformations of the non-invariant subgroups: 240–42. – Special invariant subgroups: 308–11. – Subgroups transformed according to a group of prime order: 311–14. – Relative number of non-invariant operators in a group: **30** ('44) 25–28. – Possible numbers of non-invariant operators of a group: 114–17. – Groups containing less than twenty-eight non-invariant operators: 275–79. – Groups involving a small number of sets of conjugate operators: 359–62. – Groups having a small number of sets of conjugate subgroups: **31** ('45) 147–50. – Illustrations and simple abstract proof of Sylow's theorem: 166–70. – Prime number of conjugate operators in a group: **32** ('46) 53–56. – Prime number of operators in sets of conjugates: 149–52. – Abstract group generated by the quaternion units: **33** ('47) 235f.

Quarterly J. Math., Oxford Ser. Groups whose Sylow sub-groups of order p^m contain no more than p^{m+2} operators whose orders are powers of p: **5** ('34) 23–29.

Revista mat. hisp.-amer. Notas históricas de Felix Klein sobre matemática elemental: 8 ('33) 184–87.

School Sci. and Math. A crusade against the use of negative numbers: **33** ('33) 959–64. – History of mathematics in America: **35** ('35) 292–96. – Correcting errors in the histories of mathematics: 977–83.

School and Soc. Meaning of the word billion: **33** ('32) 591. – Mathematical confusions: **37** ('33) 494f. – A new aid for mathematics teachers: **38** ('33) 120f. – A mathematical solution developing during more than three millenniums: **39** ('34) 211f. – History of mathematics in America: **40** ('34) 96. – Mathematics in Webster's "New International Dictionary", second edition, 1935: 728. – A characteristic feature of Babylonian mathematics: **42** ('35) 436–39. – Group theory in the secondary schools: **44** ('36) 344f. – Group theory in mathematical education: **45** ('37)

183–85. — The quadratic equation: 684f. — Implications in the history of mathematics: **47** ('38) 275–77. — Mathematical pia fraus: 637f. — Unpardonable errors in the history of mathematics: **48** ('38) 78f. — Solution of equations by the ancients: **49** ('39) 178f. — Arithmetic and algebra: **53** ('41) 84.

Science [USA] Definition of a mathematical group: **75** ('32) 102f. — The word Algebra: **76** ('32) 14f. — A civilization without native mathematics: **77** ('33) 366. — Our common numerals: **78** ('33) 236f. — Wide-spread errors relating to Laplace: 531f. — Definitions of the mathematical term Group: **79** ('34) 291f. — Background of mathematics in America: **80** ('34) 356f. — A wide-spread error relating to Egyptian mathematics: **81** ('35) 152. — Difference between arithmetic and algebra: 513f. — A wide-spread error relating to the Pythagoreans: **82** ('35) 126. — Definitions of mathematical terms in general English dictionaries: 248f. — On the history of negative numbers: 517. — Recent German mathematics: **83** ('36) 230. — A dozen mathematical errors in Webster's Dictionary: **84** ('36) 418f. — The first known long mathematical decline: **87** ('38) 576f. — The history of mathematics forty years ago: **88** ('38) 375f. — The first articles on group theory published in America: **90** ('39) 234. — A dozen mathematical errors in the "Encyclopaedia Britannica": 512f. — Changes in modern mathematics: **91** ('40) 289f. — Fundamental laws of operations in mathematics: 571f. — The first thousand mathematical works printed in America: **92** ('40) 216f. — Multisensual mathematical terms: 400f. — General or special in the development of mathematics: **93** ('41) 235f. — Pre-Euclidean Greek mathematics: **94** ('41) 89f. — The first mathematics section of the National Academy of Sciences: 345f. — Nature of group theory: **95** ('42) 96. — A group theory dilemma of Sophus Lie and Felix Klein: 353f. — Early mastery of the group concept: **97** ('43) 90f. — Implications involved in mathematical advances: **98** ('43) 38f. — Elements of the generality of the group concept: 362f. — Starring subject in "American Men of Science": **99** ('44) 386. — Solution of the cubic equation: **100** ('44) 333f. — Fanciful portraits of ancient mathematicians: **101** ('45) 223f. — Comments by readers: **105** ('47) 232.

Science Progr. [London] Babylonian and Egyptian mathematics: **26** ('32) 270f.

Scientific Monthly Salient theorems of the theory of groups and their history: **36** ('33) 146–49. — Characteristic features of mathematics and of its history: **37** ('33) 398–404. — Mathematics developed by the common people: **39** ('34) 40–45. — Evolution of a modern definition of the mathematical term "group": 554–59. — Evolution of the use of the modern mathematical concept of group: **41** ('35) 228–33. — Basal facts in the history of mathematics: **42** ('36) 230–35. — False group theory: **44** ('37) 280–83. — Group theory for the million: **45** ('37) 562–65. — Group theory in the history of mathematics: **47** ('38) 124–27. — Forty years of mathematics: **48** ('39) 268–71.

Tôhoku math. J. Groups generated by two operators of orders 2 and 4 respectively whose commutator is of order 2: **38** ('33) 1–6. — Historical note on the determination of all the permutation groups of low degrees: **39** ('34) 60–65. — Factor congruences in the history of mathematics: **42** ('36) 362–65.

Trans. amer. math. Soc. Groups in which every operator has at most a prime number of conjugates: **35** ('33) 897–902. — Groups in which the squares of the elements are a dihedral subgroup: **36** ('34) 819–25.

V, VI **MILLER,** John Anthony. Astron. — 1906–36 Prof. and Dir. of Sproul Observat., '14–29 Vice Pres., '36 Prof. Emer., Swarthmore College, Swarthmore, Pa.

*1859, Dez. 16, Greensburg, Ind.;
†1946, Juni 15, Wallingford, Pa.

Nekr. P. van de Kamp, Monthly Notices roy. astron. Soc. **108** ('48) 49–51 (= Sproul Observat. Reprints, Nr. 64). — Sky and Telescope **5** ('46) Nr. 10, S. 12.

W. Analytic mechanics (m. S. B. Lilly). Neuaufl. (NewYork–London '35) 16+309 S.

Popular Astron. The total solar eclipse of Aug. 31, 1932 u.a.): **40** ('32) 379–98. — Eclipse reports, Aug. 31, 1932 u.a.): 459–88.

Publ., Amer. astron. Soc. A photometric study of the sun corona negatives: **8** ('34/35) 16.

Sproul Observat. Publ. A photometric study of the photographs of five solar coronas: **13** ('35) 3–36.

IV–VI **MILLER,** William Lash. Chem. (physikal.). — 1900–08 Assoc. Prof., '08–37 Prof., '21–37 Head of the Departm. of Chem., '37 Prof. Emer., Univ. of Toronto, Ont., Can.; '12 Pres., Amer. Electrochem. Soc.; '26 Pres., Canadian Inst. Chem.; '34–35 Pres., Roy. Soc. Canada. — '35 Commander of the Order of Brit. Empire; '38 Flavelle Medal (Roy. Soc. Canada).

*1866, Sept. 10, Galt, Can.;
†1940, Sept. 1.

Zur Biogr. Proc. roy. Soc. Canada **32** ('38) 50.

Nekr. W. D. Bancroft, J. amer. chem. Soc. **63** ('41) 1f. (m. Bildn.). — F. B. Kenrick, J. chem. Soc., London **1942**, 334–36. — L. E. Westman, Canadian Chem. and Process Industries **24** ('40) 476–78.

S. Report of Proc. 3rd International congress for microbiology, New York 1939 (NewYork '40) 498f.: Wildier's bios. — History of science in Canada (H. M. Tory) (Toronto '39): [Mitarbeit].

J. amer. chem. Soc. Wildier's bios: The fractionation of bios from yeast[1])[2]): **55** ('33) 1502–17.

Trans. roy. Soc. Canada, Sect. III The fractionation of "bios II" [1])[3]): **26** ('32) 165–69. — Wildier's bios: **28** ('34) 185–87; **29** ('35) 163–65; **30** ('36) 99–103; **31** ('37) 159–62.

Mit: [1]) E. V. Eastcott; [2]) J. E. Maconachie; [3]) E. M. Sparling.

VI **MILLER,** Norman. Math. — 1907–11 Stud., '19–20 Lecturer, '20–21 Assist. Prof., '21–28 Assoc. Prof., '28–59 Prof., '59 Prof. Emer., Queen's Univ., Kingston, Ont., Can.; '11–13 Teacher, Seaforth Collegiate Inst., Seaforth, Ont., Can.; '16 Ph.D., Harvard Univ., Cambridge, Mass. — '61 Hon. LL.D. (Queen's Univ., Kingston, Ont.).

*1889, Nov. 1, Aylmer, Elgin County, Ont., Can.

W. A first course in differential equations (New York–London '35, London '36) 148 S. — An advanced course in algebra (m. R. E. K. Rourke) [3](Toronto '40) 13+326 S.; Neuaufl. (New York '55) 394 S. — Plane trigonometry and statics (m. R. E. K. Rourke) (NewYork '43, Toronto '46) 12+427 S. — Mathematics for Canadians (m. H. Bowers, R. E. K. Rourke) **1** (Toronto '47) 15+443 S., ('49) 473 S.; **2** ('50) 11+580 S.; **3** ('50) 11+365 S. — Limits: the concept and its role in mathematics; an introductory treatment (NewYork–Toronto–London '64) 149 S. (Blaisdell scientific paperback, BP 14).

American math. Monthly The Taylor series approximation curves for the sine and cosine: **44** ('37) 96f.

Bull. amer. math. Soc. Note on the existence of an nth derivative defined by means of a single limit: **42** ('36) 908–14.

Trans. roy. Soc. Canada, Sect. III An inequality of Steinitz and the limits of Riemann sums[1]): **48** ('54) 27–29.

Mit: [1]) I. Halperin.

VI **MILLIGAN,** Lowell Haines. Chem. (physikal.). — 1923–40 Research Chemist, '40–52 Assist. Dir. of Research, '52–57 Dir. of Research and Developm., '57–59 Assoc. Dir. of Research and Developm., Norton Co., Worcester, Mass.

*1894, Aug. 5, Columbus, O.

Brick and Clay Rec. Stabilized zirconia – a pure oxide refractory: **118** ('51) Nr. 5, S. 52.

Bull. amer. ceram. Soc. Pyrometric rings for measuring kiln heat-treatment: **19** ('40) 247–51. — Abrasives and grinding: **20** ('41) 39–47. — Symposium on color standards and measurements [for the ceramic industry], 4: A readily visualized system for measuring the color of surfaces[5]): 387–91. — Refractory whitewares of the porcelain type: **29** ('50) 154–57. — Alumina radomes by flame-spray process[2]): **38** ('59) 661–64.

Grits and Grinds Surface finish – what it is: **34** ('43) Okt.-Nr., 10 S. — What surface profile is really like: Dez.-Nr., 7 S.

Industrial and Engng. Chem. Abrasive products in the building industry: **27** ('35) 1123f.

Iron Age Grading abrasive sticks by the Rockwell test: **146** ('40) 19. Sept., 4 S.

J. amer. ceram. Soc. The "moisture expansion" of glasses[1]): **15** ('32) 167–70. — The impact abrasion hardness of certain minerals and ceramic products: **19** ('36) 187–91. — Moduls of rupture of cylindrical rods when tested on a short span: **36** ('53) 159f.

Mechanical Engng. Surface finish of journals as affecting friction, wearing-in, and seizure of bearings[7])[8]): **64** ('42) 718–26.

Metals and Alloys A new method for studying cavitation erosion of metals[6])[3]): **8** ('37) 126–32.

Trans. electrochem. Soc. Impact abrasion hardness of molded boron carbide and of some cemented tungsten and tantalum carbides[4]): **68** ('35) 131–37.

Mit: [1]) D. Armitage; [2]) N. N. Ault; [3]) H. Peters; [4]) R. R. Ridgway; [5]) R. M. Robertson; [6]) W. C. Schumb; [7]) R. W. Dayton; [8]) H. R. Nelson.

V, VI **MILLIKAN,** Robert Andrews. Physik. — 1921–45 Dir. of the Norman Bridge Labor. of Physics and Chairman of the Executive Council, California Inst. of Technol., Pasadena, Calif.; '16–18 Pres., Amer. Physic. Soc.; '29 Pres., Amer. Assoc. for the Advancem. of Sci.; '34–41 Vice-Pres., Amer. Philos. Soc. — Hon. degrees (in addition to the list in Pogg. VI): '38 Hon. LL.D. (Loyola Univ., Chicago, Ill.); '39 Hon. D.Sc. (Univ. of

Melbourne); '39 D^{r} hon. (Univ. de Paris); '41 Hon. LL.D. (Univ. of Chicago, Ill.); '44 Hon. LL.D. (William Jewell College, Liberty, Mo.); '52 Hon. LL.D. (Bradley Univ., Peoria, Ill.). — '13 Comstock Prize (Nation. Acad. Sci., USA), '22 Edison Medal (Amer. Inst. Electr.Engrs.); '23 Hughes Medal (Roy. Soc. London); '24 Faraday Medal (Chem. Soc. London); '25 Medaglia Matteucci (Soc. Ital. Sci., Roma); '26 Gold Medal (Amer. Soc. Mech. Engrs.); '28 Messel Medal (Soc. Chem. Industry, London); '29 Gold Medal (Soc. Arts and Sci.); '30 Gold Medal (Radiol. Soc. of North America); '32 Gold Medal (Roosevelt Memorial Assoc.); '37 Gold Medal (Franklin Inst., Philadelphia, Pa.); '40 Oersted Medal (Amer. Assoc. of Physics Teachers); Presidential Medal of Merit (President of USA).

*1868, März 22, Morrison, Ill.;

†1953, Dez. 19, San Marino, Calif.

Zur Biogr. I. M. Benade, Current Sci. **9** ('40) 4. — E. U. Condon, J. opt. Soc. America **41** ('51) 63. — L. Engel, R. A. Millikan and the electron: Scientific Digest **39** ('56) 80–84. — D. F. Fisher, American portraits (New York '46) 68–72. — A. I. Hazeltine, We grew up in America (New York '54) 158–65. — H. V. Neher, Millikan – teacher and friend: American J. Physics **32** ('64) 868–77 (m. Bildn.). — Annuario pontificia Accad. Sci. **1** ('36/37) 553–57 (m. Bildn., Faks., Schr.verz.). — Scientific Monthly **45** ('37) 183f. (m. Bildn.). — Encyclopedia of American history (R. B. Morris) (NewYork–London–Toronto '53) 965f., (NewYork–Evanston, Ill. '61) 753f.

Zur Verleihung d. Nobelpreises N. de V. Heathcote, Nobel Prize winners in physics 1901–50 (New York '53) 206–17 (m. Bildn.). — E. A. Hylleraas, Fysikkens Verden **10** ('48) 97–102. — E. Schneider, Von Röntgen zu Einstein – von Planck zu Heisenberg (Berlin–München '53) 138–41. — The Nobel Prize winners and the Nobel Foundation 1901–37 (T. W. MacCallum, S. Taylor) (Zürich '38) 78 (m. Bildn. S. 419). — Nobel Lectures, Physics, 1922–1941 (Amsterdam–London–New York '65) 51–53, 67–69.

Zum 80. Geb.tag F. B. Jewett, The genesis of the National Research Council and Millikan's World War I work: Reviews modern Physics **20** ('48) 1–6. — L. A. DuBridge, R. A. Millikan and the California Institute of Technology: ibid. 7–9. — P. S. Epstein, R. A. Millikan as physicist and teacher: ibid. 10–25. — D. Roller, Millikan's influence on undergraduate teaching: ibid. 26–30.

Nekr. A. Beckmann, Kosmos [Stockholm] **33** ('55) 25–34 (m. Bildn.). — R. B. Brode, Nature [London] **173** ('54) 287f. — M. de Broglie, C. R. hebd. Séances Acad. Sci., Paris **238** ('54) 23–25. — W. E. Dick, Discovery **15** ('54) 55–62. — L. A. DuBridge, Science [USA] **119** ('54) 272–74. — L. A. DuBridge, P. S. Epstein, Biographical Mem., Nation. Acad. Sci. USA **33** ('59) 241–82 (m. Bildn., Faks., Schr.verz.). — W. V. Houston, Yearb., Amer. philos. Soc. **1954**, 440–44. — E. Regener, Physikalische Bl. **10** ('54) 227–29. — Electrical Engng. [USA] **73** ('54) 181. — Engineering **177** ('54) 3. — J. opt. Soc. America **44** ('54) 343f. (m. Bildn.). — J. sci. and industr. Res., Sect. A **13** ('54) 56f., 60. — Naturwissenschaftliche Rdsch. **7** ('54) 85f. — Science [USA] **119** ('54) 242f. — Science and Culture **19** ('54) 598–600.

Zum 100. Geb.tag H. Andrae, GIT **12** ('68) 677.

Autobiogr. R. A. Millikan, Autobiography (NewYork '50) 14+311 S. (m. Bildn.); (London '51) 334 S. (m. Bildn.).

MUe. P. K. L. Drude, Theory of optics. Neuauflagen (New York '33, '60) 21+546 S.

S. C. R. Congrès international d'électricité, Paris 1932, **2** (Paris '33) Sect. 1,5, S. 1–19: Etat actuel de nos connaissances sur le lieu et le mode de production des rayons cosmiques. — Time and its mysteries, **1** (NewYork '36) (NewYork University, James Arthur Foundation, Lectures): [1 Vortrag]. — Nobel Lectures, Physics, 1922–1941 (Amsterdam–London–New York '65) 54–66: The electron and the light-quant from the experimental point of view.

W. Time, matter and values (Chapel Hill, N.C. '32) 10+99 S. — Discussions sur l'évolution de l'univers (m. J. Jeans, G. Lemaître, W. de Sitter, A. S. Eddington, E. A. Milne) [Übersetzung] (Paris '33) 12+68 S. — Electrons (+ and —), protons, photons, neutrons and cosmic rays (Chicago, Ill.-Cambridge '35) 10+492 S.; ²(Chicago, Ill. '47) 10+642 S. — In the coming century (LosAngeles, Calif. '35) 5+22 S. (William Henry Snyder lectureship). — New elementary physics (Neubearbeitung von: Elements of physics) (m. H. G. Gale, I. P. Coyle) (Boston, Mass. '36) 14+637 S., ('41) 637 S. — Elements of electricity; a practical discussion of the fundamental laws and phenomena of electricity and their practical applications in the business and industrial world (m. W. Esty, W. L. McDougal u. a.) (Chicago, Ill.-London '37) 11+248 S. — Mechanics, molecular physics, heat and sound (m. D. E. Roller, E. C. Watson) (Boston, Mass.-New York '37) 14+498 S.; (Cambridge, Mass. '65) 14+498 S. (M.I.T. paperback series, 40).

· – A first course in physics for colleges (m. H. G. Gale, C. W. Edwards) Neuaufl. (Boston, Mass. '38) 13+712+62 S. – Manual of experiments (m. H. G. Gale, C. W. Edwards) (Boston, Mass. '38) 6+221 S. – Cosmic rays; three lectures, being the revision of the 1936 Page-Barbour lectures of the University of Virginia and the 1937 John Joly lectures of Trinity College Dublin (New York–Toronto–London '39) 8+134 S.; ital.: I raggi cosmici (Torino '41) 139 S. (Biblioteca di cultura scientifica, 6), ²('43) 139 S. (∼). – Science, war and human progress (NewYork '43[?]) 18 S. – Exercises in laboratory physics for secondary schools (m. H. G. Gale, I. C. Davis) (Boston, Mass.–New York '45) 138 S. – Shall government subsidize our public schools? (New York '47) 22 S. (American Affairs pamphlets. Suppl. to the Autumn, 1947, Nr. of American Affairs). – Remarks at the presentation of the Seymour Thomas portrait of William Bennett Munro, Dabney Hall of the Humanities, Dec. 9th 1946 (m. J. R. Page) (Pasadena, Calif. '47) 17 S. – The electron, its isolation and measurement and the determination of some of its properties. Neudruck (Chicago, Ill. '63) 320 S. – Science and life. Neudruck (New York '69) 90 S.

American J. Physics Opportunity of the physics teacher: **9** ('41) 81–84. – Franklin's discovery of the electron: **16** ('48) 319.

Annalen Physik Die wahrscheinlichsten Werte für das Elektron und damit verknüpfte Konstanten für 1938: (5) **32** ('38) 34–43, 520.

Annales Inst. Henri Poincaré Sur les rayons cosmiques: **3** ('32/33) 447–64.

Annual Rep. Board Regents Smithsonian Instn. Present status of theory and experiment as to atomic disintegration and atomic synthesis: **1931** ('32) 277–85.

Atlantic Monthly Modern alchemy: **157** ('36) 737–41.

Biographical Mem., Nation. Acad. Sci. USA Albert Abraham Michelson †: **19** ('38) 121–46.

Current Sci. Origin of cosmic rays; a hypothesis and the experimental testing of it in India and elsewhere[6])[7]): **10** ('41) 393f.

J. Franklin Inst. Exploring the stratosphere for new electrical effects: **224** ('37) 145–51. – Benjamin Franklin and his electrical experiments: **248** ('49) 162–67.

Nature [London] Measurement of the nuclear absorption of electrons by the atmosphere up to about 10^{10} electron volts[2])[6]): **140** ('37) 23. – Origin of cosmic rays[6])[7]): **151** ('43) 663f.

Physical Rev. Further experiments on the uniformity of distribution of the cosmic radiation: **39** ('32) 391–96. – Cosmic-ray ionization and electroscope-constants as a function of pressure: 397–402. – Cosmic-ray energies and their bearing on the photon and neutron hypotheses[1]): **40** ('32) 325–28. – New techniques in the cosmic-ray field and some of the results obtained with them: **43** ('33) 661–69. – Cosmic-ray intensities in the stratosphere[2]): 695–700. – New high-altitude study of cosmic-ray bands and a new determination of their total energy content[2])[6]): **44** ('33) 246–52. – The three types of cosmic-ray fluctuations and their significance[1])[6]): **45** ('34) 141–43. – The mechanism of cosmic-ray counter action[1])[5])[7]): 352–63. – A very high altitude survey of the effect of latitude upon cosmic-ray intensities and an attempt at a general interpretation of cosmic-ray phenomena[2])[6]): **46** ('34) 641–52. – The equatorial longitude effect in cosmic rays[6]): **47** ('35) 205–08. – A precision world survey of sea-level cosmic-ray intensities[6]): **50** ('36) 15–24. – The latitude effect in cosmic rays at altitudes up to 29,000 feet[2])[4])[6]): 579–81. – Precision cosmic-ray measurements up to within a percent or two of the top of the atmosphere[6])[3]): 992–98, 1191. – The influence of the earth's magnetic field on cosmic-ray intensities up to the top of the atmosphere[2])[6]): **52** ('37) 80–88. – New evidence as to the nature of the incoming cosmic rays, their absorbability in the atmosphere, and the secondary character of the penetrating rays found in such abundance at sea level and below[2])[6]): **53** ('38) 217–23. – New light on the nature and origin of the incoming cosmic rays[2])[6]): 855–61. – Mesotron as the name of the new particle: **55** ('39) 105. – Seasonal cosmic-ray effects at sea level[3])[8]): **56** ('39) 487–90. – New evidence for a change with time of the total energy brought into the earth by cosmic rays[6]): 491–93. – A hypothesis as to the origin of cosmic rays and its experimental testing in India and elsewhere[6])[7]): **61** ('42) 397–407. – Further tests of the atom-annihilation hypothesis as to the origin of the cosmic rays[6])[7]): **63** ('43) 234–45. – Further studies on the origin of cosmic rays. Helium annihilation rays and the cause of their variability with time[6])[7]): **66** ('44) 295–302. – The interpretation of the east-west effect: **71** ('47) 275f. – Primary cosmic-ray protons and the atom-annihilation hypothesis[6])[7]): **72** ('47) 513.

Proc. amer. philos. Soc. Energy distribution of incoming cosmic-ray particles[6]): **83** ('40) 409–28. – The interchange of men of science: **91** ('47) 129–36. – Dr. Albert Einstein and American colleagues, 1931: Introduction: **93** ('49) 543.

Proc. IRE Atomic energy – its release, utilization, and control: **37** ('49) 545–47.

Proc. nation. Acad. Sci. USA The equatorial longitude effects on cosmic rays[6]): **21** ('35) 313–15.

Reviews modern Physics Seasonal cosmic-ray effects at sea level[6])[8]): **11** ('39) 166. – The present status of the evidence for the atom-annihilation hypothesis: **21** ('49) 1–13. – Albert Einstein on his seventieth birthday: 343–45.

Science [USA] Edison as a scientist: **75** ('32) 68–70. – Cosmic-ray light on nuclear physics: **78** ('33) 153–58. – What to believe about cosmic rays: **81** ('35) 211–15. – Arthur A. Noyes †: **83** ('36) 613f.; **84** ('36) 177f. – Vernon Lyman Kellog†: **86** ('37) 214f. – George Ellery Hale †: **87** ('38) 205f. – The development of chemistry at the California Institute of Technology: 565f. – Hypothesis as to the origin of cosmic rays and the experimental testing of it in India and elsewhere[6])[7]): **94** ('41) 335f.

Scientific Monthly The diffusion of science; the natural sciences: **35** ('32) 203–08. – The service of science: **38** ('34) 303–07. – Award of the Nobel Prize in physics to James Chadwick and in chemistry to Frédéric Joliot and Irène Joliot-Curie: **42** ('36) 87f. – Recent findings in cosmic-ray researches: **43** ('36) 396–401. – Award of the Nobel Prize in physics to Victor F. Hess and Carl D. Anderson: **44** ('37) 94–97. – Albert Abraham Michelson – the first American Nobel laureate: **48** ('39) 17–27. – Science and the world of tomorrow: **49** ('39) 210–14. – Walther Nernst, a great physicist, passes: **54** ('42) 85f.

Yearb., Amer. philos. Soc. Lord Rutherford of Nelson, 1871–1937: **1938**, 386–88.

Yearb., Carnegie Instn. Washington Studies of cosmic rays: **32**. 1932/33 ('33) 341–44; **33**. 1933/34 ('34) 324–27; **34**. 1934/35 ('35) 343–45; **35**. 1935/36 ('36) 349–52; **36**. 1936/37 ('37) 363–66.

Mit: [1]) C. D. Anderson; [2]) I. S. Bowen; [3]) S. K. Haynes; [4]) S. A. Korff; [5]) S. Neddermeyer; [6]) H. V. Neher; [7]) W. H. Pickering; [8]) D. O. Smith.

VI **MILLOSEVICH,** Federico. Mineral., Petrogr. — 1892–96 Stud., 1896 Laurea, 1902–03 Libero Doc., '15–30 Prof. Mineral., '15–42 Dir. dell'Ist. di Mineral. e Petrogr., '27–30 Rettore, '30–42 Prof. Petrogr., Univ. di Roma; '03–05 Libero Doc., Univ. di Catania; '06–08 Prof., Univ. di Sassari; '08–15 Prof., Ist. degli Studi Super. di Firenze; '28–42 Senatore del Regno; '36–37 Ispettore generale delle Miniere; '38 Pres., Azienda miniere Africa orientale; '38 Pres., Accad. dei Lincei, Roma; '38–41 Pres., Comitato geol. del Consiglio Nazionale delle Ricerche. — '38 Stella d'oro al Merito della Scuola (Ministero della Pubbl. Istruzione).

*1875, Jan. 10, Venezia;
†1942, Nov. 8, Roma.

Nekr. E. Grill, Chimica e Industria **24** ('42) 1f. – E. Onorato, Periodico Mineral. **13** ('42) 245–53 (m. Bildn. u. Schr.verz.). – U. Panichi, Rend. Soc. mineral. ital. **2** ('42) 21f. – Boll. Soc. geol. ital. **61** ('42/43) (m. Bildn.). – A. Scherillo, Rend. reale Accad. Sci. fisiche e mat., Napoli (4) **13** ('45) 60–65 (m. Bildn.).

Schriftenverzeichnis Boll. Soc. geol. ital. **61** ('42/43) XLVII–LIV.

MH. (Sektionsdir. 1930–37) Enciclopedia italiana di scienze, lettere ed arti (Milano '29–38).

HZ. Periodico Mineral. **1** ('30) – **12** ('41).

MHZ. Mineralogische u. petrogr. Mitt. **41** ('31) – **51** ('39).

S. La scuola superiore (Roma '33) 18–25: L'Istituto di Vulcanologia della R. Università di Catania. – Le scienze fisiche e biologiche in Roma e nel Lazio (Istituto di Studi Romani) (Roma '33): Minerali e miniere nel Lazio. – Atti del III Congresso nazionale di studi romani (Istituto di Studi Romani) **5** (Bologna '35) 67–69: Il latino come lingua internazionale nelle scienze fisiche, matematiche e naturali; 70–72: Coordinamento di ricerche scientifico-tecniche al fine dello sviluppo dell'economia del Lazio. – Atti del IV Congresso ~ **5** (Roma '38) 3–5: Per la migliore conoscenza delle attività scientifiche e scientifico-tecniche extra-universitarie in Roma. – Atti del V Congresso ~ **1** (Roma '39) 3–8: Scienza e tecnica nell'Impero romano. – Dal Regno all'Impero. 17 marzo 1861 – 9 maggio 1936 (Roma '37): La politica mineraria del Governo fascista. – Un secolo di progresso scientifico italiano 1839–1939 (L. Silla) **2** (Roma '39) 425–27: Introduzione [alla] Sezione di mineralogia e geologia.

W. Geologia, mineralogia e paleontologia (m. P. Vinassa De Regny) (Milano '38) 361 S. (Enciclopedia scientifica monografica italiana del XX secolo, Ser. II, Nr. 2). – L'Istituto di Mineralogia della R. Università di Roma (Roma '39) 13 S. (Quaderni di studi romani. Gli istituti scientifici in Roma, 3). – Medio evo ed età moderna. Corso di storia ad uso della seconda classe delle scuole medie inferiori (Bari–Roma–Città-di-Castello '45) 172 S.

Atti reale Accad. nazion. Lincei, Rend. Commemorazione del Socio Ferruccio Zambonini: (6) **15** ('32) 767–76. – Qualche prospettiva mineraria dell'Africa Orientale Italiana: (7) **1** ('39/40) 81–92.

Atti Soc. ital. Progr. Sci. La moderna mineralogia nel quadro delle scienze fisiche, chimiche e geologiche: **24**, 1 ('36) 267–80.

Nuova Antol. Acque sotterranee: **363** ('32) 172–79.

Periodico Mineral. Fosgenite di Is Fonnesus presso Serbariu in Sardegna: **3** ('32) 238f. — Nuovo giacimento di ematite pneumatolitica dell'Isola d'Ischia: **5** ('34) 192f. — Pirrotite nei proietti vulcanici dello scoglio La Canna presso Filicudi: 279f. — Di un abito raro e rimarchevole nei cristalli di zolfo della Sicilia: **6** ('35) 27–. — I tufi pozzolanici della media Valle dell'Aniene: **13** ('42) 255–71.

Rassegna econ. Africa ital. Un quadriennio di lavoro nei giacimenti auriferi dell'Africa Orientale Italiana: **1** ('41) 1–15.

Rend. Soc. mineral. ital. I tufi pozzolanici della media Valle dell'Aniene: **1**, 2 ('41) 69–74.

Ricerca sci. Alessandro Martelli †: **5**, [1 oder 2 ?] ('34) 448–55. — Il berillio: geochimica, mineralogia e giacimenti con speciale riguardo a quelli italiani[1]): **5**, 2 ('34) 325–37. — La moderna mineralogia nel quadro delle scienze fisiche, chimiche e geologiche: **6**, 2 ('35) 389–98. — L'autonomia economica nel campo dei metalli: **7**, 1 ('36) 357–59. — Minerali italiani: **9** ('38).

Vita universit. Il museo di mineralogia dell'Università di Roma: **1937**.

Mit: [1]) A. Scherillo.

VI **MILLOUX,** Paul Henri. Math. — 1926–33 Maître de Conférences et Prof. sans Chaire, Univ. de Strasbourg; '33–65 Prof., Univ. de Bordeaux. — '32 Prix Francœur, '43 Prix Bordin, '48 Grand Prix des Sci. math., '54 Prix Carrière (Acad. Sci. Paris); '50 Prix (Assoc. "Au Service de la Pensée franç."); '59 Commandeur des Palmes académiques (Ministère de l'Educat. nation.).

*1898, Apr. 13, Crépy-en-Laonnois, Aisne.

H. G. Valiron, Fonctions entières d'ordre fini et fonctions méromorphes (Genève '60) (Monographies de l'Enseignement mathématique, 8) [nach einem Manuskript von Vorlesungen in Kairo und Alexandria 1948]; darin eig. Beitr.: Préface.

S. Verhandlungen des internationalen Mathematiker-Kongresses, Zürich 1932, 2 (Zürich–Leipzig '33) 43: Sur les bandes de détermination infinie des fonctions entières. — C. R. Congrès international des mathématiciens, Oslo 1936, 2 (Oslo '37) 68f.: Sur quelques points de la théorie des fonctions méromorphes dans un cercle. — Mélanges scientifiques offerts à M. Luc Picart par ses collègues et collaborateurs (Bordeaux '38) (Publications de l'Université de Bordeaux, 2) 91–101: Sur certaines fonctions holomorphes dans un cercle. — Sélecta. Cinquantenaire scientifique de Paul Montel 1897–1947 (Paris '47) 56–61: Commentaire sur les familles normales de fonctions analytiques. — Proc. 6th International congress of mathematicians, Cambridge, Mass., 1950, 1 (Providence, R. I. '52) 397–: Fonctions méromorphes et dérivées.

W. Les fonctions méromorphes et leurs dérivées. Extensions d'un théorème de M. R. Nevanlinna (Paris '40) 53 S. (Actualités scientifiques et industrielles, 888. Exposés sur la théorie des fonctions, 14). — Traité de théorie des fonctions **1**: Principes, méthodes générales (m. C. Pisot), 1 (Paris '53) 8+300 S.; 2 ('56) 304 S.; Neuaufl. in 1 Bd. ('63).

Acta math. Sur les domaines de détermination infinie des fonctions entières: **61** ('33) 105–34.

Annales sci. Ecole norm. sup. Quelques propriétés des fonctions entières d'ordre infini. Distribution de leurs valeurs: **49** ('32) 311–50. — Sur la théorie des fonctions méromorphes dans le cercle unité: **54** ('37) 151–229. — Les dérivées des fonctions méromorphes et la théorie des défauts: **63** ('46) 289–316.

Bull. Sci. math. Une application de la théorie des familles normales: (2) **72** ('48) 12–16. — Sur une méthode vectorielle d'étude des congruences de droites et quelques unes de ses applications[1]): **94** ('70) 5–24.

Bull. Soc. math. France Sur une extension d'un théorème de P.Boutroux-H.Cartan: **65** ('37) 65–75.

Compositio math. Sur les valeurs asymptotiques des fonctions entières d'ordre infini: **1** ('34) 305–13.

C. R. hebd. Séances Acad. Sci., Paris Sur une inégalité de la théorie des fonctions et ses applications: **194** ('32) 587–89. — Etude des fonctions méromorphes dans un cercle: **202** ('36) 1480–82. — Autour du théorème de Schottky–Landau et de la théorie des familles normales des fonctions: **204** ('37) 846–48. — Sur les fonctions méromorphes dans un cercle: 1394f. — Sur les fonctions holomorphes et leurs dérivées dans le cercle unité: **206** ('38) 1080–82. — Une inégalité nouvelle dans la théorie des fonctions méromorphes: **208** ('39) 31f. — Sur la théorie des défauts: **210** ('40) 38f. — Sur les directions de Borel des fonctions entières et de leurs dérivées: **231** ('50) 402f. — Sur les fonctions entières d'ordre fini ou nul: **232** ('51) 296f. — Sur quelques propriétés des fonctions méromorphes et de leurs dérivées: **234** ('52) 39–41.

Enseignement math. Georges Valiron (1884–1954): (2) **2** ('56) 217–23.

J. Analyse math. Sur les directions de Borel des fonctions entières, de leurs dérivées et de leurs intégrales: **1** ('51) 244–330 [m. hebräischer Zusammenfassg.].

J. Math. pures et appl. Fonctions méromorphes. Contribution à l'étude des ensembles de points où ces fonctions sont proches d'une valeur donnée: (9) **16** ('37) 179–98. — Fonctions méromorphes dans un cercle: **17** ('38) 257–74. — Sur une nouvelle extension d'une inégalité de M. R. Nevanlinna: **19** ('40) 197–210. — Sur une propriété des fonctions méromorphes et de leurs dérivées: **31** ('52) 1–18.

Mathematica [Cluj] Le problème de la distribution des valeurs d'une fonction uniforme: **23** ('47/48) 76–85.

Notices et Discours, Acad. Sci., Paris Notice sur la vie et les travaux de Pierre Lejay, 1898–1958: **4** ('64) 416–22.

Prace mat.-fizyczne Sur l'équation différentielle $x'' + A(t) = 0$: **41** ('34) 39–54.

Revista Ci. [Lima] Sur une inégalité de M. R. Nevanlinna: **47** ('45) 507–44.

Revue Math. spéc. Agrégation des sciences mathématiques: Solution [de quelques problèmes]: **58** ('47/48) No. 6, 129–38; **62** ('51/52) No. 4, 151–57.

Ferner eine Arbeit „Les mathématiques en France au temps de Montesquieu et autour de Montesquieu", publiziert von der Académie des Sciences, Belles Lettres et Arts de Bordeaux, 1949.

Mit: [1]) P. Vincensini.

V, VI **MILLS,** John. Elektrotechn. — 1925– Dir. of Publication, Bell Telephone Laboratories, New York.

*1880, Apr. 13, Morgan Park, Ill.;

†1948, Juni 14.

W. Signals and speech in electrical communication (New York–Toronto '34) 6+281 S. — A fugue in cycles and bels (New York '35, London '36) 6+269 S. — Electronics; today and tomorrow (NewYork–Toronto–London '44) 178 S. — Engineer in society (New York–Toronto '46) 19+196 S., (New York–London '47), (NewYork–Toronto '56) 196 S.

American Physics Teacher Technical exposition for the general reader: **1** ('33) 63–. — Last word in telephotography: **3** ('35) 94–.

American J. Physics Bats and the scientific method: **11** ('43) 151–. — Electric circuit equivalent of a sentence: **13** ('45) 406–.

Scientific Monthly Auditory perspective: **42** ('36) 137–41.

V, VI **MILLS,** William Hobson. Chem. (org.), Stereochem. — 1912–19 Demonstrator, '19–31 Lecturer, '31–38 Reader, '38 Reader Emer., '40–48 Pres., Jesus College, Univ. of Cambridge; '33–48 Trustee of Uppingham School; '35–40 Member of Advisory Council, Departm. of Sci. and Industr. Research; '28–31 Vice Pres., '41–44 Pres., Chem. Soc. London; '32 Pres., Sect. B, British Assoc. Advancem. Sci. — '30 Longstaff Medal (Chem. Soc. London); '33 Davy Medal (Roy. Soc. London).

*1873, Juli 6, London;

†1959, Febr. 22, Cambridge.

Zur Biogr. Nature [London] **132** ('33) 903.

Nekr. F. G. Mann, Biographical Mem. Fellows roy. Soc. **6** ('60) 201–25 (m. Bildn., Faks., Schr.verz.). — D. H. Peacock, Proc. chem. Soc., London **1960**, 371–83 (m. Bildn.). — A. G. Sharpe, Nature [London] **183** ('59) 929f. — Nachr. Chem. u. Techn. **7** ('59) 157.

MH. British chemists (London '47).

Analyst Sir William Jackson Pope †: **65** ('40) 258–62.

Chemistry and Industry Some aspects of stereochemistry: **10** ('32) 750–59.

Endeavour H. J. H. Fenton (1854–1929): a great teacher: **13** ('54) 205f.

I.E., Cambridge Rev. The growth of a Cambridge myth. Stephen Hales and the Trinity Chemical Laboratory: **1955,** 382f.

J. chem. Soc., London Molecular dissymmetry dependent on restriction of rotation about a single bond, 2: Optically active 8-benzenesulphonylethylamino-1-ethylquinolinium salts[1]): **1932,** 2209–16. — Nial Patrick Kenneth James O'Neill McCleland, 1887–1933: **1934,** 561f. — The configuration of valencies of 4-covalent platinum: the optical resolution of meso-stilbenediaminoisobutylenediaminoplatinous salts[8]): **1935,** 839–46. — Jakob Meisenheimer, 1876–1934: 1355–59. — The configurations of the Δ^2-tetrahydro- and the hexahydroterephthalic acids[4]): 1373–75. — Stereochemistry of some new complex thio-salts of mercury, cadmium, and zinc[2]): **1936,** 175–81. — Resolution of an allene hydrocarbon into optical antipodes by asymmetric catalysis[7]): 987–98. — Optical activity dependent on restricted rotation in a benzene derivative[5]): **1937,** 274–78. — Arthur Hutchinson, 1866–1937: **1939,** 210–13. — Molecular dissymmetry due to restricted rotation in the benzene series: an optically active ethylenic derivative[3]): 460–63. — Optical activity dependent on the planar arrangement of the valencies of the 4-co-ordinated palladous atom[6]): 1754–59. — Sir William J. Pope, 1870–1939: **1941,** 697–715. — The basis of stereochemistry: **1942,** 457–66. — The stereochemistry of labile compounds: **1943,** 194–99. — Old and new views on some chemical problems: **1944,** 340–50.

J. roy. Inst. Chem. Schools of chemistry in Great Britain and Ireland, 6: The University of Cambridge, 1: **1953,** 423–31; ∼ 2: 467–73.

Nature [London] Experimental demonstration of the allene asymmetry[7]: **135** ('35) 994.

Rep. annu. Meeting, Brit. Assoc. Advancement Sci. Some aspects of stereochemistry. Presidential address to Sect. B: **1932**, 37–56.

Mit: [1]) J. G. Breckenridge; [2]) R. E. D. Clark; [3]) G. H. Dazeley; [4]) G. H. Keats; [5]) R. M. Kelham; [6]) A. G. Lidstone; [7]) P. Maitland; [8]) T. H. H. Quibell.

V, VI **MILNE,** Edward Arthur. Math., Astrophysik. — 1929–50 Prof., Wadham College, Univ. of Oxford; '37–39 Pres., London Math. Soc.; '43–45 Pres., Roy. Astron. Soc. — '32 Dr. h.c.(Univ. Amsterdam). — '22 Smith's Prize (Univ. of Cambridge); '32 Johnson Memorial Prize (Oxford Univ.); '35 Gold Medal (Roy. Astron. Soc.); '43 James Scott Prize (Roy. Soc. Edinburgh); '41 Royal Medal (Roy. Soc. London); '45 Catherine Wolfe Bruce Medal (Astron. Soc. Pacific); '46 Hopkins Prize (Cambridge Philos. Soc.).

* 1896, Febr. 14, Hull, East Yorkshire; † 1950, Sept. 21, Dublin.

Zur Biogr. F. J. M. Stratton, Monthly Notices roy. astron. Soc. **95** ('34/35) 421–28. — Nature [London] **155** ('45) 783.

Nekr. W. H. McCrea, Obituary Notices Fellows roy. Soc. London **7** ('50/51) 421–43 (m. Bildn., Faks., Schr.verz.); Observatory **70** ('50) 225–32. — W. H. McCrea, H. H. Plaskett, Monthly Notices roy. astron. Soc. **111** ('51) 160–72. — G. C. McVittie, Sky and Telescope **10** ('51) 13 (m. Bildn.). — G. J. Whitrow, Nature [London] **166** ('50) 715f. — Isis **42** ('51) 49. — J. brit. astron. Assoc. **61** ('51) 75–77. — Nordisk astron. Tidsskr. **1950**, 155. — Publ. astron. Soc. Pacific **62** ('50) 285.

S. Report. Centenary meeting of the British Association for the Advancement of Science, London 1931 (London '32) 350: Functions associated with solutions. — Dictionary of national biography 1931–1940 (London '49, '65) 545f.: Augustus Edward Hough Love; ~ 1941–1950 ('59) 268f.: Ralph Howard Fowler; 621f.: Hugh Frank Newall. — Albert Einstein, philosopher-scientist (P. A. Schilpp) (New York '49, '51) 409–35: Gravitation without general relativity. — Selected papers on the transfer of radiation (D. H. Menzel) (New York '66) 77–269: Thermodynamics of the stars.

W. Discussions sur l'évolution de l'univers (m. J. Jeans, G. Lemaître, W. de Sitter, A. S. Eddington, R. A. Millikan) [Übersetzung] (Paris '33) 12+68 S. — The white dwarf stars (Oxford '32) 32 S., Neudruck ('36) (Halley lecture, 1932). — Relativity, gravitation and world-structure (Oxford–London '35) 8+365 S. — Kinematic relativity; a sequel to Relativity, gravitation and world-structure (Oxford '48, New York '49) 6+238 S. — Vectorial mechanics (New York–London '48) 13+382 S. — Théories nouvelles de la relativité (Paris '49) 72 S. (Actualités scientifiques et industrielles, 1065. Problèmes de philosophie des sciences, 3). — Modern cosmology and the Christian idea of God (G.J. Whitrow) (Oxford–New York–Toronto '52) 160 S. (Birmingham University, Edward Cadbury lecture 1950). — Sir James Jeans; a biography (mit einem Beitr. von S. C. Roberts) (London '52, Toronto '53) 16+175 S.

Annual Rep. Board Regents Smithsonian Instn. Some points in the philosophy of physics: Time, evolution and creation: **133** ('35) 219–38.

L'Astronomie (BSAF) Le cinquantenaire de l'Observatoire Yerkes (1897–1947): **62** ('48) 48–50.

Astrophysical J. Cosmological theories: **91** ('40) 129–58. — The equation to the arm of a spiral nebula: **106** ('47) 137–42.

J. brit. astron. Assoc. The expanding universe as a thermodynamic system: **44** ('34) 357f.

J. London math. Soc. Kinematical relativity: **15** ('40) 44–80. — Augustus Edward Hough Love, 1863–1940: **16** ('41) 69–80. — Ralph Howard Fowler †: **19** ('44) 244–56. — James Hopwood Jeans †: **21** ('46) 310–20. — Herbert William Richmond[10]): **24** ('49) 68–80.

Mathematical Gaz. The proof of the formula for the vector triple product[4]): **23** ('39) 35–38.

Memoirs and Proc. Manchester lit. and philos. Soc. The expanding universe as a thermodynamic system: **78**.1933/34 ('34) 9–40.

Monthly Notices roy. astron. Soc. Ionization in stellar atmospheres, 3[3]): **92** ('31/32) 150–86. — The analysis of stellar structure, 2: 610–43, 861. — Remarks on world-structure: **93** ('32/33) 668–80. — World-relations and the "cosmical constant": **94** ('33/34) 3–14. — A method of analysing stellar variability: 418–30. — Stellar kinematics and the K-effect: **95** ('34/35) 560–73. — The pressure in the interior of a star: **96** ('35/36) 179–84, 642. — Polytropic equilibrium, 1: The radii of configurations under given external pressure: 184–95, 399; ~ 2: The pressure in the photosphere of a star: 195–206; ~ 3: The luminosity of a star: 207–18. — Stellar luminosity and photospheric pressure: **97** ('36/37) 513–31. — Stellar luminosity and the opacity in the outer layers of a star: **98** ('37/38) 21–41. — Address to the Royal Astronomical Society on the award of the Gold Medal to Professor Otto Struve: **104** ('44) 112–20. — On the nature of universal gravitation: 120–34. – R. H. Fowler, 1889–1944: **105** ('45) 80–87. – Address to the Royal Astronomical Society on the award of the Gold Medal to Professor Bengt Edlén: 138–45. – On the natural philosophy of stellar structure: 146–62. – On the spiral character of the external galaxies: **106** ('46) 180–99. – J. H. Jeans, 1877–1946: **107** ('47) 46–53. – Godfrey Harold Hardy †: **108** ('48) 44–46. – Star-streaming and the stability of spiral orbits in spiral nebulae, 1: Motion round a point-nucleus: 309–15; ∼ 2: Motion in an extended distribution of matter: 316–23. – The luminosity-velocity relation for pulsating stars: **109** ('49) 517–27. – Gravitation and magnetism: **110** ('50) 266–74.

Nature [London] World structure and the expansion of the universe: **130** ('32) 9–13. – The expanding universe: 508. — Recession of the spiral nebulae[7]): **135** ('35) 149f. – Origin of the cosmic rays: 183. – The background of the galaxies: **138** ('36) 38. – The constant of gravitation: **139** ('37) 409. – On the origin of laws of nature: 997–99. – Reversibility of the equations of classical dynamics[11]): **141** ('38) 905f. – J. J. Thomson †: **146** ('40) 356. – A. E. H. Love †: 393f. – On "absolute acceleration": **150** ('42) 489. – H. F. Newall †: **153** ('44) 455–57. – Cold dense matter: 658. – Sir Ralph Fowler †: **154** ('44) 232f. – Sir Arthur Eddington †: 759f. – A quantum theory of the origin of the solar system: **155** ('45) 135f. – The ageing of light: 234. – Kinematical relativity and the nebular red-shift: 511f. – The two-body gravitational problem in kinematical relativity: 755. – Kinematical relativity: **156** ('45) 747. – Sir James Jeans †: **158** ('46) 542f. – H. W. Richmond †: **161** ('48) 877f. – Thomas Lewis †: **166** ('50) 296. – Perfect and imperfect density dependence in population dynamics: **182** ('58) 1251f. – A controversial equation in population ecology: **184** ('59) 1582.

Nordisk astron. Tidsskr. Die Sonnenatmosphäre als eine typische Sternenatmosphäre: **14** ('33) 1–9 [norweg.].

Obituary Notices Fellows roy. Soc. London Augustus Edward Hough Love: **3** ('39/41) 467–79. – Hugh Frank Newall †: **4** ('42/44) 717–30. – Ralph Howard Fowler †: **5** ('45/48) 61–75. – James Hopwood Jeans †: 573–89. – Herbert William Richmond †[10]): **6** ('48/49) 219–30.

Observatory World-models and the world-picture: **57** ('34) 24–27. – On the theory of the cosmical constant: 99–101. – The configuration of stellar masses: **58** ('35) 52. – Kinematical relativity – a discussion[9])[6]): **64** ('41) 11–25. – Sir Ralph Howard Fowler †: **65** ('44) 245f. – The vertex of star-streaming: **69** ('49) 107f.

Philosophical Mag. (and J. Sci.) Rational electrodynamics, 1: The limitations of classical electromagnetism: (7) **34** ('43) 73–82; ∼ 2: The ideas of kinematical relativity: 82–101; ∼ 3: The charge as point singularity: 197–211; ∼ 4: The "radius" of a point charge: 235–45; ∼ 5: The neutron and nuclear dynamics: 246–58. – Note on the interaction of two point-charges: 712–16. – Kinematic relativity: A reply to Professor W. Wilson: **36** ('45) 134–43. – On the so-called "clock-paradox" of special relativity[11]): **40** ('49) 1244–49.

Philosophy [London] Some points in the philosophy of physics: time, evolution and creation: **9** ('34) 1–20. – Remarks on the philosophical status of physics: **16** ('41) 1–16. – Reply to remarks by Professor Ritchie: **17** ('42) 3–6.

Proc., Durham philos. Soc. Some aspects of the theory of stellar structure: **9** ('32) 14–23.

Proc. roy. Soc. Edinburgh, Sect. A On the equation of motion of a free particle in the expanding universe of kinematical relativity: **61** ('43) 288–97. – The fundamental concepts of natural philosophy: **62** ('43) 10–24.

Proc. roy. Soc. London, Ser. A On the foundations of dynamics: **154** ('36) 22–52. – The inverse square law of gravitation[,1]: **156** ('36) 62–85; ∼ 2: **160** ('37) 1–23; ∼ 3: 24–36. – Kinematics, dynamics and the scale of time [,1]: **158** ('37) 324–48; ∼ 2: **159** ('37) 171–91; ∼ 3: 526–47. – On the equations of electromagnetism, 1: Identifications: **165** ('38) 313–32; ∼ 2: Field theory: 333–57. – On the conservation of momentum: **186** ('46) 432–42. – The relativity of Galilean frames: **200** ('49/50) 219–34.

Quarterly J. Math., Oxford Ser. Notes on thermodynamics, 4: Theory of equilibrium constants and a general thermodynamic formula: **3** ('32) 60–75. – The energetics of non-steady states, with application to cepheid variation: **4** ('33) 258–77. – On a mean path formula: 315–18. – A one-dimensional universe of discrete particles: **5** ('34) 30–33. – A Newtonian expanding universe: 64–72. – Newtonian universes and the curvature of space[5]): 73–80. – The acceleration-formula for a substratum and the principle of inertia: **8** ('37) 22–31.

Rep. annu. Meeting, Brit. Assoc. Advancement Sci. The expanding universe: **1933**, 436–43.

Z. Astrophysik The theory of stellar structure [,1]: **4** ('32) 75–117; ∼ 2: Energy generation: **5** ('32) 337–47. – Note on the boundary temperature of a star: 328–36. – World-structure and the expansion of the universe: **6** ('33) 1–95, 244. – Note on H. P. Robertson's paper on world-structure: **7** ('33) 180–87. – On the meaning of uniform time, and the kinematic equivalence of the extra-galactic nebulae[11]): **15** ('38) 263–98. — On a linear equivalence discussed by L. Page[11]): 342–53.

Ferner ab 1946 Herausgeber der physikalischen Werke in der Reihe „Hutchinson's University library".

Mit: [1]) —; [2]) —; [3]) S. Chandrasekhar; [4]) S. Chapman; [5]) W. H. McCrea; [6]) G. C. McVittie; [7]) V. V. Narlikar; [8]) —; [9]) A. G. Walker; [10]) F. P. White; [11]) G. J. Whitrow.

VI **MILNE,** William Edmund. Math. — 1932–55 Prof. and Head of the Math. Departm., '55 Prof. Emer., Oregon State Univ., Corvallis, Ore. — '42 Hon. D.Sc. (Whitman College, Walla Walla, Wash.).

*1890, Jan. 19, Pendleton, Ore.;

†.

S. Proc. 7th International congress of mathematicians, Amsterdam 1954, **2** (Amsterdam '54) 362f.: The error of the trapezoidal formula.

W. Introductory college mathematics (m. D. R. Davis) (Boston, Mass. '35) 14+383+ +64 S.; ²('41) 16+438+82 S., ³('62) 579 S. — Tables of derivatives for damped vibrations (Corvallis, Ore. '35) 5+48 S. (Oregon State College monographs, Mathematics and statistics ser., 1). — Numerical calculus; approximations, interpolation, finite differences, numerical integration and curve fitting (Princeton, N. J. '49) 10+393 S. — Numerical solution of differential equations (New York '53) 11+275 S., ('57), ('62) 11+275 S.; ²('70) 359 S. — Mathematics for digital computers **1**: Multivariate interpolation (m. W. Arntzen, N. Reynolds, J. Wheelock) (Dayton, O. '58) 127 S. (Wright Air Development Center technical report, 57–556, 1).

Agricultural Engng. Analysis of border irrigation[1]): **19** ('38) 267–70.

American math. Monthly On the numerical integration of certain differential equations of the second order: **40** ('33) 322–27. — Note on the numerical integration of differential equations: **48** ('41) 52f. — The numerical integration of $y''+g(x)y = f(x)$: **49** ('42) 96–98.

Annals Computat. Labor. Harvard Univ. Numerical methods associated with Laplace's equation: **26** ('51) 152–63.

Bull. nation. Res. Council Step-by-step methods of integration [of differential equations]: **92** ('33, Neudruck '56) 71–87.

J. Assoc. comput. Machinery Stability of a numerical solution of differential equations, 1[2]): **6** ('59) 196–203; ∼ 2[2]): **7** ('60) 46–56. — Fifth order methods for the numerical solution of differential equations[2]): **9** ('62) 64–70.

J. Res. nation. Bur. Standards The remainder in linear methods of approximation: **43** ('49) 501–11. — A note on the numerical integration of differential equations: 537–42. — Note on the Runge-Kutta method: **44** ('50) 549f. — Numerical determination of characteristic numbers: **45** ('50) 245–54.

J. Soc. industr. and appl. Math. Interpolation in several variables[3]): **8** ('60) 33–42.

Trans. amer. Soc. mech. Engr. Discussion to: E. A. L. Smith, Impact and longitudinal wave transmission: **77** ('55) 972f.

Mit: [1]) M. R. Lewis; [2]) R. R. Reynolds; [3]) H. C. Thacher, jr.

V, VI **MILNE,** William Proctor. Math. — 1919–46 Prof., '46 Prof. Emer., '43–45 Pro-Vice-Chancellor, Univ. of Leeds. — '46 Hon. LL.D. (Univ. of Aberdeen); '55 Hon. LL.D. (Univ. of Leeds). — Smith's Prize (Univ. of Cambridge); '03 Simpson Math. Prize, '03 Greig Prize in Natural Philos., '03 David Rennet Gold Medal, '03 Lyon Prize in Natural Philos. (Univ. of Aberdeen). (⊠)

*1881, Mai 22, Wester Rora, Longside, Aberdeenshire;

†1967, Sept. 3.

Zur Biogr. Nature [London] **158** ('46) 781f.

Nekr. W. L. Edge, H. S. Ruse, J. London math. Soc. **44** ('69) 565–70 (m. Schr.verz. 59 Nrn.).

W. Eppie Elrick (An Aberdeenshire tale of the '15) (Peterhead, Aberdeenshire '55) 6+280 S.

J. London math. Soc. In-and-circumscribed triangles of a plane quartic curve: **8** ('33) 211–16. — Selig Brodetsky: **31** ('56) 121–25.

Nature [London] Selig Brodetsky†: **173** ('54) 1167.

Proc. London math. Soc. A special type of quintic symmetroid: (2) **33** ('31/32) 165–76; ∼2: **36** ('34) 207–16. — Relation between the quadritangent hyperplanes of Noether's canonical curve for $p=5$ and the 5-tangent conics of the plane quintic curve: 217–34. — Three tritangent planes of the quadricubic curve: **41** ('36) 454–61. — The bicircular quintic curve: **44** ('38) 130–39. — A triad of quadrinodal cubic surfaces containing a quadricubic curve: 345–51.

VI **MILNE-THOMSON,** Louis Melville. Math., Hydrodyn. — 1921–34 Assist. Prof., '34–56 Prof. and Head of the Math. Departm., Royal Naval College, Greenwich; '46–56 Prof., Gresham College, London; '56–58 Visiting Prof., Brown Univ., Providence, R. I.; '58–61

Prof., Army Math. Research Center, Madison, Wis.; '61–67 Prof., '70 Prof. Emer., Univ. of Arizona, Tucson, Ariz.; Visiting Prof.: '67–68 Univ. di Roma; '69 Univ. of Queensland, Brisbane, Queensl., Austral.; '70 Univ. of Calgary, Alberta, Can.; '71 Univ. of Otago, Dunedin, New Zealand; '48–50 Vice-Pres., London Math. Soc. — '58 Hon. M.A. (Brown Univ., Providence, R.I.); '68 Dr. rer. nat. h.c. (Inst. Politehnic "Gh. Gheorgiu-Dej", Bucureşti). — '52 Commander of the Order of the Brit. Empire (Queen Elizabeth II).

*1891, Mai 1, London.

Zum 82. Geb.tag Festhefte: J. math. and physic. Sci. [Madras] 7 ('73) Nr. 4, 8 ('74) Nr. 1.

S. Verhandlungen des Internationalen Mathematikerkongresses, Zürich 1932 (W. Saxer) 2 (Zürich–Leipzig '33) 27: A matrix representation of ascending and descending continued fractions. — Proc. 5th International congress for applied mechanics, Cambridge, Mass., 1938 (J. P. Den Hartog, H. Peters) (New York–London '39) 444–47: The vector form of the equations for the motion of a solid through a liquid. — Proc. 7th ~, London 1948, 1 (London '49) 33–40: Finite elastic deformations. — Mémoires sur la mécanique des fluides, offertes à D. P. Riabouchinsky (Paris '54) 233–39: Le théorème complexe de Stokes. — Proc. Symposium on naval hydrodynamics, Washington, D. C., 1956 (Washington, D.C. '57) (National Academy of Sciences, National Research Council, Publication 515) 1–15: Some problems and methods in hydrodynamics. — Handbook of mathematical functions (M. Abramowitz, I. A. Stegun) (U. S. Department of Commerce, National Bureau of Standards, Applied mathematics ser., 55) (Washington, D. C. '64) 567–86: Jacobian elliptic functions and theta functions; 587–627: Elliptic integrals. — Proc. 6th Midwestern conference on fluid mechanics, Austin, Tex., 1959 (Austin, Tex. '59) 213–17: Tangent flows.

W. The calculus of finite differences (New York–London '33) 23+558 S., Neudrucke: ('51, '60, '65) 23+558 S. — Theoretical hydrodynamics (NewYork–London–Toronto '38) 21+552 S.; ²(London '49, New York '50) 21+600 S.; ³(London '55, New York '56) 23+632 S.; ⁴(London–New York '60) 23+660 S.; ⁵('68, '74) 23+743 S.; span.: Hidrodinámica teórica (Madrid '51) 604 S.; russ.: (Moskva '64) 656 S. — Theoretical aerodynamics (NewYork–London '48) 16+363 S.; ²('52) 20+414 S.; ³('58, '59), ⁴('66) 20+430 S. — Conferencias de aerodinámica (Madrid '49) 61 S. (Instituto Nacional de Técnica Aeronáutica). — Jacobian elliptic function tables; a guide to practical computation with elliptic functions and integrals together with tables of sn u, cn u, dn u, Z (u) (New York '51) 11+132 S., (London '56, '70) 21+123 S. — Gauss's theorem (Providence, R. I. '57) 6 S. (Brown University, Applied Mathematics Division, Technical report [for U. S. Naval Research Office], 10). — Unsteady free boundary flow through two-dimensional nozzles (Providence, R. I. '58) 38 S. (~ 13). — Water waves; some aspects of the non-linear theory (Providence, R. I. '58) 30 S. (~ 14). — Standard four-figure mathematical tables, including many new tables, trigonometrical functions for radians and an extended table of natural logarithms (m. L. J. Comrie) (London '57) 16+243 S.; russ.: (Moskva '61, '64) 15+245 S. — Plane elastic systems (Berlin '60) 8+211 S. (Ergebnisse der angewandten Mathematik, 6); ²(Berlin–Heidelberg–New York '68) 8+211 S.; französ.: Systèmes élastiques plans (Paris '68) 272 S. — Antiplane elastic systems (Berlin–Göttingen–Heidelberg '62, NewYork '63) 8+265 S. (~ 8). — Russian-English mathematical dictionary; words and phrases in pure and applied mathematics with roots and accents, arranged for easy reference (Madison, Wis. '62) 14+191 S. (University of Wisconsin, Mathematics Research Center of the U.S. Army, Publ. 7).

Applied Mech. Rev. Theory of the flow of incompressible fluids: **6** ('53) 105–07.

Buletinul Inst. politehn. Iaşi, Sect. 1 The operator nabla: **15** ⟨19⟩ ('69) Nr. 1/2, 49–54.

Bull. amer. math. Soc. Some hydrodynamical methods: **63** ('57) 167–86.

Ingeniería aeronáut. [Madrid] El teorema del círculo: **3** ('51) 1–14.

J. Fluid Mech. A general solution of the equations of hydrodynamics: **2** ('57) 88.

J. London math. Soc. Consistency equations for the stresses in isotropic elastic and plastic materials: **17** ('42) 115–28.

J. math. and physic. Sci. [Madras] The second circle theorem and uniform shear flow: **2** ('68) 1–3.

Mathematical Gaz. A generalization of Ptolemy's theorem: **20** ('36) 322f. — On the relation of an analytic function of z to its real and imaginary parts: **21** ('37) 228f. — Determinant expansions: **25** ('41) 130–35. — Stokes's theorem for n-space: **41** ('57) 139.

MRC techn. Summary Rep. The role of Airy's stress function: **46** ('58). — The complex stresses and their properties in the isotropic case: **63** ('58). — Mathematical preliminaries to the boundary value problem: **73** ('59). — Planes and half-planes: **101** ('59). — Circular boundaries: **109** ('59). — Curvilinear boundaries: **118** ('59). — The influence of anisotropy: **123** ('59). — The law of elasticity: **152** ('60). — Stress functions and complex stresses: **162** ('60). — Isotropic beams: **178** ('60). — The torsion of isotropic beams: **197** ('60). — The flexure of isotropic beams: **221** ('61). — Antiplane of elastic symmetry: **228** ('61). — General linear and cylindrical anisotropy: **231** ('61).

Nature [London] B. P. Haigh †: **147** ('41) 230.

Proc. Cambridge philos. Soc. On Boole's operational solution of linear finite difference equations with rational coefficients: **28**.1931/32 ('32) 311–18. — On the operational solution of linear difference equations whose coefficients are expressible by factorial series: 463–74. — The exact difference equation of the first order: **29**.1932/33 ('33) 373–81. — Hydrodynamical images: **36** ('40) 246f. — Stress in an infinite half-plane: **43** ('47) 287f. — Bounds for the torsional rigidity of isotropic beams: **58** ('62) 417–19.

Proc. Edinburgh math. Soc. A matrix representation of ascending and descending continued fractions: (2) **3** ('33) 189–200.

Proc. London math. Soc. Ten-figure table of the complete elliptic integrals K,K′, E,E′, and a table of $\frac{1}{\vartheta_3^2(0|\tau)}, \frac{1}{\vartheta_3^2(0|\tau')}$: (2) **33** ('31/32) 160–64. — Two classes of generalized polynomials: **35** ('33) 514–22.

Proc. roy. Soc. Edinburgh The zeta function of Jacobi. A seven-decimal table of $Z(u|m)$ at interval 0.01 for u and for values of $m(=k^2)$ from 0.1 to 1.0: **52** ('31/32) 236–50.

Proc. roy. Soc. Edinburgh, Sect. A Applications of elliptic functions to wind tunnel interference: **62** ('48) 316–18.

Proc. roy. Soc. London, Ser. A On the explicit solution of certain difference equations: **147** ('34) 76–87.

Quarterly appl. Math. Potential flow when a uniform stream of inviscid liquid is disturbed by an oval of Cassini: **26** ('68/69) 605f.

Quarterly Mech. and appl. Math. The pendulum: **2** ('49) 479f.

Revista mat. hisp.-amer. Plane elastic problems [,1]: (4) **9** ('49) 110–23; ∼ 2: 141–53 [span.]. — Tensor calculus by direct methods: **10** ('50) 171–95 [∼]. — Finite deformations and elasticity: **12** ('52) 9–35 [∼].

Revue roumaine Sci. techn., Sér. Méc. appl. An exact integral equation for the solitary wave: **9** ('64) 1189–94. — Axisymmetrical isovistive flows with vorticity proportional to distance from the axis: **13** ('68) 1041–52.

Revue roumaine Math. pures et appl. The circle theorem and the cylinder theorem: **14** ('69) 399–409.

Studii şi Cercetări Mec. apl., Acad. Republ. popul. romîne, Bucureşti An exact integral equation for the solitary wave: **17** ('64) 1337–43 [rumän.].

Trans. amer. math. Soc. Flexure: **90** ('59) 143–60.

Ferner mehrere Veröffentlichungen in spanischer Sprache für das "Instituto nacional de técnica aeronáutica" Madrid (1949–1959) und eine Abhandlung „El teorema de Stokes", herausgegeben von der Universität Madrid (1949). — Einige weitere Beiträge in Kongreßberichten.

IV–VI **MILNER,** Samuel Roslington. Physik. — 1900–17 Lecturer, '17–21 Acting Prof., '21–40 Prof., '40 Prof. Emer., Univ. of Sheffield. — '42 Hon. D.Sc. (Univ. of Sheffield).

*1875, Aug. 22, Dodsworth, near Barnsley, Yorkshire;

†1958, Aug. 12, Sydney, New South Wales.

Zur Biogr. Nature [London] **145** ('40) 887f.

Nekr. T. E. Allibone, J. R. Clarke, Biographical Mem. Fellows roy. Soc. **5** ('59) 129–47 (m. Bildn., Faks., Schr.verz.). — J. R. Clarke, Nature [London] **182** ('58) 839f.

W. Generalised electrodynamics and the structure of matter (C. W. Kilmister) (Sheffield '63) 290 S.

Enseignement math. Le caractère arbitraire de la géométrie de l'univers: **33** ('34) 88–90.

Nature [London] Arbitrary character of world-geometry: **133** ('34) 830.

Philosophical Trans. roy. Soc. London, Ser. A The classical field theory of matter and electricity, 1: An approach from first principles: **253** ('60/61) 185–204; ∼ 2: The electromagnetic theory of particles: 205–26.

Proc. roy. Soc. London, Ser. A On the foundations of the electron wave equation: **139** ('33) 349–68. — On wave matrices, and some properties of the wave equation: **157** ('36) 1–27. — The relation of Eddington's E-numbers to the tensor calculus, 1: The matrix form of E-numbers: **214** ('52) 292–311; ∼ 2: An extension of tensor transformation theory: 312–29.

VI **MIŁOBĘDZKI,** Tadeusz Benon. Chem. (anorg.). — 1930–39, '46–59 Ord. Prof. u. Leiter d. Lehrstuhls f. anorg. Chem., '33 Dekan d. Sekt. Chem., Techn. Hochsch. Warszawa; '37 Hon.-Prof., Landwirtsch. Hochsch. Warszawa; '40–41

Lektor, Chem. Lyzeum Warszawa, dann geheime Lehrtätigkeit bis '44 in Warszawa, '44 in Kraków; '45–47 ord. Prof. u. Leiter d. Lehrstuhls f. allg. Chem., Landwirtsch. Fak., '47–59 Hon.-Prof., Univ. Kraków; '20 Mitbegründer, '26–27 Vizepräs., '28 u. '51 Präs., Poln. Chem. Ges. — '52 Dr. d. techn. Wiss. ⟨Chem.⟩ (Zentralkommission d. poln. Regierung); '56 Orden „Banner d. Arbeit" II. Kl. (Volksrepubl. Polen).

*1873, Juni 16, Koło nad Wartą; †1959, Juli 13, Warszawa.

Zur Biogr. Księga pamiątkowa Szkoły Głównej Gospodarstwa Wiejskiego w Warszawie 1906–1956, **1** (Warszawa '58) 473–75 (m. Bildn. u. Schr.verz. 55 Nrn.).

Nekr. A. Dorabialska, W. Świętosławski, A. Górski, Wiadomości chem. **14** ('60) 487–99 (m. Schr.verz.). — T. Lipiec, Roczn. Chem. **33** ('59) 1507–09. — M. Michalski, Przemysł chem. **38** ('59) 713–16 (m. Bildn., Schr.verz.). — W. Wawrzyczek, Nature [London] **187** ('60) 991. — Review polish Acad. Sci. **4** ('59) Nr. **3**, S. 118.

HZ. (Redakt.) Chemia współczesna 1947–1955.

MHZ. Roczn. Chem. **15** ('35) — **19** ('39).

S. Księga pamiątkowa Szkoły Głównej Gospodarstwa Wiejskiego w Warszawie 1906–1911–1916–1936 (F. Staff) (Warszawa '36) 173–87: Als die Szkoła Główna Gospodarstwa Wiejskiego gegründet wurde. Erinnerungen aus den Jahren 1906–1922 [poln.].

W. Szkoła analizy wagowej i miareczkowej (Warszawa '38) 10+174 S. — Szkoła analizy wagowej i objętościowej (Kraków '47). — Szkoła analizy jakościowej (Warszawa '48 [?]), [2]('54) 390 S., [3]('58) 15+369 S. — Szkoła analizy ilościowej (Kraków '50 [?]), [2](Warszawa '51) 156 S., [3]('53), [4]('55) 170 S.

Bull. Acad. polon. Sci., Cl. III L'autorédoxydation du métabisulfite de sodium ($Na_2S_2O_5$) en phase solide[9]): **5** ('57) 527–31. — On the condensation of sodium phosphate (Na_3PO_4) by means of bimers[4]): 839–42.

Chemia i Techn. Das Periodensystem der Elemente im Lichte der Wissenschaft von den Elektronen: **1** ('48) [poln.].

Chemické Listy Vědu a Průmysl Über Phosphorbromchloride: **26** ('32) 458–61 [ ].

Przemysł chem. Was soll die (polnische) chemische Nomenklatur ausdrücken?: **21** ('37) 348–50 [poln.]. — Die Nomenklatur der anorganischen Substanzen, ihre Aufgaben und deren Verwirklichung: **30** ('51) 162–66 [~].

Roczn. Chem. Über die polare Valenz des Kohlenstoffs: **12** ('32) 635–37. — Der Carbonatfehler in der Acidimetrie[10]): **14** ('34) 1088–105. — Anorganische Zentigramm-(Halbmikro-)analyse, 1: Allgemeine Betrachtungen: **15** ('35) 294–97; ~ 5: Analyse von Tonen[3]): **16** ('36) 582–92. — Dem Andenken an Emanuele Paternò: 1–5. — Die Genealogie des Phosphors und seiner Verbindungen: **17** ('37) 239–53. — Über die Darstellung von Hypophosphorsäure aus rotem Phosphor[6])[1]): 620–27. — Absorptionsspektren einiger Derivate des dreiwertigen Phosphors, 1[2]): **18** ('38) 725–31; ~ 2[2]): **19** ('39) 507f.; ~ 3[7]): 509–13. — Die alten Typen in der neuen Chemie: 17–30. — Über die Oxydationsprodukte des weißen Phosphors in feuchter Luft[8]): **23** ('49) 13–18. — Über die Bildung von Hypophosphaten: **24** ('50) 48–63. — Entwurf einer neuen wissenschaftlichen Nomenklatur anorganischer Substanzen[5]): **26** ('52) 310–27. — — Alle Arbeiten poln., zum Teil m. französ., deutscher oder engl. Zusammenfassg.

Sprawozd. Czynności i Posiedzeń polsk. Akad. Umiejętności Über die Autoredoxydation (Disproportionierung) des Natriumphosphits und Natriumhypophosphits[11])[12]): **52** ('51) 343–45 [poln.].

Sprawozd. Posiedzeń Towarz. nauk. warszawsk., Wyd. III La préparation de l'acide hypophosphorique $H_4P_2O_6$ en partant du phosphore rouge[6])[1]): **30** ('37) 107–09.

Wiadomości chem. Die Homolyse der Wasserstoffverbindungen als Faktor der Redoxydation: **7** ('53) 537–54 [poln.]. — Homolytische Umwandlung von anorganischen Verbindungen des Wasserstoffs und von Edelmetallsalzen in der festen Phase, ihre Redoxydation, Bimerisierung und Kondensation: **10** ('56) 291–316 [~].

Wszechświat Zur Erinnerung an Bronisław Znatowicz: **1947** [poln.].

Ferner eine Skripte „Die Bildung der Moleküle im Lichte ihrer Struktur" [poln.] (1945). — Einige weitere Aufsätze in polnischen Zeitschriften.

Mit: [1]) Z. Berkan; [2]) W. Borowski; [3]) J. F. Grębski; [4]) P. Hutny; [5]) E. Jozefovicz; [6]) J. H. Kolitowska; [7]) M. Lewandowski; [8]) M. Makulec; [9]) R. Rudnicki; [10]) W. Szczypiński; [11]) B. Fulde-Krukowska; [12]) K. Wieczffiński.

VI **MILONE,** Mario. Chem. (physikal.). — 1927–48 Assist., '48– Prof. straord., '48–64 Dir. dell'Ist. di Chim. fisica, '64– Dir. dell'Ist. di Chim. generale e inorganica, Univ. di Torino.

*1905, Mai 19, Torino.

S. Trabajos IX Congreso internacional de química pura y aplicada, Madrid 1934, **2** (Madrid '34) 191–98: Über das elektrische Moment der Dioxime [,3] [italien.]. — Atti V Congresso nazionale di chimica pura ed applicata, Roma

A. A. BOROWKOW

Wahrscheinlichkeitstheorie

Eine Einführung

(Übersetzung aus dem Russischen)

In deutscher Sprache herausgegeben von

PETER FRANKEN

(Math. Lehrbücher u. Monographien, Abt. I, Bd. 27)

1976. Etwa 220 Seiten – mit Abb. – gr. 8° – Leinen etwa M 27,–
Bestell-Nr. 762 0522 (6167)

Das Buch des bekannten sowjetischen Mathematikers A. A. Borowkow ist eine moderne Einführung in die Wahrscheinlichkeitstheorie. Es wird der Stoff einer einsemestrigen Vorlesung über dieses Gebiet einschließlich der erforderlichen maßtheoretischen Grundlagen behandelt — Begriff des Wahrscheinlichkeitsraumes, zufällige Größen, Erwartungswert und Varianz, charakteristische Funktionen und Grenzwertsätze. Dem folgen Untersuchungen über Summen unabhängiger identisch verteilter Summanden (Faktorisierungsidentitäten), Markowsche Ketten, Informationstheorie sowie Wilner- und Poisson-Prozesse.

Bestellungen durch eine Buchhandlung erbeten

A K A D E M I E - V E R L A G
DDR-108 Berlin, Leipziger Str. 3—4

Kolibri 360 GmbH
Ferdinand-Jühlke-Straße 7
99095 Erfurt, Deutschland
produktsicherheit@kolibri360.de